最新

植物生理化学

長谷川宏司｜広瀬克利　編

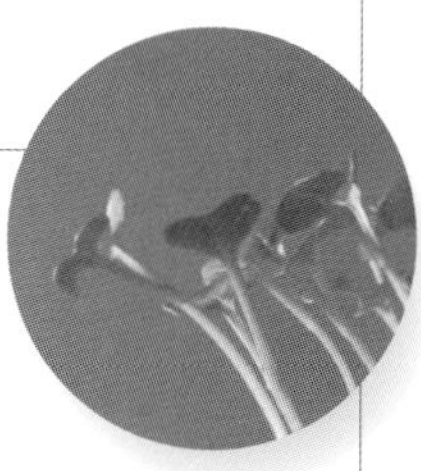

大学教育出版

まえがき

昭和17年に発行された、ビタミンB1の発見で著名な鈴木梅太郎先生の『植物生理化学』（大正12年の大震災後絶版となった『鈴木　植物生理化学』の改訂本）では、植物生育の理を攻究する学問を植物生理学といい、そのうち特に化学方面より解釈を試みるのが生理化学と記述されている。蛋白質、酵素、脂質、炭水化物、呼吸作用、炭素同化作用、ビタミン、無機成分、化学的刺激作用、養分の吸収、窒素の同化、有機酸類、プリン塩基およびアルカロイド、芥子油類・ベンゾール誘導体・テルペン類・樹脂および植物性色素の14章に及び詳細に解説されている。その中でも、興味を引かれたのは第9章の化学的刺激作用の「6. 植物ホルモン」の項目である。麦芽や人尿から植物の生長を著しく刺激するオーキシン（Auxin）aおよびbなる植物ホルモンが1931年KöglとHaagen-Smitによって分離され、命名されたことと、それらの化学構造式が記述されている。また、F. W. Wentによって考案された「オーキシンの刺激作用」についても図示されている。さらに、藪田貞次郎先生が稲の馬鹿苗病菌が幼い稲を徒長させるギベレリンを生産することにもふれている。オーキシン、ギベレリン以外にヘテロオーキシンについてもふれられており、この物質は真島利行先生によって1925年に人工的に合成されたものであると記述され、その化学構造式も図示されている。植物ホルモンのオーキシンについての知見の一部は、その後正しくないことが指摘されているが、その評価はいささかも下がるものではなく、まさに植物生理化学の原典ということができよう。

その後、著名な天然物化学者・山下恭平先生が昭和50年に『植物の生理活性物質』を発行されておられる。古典生物学の中で現象として述べられていたことを化学と生物学の双方から未知の扉を分子レベルから解明すべく、植物ホルモンを含め、実に多数の生理活性物質について詳細に解説されている。

植物は動物と異なり、生育の場所を能動的に移動することができないことから、一生を通じて周りの環境の変化を鋭敏に感受し、応答する機能を具備し、生命の維持や種の繁栄を図っているといわれている。本書では、植物体の成分やその新陳代謝の解明、生理活性物質の化学構造の解明を主目的とした上述の高著と多少異なり、植物の生活環における様々な環境応答現象に的を絞り、生物学及び化学の視点からそれぞれの動的分子機構を攻究する中で、近年解明されつつある事柄について、世界の第一線で活躍されておられる研究者の方々に執筆をお願いした。

他書には見られない本書の特徴は、以下のとおりである。

① 植物の生理現象の完全な解明は、いかに分析技術が発達した今日でも、植物との“会話”が成立していない現状ではあり得ず、生物学的攻究に垣間見られる間接的証拠に基づく解釈から、より真実に近づく攻究によって得られた知見を解説し、解決されていない問題点については躊躇せず論述して頂いた。

② 近年、一部の植物生理学者と生物有機化学者との共同研究によって、様々な生理現象のメカニズムが化学物質のレベルから、より直接的に解明されるようになった。その結果、以前植物生理学者のみによって間接的な証拠を基に組み立てられた仮説が次々と疑問視されるようになってきた。しかし、先人の植物生理学者によってなされた研究そのものは否定されるものではない。その時代時代における最善の実験方法によって得られた研究成果であって、その時代背景も含め先人による研究の歴史にふれることはこれから様々な生理現象の解明を志す者にとって極めて重要なことである。そこで執筆者の方々にはできるだけ詳細に研究の歴史を解説して頂いた。また、植物生理化学を志す諸氏の道しるべとなるべく、執筆者ご自身の研究について、研究の動機・目的、実験方法、結果と考察等を具体的に解説して頂いた。

③ 大学あるいは大学院における植物生理化学および関連の学問の講義に際し、高校で当然身につけているはずの基礎的知識を前提に臨んでいる。そのような意味合いから、高校の生物の授業で使われている高校生物の教科書の内容について把握することは重要である。そこで序章で、現役

の高校生物の先生に高校生物の教科書の問題点について解説して頂いた。高校の教科書をもとにセンター試験や大学入学試験の問題が作られていることからも理系の教科書に掲載されている内容についても再検討する必要があるのではないだろうか。生物教科書の出版社及び執筆者におかれましては、熟読して頂ければ幸甚である。また、本書の内容が、高校生物の教科書における「植物の反応と調節」に重なることから、教育現場の生物の先生方に生物教科書のたね本としてお読み頂きたいと思う。

④ 最後の２つの章では、植物の生理現象の解明に向けた天然物化学等の化学系研究者や学生のために植物生理現象解明に必須の分子生物学的攻究法と、生物系の研究者や学生のために生理活性物質の化学構造解析法について詳細に解説して頂いた。

読者の皆さんが植物の生育の理を生物学と化学の双方から攻究する学問である植物生理化学に興味をもって積極的に取り組んでもらう端緒になれば、編者として望外の喜びである。

長谷川宏司
広瀬　克利

最新　植物生理化学

目　次

まえがき……………………………………………………………………… *i*

序　章　高校生物教科書の現状と問題点 ………………………… 東郷重法 … *1*
1.「植物の運動」について　*2*
2.「植物対植物・微生物とのコミュニケーション」について　*14*
3.「器官相関・花芽形成と色素・老化と休眠」について　*14*
4.「遺伝子操作法・化学構造解析法」について　*19*

第１章　光受容体と光情報伝達 ………………………… 柘植知彦・安喜史織…*23*
1. はじめに　*23*
2. 研究の歴史　*24*
（1）植物の生物機能と光情報伝達　*24*
（2）フィトクロム（phytochrome: phy）　*26*
（3）クリプトクロム（cryptochrome: cry）　*27*
（4）フォトトロピン（phototropin: phot）　*29*
3. 著者らの研究　*31*
（1）光受容体と光形態形成　*31*
（2）光形態形成における情報伝達の鍵因子：COP9 シグナロソーム（CSN）　*33*
（3）核における CSN の役割　*34*
（4）CSN が関わる分子メカニズムの解明　*36*
（5）CSN の研究の特徴　*39*
4. 光受容体と光情報伝達のメカニズムのまとめ　*39*
（1）光受容体から植物の生物機能の起動まで　*39*
（2）タンパク質分解を介した光形態形成　*41*
（3）CSN を介した遺伝子の転写制御機構　*43*
（4）生物界に広がる光受容体とその制御機構　*43*
5. 今後の研究課題、人間の生活への応用　*44*

第2章　光屈性 …………………………… 長谷川剛・Wai Wai Thet Tin … 51
1. はじめに　51
2. 光屈性に関する研究の歴史　52
（1）ダーウィンの実験　52
（2）パールの実験とボイセン・イェンセンの実験　53
（3）ウェントの実験　55
（4）コロドニー・ウェント説の誕生　56
（5）コロドニー・ウェント説に対する疑問　58
（6）ブルインスマ・長谷川説　64
（7）光屈性鍵化学物質　66
3. 著者らの研究　69
（1）ダイコン下胚軸の光屈性反応における分子機構　69
（2）アベナ幼葉鞘の光屈性鍵化学物質の探索　74
4. 光屈性のメカニズムのまとめ　76

第３章　重力屈性・重力形態形成 …………………………… 宮本健助 … 85
1. はじめに　85
2. 研究の歴史　89
（1）重力屈性　89
（2）様々な重力形態形成—下方成長・枝垂れ・ペグ形成—　111
3. 著者らの研究— STS-95 植物宇宙実験—　116
（1）宇宙環境下での植物の成長・発達—自発的形態形成—　117
（2）微小重力とオーキシン極性移動　122
4. 重力屈性のメカニズムのまとめ　124

第４章　アレロパシー …………………………………… 藤井義晴 … 134
1. はじめに　134
2. 研究の歴史　136
（1）アレロパシーの定義　136

（2） フィトンチッド　137
（3） クルミのアレロパシー　138
（4） ムギ類のアレロパシー　138
（5） クレスの生育促進物質レピジモイド　140
（6） 寄生植物ストリガの発芽促進物質と新たな植物ホルモン　140
（7） 樹木類のアレロパシーとアレロケミカル　141
（8） 土壌微生物に影響を及ぼすアレロケミカル　142
3. 著者らの研究　143
（1） アレロパシーの識別・証明法　143
4. アレロパシーのメカニズムのまとめ　151
（1） アレロパシーの限定性　151
（2） アレロパシーの進化上の意義と二次代謝物質　152
（3） 他感物質の事例と作用機構　152
（4） アレロパシーを利用する場合の問題点　153

第５章　植物と微生物の相互作用……………………………… 南　栄一…157
1. はじめに　157
2. 研究の歴史　158
（1） 真性抵抗性　159
（2） 非特異的抵抗性　160
（3） 抵抗性、感受性の誘導　161
3. 著者らの研究　165
（1） イネいもち病　165
（2） 感染過程と過酸化水素　166
（3） ファイトアレキシンと遺伝子発現　171
（4） 感染補助因子　173
4. 植物・微生物間相互作用のメカニズムのまとめ　175

第６章　頂芽優勢 ……………………………………………… 繁森英幸…185
1. はじめに　185
2. 研究の歴史　186
（1） オーキシンによる側芽の成長抑制　186
（2） その他の物質による側芽の成長抑制　188
（3） サイトカイニンによる側芽の成長促進　188
3. 著者らの研究　190
（1） エンドウ芽生えの頂芽優勢に対する、オーキシン活性阻害物質およびオーキシン極性移動阻害物質の効果　190
（2） エンドウ芽生えの頂芽優勢に関与する成長調節物質の探索　192
（3） 頂芽優勢を制御する生理活性物質の構造解析　194
4. 頂芽優勢のメカニズムのまとめ　199

第７章　花芽形成 ……………………………………………… 横山峰幸…207
1. はじめに　207
2. 研究の歴史　208
（1） フロリゲンの探索　208
（2） 植物ホルモンと花成誘導　212
（3） 遺伝子レベルでの研究　214
3. 著者らの研究　219
（1） KODA のアオウキクサにおける花成誘導作用　220
（2） 花芽形成過程と内生 KODA の変動　223
（3） KODA の花成促進作用の普遍性　225
（4） KODA の作用機作についての議論　228
4. 花芽形成に関わる化学物質まとめ　231

第８章　老化 …………………………………………………… 上田純一…238
1. はじめに　238
（1） 植物の寿命　238

（2） 植物の老化 *238*
（3） 果実の成熟と老化 *239*
（4） 器官の脱離 *240*
2. 研究の歴史 *243*
3. 著者らの研究―老化制御鍵化学物質とその制御機構― *246*
（1） 生物検定法の確立とスクリーニング *247*
（2） 老化の鍵化学物質の単離・同定 *247*
（3） ジャスモン酸類 *251*
（4） 植物の精油成分と C_{18} 不飽和脂肪酸の老化制御機構 *257*
4. 分子レベルの解析 *258*
5. おわりに *259*

第９章　休眠 ……………………………………………… 丹野憲昭… *266*
1. はじめに *266*
（1） 休眠とは *266*
（2） 休眠器官の種類と構造 *268*
（3） 休眠調節の鍵化学物質としての植物ホルモン *272*
2. 休眠に関する研究の歴史 *272*
（1） 休眠誘導・維持の鍵ホルモン―アブシシン酸とその他の休眠誘導物質― *272*
（2） 休眠終止・発芽誘導の鍵植物ホルモン―ジベレリンなど― *280*
3. 著者らの研究 *285*
（1） ヤマノイモ属のむかごと地下器官の休眠 *285*
（2） ヤマノイモ属の GA- 誘導休眠 *287*
（3） ヤマノイモ属の内生 GA *289*
（4） ムカゴの GA-誘導休眠と ABA およびその他の休眠誘導物質 *291*
4. まとめとして *296*
（1） 休眠のメカニズムとその課題 *296*
（2） ヤマノイモの休眠と私たちの生活 *297*

第 10 章　植物生理化学研究と遺伝子解析技術 …… 穴井豊明・星野友紀 … 306
1. はじめに　306
2. 植物生理化学研究における遺伝子解析の必要性とその適応範囲　307
（1） 受容体　307
（2） シグナル伝達から転写の活性化まで　311
（3） 遺伝子発現の制御　315
（4） トランスポーター　317
（5） 代謝関連酵素　320
3. 植物遺伝子解析の応用例と著者らの研究　321
（1） 遺伝子発現の違いからのアプローチ　322
（2） 遺伝学的なアプローチ　323
（3） 著者らの研究―相同性の利用から逆遺伝学的アプローチへ―　326
4. おわりに　330

第 11 章　化学構造解析法 …… 音松俊彦 … 333
1. 天然物化学と構造解析　333
2. NMR を中心とした構造解析　335
（1） 一次元スペクトル　336
（2） 二次元スペクトル　339
（3） 化合物 A の同定　345
（4） 帰属後の検証　348
（5） 効率的な二次元測定　348
3. 著者らの研究　349
（1） アレロパシー物質　349
（2） ソバ種子に含まれるアレロパシー物質　350
（3） アレロパシー研究の今後の展開　354

索　引 …… 356

序　章

高校生物教科書の現状と問題点

この数十年をふり返り、高校の教科書で記載内容が最も大きく変化したのは生物ではないだろうか。数学を教えている先生から「数学は古典だ」という話を聞いたことがある。コンピューターを用いる処理が加わった程度で、教科書に記載されている内容のほとんどは200年前、あるいはそれ以前の人が考えたものであり、教科書が新しくなっても新しい知見が記載されることはない。

ところが生物学は、ワトソン（J. Watson）とクリック（F. Crick）によるDNAの二重らせん構造の発表が1953年であり、この数十年で大きく変化した。ヒトゲノム計画、ES細胞、助細胞による花粉管の胚珠への誘導など、教科書が新しくなると、最新の研究成果が記載されることも少なくない。

このような状況の中で、第一線で研究されて居られる先生方から、新しい知見が蓄積されつつある生物の機能について解説いただけることは、高校で生物を教えている教員にとってもありがたい話である。生徒の「理科離れ」が問題視されているが、最新の研究に触発され、生徒の興味・関心を引き出すことができるのではないだろうか。

ここでは、生物、特に植物が具備する生物機能が、高校教科書ではどのように取り扱われているのか簡単にまとめる。なお、教科書・資料集は「第一学習社」「数研出版」「東京書籍」の3社のものを参考にした。ベネッセの調査では、高校で採用予定の教科書は、生物Ｉにおいて第一学習社31%、数研出版29%、東京書籍19%の順で、上位3社で79%を占めている（図序-1）。

高校生物教科書では、生物の内容を大きく「生物Ｉ」（細胞・生殖と発生・遺伝・環境と動物の反応・環境と植物の反応）と「生物Ⅱ」（生命現象と物質・進化と分類・生物の集団）の項目に分けている（出版社によって若干の違いがある）。

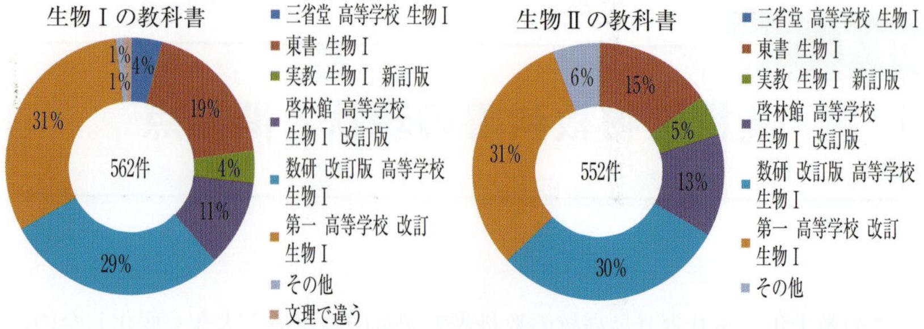

図序-1
出典：『2009 進研模試　教科に関するアンケート　結果報告冊子』p.57　Benesse

本書で取り扱う多くの生物機能は生物Ⅰ（環境と植物の反応）の項目に含まれる。この項目は、多くの高校生が受験する大学入試センター試験に、毎年出題される重要な項目である。また、教科書に新しい知見が記載されつつある分野でもあり、高校の生物教師も注目している。

1.「植物の運動」について

光・重力・接触など様々な種類の刺激に対する植物の反応の中で、「光屈性」についてはダーウイン（C. Darwin）の実験に始まり、ボイセン・イェンセン（P. Boysen-Jensen）の実験、パール（A. Paál）の実験（数研出版のみ）、ウエント（F. W. Went）の実験など数多くの実験が掲載されている。それによると、光屈性は、光側から影側組織に植物ホルモンのオーキシンが横移動する結果、影側のオーキシン量が増加し、反対に光側のオーキシン量が減少するために影側組織の成長が促進され、光側組織の成長が抑制されると説明されている（図序-2）。

この考えは、Cholodny-Went 説としてウエント（1928）らの実験結果によって強く支持されている。

しかし、教科書併用の図説・図録など詳しい資料を見ると、光屈性のしくみについて２つの説があることが記載されている。１つは Cholodny-Went 説で、

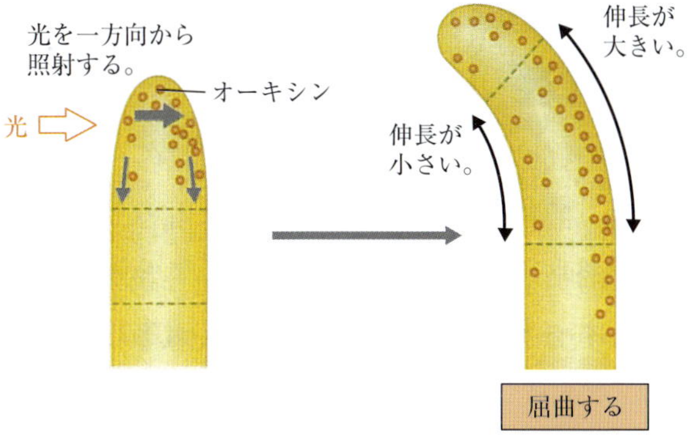

図序-2　光屈性のしくみ（Cholodny-Went説）
出典：『高等学校　改訂生物Ⅰ』 p.257　第一学習社

参考　光屈性の原因の再検討

アベナ試験法でオーキシン濃度を調べると、光の当たらない側は光の当たる側に比べて約2.5倍含まれるという結果が得られる。しかし、1989年、長谷川らが、微量な物質を測定する機器を用いて寒天中のオーキシン濃度を測定したところ、両側の濃度に差は見られなかった。

そこで、オーキシンの活性を抑制する物質の量を調べてみると、光の当たる側の寒天片で多いことがわかった。これらのことから、光屈性は、オーキシンの活性抑制物質が光の当たる側で合成されて起こるという報告もされている。

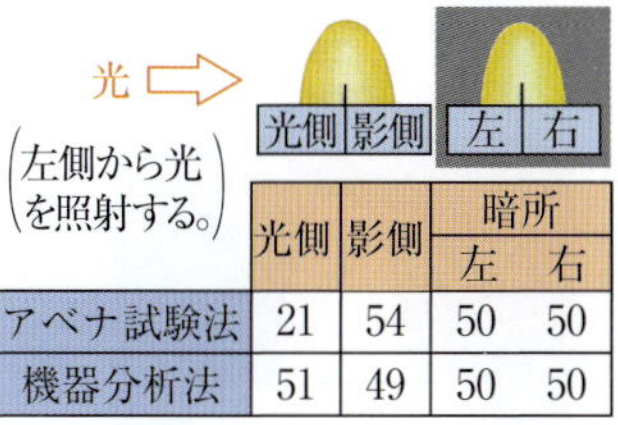

	光側	影側	暗所 左	暗所 右
アベナ試験法	21	54	50	50
機器分析法	51	49	50	50

光屈性に伴うオーキシンの分布

アベナ試験法および機器分析法での光側、影側の数値は、それぞれの方法で測定した暗所での寒天の片側のオーキシン濃度を50としたときの相対値である。

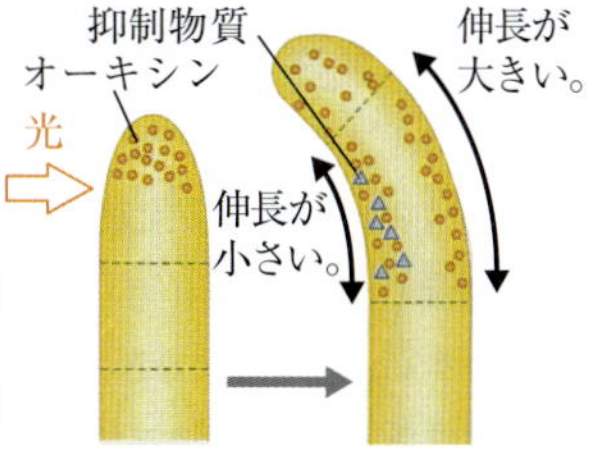

抑制物質の作用によってオーキシンの働きが妨げられ、光の当たる側の伸長が小さくなる。

図序-3　光屈性の原因の再検討（Bruinsma-Hasegawa説）
出典：『高等学校　改訂生物Ⅰ』 p.257　第一学習社）

もう１つは機器分析の進歩によって近年明らかとなった、光屈性はオーキシン活性抑制物質によるものであるとする Bruinsma-Hasegawa 説である。

平成 18 年検定、20 年発行の第一学習社の教科書には「光屈性の原因の再検討」として Bruinsma-Hasegawa 説が詳しく紹介されている（図序-3）。

これまでも、教師が用いる教授資料、生徒が使用する図説・資料集には Cholodny-Went 説と Bruinsma-Hasegawa 説の２つの説が紹介され、「どちらの説が正しいかはまだわかっていない」と記載されてきた。Bruinsma-Hasegawa 説は大学入試や全国模試にも出題されており、教科書に掲載されたことで、今後、Bruinsma-Hasegawa 説に基づく出題が増えることが予想される。高校教師として、生徒に２つの仮説の違いをしっかり理解させ、考察する力・面白さを養っていきたい。

以下、Bruinsma-Hasegawa 説が考察問題として出題された全国模試を抜粋、紹介する。

＝＝＝＝＝＝＝＝＝＝＝＝＝＝＝＝＝＝＝＝＝＝＝＝＝＝＝＝＝＝＝＝＝

実験１　イ暗所でアベナを発芽させ、さらにそのまま幼葉鞘が３～4cm になるまで成長させる。その後、幼葉鞘先端部を用いて、次のような二つの方法により、光を当てた側（光側）と光が当たらない側（陰側）、および暗所における各側の IAA 量をそれぞれ測定した。

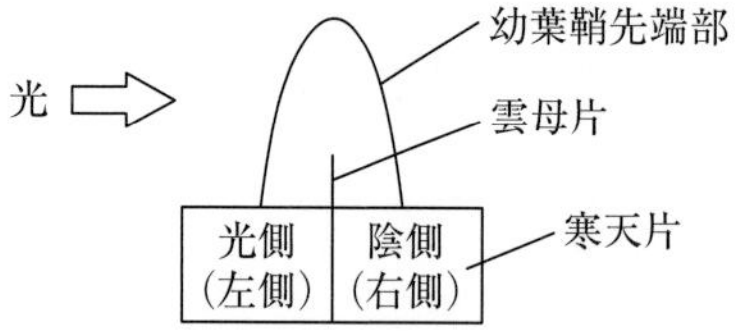

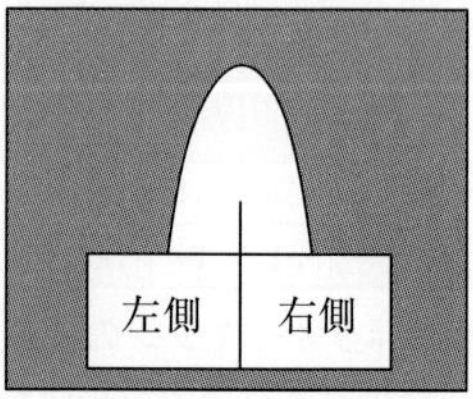

生物検定法（アベナ屈曲試験法）

ウ先端部を取り除いた幼葉鞘の切断面に IAA を含む寒天片をのせたとき、屈曲角が寒天片に含まれる IAA 量に比例することから、屈曲角を目安に IAA 量を間接的に測定する方法。ウェン

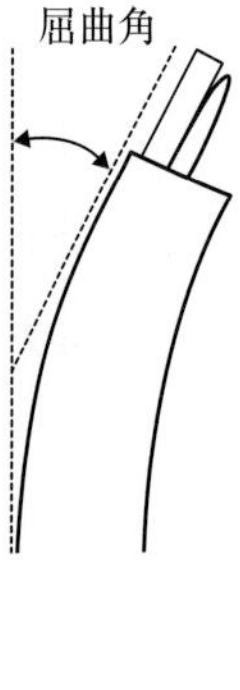

トの実験から考案された。

機器分析法

測定機器を用いてIAA量を直接測定する方法。

結果

表序-1　幼葉鞘先端部におけるIAAの分布

	明所		暗所	
	光側（左側）	陰側（右側）	左側	右側
生物検定法	21%	54%	50%	50%
機器分析法	51%	49%	50%	50%

考察

表序-1より、生物検定法による測定結果は、明所での陰側（右側）は54%、暗所での右側は50%であるのに対し、明所での光側（左側）は21%、暗所での左側は50%となっている。すなわち、左側の違いは大きいが、右側の違いは小さい。この結果から、明所では幼葉鞘で光側と陰側にIAAの不等分布が起こり、光の方向へ屈曲すると考えられる。しかし、機器分析法によりIAA量を直接測定した結果では、明所での光側と陰側のIAA量はほぼ等しくなっており、IAAの分布に差がみられない。

生物検定法と機器分析法による測定結果の違いを考察すると、IAA以外に、幼葉鞘が光の方向へ屈曲する要因が存在するものと考えられる。

問４　下線部イに関連して、暗所で発芽・成長させたアベナの幼葉鞘を用いる理由として最も適当なものを、次の①～④のうちから一つ選べ。

① 幼葉鞘の生育における温度の条件を一定にするため。

② 幼葉鞘に呼吸のみを行わせるため。

③ 幼葉鞘が光合成を行わないようにするため。

④ 幼葉鞘が屈曲しないようにするため。

問５　下線部ウで先端部を取り除いた幼葉鞘を用いる理由として最も適当なものを、次の①～④のうちから一つ選べ。

①　生物検定法を行う際に、寒天片を幼葉鞘にのせられないから。

②　幼葉鞘先端部は光刺激を受容するため。

③　幼葉鞘先端部で合成されるオーキシンの影響をなくすため。

④　幼葉鞘先端部があると屈曲角を正確に測定できないため。

問６　実験１の考察より、幼葉鞘が光の方向に屈曲するしくみについて考えられる仮説として最も適当なものを、次の①～④のうちから一つ選べ。

①　光側にオーキシンの活性を促進する物質が生じる。

②　陰側にオーキシンの活性を促進する物質が生じる。

③　光側にオーキシンの活性を抑制する物質が生じる。

④　陰側にオーキシンの活性を抑制する物質が生じる。

＝＝＝＝＝＝＝＝＝＝＝＝＝＝＝＝＝＝＝＝＝＝＝＝＝＝＝＝＝

出典：大学入試模試　第１回ベネッセ・駿台マーク模試　2006年９月実施

答えは問４が④、問５③、問６③である。この問題は生物検定法と機器分析法による測定結果の違いから、光屈性においてオーキシンの偏差分布が生じていないこと、また、光側にオーキシン活性抑制物質が生じていることを考察させる資料分析型の良問である。

Cholodny-Went説は、オーキシンの偏差分布による影側組織の成長促進、光側組織の成長抑制で光屈性を説明している。しかし、ダイコンなど多くの植物の光屈性において影側組織の成長促進は認められず、光側組織の成長抑制が屈曲の主な原因と考えられる[1)]（表序-2）。実際の植物の成長は、光側組織に生じるオーキシン活性抑制物質によるものであるとするBruinsma-Hasegawa説とよく一致する。

また、光屈性と直接関連づけた説明はないが「光環境と植物の成長」として、明所と暗所で育てた植物の成長の違いも教科書に掲載されている（図序-4）。この生理的矮化も、光により生成されるオーキシン活性抑制物質と関連づ

表序-2　ダイコン下胚軸に一方向から光を照射したときの伸長と屈曲角[1)]

Phototropism	Curvature (^{0})		Elongation increment (mm)	
(fluence)	60min	90min	Lighted side	Shaded side
Dark control	0±1	1±1	0.95±0.05	0.98±0.04
First positive (14 μmol·m^{-2})	7±2	15±3	0.70±0.06	0.91±0.04
Indifferent (138 μmol·m^{-2})	3±1	8±1	0.89±0.07	1.00±0.07
Second positive (1380 μmol·m^{-2})	17±2	31±2	0.32±0.10	0.99±0.11

出典：Journal of Plant Physiology 135 : 110-113 (1989)
The bending degrees and the growth rates of the dark control and unilaterally illuminated radish hypocotyls. Elongation was determined 60 min after the start of phototropic stimulation. Each value is the mean of 10 observations ± SE

けて考えることはできないだろうか。

植物が光に対して示す応答には、まだ解明されていないことも多く、今後、教科書がどのように変わっていくのか楽しみである。

図序-4　明所と暗所で育てた植物の違い
出典：『生物Ⅰ』p.264　東京書籍

なお、前述のように、高校生物教科書では、光屈性の説明の中でダーウインの実験やボイセン・イェンセンの実験が、確定的に記載されているが、本書及び数多くの学術書では、これらの古典的な実験が検証された結果、いずれの実験も誤っていることが指摘されている。教科書の出版社には、その記載の是非について検討していただきたい。

重力屈性も光屈性と同様にCholodny-Went説で説明されるが、その際、重要なことは「オーキシンに対する植物の器官の感受性の違い」である。

重力刺激を受けると、オーキシンは重力側へ移動する。その結果、重力側の

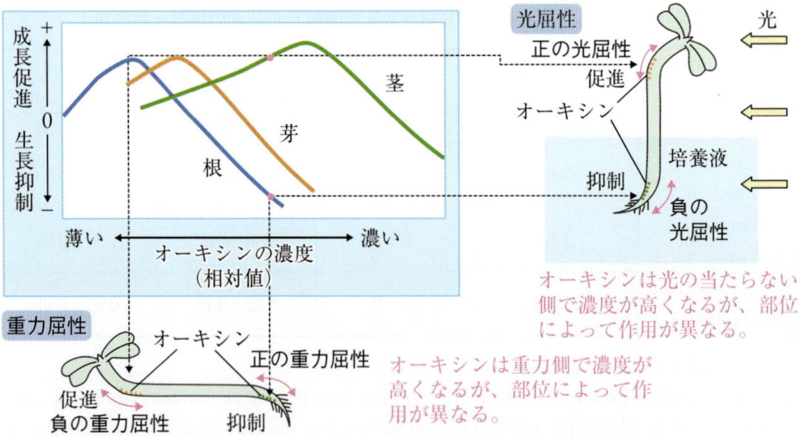

図序-5　オーキシン濃度の違いによる茎と根の成長と抑制
出典：『生物Ｉ』p.269　東京書籍

オーキシン濃度が高まり、根では成長が抑制され、茎では成長が促進された結果、根は正の重力屈性を示し、茎は負の重力屈性を示す（図序-5）。オーキシンに対する感受性の違いによって根と茎では、正・負それぞれ逆の重力屈性が起こる。

光屈性・重力屈性・頂芽優勢の説明に欠かせない「オーキシンに対する植物の器官の感受性の違い」に関する図は、以前の教科書では具体的な濃度まで示されていたが、現在の教科書では相対値のみ、または単に濃度の高低のみで示されるようになった（図序-6）。

教科書の図はティマン（K. V. Thimann）の実験結果に基づいている[2)]。しかし、ティマンの実験は材料や条件が明らかにされておらず、またこの図の再現性を認めた報告も存在しない。生徒が誤った理解をする可能性もあり、教科書から具体的な濃度が削除されたのは好ましいことである。

第一学習社の教科書では、この図から「芽の感受性の違い」も削除されている（図序-7）。頂芽優勢はオーキシンの濃度だけで説明できないことを考えると、学術的成果を反映しての削除であると思われる。

高校で生物を教える立場として、この図を元に植物の応答を説明すると納

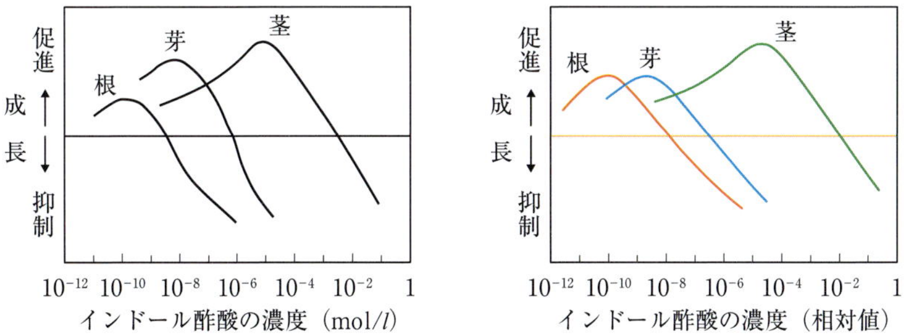

図序-6　オーキシンに対する植物の器官の感受性の違い
出典：左『改訂版　高等学校　体系生物』p.164　数研出版　平成3年発行
右『改訂版　高等学校　生物Ⅰ』p.225　数研出版　平成17年発行

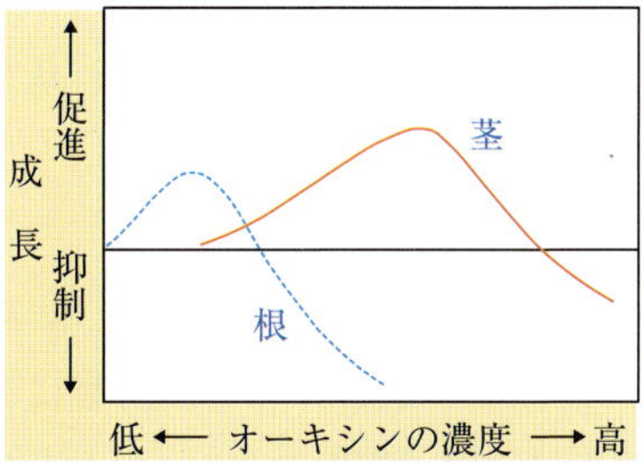

図序-7　オーキシン濃度と各部の成長
出典：『高等学校　改訂生物Ⅰ』p.257
第一学習社

得させやすいが、植物ホルモンの相互作用など、様々な要因が複雑にからみあって起こる植物の応答に対して、誤った認識を与える恐れもあり、教科書に記述の改善を望みたい項目の１つである。

数研出版と第一学習社の教科書には、トウモロコシの根の重力屈性に関して、根冠の役割が掲載されるようになった（東京書籍の教科書には記載なし）。

すなわち、根冠が重力方向を感知し、そこから伸長部に向かって成長を阻害する物質が移動するというものである（図序-8）。数年前の教科書には、根冠からの成長阻害物質の移動のみ示されていたが、現在の教科書では伸長部の成長阻害にオーキシンが関与していることが示されようになった（図序-9）。

根冠が重力の方向を感知して、オーキシンを分配して重力屈性が起こる仕組みは、トウモロコシに特有な反応なのか、それともすべての植物に当てはまる反応なのかなどの記載はないが、植物が重力の方向を感知する仕組みについても教科書で扱ってほしい。

光屈性と同様に重力屈性に関しても、「根冠による成長抑制」という新たに

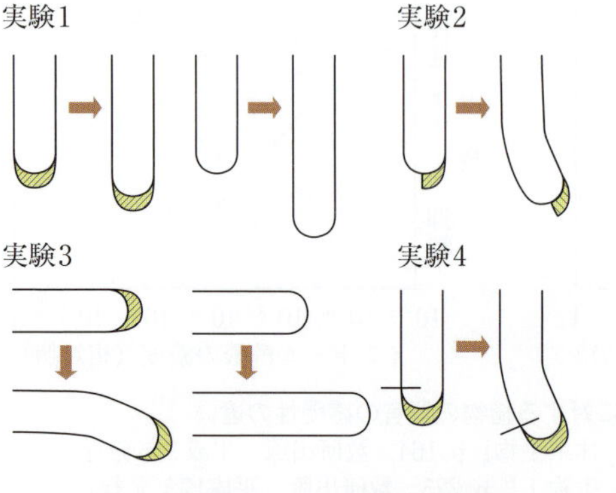

図序-8　根冠のはたらきを示す実験

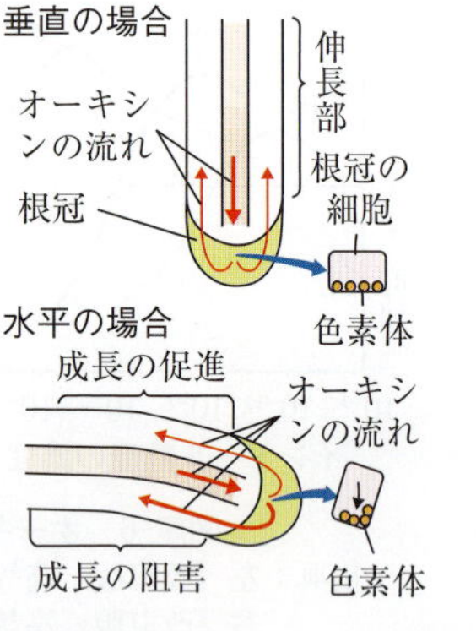

図序-9　根冠によるオーキシンの分配

出典：『改訂版　高等学校　生物Ⅰ』p.239　数研出版

教科書に掲載された内容から、大学入試センター試験に出題されているので、紹介する。

＝＝＝＝＝＝＝＝＝＝＝＝＝＝＝＝＝＝＝＝＝＝＝＝＝＝＝＝＝

植物体の成長には、細胞分裂による細胞の増加と、個々の細胞の伸長・肥大という二つの側面がある。根の場合には、先端に近い領域で活発な細胞分裂と細胞伸長がみられる。外部の環境に応じて根の成長は変化するが、これも細胞分裂か細胞伸長、あるいはその両方の作用による。トウモロコシの根の成長と重力屈性について、細胞分裂と細胞伸長がどのようにかかわっているかを知るために、以下の実験１～３を行った。

実験１　トウモロコシの芽生えから根を取り、その表面に黒鉛の粉で1mm間隔の印を付け、支持台に基部端（茎側の末端）で固定した。台は、根が鉛直になるように、湿室中に置いた。2時間後に黒鉛粉の位置を記録してから、根の縦断切片を作成し、酢酸オルセイン液で染色した。顕微鏡でこれを観察すると、染色体が明瞭な細胞とそうでない細胞があった。染色体が明瞭に見える細胞を分裂期の細胞として、その分布を記録した。黒鉛粉の位置の変化と分裂期の細胞の分布は、図1にまとめた。なお、図中で黒点は黒鉛の粉

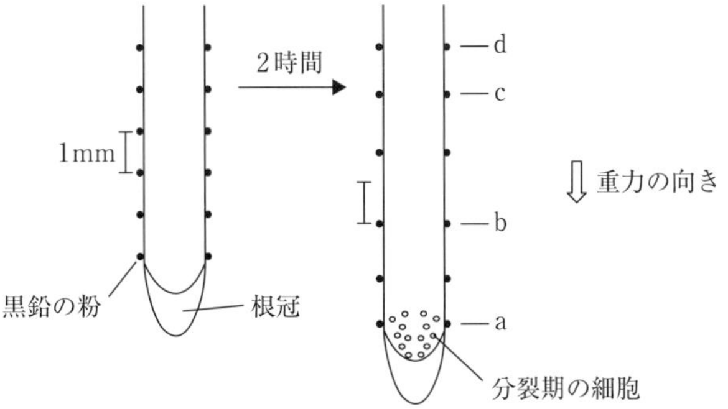

図1

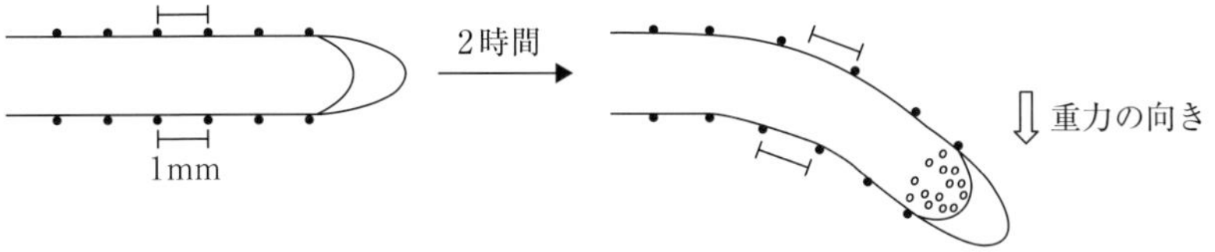

図2

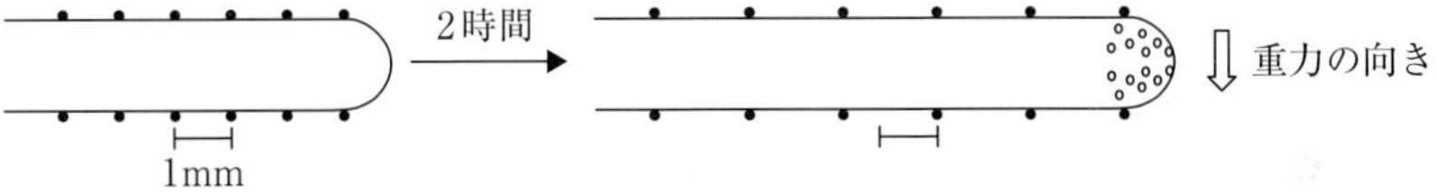

図3

を、根の脇の線は1mm の長さをそれぞれ表している。

実験２　実験１と同様に、黒鉛の粉で印を付けたトウモロコシの根を準備し、その直後に、根を固定した台を横倒しにした。すると、30分ほど経ってから、根が曲がり始めた。横倒しにしてから２時間後に、実験１と同じ方法で、黒鉛粉の位置の変化と分裂期の細胞の分布を調べ、図２にまとめた。

実験３　実験１と同様に準備したトウモロコシの根から根冠を取り除き、黒鉛の粉で印を付け台に固定した後、直ちに台を横倒しにして２時間置いた。実験１と同じ方法で、黒鉛粉の位置の変化と分裂期の細胞の分布を調べ、図

3にまとめた。

問３　実験1・2の結果から考えられる重力屈性の原因として最も適当なものを、次の①～④のうちから一つ選べ。ただし、「促進」や「抑制」は、根を横向きにする前と比較した表現である。

①　根を横向きにすると、上側の細胞伸長が促進されるから。
②　根を横向きにすると、下側の細胞伸長が抑制されるから。
③　根を横向きにすると、上側の細胞分裂が促進されるから。
④　根を横向きにすると、下側の細胞分裂が抑制されるから。

問４　実験1～3の結果から考えられる根冠のはたらきとして最も適当なものを、次の①～⑧のうちから一つ選べ。

①　根の細胞伸長を促進しており、横向きの根では下側の促進を弱める。
②　根の細胞伸長を促進しており、横向きの根では上側の促進を強める。
③　根の細胞伸長を抑制しており、横向きの根では上側の抑制を弱める。
④　根の細胞伸長を抑制しており、横向きの根では下側の抑制を強める。
⑤　根の細胞分裂を促進しており、横向きの根では下側の促進を弱める。
⑥　根の細胞分裂を促進しており、横向きの根では上側の促進を強める。
⑦　根の細胞分裂を抑制しており、横向きの根では上側の抑制を弱める。
⑧　根の細胞分裂を抑制しており、横向きの根では下側の抑制を強める。

問５　実験1～3の結果から、「重力を感知して成長を調節する情報に変換するのは、実際に成長が起こる領域ではなく、根冠である」と予想した。これを確かめるための追加実験として最も適当なものを、次の①～④のうちから一つ選べ。

①　鉛直方向を保った根から根冠を取り除き、その代わりに横向きにして30分置いた根の根冠を取り付けて、その後の成長の変化を見る。
②　鉛直方向を保った根の根冠に、これを縦に二分するように雲母片を差し込んで、その後の成長の変化を見る。
③　根を横向きにして4時間置き、根が大きく屈曲してから向きをいろい

ろと変えて、その後の成長の変化を見る。

④　根冠を取り除いた根を横向きに置き、30分後に鉛直方向に戻して、その後の成長の変化を見る。

出典：2005年度　大学入試センター試験　本試験　生物IB

答えは問3②、問4④、問5①である。この問題では根冠が根の細胞伸長を抑制することを考察させているが、抑制に関与する物質がIAAであること、根冠がオーキシンの分配を行うことに関しては触れていない。

茎の重力屈性に関しても、教科書に新たな記載が加わった。ヒマワリ芽生えの茎の重力屈性では、通常の芽生えの方が黄化した芽生えより屈曲の程度が大きい（図序-10）。緑化によって植物にどのような変化が生じているのか、重力によるオーキシンの移動のみで、この違いが説明できるのかなど、具体的な解説はないが、興味深い現象である。

図序-10　発芽条件による重力屈性の違い
出典：『生物Ⅰ』p.285　東京書籍

光屈性、重力屈性に比べると、就眠運動に関する記載は少ない。オジキソウやネムノキ、インゲン（図序-11）では、夜になると葉が折りたたまれて垂れ下がること、これは、葉枕と呼ばれる部分の膨圧が変化することによって起こる膨圧運動であり、

図序-11　インゲンの葉の就眠運動
出典：『生物Ⅰ』p.265　東京書籍

光傾性の１種であることが説明されている。

膨圧の変化が生じる仕組みや、植物の生存にとって、就眠運動がどのような役割を果たしているのかなどの記載があれば、高校生ももっと興味を示すと思われるだけに、教科書に記載されている内容が少ないのは残念である。

2.「植物対植物・微生物とのコミュニケーション」について

植物対植物の関係は、光や養分、水をめぐる競争が存在するため、植物群落は遷移すること、また、植物群落には階層構造が存在することを学習する。

しかし、植物が生産する化学物質によって同種または異種の植物、微生物、動物に及ぼす作用（アレロパシー）に関する記載はなく、第一学習社の教科書のみ、課題研究の中でセイタカアワダチソウのアレロパシーについて扱っている。筋肉による運動や会話のできない植物に、化学物質によって行うコミュニケーションが存在することを、多くの高校生は知らないのではないだろうか。

3.「器官相関・花芽形成と色素・老化と休眠」について

植物は、その成長段階や環境の変化に応じて植物ホルモンを作用させ、その生活を調節している。植物の生活と植物ホルモン（図序-12）として高校の教科書に登場するのは６種類のホルモン（オーキシン、ジベレリン、サイトカイニン、エチレン、アブシシン酸、花成ホルモン）のみで、ブラシノステロイドやジャスモン酸は扱われていない。唯一、第一学習社のみ、コラムとして、傷害や病原菌の侵入に対する植物の反応にジャスモン酸が関与することを示している（図序-13）。

ファイトアレキシンに関する記述は、高校の教科書には見られない。

頂芽優勢は図序-5で示した「オーキシンに対する植物の器官の感受性の違

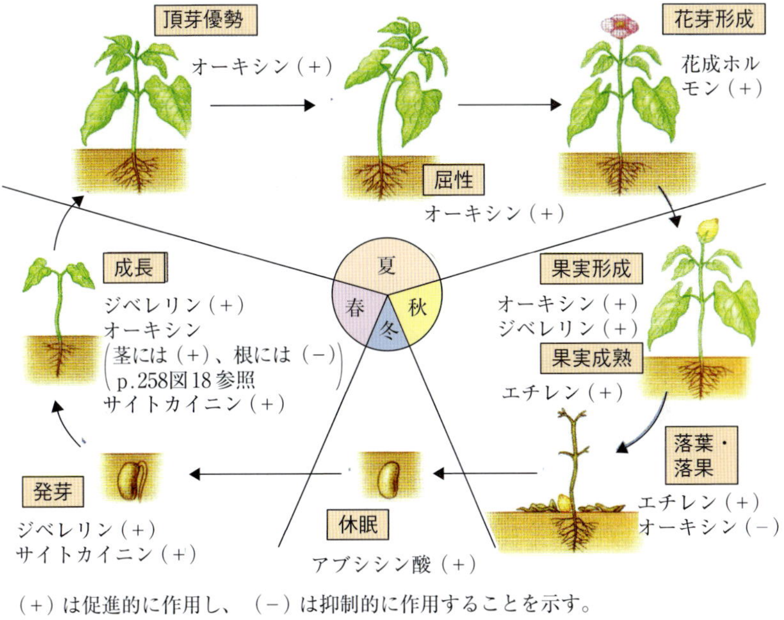

図序-12　植物の生活と植物ホルモン
出典：『高等学校　改訂生物Ⅰ』p.269　第一学習社

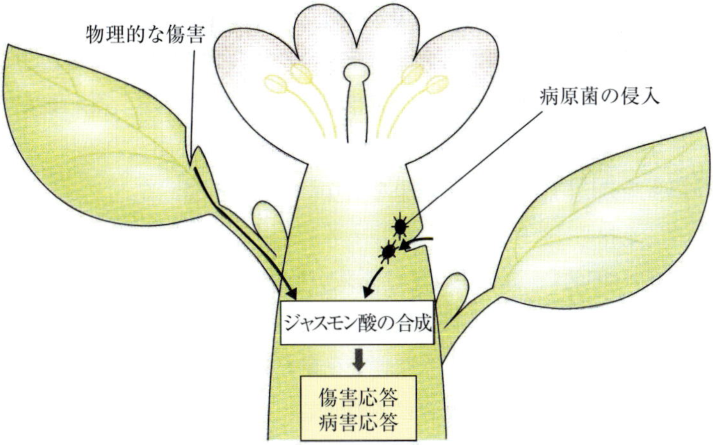

図序-13　傷害や病原菌の侵入に対する植物の反応
出典：『高等学校　改訂生物Ⅰ』p.279　第一学習社

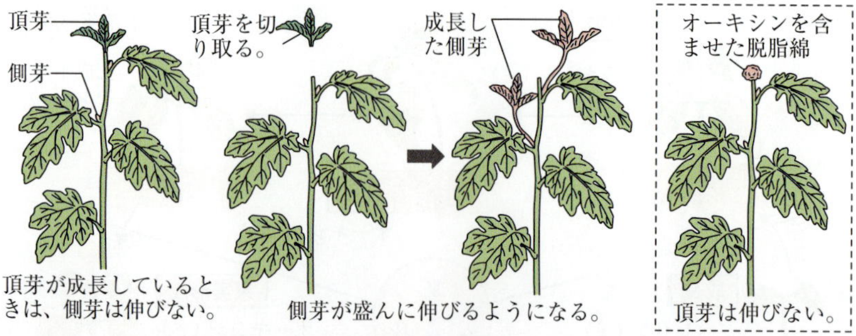

図序-14　頂芽優勢
出典：『高等学校　改訂生物Ｉ』p. 260　第一学習社

い」のグラフを用いて説明がなされている。すなわち、茎の先端部でつくられて降下したときのオーキシンの濃度では、頂芽の成長は促進されるが、側芽の成長は抑制される。頂芽を除去しても、切り口にオーキシンを与えると、側芽の成長は促進されない（図序-14）。

頂芽優勢に関して、教科書併用の図説・図録にはさらに詳しい解説が記載されている。第一学習社の図説では、頂芽で合成されたオーキシンが、頂芽の成長を促進し、側芽の成長を促進するサイトカイニンの働きを抑制すると記載されている。一方、数研出版では、頂芽を切り取ると側芽のオーキシン濃度が上昇し、サイトカイニンが高濃度のオーキシンのところに移動して側芽の成長を促すと記載されている。このような記載が正しいのかどうか、頂芽優勢におけるオーキシンとサイトカイニンの関わり、その他の調節物質の関与も含めて、最新の頂芽優勢に関する研究の成果を知りたいところである。

花芽形成について、高校生物では花芽が形成される条件について詳しく学ぶ。短日植物は限界暗期以上の連続した暗期が与えられると花芽を形成し、長日植物は限界暗期以下の連続した暗期で花芽を形成すること、また、春や初夏に開花する植物には、花芽の形成に冬の低温とその後の長日条件を必要とするものが多い、などである。

花成ホルモン（フロリゲン）については、接ぎ木と環状除皮をほどこした実験から、植物は葉で日長条件を感知して花成ホルモンをつくり、これが茎の先端部に運ばれて花芽を誘導する。また、花成ホルモンの移動速度は１時間に0.5m くらいであり、師管における物質の輸送速度とだいたい等しい。植物体内の輸送速度まで測定されているにもかかわらず、花成ホルモンの単離、同定はまだ成功していない。というのが教科書の記述である。

しかし、図説にはシロイヌナズナではＦＴ遺伝子が、イネではHd3a遺伝子（図序-15）がコードするタンパク質がフロリゲンの実体であることが示唆されており、近い将来、教科書にも反映されるものと思われる。

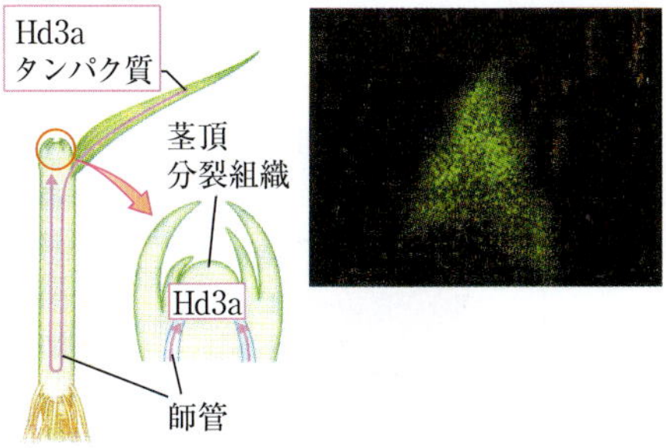

図序-15　フロリゲンの実体の解明
出典：『改訂版　スクエア最新図説　生物』p.201　第一学習社

花色素については、高校教科書では特に扱われていない。「細胞」の項目で液胞に含まれる色素としてのアントシアン、「遺伝」の項目で、２つの遺伝子が互いにその働きを補足しあって、花が有色になるスイートピーの補足遺伝子（図序-16）が、花色素の関する記述である。

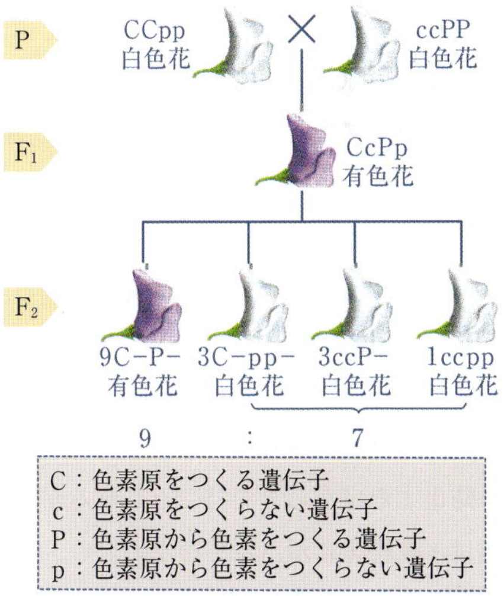

図序-16　補足遺伝子
出典：『高等学校　改訂生物Ⅰ』p.141　第一学習社

また、バイオテクノロジーの新しい技術の一端として、遺伝子の導入による青いバラの作出も掲載されている。本来バラには存在しない青色遺伝子を、パンジーから取り出し、バラに導入することで青色色素を合成する青いバラを作出する（図序-17）と

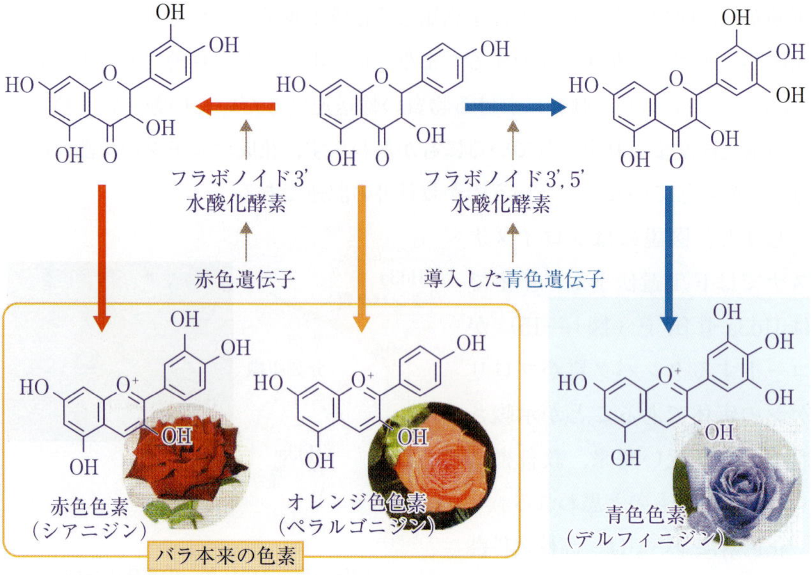

図序-17　バラの花の色と色素
出典：『改訂版　高等学校　生物Ⅱ』p.113　数研出版

いうもので、生徒も強い興味・関心を示す。

老化・休眠が起こる仕組みは、図序-12「植物の生活と植物ホルモン」で示されたホルモンによって説明される。葉の老化（落葉が誘導される時期）は、葉からのオーキシンの供給が減少し、エチレンが生成されるとともに、エチレンの感受性が上昇した結果、離層が形成される（図序-18）。外部からオーキシンを与えると離層の形成は抑制される。

以前の教科書ではアブシシン酸が離層を形成するホルモンと記載されていた時期もあったが、現在ではアブシシン酸はエチレンの生成を通して、落葉を促進すると説明されている。また、サイトカイニンには細胞分裂の促進や老化を防止するはたらきを持つとされるが、サイトカイニンによる老化防止の具体例は、教科書に示されていない。

種子や芽の休眠に関しては、アブシシン酸が休眠を維持するとあるが、その仕組みに関する記述は見られない。ジャガイモなど休眠する身近な食材も多い

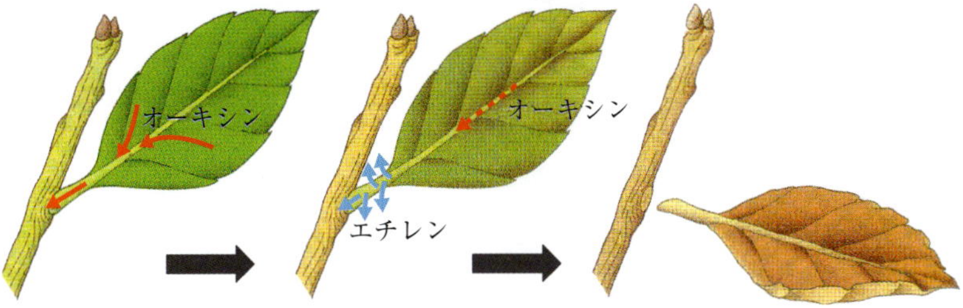

図序-18　エチレンによる葉の老化
出典：『生物Ⅰ』p.277　東京書籍

ので、その仕組みに学生は興味を示すのではないだろうか。

4.「遺伝子操作法・化学構造解析法」について

現在の教科書には、大腸菌の遺伝子組換えだけでなく、PCR法・DNA塩基配列の解析法など様々なバイオテクノロジーの技術が掲載されている。植物に関しても、これまで組織培養・細胞融合などの技術が紹介されてきたが、アグロバクテリウムを用いた植物への遺伝子導入法は、数年前の教科書には掲載の無かったものだ。おそらく日本で作出された青いバラの影響が大きいのではないかと思われる。その手法は、植物に寄生して腫瘍をつくるアグロバクテリウムのプラスミドに目的の遺伝子を組み込み、このアグロバクテリウムを植物に感染させる。目的の遺伝子が導入された細胞を選び培養すると、目的の遺伝子を導入した植物体が得られる（図序-19）というものである。教科書には、遺伝子導入の例として、日もちの良い実をつけるトマトや気温の低い地域でもよく育つイネ、ある除草剤に耐性のあるダイズ、害虫に対する抵抗性のあるワタなどの新品種が紹介されている。

最後に化学構造解析法については、生物ではなく化学の分野である。高校化学ではNMRなどを用いた化学構造解析法は学ばない。化学式の決定としては

①　元素分析：炭素化合物を完全燃焼させ、生じた水と二酸化炭素の質量か

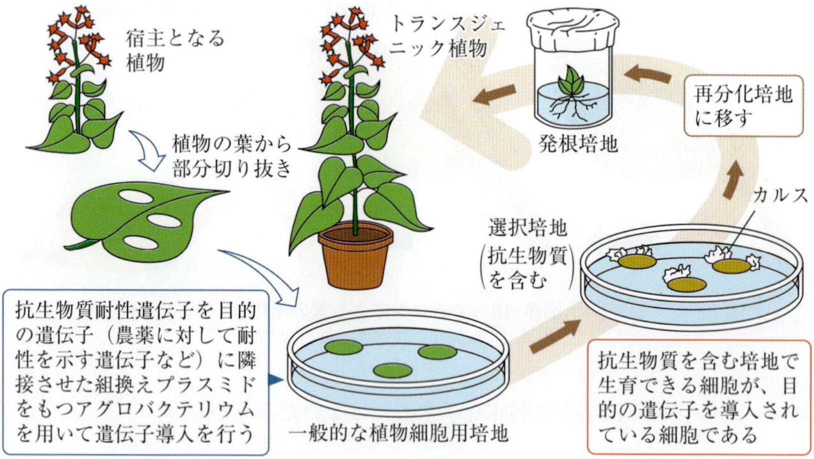

図序-19　アグロバクテリウムを用いた植物への遺伝子導入
出典：『改訂版　高等学校　生物Ⅱ』p.111　数研出版

ら組成式（実験式）を求める。

② 分子量を求め、分子式を決定する。

③ 化合物の性質から炭素化合物に含まれる官能基を決定し、構造式（示性式）を決定する。

試　料－－－－－－▸組成式－－－－－－▸分子式－－－－－－▸構造式

①元素分析　　②分子量　　③性　質

以上が高校化学の教科書に記載されている化学式の決定方法である。

生命探求の基礎科学として発展してきた生物学は、新しい技術の開発とあいまってバイオテクノロジーの時代をもたらし、今世紀の先端技術として注目と期待が寄せられている。また、新しい技術は、植物が具有する生物機能のメカニズムに新しい知見をもたらしつつある。

しかし、高校生物教科書では、屈性・頂芽優勢・花芽形成・老化・休眠など現象面の解説が中心であり、その詳細なメカニズムは扱われていない。種子の休眠にアブシシン酸が、果実の成熟や離層の形成にエチレンが関与していることは学ぶが、そのメカニズムを知ることはできないのである。

また、2003年施行の学習指導要領から「ゆとり教育」が始まり、学習内容・授業時数が削減され、深く学ぶことが難しくなった。特にゆとり教育の結果、難度の高い項目が押し込められた「生物Ⅱ」では、標準単位で教科書を終えることが困難となり「進化・分類」と「生物の集団」は選択履修することができるようになった。学習内容・授業時数が削減されても大学入試で要求される範囲・レベルに大きな変化はなく、受験対策に追われ、最も大切な生物の不思議・魅力を伝えるゆとりが失われたように思う。

現在、学生の学力低下からゆとり教育の見直しが行われつつある。高校生物教科書もこれを先取りして、参考・発展・探求活動の中で、最新の研究成果・発展的内容など生徒の興味・関心を喚起するテーマが数多く掲載されるようになった。例えば、「光屈性の原因の再検討」として掲載されたBruinsma-Hasegawa説は、光側組織から影側組織へ移動したオーキシンによる影側組織の成長促進が実際には認められないこと、光側組織の伸長抑制が屈曲の主な原因と考えられることなど、生徒は実際の植物の成長・屈曲に照らし合わせていろいろなことを考察している。現象を覚えるのではなく、考察させるよいケースではないだろうか。生徒の「理科離れ」が問題となっているが、覚える教科書から考えさせる教科書への転換、そして最近の研究成果・これから解明されるべきテーマの学習を通して、生物に対する探求心・考察力を育成する授業が必要であると思われる。

このような状況の中で、最新の研究成果を反映させ、より直接的な証拠に基づく解説書を目指して発行される本書は、植物に対する興味・関心を喚起し、その魅力・不思議さに気付かせ、生命に対する畏敬の念を育成するものと思われる。また、教科書に掲載されている様々な現象を、最先端の研究・学術的成果と関連づけて考えることは、自ら考えて新しい問題を発見し、これを解決する科学的能力や考察力を育成する大きな力になるものと確信する。

なお、2012年入学者から新学習指導要領が実施され、現行課程の「生物Ⅰ」「生物Ⅱ」は「生物基礎」「生物」に変更される。

参考文献

「教科に関するアンケート結果報告冊子」Benesse
「高等学校　改訂生物Ⅰ」第一学習社
「高等学校　改訂生物Ⅱ」第一学習社
「改訂版　スクエア最新図説生物」第一学習社
「改訂版　高等学校　生物Ⅰ」数研出版
「改訂版　高等学校　生物Ⅱ」数研出版
「改訂版　高等学校　体系生物」数研出版
「フォトサイエンス生物図録　改訂版」数研出版
「生物Ⅰ」東京書籍
「生物Ⅱ」東京書籍
「ダイナミックワイド図説生物　総合版」東京書籍
大学入試模試　第1回ベネッセ・駿台マーク模試　2006年9月実施
大学入試センター試験　本試験　生物IB 2005年度
1）Journal of Plant Physiology 135 : 110-113（1989）
2）American Journal of Botany vol.24 : 407-412（1937）

第 1 章 光受容体と光情報伝達

1. はじめに

植物は、移動することができる動物とは異なり、発芽した場所で生涯を過ごし、子孫を増やす生き物である。それゆえ植物には、生育環境からの情報を感知して、それに応じた生物機能を適切に発揮するための多様なしくみが備わっている。

植物を取り巻く環境情報の中で、極めて重要な役割を果たすのが「光」の情報である。植物にとって太陽から受け取る光は、生命活動のエネルギー源として利用されるばかりでなく、生育環境の時間情報と空間情報とを提供している。たとえば、植物は明暗の繰り返しを通じて１日をはかり、明暗の長さの変化によって季節をはかっている。また、植物は光の波長成分と強さの変化を感知し、時間、緯度、高度などの情報を獲得している。このように、植物は光の「質」と「量」を常に監視し、形態形成や天然物質生産などに必要な遺伝子プログラムを起動することで生育環境の変化に適応している（図 1-1）。

これまで、植物種によって多少の差はあるが、構造と性質が大きく異なる光受容体が３種類存在することが明らかになっている。それらは、主に赤色光と遠赤色光とを受容するフィトクロム（phytochrome: phy）、主に青色光を受容するクリプトクロム（cryptochrome: cry）とフォトトロピン（phototropin: phot）であり、近年これに加わる ZEITLUPE（ZTL）ファミリーなどの新たな光受容体群も発見されている。さらに、植物が受け取った光情報が生体内で伝達され、特定の遺伝子群の発現を引き起こすしくみが少しずつ明らかになってきた（図 1-1）。なかでも光形態形成には多くの光受容体と遺伝子発現が関わ

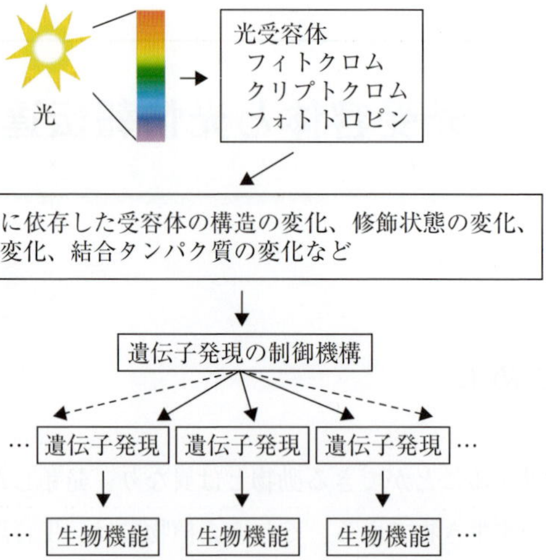

図1-1　光受容から生物機能発現に至る情報伝達経路の模式図

り、光受容から末端の遺伝子発現にいたるまで精巧な制御機構が存在する。

本章では、モデル植物のシロイヌナズナ（*Arabidopsis thaliana*（L.) Heynh）において、これまでに同定されている光受容体の特徴とその機能を概説し、受容した光情報を下流へ伝達するしくみを紹介する。さらに、著者らが取り組む最新の研究から、光形態形成における遺伝子発現を制御する分子メカニズムについて解説する。

2. 研究の歴史

（1） 植物の生物機能と光情報伝達

植物と光の関係を扱った研究の歴史は長いが[1-3]、1880年に出版されたチャールズ・ダーウィン（C. Darwin）親子の著書には、特に科学的な観点から光と植物の成長との関係の詳細な記述がある[4]。そのなかでダーウィンは、植物が方向性をもって成長することと、光の受容点と作用点とが離れていることから、何らかの物質がその間の情報伝達を担うことを提唱した。この考え方はその後の研究に継承され、光受容体や植物ホルモンの発見、光情報伝達とその制御機構の理解に大きく貢献した。

光が関わる植物の生物機能は、光の強さや波長によって異なり多岐にわたる。1980年代以降にモデル植物のシロイヌナズナを用いた遺伝学や分子生物学が確立して、この複雑な情報伝達制御機構の理解が飛躍的に進展した。たとえば、発芽、光形態形成、成長、開花、光屈性、避陰性、葉緑体光定位運動、気孔開口などはすべて光の制御下にあり、これらの現象に関わる主要な光受容体が明らかになりつつある（表1-1）。なかでも、光形態形成にはほぼすべて

表1-1　光で誘引される植物の生物機能とその情報伝達に関わる光受容体

生物機能	対応する主な光受容体
種子の発芽促進[5)]	phyA、phyB、phyE
光受態形成制御[2),5-9)]（胚軸伸長抑制、子葉展開、葉緑体分化など）	phyA、phyB、phyC、phyD、phyE、cry1、cry2、phot1、phot2
胚軸伸長方向制御[5)]	phyA、phyB
光屈性制御[2),7),9)]	phot1、phot2、cry1、cry2
節間伸長の抑制[5)]	phyA、phyB、phyE
避陰反応の抑制[5)]	phyB、phyD、phyE
避陰反応の拮抗作用[5)]	phyA
葉形態形成制御[2),5),9)]	phyA、phyB、phyC、phyD、phyE、phot1、phot2
気孔形成密度制御[5)]	phyB
気孔開口制御[2),7-9)]	phot1、phot2、cry1、cry2
葉緑体光定位運動（集合反応）[2),7),9)]	phot1、phot2
葉緑体光定位運動（逃避反応）[2),7),9)]	phot2
概日リズムの制御[5),7)]	cry1、cry2、phyA、phyB、phyD、phyE
日長感受性[5),8)]	phyA、phyC、cry2
花成誘導の抑制[5)]	phyB、phyC、phyD、phyE
花成誘導の促進[6),7)]	cry1、cry2
主根の成長促進[8)]	cry1
主根の成長抑制[8)]	cry2
根の重力屈性制御[5)]	phyB
根毛の成長抑制[5)]	phyB
凍結耐性の調節[5)]	phyB、phyD

表記された光受容体は、これまでにシロイヌナズナを用いた研究より、上記生物機能に関わる主要な因子として同定されたものである。

表 1-2　光受容体の表記について

	フィトクロム	クリプトクロム	フォトトロピン
遺伝子	*PHYA*、*PHYB*…	*CRY1*、*CRY2*…	*PHOT1*、*PHOT2*
変異体	*phyA*、*phyB*…	*cry1*、*cry2*…	*phot1*、*phot2*
アポタンパク質※	PHYA、PHYB…	CRY1、CRY2…	PHOT1、PHOT2
ホロタンパク質※	phyA、phyB…	cry1、cry2…	phot1、phot2

本文では研究者間で統一されている表記[10),11)]に準じて光受容体を表記した。
※ホロタンパク質はアポタンパク質に発色団が含まれたものをさす。

の光受容体が関わり、それぞれが重要な機能を担うことが示された。以下に、植物における光受容体と光情報伝達の研究の歴史を取り上げ、生物機能と光の関係について紹介する。なお遺伝子や光受容体などの表記法は表1-2に準ずる。

（2）フィトクロム（phytochrome: phy）

20世紀半ばには、種子の発芽において光スペクトル中の赤色光と遠赤色光が、それぞれ促進的および抑制的に働くことが明らかになり、これらの光を交互に照射したときには、最後に照射した光の働きが発芽に寄与することが判明した[12)]。同様に、開花が誘導された植物においては、赤色光と遠赤色光がそれぞれ開花に抑制的および促進的に働くことが示された[13)]。これら一連の生理実験から、赤色光吸収型と遠赤色光吸収型の間を可逆的に光変換する色素タンパク質の存在が提唱され、まもなくフィトクロム光受容体が発見された[14)]。その後、シロイヌナズナを用いた研究の発達とともに、フィトクロムの理解が進んだ。

シロイヌナズナにはphyA～phyEの5種類のフィトクロムが存在する[15)]。フィトクロムは約120 kDaのタンパク質で二量体を形成して機能する[16),17)]。単量体のフィトクロムの構造は、アミノ末端（N末端）側の領域とカルボキシル末端（C末端）側の領域とそれらをつなぐリンカー部分とに大きく分けられる（図1-2）。さらに、N末端側の領域には、N末端セグメント、PAS様ドメイン、GAFドメイン、PHYドメインがあり、C末端側の領域には、2つのPASドメインからなるPRDドメインとヒスチジンキナーゼ様ドメインとがある[18),19)]（図1-2）。アポタンパク質としてのフィトクロムは可視光を吸収しな

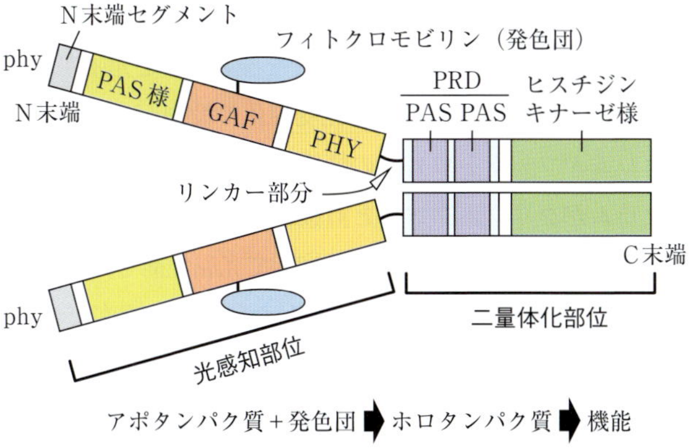

図1-2　フィトクロム分子に保存されるドメイン構造

いが、GAFドメインに開環テトラピロール構造のフィトクロモビリンとよばれる色素分子1分子を発色団として共有結合したホロタンパク質のフィトクロムは、赤色光と遠赤色光とを受容して可逆的な構造変換を起こす[20]（図1-2）。赤色光と遠赤色光に対するフィトクロムの反応は、赤色光吸収型（Pr型）のフィトクロムが、赤色光を吸収して活性型の遠赤色光吸収型（Pfr型）に変化することに起因する[18),19]（図1-12：詳細後述）。

フィトクロムのうちphyAとphyBとが主要な機能を担うが、細胞内におけるその動態は対照的である。phyAは暗所の芽生えに大量に含まれ、光に対して不安定なために明所では速やかに大量のPfr型phyAに変換され分解される。この不可逆的反応は暗所で生育する植物の光感受性を高めることに利用され、Pfr型phyAが分解されるまでの短期間に情報伝達を行うと考えられている[21]。一方phyB～phyEは、その蓄積量は少ないが明暗にかかわらず安定であり、発芽や伸長制御などの赤色光と遠赤色光との可逆的生理反応において機能する[5),22]（表1-1）。

（3）クリプトクロム（cryptochrome: cry）

青色光が芽生えの屈性に重要であることは古くから知られてきた[4]（表1-1）。現在では、後述するフォトトロピンが光屈性に関わる主要な光受容体であることが判明しているが、フィトクロムとクリプトクロムも関与することが報告されている[1]。たとえば赤色光照射後に青色光を照射すると光屈性における光感受性が高まるほか、光屈性における赤色光受容体の役割が示されている[1]。そこで、フィトクロムがフォトトロピンの情報伝達を介して光屈性を制御するモデル、フィトクロムがクリプトクロムと直接結合して特定条件下の光屈性を制御するモデル、フィトクロムが重力屈性を抑えて光屈性能を高めるモデルなどが提唱されている[1]。光屈性の解明に端を発した研究は、現在では伸長成長の抑制、アントシアニン合成促進、気孔の開口、葉緑体光定位運動、原形質流動の促進など、青色光が誘導するさまざまな生物機能の解明に発展している。1990年代、シロイヌナズナを用いた遺伝学的研究が進むなか、青色光における伸長成長が抑制されない変異体の原因遺伝子が同定され、クリプトクロム 1（*CRY1*）と名付けられた[23]。その後 *CRY1* と遺伝子配列の相同性が高い *CRY2* が同定され[24]、この 2 つの遺伝子がコードするタンパク質が青色光の受容体であることが判明した。また、*CRY1* と相同性が低く、起源や働きが異なる DASH クリプトクロムに分類されるオルガネラ局在型の *CRY3* も報告されている[8), 25]（図 1-3）。

CRY1 アポタンパク質は約 75 kDa で、N 末端側のアミノ酸配列は光回復酵素と高い相同性を示す。光回復酵素は青色光を吸収して、紫外線による損

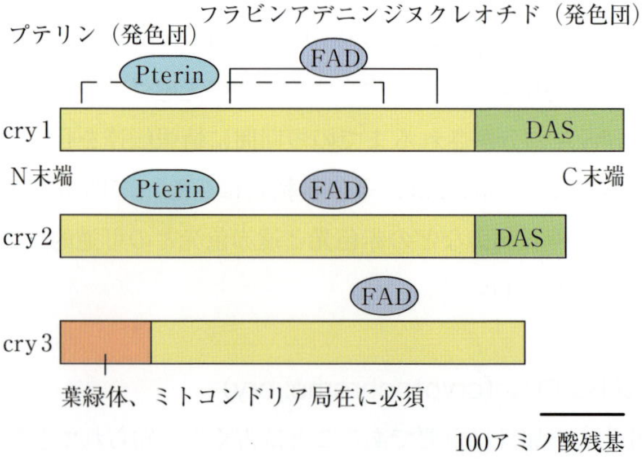

図1-3　クリプトクロム分子のドメイン構造

傷DNAを酸化還元反応により修復する酵素である。cry1とcry2は、ともに光回復酵素活性はもたないが、N末端側のこの領域に2種類の発色団、フラビンアデニンジヌクレオチド（FAD）とプテリン（Pterin/MTHF）が非共有結合して、cryホロタンパク質として青色光を吸収する[26),27)]（図1-3）。青色光を受容したcry1の最初の反応は、CRY1のトリプトファンとチロシンからFADへと電子を伝達し、FADを還元化することであり、このFADの還元化反応がその後のcry1の自己リン酸化に重要であることが判明している[28)]。一方、クリプトクロムのC末端側のDASドメインは（図1-3）、光受容後の情報伝達に重要であると考えられている[29),30)]。

クリプトクロムが機能するためにはリン酸化が重要である。暗所で生育したシロイヌナズナのCRY1は、青色光を受容すると光強度に応じてリン酸化の程度が増加する[8)]。また、CRY1はN末端を介して二量体を形成するが、この機能が欠損した変異体ではリン酸化も起こらないことから、cry1の二量体化がリン酸化に重要であると考えられる。さらに*in vitro*では、CRY1のC末端領域がphyAによりリン酸化されることや、光に応答してCRY1が自己リン酸化されることが示されている。CRY2もCRY1同様、青色光の強度と受容時間に応答してリン酸化の程度が増加するが、リン酸化がある程度に達すると分解される[31)]。

（4）フォトトロピン（phototropin: phot）

フォトトロピンもシロイヌナズナにおいてその機能が詳細に解明された青色光受容体である。まず*PHOT1/NPH1*が光屈性に異常を示す変異体の原因遺伝子として同定され、光屈性の早期の情報伝達を制御する因子であることが判明した。ついで遺伝子配列の相同性から*PHOT2/NPL1*が同定された[32-34)]。さらに近年、フォトトロピンに保存されるLOVドメインの構造を共有するZTLファミリー（シロイヌナズナでは、ZTL、FKFI、LKP2によって構成される）が同定され、フォトトロピンとは異なる機能を有する新たな青色光受容体として機能解析が進んでいる[7),9),35),36)]（図1-4）。

シロイヌナズナの*PHOT1*と*PHOT2*は、約120 kDaのタンパク質をコー

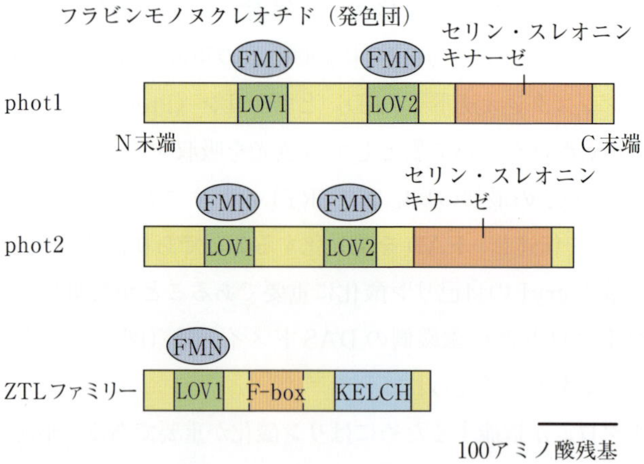

図1-4　フォトトロピン分子のドメイン構造とZTLファミリー分子に保存されるドメイン構造

ドしている[32-34]。フォトトロピンのN末端側には発色団（フラビンモノヌクレオチド、FMN）が結合するLOVドメインが2か所あり、C末端側には典型的なセリン・スレオニンキナーゼの配列がある（図1-4）。LOVドメイン部分の吸収スペクトルは紫外線UV-Aと青色光の領域に大きなピークを示し、暗所においてそれぞれ1分子ずつのFMNと非共有結合状態にある2つのLOVドメインは、光の受容とともにFMNとフォトトロピンアポタンパク質のシステインとの間で共有結合する。この結合によってフォトトロピンは構造変化を起こし、C末端領域の酵素活性が高まり、情報伝達が行われる[37]。また、この反応は可逆的で、青色光で活性化されたフォトトロピンは、暗所で再び基底状態に戻る。

光応答においてフォトトロピンの2つのLOVドメインはそれぞれ機能が異なる。LOV2は、光受容において中心的役割を果たし、暗所ではC末端側のセリン・スレオニンキナーゼ活性部位に結合して、その機能を阻害している[38]。青色光の受容と同時に、フォトトロピンの立体構造が変化して、酵素活性が誘導されるしくみである[38]。一方、LOV1はフォトトロピンの二量体化に不可欠であると同時に、暗所下でLOV2の基底状態回復を遅延させる働きをもつと考えられている[39),40)]。

フォトトロピンのセリン・スレオニンキナーゼの機能と情報伝達については不明な点が多い。*in vitro* では、phot1 と phot2 は共に自己リン酸化を受け、特に phot2 はカゼインを基質としてリン酸化することができる[38)]。*in planta* では、酵素活性の基質となる標的タンパクが未だ同定されていないが、フォトトロピンのリン酸化部位の解析から、フォトトロピンのC末端側のキナーゼドメインのリン酸化が情報伝達に不可欠であることが示されている[41)]。

3. 著者らの研究

（1） 光受容体と光形態形成

光形態形成は植物において重要な生物機能である。暗所で育ったシロイヌナズナの芽生えは光を求めていわゆるモヤシ状になり、長く徒長した胚軸の先にフックをもち、小さく閉じた黄色い子葉と、短い根という形態を示す（図1-5）。一方、光を受けた芽生えは、胚軸の伸長が抑制され、緑化した子葉が展開し、根が伸び始める。光に誘導されるこの一連の形態形成は『光形態形成』と呼ばれ、遺伝子発現が複雑に制御される過程である。これまでの研究から、フィトクロム、クリプトクロム、フォトトロピンのほぼすべての光受容体が光形態形成に関わることが明らかになっている（表1-1）。以下に著者らの研究を交えて光形態形成に関わる遺伝子発現の制御機構について紹介する。

1990年頃、光形態形成を制御する因子を同定するために、複数の研究グループがシロイヌナズナを用いて、暗所において光形態形成を示す変異体を多数単離した（図1-5）。その後、これらの変異体の原因遺伝子は10個の遺伝子座に整理されて、*COP/DET/FUS* 遺伝子群と名付けられた[42)]。*COP/DET/FUS* 遺伝子群は、光情報伝達経路の早い時期に機能するものと考えられている（図1-6）。

これまでに光形態形成には多くの光受容体が関わることが判明している（表1-1）。野生型の植物は、遠赤色光のもとで光形態形成を行うが、*phyA* 変

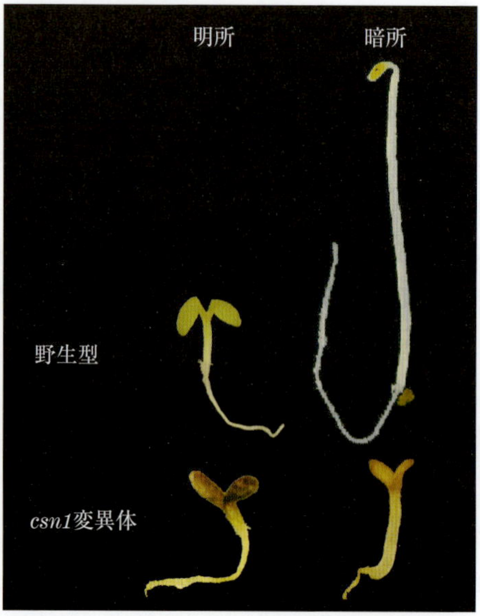

図1-5　シロイヌナズナの***csn1***変異体

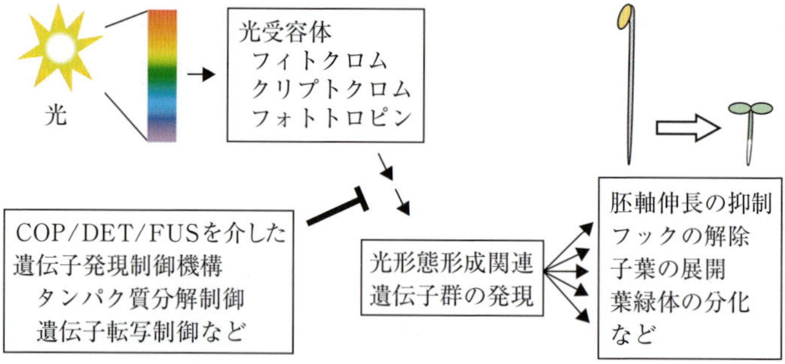

図1-6　光情報伝達経路においてCOP/DET/FUSは光形態形成の抑制因子である

異体がモヤシ状の形態を示すことから、遠赤色光における光形態形成にphyAが関与していることが示唆されている[5]。5つのフィトクロムはそれぞれ光形態形成に重複した機能をもち、さらにクリプトクロムと協調して働くことがわかっている[5]。一方、フォトトロピンはクリプトクロムと多くの機能が重複しているが、光形態形成においてはクリプトクロムと独立して機能することも明らかになっている[43]。植物に受容された光の情報が、どのように光形態形成に関わる遺伝子の発現に結びつくか、そのメカニズムをひもといてみる。

（2） 光形態形成における情報伝達の鍵因子：COP9シグナロソーム（CSN）

遺伝学と生化学とを組み合わせた研究から、*COP/DET/FUS*遺伝子群がコードするタンパク質の一部は、核においてCOP9シグナロソーム（COP9 signalosome: CSN）と命名されたタンパク質複合体を形成し、光受容体の下流で光情報伝達を制御することが判明した[44]。シロイヌナズナにおける*CSN*の機能欠損変異体は、明暗に関わらず光形態形成を示すため（図1-5）、CSNは光形態形成過程を抑制していると考えられる（図1-6）。さらに、*csn*変異体は、最終的には致死となることから、CSNの機能は植物の生存に不可欠である[42), 44]。その後、CSNが植物だけでなく、ヒト、線虫、酵母などさまざまな生物に保存された複合体であることが明らかになり、その普遍的な役割が明らかになっている[45), 46]。

CSNは、その分子量の大きさ順にCSN1～8と名付けられた8つのサブユニットから構成されている[45]（図1-7）。これらのうち、CSN5とCSN6はN末端領域にMPNドメインを、残り6つのサブユニットはC末端領域にPCIドメインを保有する[45]。PCIドメインは、複合体を形成するためのプラットフォームとして機能していると考えられてきたが、近年はDNAと結合するモデルも提唱されている[46), 47]。一方、CSN5のMPNドメインはメタロイソペプチダーゼ活性を内包しており、CSNの重要な機能の一つを担っている。

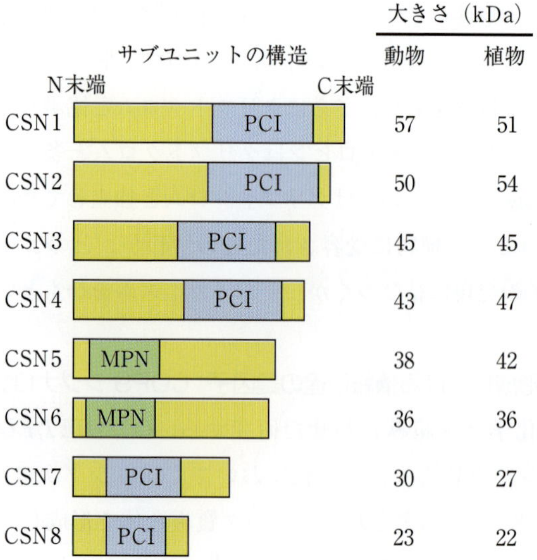

図1-7　CSNを構成するサブユニット構造の模式図と動植物間の比較
（動物：ヒト、植物：シロイヌナズナ）

（3）核におけるCSNの役割

生体内で不要となったタンパク質の中には、ユビキチン－プロテアソーム系タンパク質分解により細胞内で分解を受けるものがある。このシステムにおいて、76個のアミノ酸からなるタンパク質「ユビキチン」が、活性化酵素（E1）、結合酵素（E2）、リガーゼ（E3）から構成された複合酵素系により標的タンパク質に共有結合する[48)]（図1-8）。さらにこの反応が繰り返されることで標的タンパク質はポリユビキチン鎖を付加され（ポリユビキチン化）、26Sプロテアソームによる認識、分解を受ける。この際、標的タンパク質の特異性を決定しているのはE3である（図1-8）。

光を受容した植物細胞の核では、光情報に応答するために情報伝達の下流の遺伝子発現が精密に制御されている。この時、光情報伝達に関わるさまざまな制御因子や遺伝子発現に関わる転写因子が、タンパク質のレベルで制御される。CSNはユビキチン－プロテアソーム系タンパク質分解を核内で調節して、

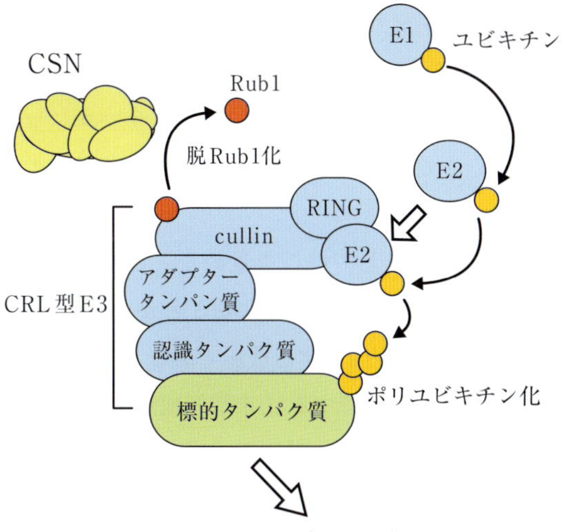

図1-8　CSNによるユビキチン・プロテアソーム系を介したタンパク質分解制御機構のモデル

情報伝達を制御している[46), 47), 49)]（図1-6）。

最もよく知られているCSNの役割として、CSN5のメタロイソペプチダーゼ活性による「脱Rub1化」がある[50-52)]。この「脱Rub1化」とは、CRL（cullin-RING ubiquitin ligase）型のE3からユビキチン様タンパク質であるRub1（動物ではNedd8）を取り外すことであり、これによりE3の活性が調節される[50-52)]。すなわち、CSNはE3の活性調節を通してユビキチン－プロテアソーム系タンパク質分解を制御しているのである。そしてこのメカニズムを用いて、光形態形成の遺伝子発現に関わるタンパク質の安定性が、巧妙に制御されている[46), 47), 49)]。

近年、CSNによるユビキチン－プロテアソーム系タンパク質分解制御に関する研究が確立されてきたが、決してこれだけがCSNの役割ではない。これまでに、細胞周期制御、遺伝子発現制御、DNA修復機構への関与など、細胞内の重要な生物機能においてCSNが関与することが示唆されている[47), 53), 54)]。今後、これらの現象において、CSNが担う分子メカニズムを解明する研究は、細胞内の情報伝達を理解する上で不可欠である。

（4） CSN が関わる分子メカニズムの解明

著者らは、CSN が担う細胞内でのさまざまな役割を分子レベルで明らかにすることを目的として研究を行っている。CSN をサブユニットレベルで 1 つずつ詳細に解析し、そこで得られた知見を総合して複合体としての機能を明らかにしようと試みている。

CSN1 サブユニットに着目して解析を進めたところ、CSN1 は単量体で存在することなく複合体においてのみ存在することが明らかとなったことから、我々は CSN1 の機能は CSN が内包する機能であると考えた。詳細な解析の結果、CSN1 の PCI ドメインを保持する C 末端領域が CSN の複合体形成に必須であることが判明した（図 1-9）。一方、N 末端領域には coiled coil ドメインがあり、複合体から突出したこの領域は、ヒトでは MAP 情報伝達経路を抑制し、植物では成長に不可欠であることが明らかになった[55), 56)]（図 1-9）。また、CSN1 の N 末端領域が担うこれらの機能は、既知のユビキチン－プロテアソーム系タンパク質分解調節を介していないことが明らかになった。そこで、さらにこの CSN1 の N 末端領域が担う制御の分子機構を解明するために、動物、植物の双方より CSN1 の N 末端領域に相互作用するタンパク質の単離を目指した。

相互作用タンパク質の単離には 2 つの手法、① CSN1 の N 末端領域をあらかじめ発現させ、このタンパク質と直接結合するタンパク質を *in vitro* で単離する共沈降法、②シロイヌナズナ cDNA ライブラリーに対して、CSN1 の N

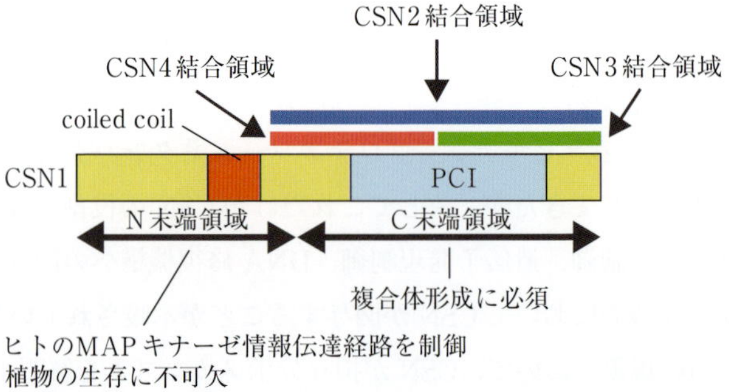

図 1-9　CSN1 サブユニットの構造の模式図とその機能

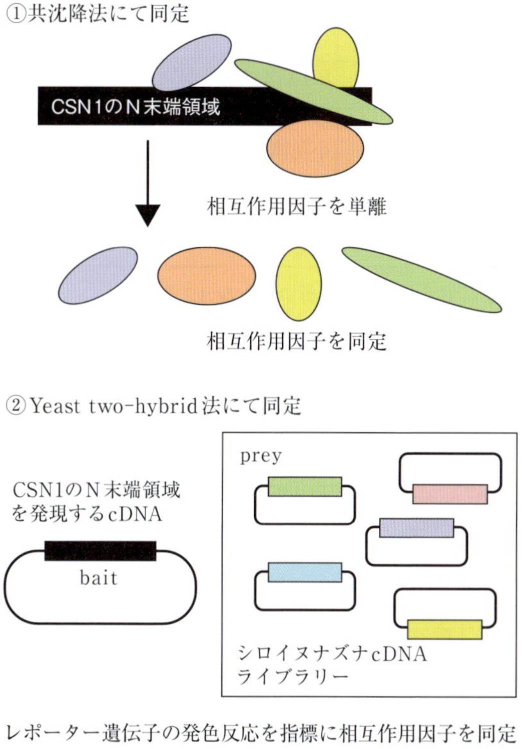

図1-10　CSN1アミノ末端領域結合因子を単離するための手法

末端領域をbaitとしたYeast two-hybrid法を用いた（図1-10）。これらの解析から、これまでにmRNAプロセシング関連因子、転写因子、植物ホルモン関連因子などが単離同定され、そのうち複数の因子がCSN1と直接結合することを明らかにしている[57)]（表1-3）。

興味深いことに、単離されたmRNAプロセシング関連因子の１つは、ヒトにもシロイヌナズナにも存在し、どちらもCSN1のN末端領域と直接結合することが明らかになった[57)]（表1-3）。一方、現在までに単離されている転写因子および植物ホルモン関連因子はどちらも植物固有のものであり、動物には存在しない。このことから、CSNには動植物に共通した分子メカニズムが存

表 1-3　CSN1 の N 末端領域と相互作用するタンパク質

タンパク質	推定機能
SAP130/SF3b-3[56)	RNA スプライシング、転写
Ddx15/mDEAH9/prp43[56)	RNA スプライシング
ERp44 様タンパク質[56)	小胞体内腔タンパク質、酸化ストレス認識
CPSF6/CFIm68[56)	mRNA 3'プロセシング
植物固有の転写因子※	未知
植物ホルモン応答因子※	未知

※複数含まれており、詳細解析中である（未発表）。

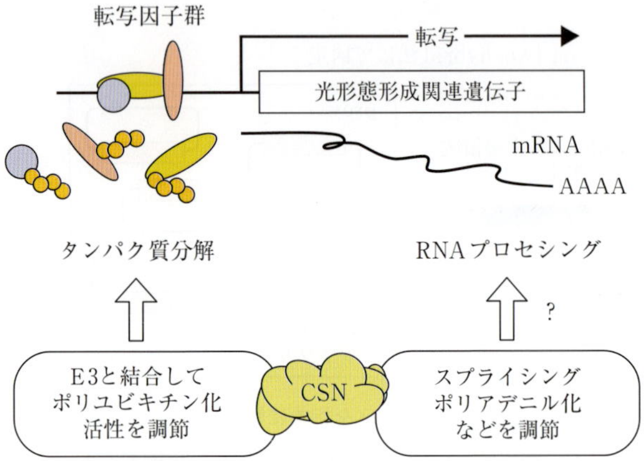

図 1-11　光形態形成を制御するCSNの分子メカニズムのモデル

在する一方、それぞれの生物に固有の分子メカニズムが存在することが示唆される。また、CSN が数多くの因子と相互作用することにより、細胞内でのさまざまな情報伝達に関与していることも明らかである。現在、これらの CSN1 の N 末端領域結合因子の機能および、生体内でこの結合がどのような役割を担っているのかを明らかにするべく、解析を進めている。そしてこれらの解析は、細胞周期制御、遺伝子発現制御、DNA 修復機構、光形態形成など、根源的な生命現象における CSN の分子メカニズムの解明に必ずつながると著者らは考えている（図 1-11）。

(5) CSNの研究の特徴

タンパク質複合体の機能解析は複雑である。複合体に結合する因子として単離されたタンパク質群と、サブユニットの特定機能部位のみを用いて単離されたタンパク質群が常に一致するとは限らない。たとえば、著者らの研究のようにCSN複合体全体を用いて同定できなかった相互作用因子を、CSN1のN末端領域のみを利用して同定できる場合がある。CSN1は複合体内でしか検出されないため、これら相互作用因子は複合体の機能を担っていると言えるが、これも検出の技術的な限界が問題となる。また、CSN5のように細胞内でその存在様式が、複合体と単量体とにおよぶ場合や、別の複合体やサブコンプレックスを構成する場合は、その機能解析に注意が必要となる[54),58)]。いずれの場合も、*in vitro*で得られた知見を*in vivo*で詳細に解析することが重要である。これまでCSNの研究においては、生化学や情報伝達マーカーが揃う動物の研究系と、遺伝学や逆遺伝学に加え、個体や組織レベルでの解析が行いやすい植物の研究系とが、相補的に機能解析を進めている。CSNの研究は、1つの手法だけにとらわれることなく、複数の手法を用いて解析を行うことで、複合体の新たな一面が明らかになった顕著な例である。

4. 光受容体と光情報伝達のメカニズムのまとめ

(1) 光受容体から植物の生物機能の起動まで

光の受容によって誘導された情報伝達は、最終的に核における遺伝子発現を制御することで、生物機能の実行へとつながる（図1-1）。その時の情報伝達様式は多様で、光受容体そのものが細胞質から核に局在を変えるものと、光受容体が構造変化または修飾されることで情報をつぎの分子に伝達するものとが知られている。

光受容体そのものが局在を変える例としては、フィトクロムとクリプトクロムがある。フィトクロムは、光によって活性化され、細胞質から核に移行する[59)]。フィトクロムが核へ移行するしくみは、phyAとphyBとで異なる

(図 1-12)。phyA では FHY1、FHY3、FHL、FAR1 などの核局在シグナルをもつタンパク質との結合が不可欠である一方、phyB では立体構造が変化して N 末端側の領域で覆われていた C 末端側の領域にある核局在シグナルが露出することが不可欠である[60] (図1-12)。そして核に移行したフィトクロムは、たとえば bHLH 型の PIF 転写因子群などに直接結合して、さらに下流の光形態形成の関与遺伝子の発現を制御する[61]。一方、フィトクロムと PIF 転写因子群と間の情報伝達には、これまでにいくつかのモデルが提唱されている。PIF 転写因子はフィトクロムと結合するとリン酸化されて、これがきっかけとなりユビキチン－プロテアソーム系タンパク質分解経路によって分解される。このことを踏まえ、PIF 転写因子が光応答反応の負の制御因子として核に存在

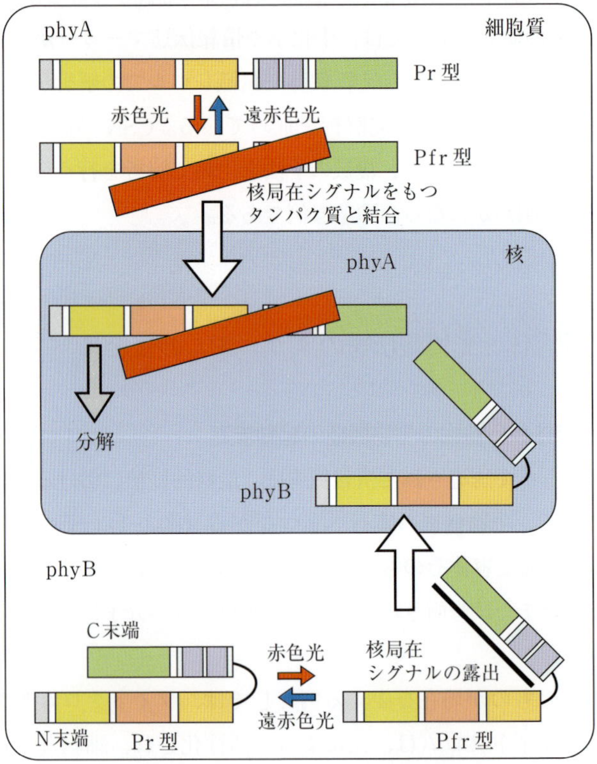

図1-12　フィトクロムの核局在様式

し、それを分解することで下流の遺伝子転写を速やかに促進するモデルが提唱されている[62]。実際、フィトクロム、PIF転写因子群、そしてCOP/DET/FUSの一つでE3活性をもつCOP1は、核の顆粒状の構造において共局在することが判明している[60),62]。

クリプトクロムにおいては、CRY2は常に核に局在する一方、CRY1は暗所では核に、明所では主に細胞質に局在する。そして核に局在するクリプトクロムはクロマチンと相互作用することが判明している[62]。一方、cry1とcry2のC末端側の領域のみを切り離して（CCT1、CCT2)、それぞれβグルクロニダーゼ（GUS）のC末端側に融合し、植物で発現させると、共に暗所で光形態形成が進行する*cop/det/fus*変異体と同様の形態を示す。さらに、CCT1とCCT2とは光の条件にかかわらず直接COP1と結合することから、クリプトクロムのC末端側の領域は、光受容後の情報伝達に重要であると考えられている[63]。

一方、フォトトロピンでは、局在変化よりも翻訳後の修飾が重要である可能性が高い。暗所で細胞膜に局在するphot1とphot2は、青色光の受容と共にphot1の一部は細胞質に、phot2の一部はゴルジ体に局在するようになる[7),9),36]。今後、この局在の変化とフォトトロピンの情報伝達制御機構の相関が明らかになるものと期待される。

（2） タンパク質分解を介した光形態形成

光情報伝達における、タンパク質分解を介した光形態形成の制御機構は、これまでCOP/DET/FUSのCOP1を中心に解析が進められてきた[60),62),63]。COP1はそのN末端側からRINGドメイン、coiled coilドメインがあり、C末端領域にはWD-40 repeatドメインを保有する1分子からなるE3リガーゼである[64]（図1-13)。暗所では、主に核に局在するCOP1は、光の受容とともに細胞質に移行する[65]。その後、COP1が暗所では核において、光受容体（phyA、phyB、cry1、cry2など）や、下流の転写因子（HY5、HYH、HFR1、LAF1など）と直接結合して、ポリユビキチン鎖を付加して、タンパク質の分解を促進していることが明らかになった[64),66]。このタンパク質分解

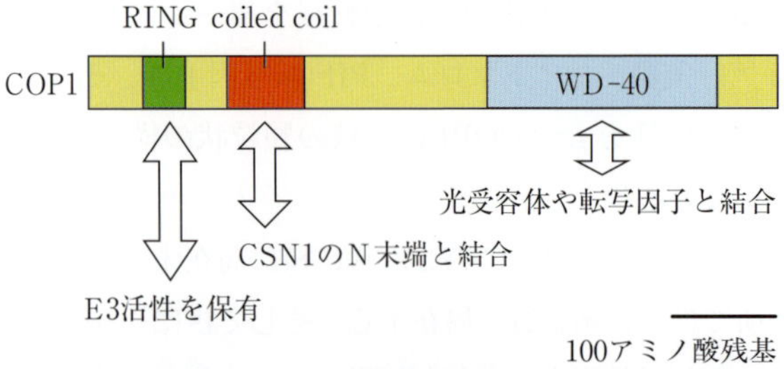

図1-13　COP1の構造の模式図とその機能

を介した遺伝子発現制御が、光形態形成に重要であると考えられている。

一方、*csn* をはじめとする *cop/det/fus* 変異体において、COP1は明暗に関わらず核に局在が検出されず、COP1の核局在には他のCOP/DET/FUSが不可欠であることが遺伝学的に判明した[64]。その後、COP/DET/FUSのDET1が動物で、COP10が植物でそれぞれCOP1と直接結合することが示され、タンパク質分解を制御するCOP/DET/FUSの複雑な制御機構が徐々に明らかになりつつある[64), 68]。さらに近年CSNとCOP1が弱いながら、シロイヌナズナにおいて結合することが示された。興味深いのは、この相互作用にCOP1のcoiled coilドメインとCSN1のN末端領域が不可欠であることで、これはCSN1サブユニットの重要性を示すものである[67]。今後、COP/DET/FUSに含まれる因子間の相互作用とその生体内機能の解析を通して、光形態形成における遺伝子発現制御機構の全貌が解明されることが期待される。

また、新たな青色光受容体として注目されているZTLファミリーのタンパク質には、LOVドメインの他にF-boxドメインとKELCHドメインとが存在し、青色光に応答するタンパク質分解に関わることが示唆されていた[9]。F-boxドメインはしばしばCRL型E3の構成因子であり、実際ZTLファミリーのいくつかは、E3としてタンパク質分解に関わることが示されている[9]。

このように光に応答する植物の反応は、遺伝子発現に関わる抑制因子をタンパク質分解で調節して、比較的早い反応を達成していると考えられる。

（3） CSN を介した遺伝子の転写制御機構

CSN はタンパク質の分解調節においてその機能の解明が進んできた。しかし *csn* 変異体では多くの遺伝子の転写に異常が認められる。その異常は、光形態形成に関わる遺伝子群に加え、植物ホルモン応答や細胞周期制御に関わる遺伝子群など多岐にわたる。同様の異常は、ショウジョウバエやマウスの *csn* 変異体にもみられ、多くの遺伝子群の転写が異常を示す。このことから、CSN は転写因子群の分解制御以外に、遺伝子の転写そのものを制御する可能性が示唆されている。また *csn* 変異体におけるこれらの遺伝子の発現が、野生型に比べて上がるものと下がるものがあることを考えると、CSN が転写の活性と抑制の双方に関わると考えられる。

前項で CSN1 の N 末端領域の機能の一つとして、ヒトの MAP キナーゼ情報伝達経路における転写抑制機能について紹介したが、この制御機構は既知のユビキチン－プロテアソーム系のタンパク質分解を介したものではなかった。さらに、この部位と直接結合する因子の中には、転写因子群が含まれ、転写に関わる CSN 機能を示唆するものである。近年、CSN がクロマチンに結合する知見が複数報告され、CSN が転写機構そのものと深く関与することが判明している[47), 69)]。また、CSN7 の PCI ドメインの詳細な構造解析の結果、その一部が DNA 結合能力をもつ helix-turn-helx 構造と似た立体構造をとることが判明し、CSN と DNA とが直接結合する可能性を提唱している[47), 53)]。今後これらの研究をさらに進めて、遺伝子の転写制御における CSN 機能の解明が望まれる。

（4） 生物界に広がる光受容体とその制御機構

本章では、シロイヌナズナを中心に光受容体と光形態形成の関係について述べてきた。しかし自然界に目を向けると、光受容体の多様性には目を見張るものがある。たとえば、フィトクロムは、高等植物、シアノバクテリア、糸状菌などに広く存在することが明らかとなっている[19)]。また、クリプトクロムやフォトトロピンは、植物をはじめ、昆虫、魚、両生類、哺乳類を含む動物、細菌においても存在することが判明している。さらに、植物に加えて動物でも体内時計の同調に重要な役割を果たすことが判明しているが、昆虫や鳥類では青色光に応答する磁性感受性に関わる説が提唱されている[6), 8)]。このように光受容体のなかには、シロイヌナズナの受容体からかけ離れた構造をもち、異なる情報伝達や生物機能に利用されているものも多い。

一方、本章で紹介したCOP/DET/FUSを介した情報伝達制御機構もまた、植物のみならず昆虫や動物界にも広く存在している[45), 47), 53)]。その遺伝子発現制御様式も、タンパク質分解から遺伝子転写制御にいたるまで広範であり、多くの生物における相補的な研究の必要性が高まっている。生物界で保存される“受容体”の基本構造とその情報伝達様式の多様な制御機構の理解はまだ始まったばかりで、今後の研究から目が離せない。

5. 今後の研究課題、人間の生活への応用

植物における重要な生物機能の一つである光形態形成の研究は、モデル植物シロイヌナズナを用いた遺伝学と分子生物学によって、飛躍的な進歩を遂げてきた。また、ゲノム科学が進むなか、比較生物学的手法を用いた研究により、異なる生物種で光受容体の多様化が起こっていることも明らかになってきた。今後は、生物種ごとの情報伝達機構の使い分けを丁寧に解析して、生物種ごとに特殊化した生物機能と光情報伝達の制御機構を明らかにする必要があると考える。このようにして得られた知識の、光に応答する植物の生物機能の最適化や食糧生産の効率化などの応用面における貢献は計り知れない。

また、CSNのように生物種を超えて保存される、普遍性が高い情報伝達制御機構の解明を目指した、多くの生物種における相補的な研究体系の確立が望まれる。たとえば、CSNは歴史的に植物で初めて発見された情報伝達制御因子であるが、今日では動物における細胞周期や損傷DNA修復などの重要な生物機能においてもその役割が明らかになりつつある。植物で明らかにされた生物機能を制御する分子メカニズムが、たとえばヒトの細胞分裂制御機構の理解の一助となり、生体内のガン化抑制機構などの解明に貢献することも十分可能

であると考える。

柔軟な発想力と、多様な手法を組み合わせて研究を進めることによって、複雑に絡み合った情報伝達のメカニズムも一つずつひもとけるものと信じている。

参考文献

1) Whippo, C. W. and Hangarter, R. P. Phototropism: bending towards enlightenment. Plant Cell 18, 1110–1119, 2006.

2) Holland, J. J., Roberts, D., and Liscum, E. Understanding phototropism: from Darwin to today. J. Exp. Bot. 60, 1969-1978, 2009.

3) Yamamura, S. and Hasegawa, K. (2001) Chemistry and biology of phototropism-regulating substances in higher plants. Chem. Rec. 1, 362–372.

4) Darwin, C. and Darwin, F. The power of movement in plants. John Murray. London. Chap. VIII-IX, 418–492, 1880.

5) Franklin, K. A. and Quail, P. H. Phytochrome functions in Arabidopsis development. J. Exp. Bot. 61, 11–24, 2010.

6) Lin, C. and Todo T. The cryptochromes. Genome Biol. 6, 220, 2005.

7) Banerjee, R. and Batschauer, A. Plant blue-light receptors. Planta 220, 498–502, 2005.

8) Li, Q. H. and Yang, H. Q. Cryptochrome signaling in plants. Photochem. Photobiol. 83, 94–101, 2007.

9) Demarsy, E. and Fankhauser, C. Higher plants use LOV to perceive blue light. Curr. Opin. Plant Biol. 12, 69–74, 2009.

10) Quail, P. H., Briggs, W. R., Chory, J., Hangarter, R. P., Harberd, N. P., Kendrick, R. E., Koornneef, M., Parks, B., Sharrock, R. A., Schafer, E., Thompson, W. F., and Whitelam, G. C. Spotlight on Phytochrome Nomenclature. Plant Cell 6, 468–471, 1994.

11) Briggs, W. R., Beck, C. F., Cashmore, A. R., Christie, J. M., Hughes, J., Jarillo, J. A., Kagawa, T., Kanegae, H., Liscum, E., Nagatani, A., Okada, K., Salomon, M., Rüdiger, W., Sakai, T., Takano, M., Wada, M., and Watson, J. C. The phototropin family of photoreceptors. Plant Cell 13, 993–997, 2001.

12) Borthwick, H. A., Hendricks, S. B., Parker, M. W., Toole, E. H., and Toole, V. K. A reversible photoreaction controlling seed germination. Proc. Natl. Acad. Sci. U.S.A. 38, 662–666, 1952.

13) Borthwick, H. A., Hendricks, S. B., Parker, M. W., Toole, E. H., and Toole, V. K. A reversible photoreaction controlling seed germination. Proc. Natl. Acad. Sci. U.S.A. 38,

662–666, 1952.

14) Butler, W. L., Norris, K. H., Siegelman, H. W., Hendricks, and S. B. Detection, assay, and preliminary purification of the pigments controlling photoresponsive development of plants. Proc. Natl. Acad. Sci. U.S.A. 45, 1703–1708, 1959.

15) Clack, T., Mathews, S., and Sharrock, R. A. The phytochrome apoprotein family in Arabidopsis is encoded by five genes: the sequences and expression of PHYD and PHYE. Plant Mol. Biol. 25, 413–427, 1994.

16) Lagarias, J. C. and Mercurio, F. M. Structure function studies on phytochrome. Identification of light-induced conformational changes in 124-kDa Avena phytochrome in vitro. J. Biol. Chem. 260, 2415–2423, 1985.

17) Sharrock, R. A. and Clack T. Heterodimerization of type II phytochromes in Arabidopsis. Proc. Natl. Acad. Sci. U.S.A. 101, 11500–11505, 2004.

18) Rockwell, N. C., Su, Y. S., and Lagarias, J. C. Phytochrome structure and signaling mechanisms. Annu. Rev. Plant Biol. 57, 837–858, 2006.

19) Sharrock, R. A. The phytochrome red/far-red photoreceptor superfamily. Genome Biol. 9, 230, 2008.

20) Lagarias, J. C., and Rapoport, H. Chromopeptides from phytochrome-the structure and linkage of the Pr form of the phytochrome chromophore. J. Am. Chem. Soc. 102, 4821–4828, 1980.

21) Hennig, L., Buche, C., and Schafer, E. Degradation of phytochrome A and the high irradiance response in Arabidopsis: a kinetic analysis. Plant Cell Environ. 23, 727–734, 2000.

22) Sharrock, R. A. and Clack T. Patterns of expression and normalized levels of the five Arabidopsis phytochromes. Plant Physiol. 130, 442–456, 2002.

23) Ahmad, M. and Cashmore, A. R. HY4 gene of A. thaliana encodes a protein with characteristics of a blue-light photoreceptor. Nature. 366, 162–166, 1993.

24) Lin, C., Yang, H., Guo, H., Mockler, T., Chen, J. Cashmore AR, Enhancement of blue-light sensitivity of Arabidopsis seedlings by a blue light receptor cryptochrome 2. Proc. Natl. Acad. Sci. U.S.A. 95, 2686–2690, 1998.

25) Brudler, R., Hitomi, K., Daiyasu, H., Toh, H., Kucho, K., Ishiura, M., Kanehisa, M., Roberts, V. A., Todo, T., Tainer, J. A., and Getzoff, E. D. Identification of a new cryptochrome class. Structure, function, and evolution. Mol. Cell. 11, 59–67, 2003.

26) Lin, C., Robertson, D. E., Ahmad, M., Raibekas, A. A., Jorns, M. S., Dutton, P. L., Cashmore, A. R. Association of flavin adenine dinucleotide with the Arabidopsis blue light receptor CRY1. Science 269, 968–970, 1995.

27）Giovani, B., Byrdin, M., Ahmad, M., and Brettel, K. Light-induced electron transfer in a cryptochrome blue-light photoreceptor. Nat. Struct. Biol. 10, 489–490, 2003.

28）Shalitin, D., Yu, X., Maymon, M., Mockler, T., and Lin, C. Blue light-dependent in vivo and in vitro phosphorylation of Arabidopsis cryptochrome 1. Plant Cell. 15, 2421–2429, 2003.

29）Yang, H. Q., Wu, Y. J., Tang, R. H., Liu, D., Liu, Y., and Cashmore, A. R. The C termini of Arabidopsis cryptochromes mediate a constitutive light response. Cell 103, 815–827, 2000.

30）Wang, H., Ma, L. G., Li, J. M., Zhao, H. Y., and Deng, X. W. Direct interaction of Arabidopsis cryptochromes with COP1 in light control development. Science 294, 154–158, 2001.

31）Shalitin, D., Yang, H., Mockler, T. C., Maymon, M., Guo, H., Whitelam, G. C., and Lin, C. Regulation of Arabidopsis cryptochrome 2 by blue-light-dependent phosphorylation. Nature. 417, 763–767, 2002.

32）Huala, E., Oeller, P. W., Liscum, E., Han, I. S., Larsen, E., and Briggs, W. R. Arabidopsis NPH1: a protein kinase with a putative redox-sensing domain. Science. 278, 2120–2123, 1997.

33）Sakai, T., Kagawa, T., Kasahara, M., Swartz, T. E., Christie, J. M., Briggs, W. R., Wada, and M., Okada, K. Arabidopsis nph1 and npl1: blue light receptors that mediate both phototropism and chloroplast relocation. Proc. Natl. Acad. Sci. U.S.A. 98, 6969–6974, 2001.

34）Jarillo, J. A., Gabrys, H., Capel, J., Alonso, J. M., Ecker, J. R., and Cashmore, A. R. Phototropin-related NPL1 controls chloroplast relocation induced by blue light. Nature. 410, 952–954, 2001.

35）Somers, D. E. Clock-associated genes in Arabidopsis: a family affair. Philos. Trans. R. Soc. Lond. B. Biol. Sci. 356, 1745–1753, 2001.

36）Christie, J. M. Phototropin blue-light receptors. Annu. Rev. Plant Biol. 58, 21–45, 2007.

37）Christie, J. M., Reymond, P., Powell, G. K., Bernasconi, P., Raibekas, A. A., Liscum, E., and Briggs, W. R. Arabidopsis NPH1: a flavoprotein with the properties of a photoreceptor for phototropism. Science. 282, 1698–1701, 1998.

38）Matsuoka, D., and Tokutomi, S. Blue light-regulated molecular switch of Ser/Thr kinase in phototropin. Proc. Natl. Acad. Sci. U.S.A. 102, 13337–13342, 2005.

39）Salomon, M., Lempert, U., and Rüdiger, W. Dimerization of the plant photoreceptor phototropin is probably mediated by the LOV1 domain. FEBS Lett. 572, 8–10, 2004.

40) Nakasako, M., Zikihara. K., Matsuoka, D., Katsura, H., and Tokutomi, S. Structural basis of the LOV1 dimerization of Arabidopsis phototropins 1 and 2. J. Mol. Biol. 381, 718-733, 2008.
41) Sullivan, S., Thomson, C. E., Lamont, D. J., Jones, M. A., and Christie, J. M. In vivo phosphorylation site mapping and functional characterization of Arabidopsis phototropin 1. Mol. Plant. 1, 178-194, 2008.
42) Kwok, S. F., Piekos, B., Misera, S., and Deng, X. W. A complement of ten essential and pleiotropic Arabidopsis COP/DET/FUS genes is necessary for repression of photomorphogenesis in darkness. Plant Physiol. 110, 731-742, 1996.
43) Kang, B., Grancher, N., Koyffmann, V., Lardemer, D., Burney, S., and Ahmad, M. Multiple interactions between cryptochrome and phototropin blue-light signalling pathways in Arabidopsis thaliana. Planta. 227, 1091-1099, 2008.
44) Chamovitz, D. A., Wei, N., Osterlund, M. T., von Arnim, A. G., Staub, J. M., Matsui, M., Deng, X. W. The COP9 complex, a novel multisubunit nuclear regulator involved in light control of a plant developmental switch. Cell. 86, 115-121, 1996.
45) Wei, N., Tsuge, T., Serino, G., Dohmae, N., Takio, K., Matsui, M., and Deng, X. W. The COP9 complex is conserved between plants and mammals and is related to the 26S proteasome regulatory complex. Curr. Biol. 8, 919-922, 1998.
46) Wei, N. and Deng, X. W. The COP9 signalosome. Annu. Rev. Cell Dev. Biol. 19, 261-286, 2003.
47) Chamovitz, D. A. Revisiting the COP9 signalosome as a transcriptional regulator. EMBO Rep. 10, 352-358, 2009.
48) 田中啓二、「第1章 ユビキチンとは」田中啓二編「わかる実験医学シリーズ ユビキチンがわかる タンパク質分解と多彩な生命機能を制御する修飾因子」羊土社、2004.
49) 柘植知彦、「植物の光形態形成とユビキチン」田中啓二・大隈良典編「蛋白質 核酸 酵素」8月号増刊「ユビキチン－プロテアソーム系とオートファジー」共立出版51、No.10、1352-1357、2006.
50) Schwechheimer, C., Serino, G., Callis, J., Crosby, W. L., Lyapina, S., Deshaies, R. J., Gray, W. M., Estelle, M., and Deng, X. W. Interactions of the COP9 signalosome with the E3 ubiquitin ligase SCFTIRI in mediating auxin response. Science. 292, 1379-1382, 2001.
51) Lyapina, S., Cope, G., Shevchenko, A., Serino, G., Tsuge, T., Zhou, C., Wolf, D. A., Wei, N., Shevchenko, A., and Deshaies, R. J. Promotion of NEDD-CUL1 conjugate cleavage by COP9 signalosome. Science. 292, 1382-1385, 2001.
52) Cope, G. A., Suh, G. S., Aravind, L., Schwarz, S. E., Zipursky, S. L., Koonin, E. V.,

Deshaies, R. J. Role of predicted metalloprotease motif of Jab1/Csn5 in cleavage of Nedd8 from Cul1. Science. 298, 608–611, 2002.

53） Wei, N., Serino, G., and Deng, X. W. The COP9 signalosome: more than a proteasome. Trends Biochem. Sci. 33, 592–600, 2008.

54） Kato, J. Y., and Yoneda-Kato, N. Mammalian COP9 signalosome. Genes Cells. 14, 1209–1225, 2009.

55） Tsuge, T., Matsui, M., and Wei, N. The subunit 1 of the COP9 signalosome suppresses gene expression through its N-terminal domain and incorporates into the complex through the PCI domain. J Mol Biol. 305,1–9, 2001.

56） Wang, X., Kang, D., Feng, S., Serino, G., Schwechheimer, C., and Wei, N. CSN1 N-terminal-dependent activity is required for Arabidopsis development but not for Rub1/Nedd8 deconjugation of cullins: a structure-function study of CSN1 subunit of COP9 signalosome. Mol Biol Cell. 13, 646–655, 2002.

57） Menon, S., Tsuge, T., Dohmae, N., Takio, K., and Wei, N. Association of SAP130/SF3b-3 with Cullin-RING ubiquitin ligase complexes and its regulation by the COP9 signalosome. BMC Biochem. 9, 1–10, 2008.

58） Kwok, S. F., Solano, R., Tsuge, T., Chamovitz, D. A., Ecker, J. R., Matsui, M., and Deng, X. W. Arabidopsis homologs of a c-Jun coactivator are present both in monomeric form and in the COP9 complex, and their abundance is differentially affected by the pleiotropic cop/det/fus mutations. Plant Cell. 10, 1779–1790, 1998.

59） Sakamoto, K., and Nagatani, A. Nuclear localization activity of phytochrome B. Plant J. 10, 859–868, 1996.

60） Fankhauser, C., and Chen, M. Transposing phytochrome into the nucleus. Trends Plant Sci. 13, 596–601, 2008.

61） Monte, E., Al-Sady, B., Leivar, P., and Quail, P. H. Out of the dark: how the PIFs are unmasking a dual temporal mechanism of phytochrome signaling. J. Exp. Bot. 58, 3125–3133, 2007.

62） Al-Sady, B., Kikis, E. A., Monte, E., and Quail, P. H. Mechanistic duality of transcription factor function in phytochrome signaling. Proc. Natl. Acad. Sci. U.S.A. 105, 2232–2237, 2008.

63） Lin, C., and Shalitin, D. Cryptochrome structure and signal transduction. Annu. Rev. Plant Biol. 54, 469–496, 2003.

64） Yi, C. and Deng, X. W. COP1-from plant photomorphogenesis to mammalian tumorigenesis. Trends Cell Biol. 15, 618–625, 2005.

65） von Arnim, A. G. and Deng, X. W. Light inactivation of Arabidopsis photomorphogenic repressor COP1 involves a cell-specific regulation of its nucleocytoplasmic partitioning. Cell. 79, 1035–1045, 1994.

66) Osterlund, M. T., Hardtke, C. S., Wei, N., and Deng, X. W. Targeted destabilization of HY5 during light-regulated development of Arabidopsis. Nature. 405, 462–466, 2000.

67) Wang, X., Li, W., Piqueras, R., Cao, K., Deng, X. W., and Wei, N. Regulation of COP1 nuclear localization by the COP9 signalosome via direct interaction with CSN1. Plant J. 58, 655–667, 2009.

68) Yanagawa, Y., Sullivan, J. A., Komatsu, S., Gusmaroli, G., Suzuki, G., Yin, J., Ishibashi, T., Saijo, Y., Rubio, V., Kimura, S., Wang, J., and Deng, X. W. Arabidopsis COP10 forms a complex with DDB1 and DET1 in vivo and enhances the activity of ubiquitin conjugating enzymes. Genes Dev. 18, 2172–2181, 2004.

69) Groisman, R., Polanowska, J., Kuraoka, I., Sawada, J., Saijo, M., Drapkin, R., Kisselev, A. F., Tanaka, K., and Nakatani, Y. The ubiquitin ligase activity in the DDB2 and CSA complexes is differentially regulated by the COP9 signalosome in response to DNA damage. Cell. 113, 357–367, 2003.

第2章 光屈性

1. はじめに

外界から刺激を受けた植物は、内分泌性の植物ホルモンを含む生理活性物質の量的あるいは質的変動を植物体全体あるいは局部的に展開させ、刺激に応じた反応を示す。こうした環境応答反応のうち、刺激の方向に対して一定の運動を示す現象を屈性（tropism）といい、刺激方向とは無関係に一定の運動を示す現象を傾性（nasty）という。本章で取り上げるのは、代表的な屈性現象の「光屈性（phototropism）」についてである。なお、phototropismとはフィッティング（H. Fitting、1906年）による造語であり、photo（光）とtropism（屈性）を組み合わせたものである。日本では屈光性や向日性とも呼ばれている。

光屈性は光エネルギーを効率よく捕捉するため、植物が自らの茎を光源方向に屈曲させる現象である（図2-1）。極めて短時間で起こり、肉眼で容易に観察できることから、光屈性のメカニズムの解明に向けた研究は古くから行わ

図2-1　ダイコン芽生えの光屈性の様子

れてきた。植物ホルモンのオーキシンの発見につながった研究として有名であり、また、青色光に対して特異的に生じることから、近年は青色光受容体の研究にも取り上げられている。

光屈性は柔らかくて成長率が高い組織で生じ、偏差成長が原因となり起こる。光照射された側の組織（光側組織）と反対側の組織（影側組織）との間に成長速度の差が生じて屈曲する。この偏差成長を誘引する化学物質を、ここでは光屈性鍵化学物質と呼ぶことにする。物質量あるいは活性が両組織間で異なることで、特定遺伝子の転写調節や細胞の形態変化の程度に差が生じて偏差成長が引き起こされる。

光屈性メカニズムの研究は、光屈性鍵化学物質の動態を中心として行われてきた。最も有名な説は、オーキシンの量的な偏差分布を軸としたコロドニー・ウェント説（Cholodny-Went theory）である。数十年に渡って確定的に説明されてきたが、現在ではこの説には欠陥があることが指摘されている。それを受けてオーキシンの量ではなく、活性に偏差が生じたために屈曲するというブルインスマ・長谷川説（Bruinsma-Hasegawa theory）のような新仮説も提唱されている。

2. 光屈性に関する研究の歴史

（1）ダーウィンの実験

光屈性に関する本格的な研究の歴史は、1880 年に「種の起源」で有名なダーウィン（C. Darwin）が 71 歳の時に息子フランシス（F. Darwin）とともに書きあげた『植物の運動力（The power of movement in plants)』から始まった[1)]。彼らはカナリアクサヨシという植物の芽生え（幼葉鞘）の光屈性を観察したところ、屈曲の中心部位が時間の経過とともに徐々に下方へ移動することを見いだした。そこで幼葉鞘の先端部が下方へ及ぼす影響を調べるための実験を行った（図 2-2)。先端部に不透明なキャップをかぶせたり先端部を切除したものに対して横から光照射したところ屈曲が見られなくなったため、光

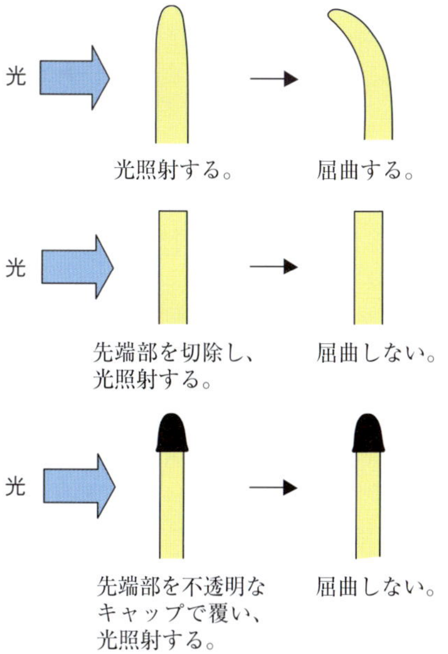
光
光照射する。
屈曲する。
光
先端部を切除し、
光照射する。
屈曲しない。
光
先端部を不透明な
キャップで覆い、
光照射する。
屈曲しない。

図2-2　ダーウィン父子の実験[1)]

は芽生えの先端部で感受されると予測した。そして先端部から何らかの伝達因子が屈曲部位へ移動し、下方での光屈性が起こると考えた。

（2） パールの実験とボイセン・イェンセンの実験

パール（A. Paál）は光屈性における先端部からの下方へ移動（拡散）する伝達因子の本体に関する実験を行った（図2-3）[2)]。まず、芽生えの先端部を切除して、切除面の中心からずらして乗せる。暗所下で静置すると、乗せた場所の反対側へと屈曲したことから、先端部から下方への刺激因子の伝達が屈曲に重要であることを見いだした。次に芽生えの先端部を切除し、切除面に伝達因子の拡散を妨げない寒天片や拡散を妨げる金属片を乗せ、その上に先端部を重ねる。その後、側方より光照射して屈曲の有無を調べたところ、寒天片を挟んだときには屈曲したが、金属片を挟んだときには屈曲しなかった。この結果、寒天片を通過できる伝達因子が先端部から下方へ移動することが光屈性に

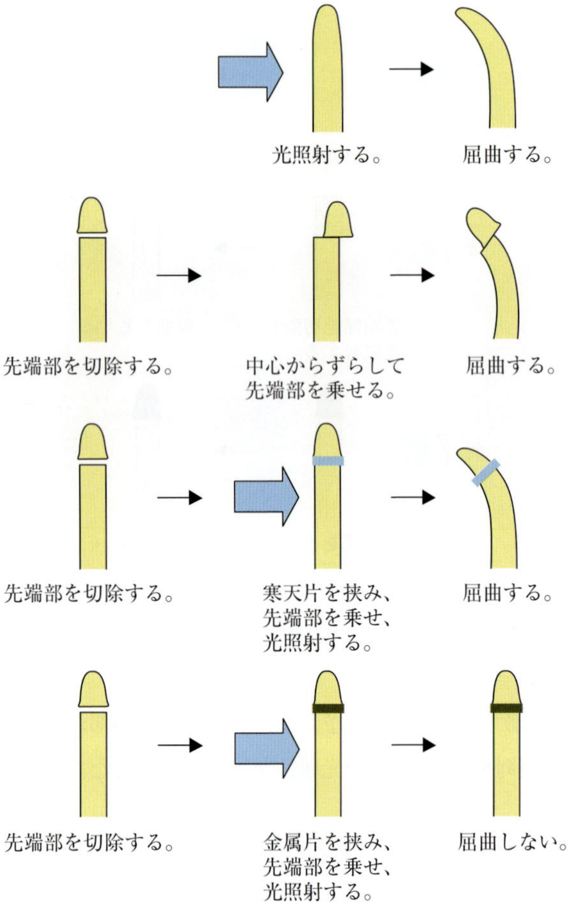
光照射する。
屈曲する。
先端部を切除する。
中心からずらして
先端部を乗せる。
屈曲する。
先端部を切除する。
寒天片を挟み、
先端部を乗せ、
光照射する。
屈曲する。
先端部を切除する。
金属片を挟み、
先端部を乗せ、
光照射する。
屈曲しない。

図2-3　パールの実験[2)]

重要であると示唆された。

次いでボイセン・イェンセン（P. Boysen-Jensen）らはアベナを用いて、先端部内における伝達因子の移動を調べる実験を行った（図2-4）。アベナの幼葉鞘の先端部に（物質を通さない）雲母片を挿入した後に光照射し、屈曲の有無を観察した[3)]。すると、光の向きと平行に挿入した場合は屈曲したが、光側から影側への物質の移動が阻害されるような向きに挿入した場合は屈曲しな

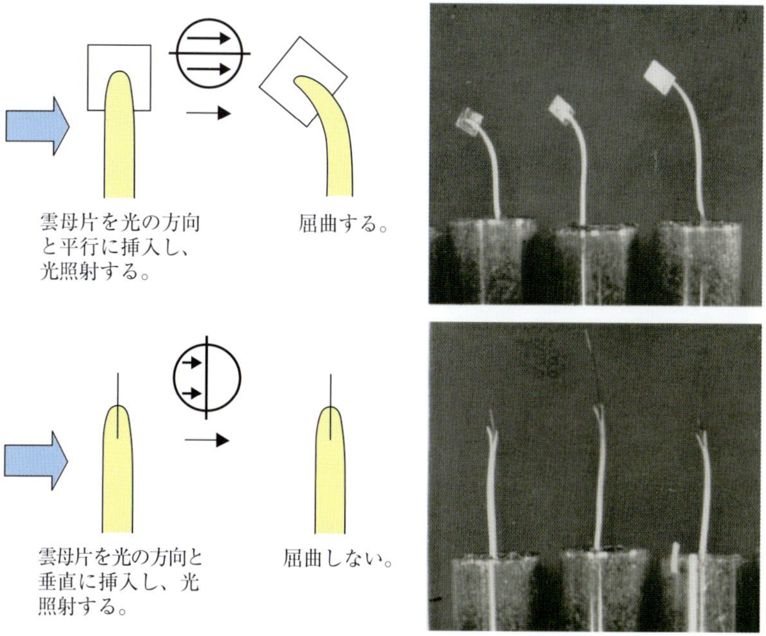

図2-4　ボイセン・イェンセンらの実験[3)]
写真は左側から光屈性刺激を与え、3時間後に撮影した3個体の様子

かったため、伝達因子が先端部で光側から影側組織へと横移動することが光屈性に必要であるとした。

（3）ウェントの実験

そしてこれらの研究をさらに発展させたのが、ウェント（F. W. Went）である。アベナ幼葉鞘に横方向から光照射した後、先端部を切除し、光側と影側に分けるようにカミソリで二分した寒天片の上に乗せた。一定時間静置すると、アベナ幼葉鞘先端部からの拡散物が寒天片に集積される。それぞれの寒天片を、先端部を切除したアベナ幼葉鞘上に中心をずらして乗せた結果、光側の寒天片を乗せたときと比べて、影側の寒天片を乗せたときに大きな屈曲が認められた（図2-5）[4)]。なお、これはアベナ屈曲試験（アベナテスト）と呼ばれており、現在もオーキシンの活性試験に汎用されている。

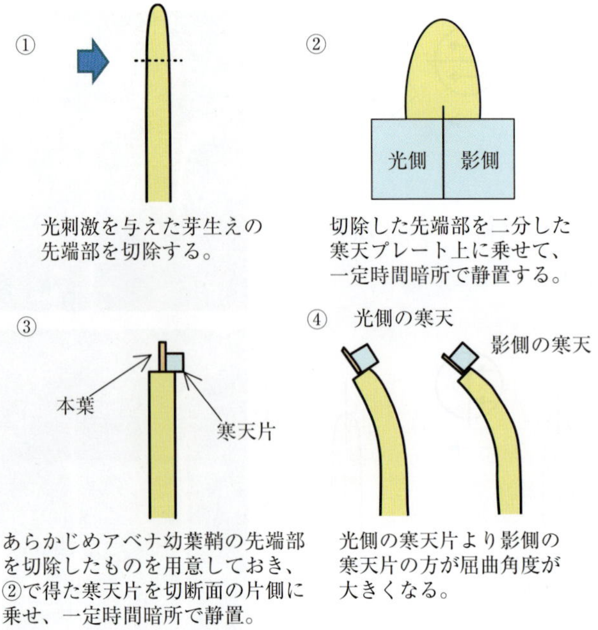
①
光刺激を与えた芽生えの
先端部を切除する。
②
光側
影側
切除した先端部を二分した
寒天プレート上に乗せて、
一定時間暗所で静置する。
③
本葉
寒天片
あらかじめアベナ幼葉鞘の先端部
を切除したものを用意しておき、
②で得た寒天片を切断面の片側に
乗せ、一定時間暗所で静置。
④ 光側の寒天
影側の寒天
光側の寒天片より影側の
寒天片の方が屈曲角度が
大きくなる。

図2-5　ウェントの実験[4)]

光に応じて横へ縦へと移動するこの伝達因子こそが、1931年にケーグル（F. Kögl）らにより人尿から抽出・単離されたオーキシン（auxin。ギリシャ語のauxeinにちなんで命名された）である[5)]。ちなみにケーグルらが発見したオーキシンはauxin a, auxin a lactone, auxin bとhetero-auxinの4種類だったが、後にhetero-auxin（indole-3-acetic acid, IAA）を除いた物質はまったく存在しないことが明らかにされた。しかし、ウェントは1988年にブルインスマと本書編者の長谷川に宛てた手紙の中で「インドール酢酸（indole-3-acetic acid）はオーキシンではなく、オーキシンa（auxin a）こそがオーキシンである」と持論を展開したという（参考図書『動く植物—その謎解き』参照）。

（4） コロドニー・ウェント説の誕生

最終的にウェントらはこれらの実験結果を組み合わせて、オーキシンの横移動による影側組織の成長促進を軸としたコロドニー・ウェント説（Cholodny-

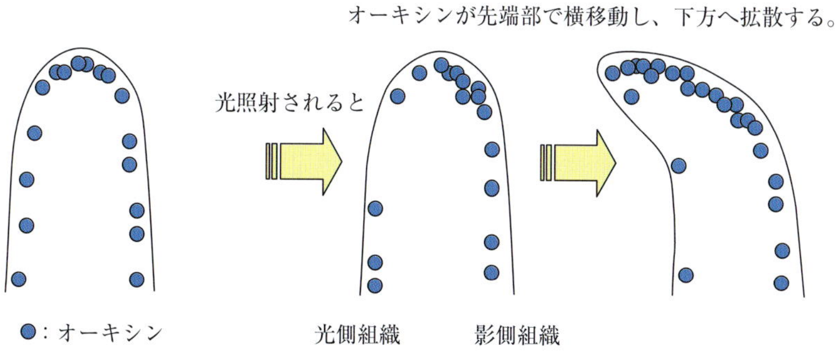
オーキシンが先端部で横移動し、下方へ拡散する。
光照射されると
●：オーキシン
光側組織
影側組織

図2-6 コロドニー・ウェント説

Went theory, 1937年）を提唱した（図2-6）[6)]。光刺激が与えられると、植物の先端部が感受し（ダーウィンの実験)、オーキシンが先端部の光側から影側組織へと横移動し（ボイセン・イェンセンらの実験)、さらに先端部の影側から下方へと拡散する（ウェントの実験)。その結果、光側組織のオーキシン量が少なくなり成長率が低下する一方、影側組織のオーキシン量は多くなり、酸成長仮説にのっとって細胞成長を促進し、影側組織の成長率が高くなると考えられている。すなわち屈曲を誘導するのは、光側および影側組織間における内生オーキシン量の偏差分布である。

なお、近年は分子遺伝学的研究の目覚ましい発達により、光屈性に関与する青色光受容体が、青色光により自己リン酸化するタンパク質キナーゼのフォトトロピンであることや、オーキシンの移動にはオーキシン排出担体であるPINタンパク質ファミリーが関係していることなどが明らかにされ、70年前に提唱された仮説の不明だった箇所を補完しつつある。こうした光やオーキシンに関連した遺伝子・タンパク質の機能についての研究は、国内外の研究者による現在進行形の最先端の分野でもある。コロドニー・ウェント説は光屈性のみならず重力屈性のメカニズムとしても有力視されており、現在も植物生理学の教科書に記載されている[7)]。

（5） コロドニー・ウェント説に対する疑問

ところが研究者の間では、かねてよりコロドニー・ウェント説の根本的な問題点や論理的な欠陥が指摘されている。たとえば、芽生えに光刺激を与えた後の光側組織および影側組織の成長率を分単位で測定したところ、暗所対照と比較した影側組織の成長率が変化しないうちに光側組織の成長率が低下し、その直後に屈曲が開始されることが明らかになっているのである（図 2-7）[8)]。著者らは図 2-7 のシロイヌナズナのみならず、アベナ、トウモロコシ、ダイコンといった光屈性の研究に汎用されてきたすべての植物から同様の結果を得ている。コロドニー・ウェント説における影側組織の成長促進とは暗所対照より影側組織の成長率が高くなることを意味しているが、実際には光屈性の初期段階の影側組織の成長率は暗所対照とまったく変わらない。したがって屈曲開始時に重要なのは影側組織の成長促進ではなく、むしろ光側組織の成長抑制であろう。さらにウェントの実験における両組織間のオーキシン量の差は 2 ～ 3 倍だが、ファーン（R. Firn）らは組織間成長率の違いをオーキシン量のみで説

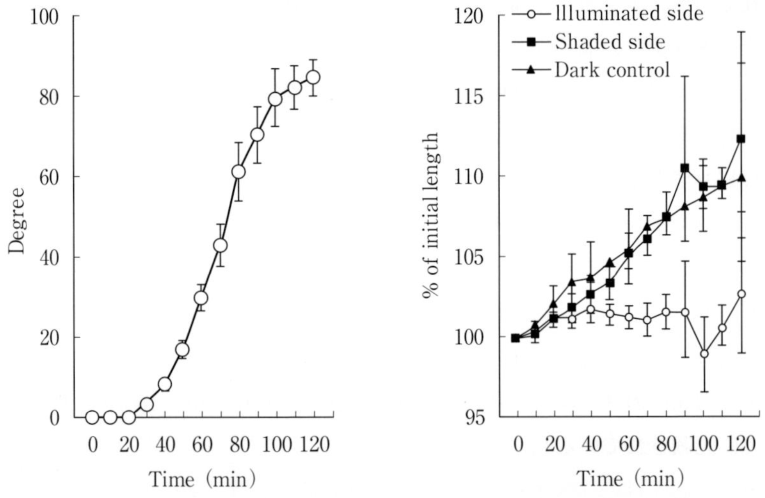

図2-7　シロイヌナズナ芽生えの光屈性刺激に伴う屈曲角（左）および、光側と影側組織の成長率（右）の経時的変化[8)]
光側組織の成長抑制のみが生じて屈曲することが分かる。

図2-8　ダーウィンの実験の検証
左から未処理のもの、先端部を切除したもの、先端部をアルミホイルで覆ったもの。いずれも光方向（矢印）に屈曲している。

明するためには十数倍の差が必要であることをオーキシン投与反応曲線により証明し、ウェントの理論に疑問を呈している[9)]。また、教育現場では前述の古典的実験の再現に失敗することがたびたびあったことが知られている。技術的問題だろうと看過されてきたが、近年になり長谷川らが本格的に再検証を行ったところ、試験問題にも頻出されてきた古典的な実験の方に問題があることが明らかになっている。

ダーウィンの実験は先端部に光が当たらないように処理することで光屈性が見られなくなるというものだが、単純な実験系であるために多くの研究者によって検証され、結果の再現性が低いことは以前から知られていた（図2-8)。そこで改めてダーウィンによる著書『植物の運動力』を調べたところ、現在まで伝わっているものとは異なる記述が認められたのである。

たとえば先端部を切除する実験については、『先端部2.5～4.1mmを切除した場合には屈曲しなかったが、1.27mmを切り取った場合には程度は弱いが屈曲した』とあり、『先端を切り取ること自体は植物の光屈性を妨げるほど深刻な障害を与えていない』が『長い部分を切り取れば重大な障害を与える』と書かれていた。ダーウィンの実験は現在も「先端部を切除すると全く屈曲しなくなる」と解釈されているが、より正確には「先端部を切除した際に屈曲するかどうかは、切除した部分の長さに依存する」とした方がよいだろう。これは先端部を覆う実験についても同様である。

さらにダーウィンが用いたカナリアクサヨシと現在も光屈性の研究に汎用

されているアベナとでは、実験結果が大きく異なっていたようである。アベナ幼葉鞘の実験では先端部を処理しても屈曲する芽生えが多かったことから、『(アベナについては) カナリアクサヨシの場合より少し結論があいまいであるが、多分これはきわめて大昔から栽培されて普通のマカラスムギ（アベナ）に変異されてきた種なので、感受性を持つ部分が広い範囲にわたっているためであろう』と述べている。これは「アベナ幼葉鞘の感受性を持つ部分は先端部のみに限らない」に等しい。この章のまとめは『子葉や胚軸の上部に当たった光が下部の屈曲を決めているということが芽生え全般に共通する法則であるかどうかはわからない』である。したがって、いわゆるダーウィンの実験結果はカナリアクサヨシという植物における例外的な結果であった可能性すらある。

ボイセン・イェンセンらの実験については、原著論文にヒントが隠されていた。掲載されていた写真を注意して見ると、雲母片を挿入した芽生えの先端部が一見して分かるほどに大きく外側に反り返っていた。この実験環境では先端部よりエチレンが発生すると同時に屈曲面を維持できなくなり、光屈性に影響を及ぼした可能性がある。ボイセン・イェンセンらは傷害刺激が光屈性に与える影響を軽視していたのだろうが、数多くの教科書や学術誌に引用されている彼らの論文の明らかな問題点が半世紀以上に渡って見過ごされてきたということである。追試験を行う際、(ボイセン・イェンセンの論文に掲載された写真と同様に) あえて先端部を反り返らせるように雲母片を挿入したときには結果が再現されたが、反り返らないように丁寧に雲母片を挿入した場合は、挿入の向きにかかわらず、無傷のものと同様の大きな屈曲が引き起こされた（図 2-9）[10]。先端部におけるオーキシンの横移動を阻害しても光屈性が引き起こされたことから、先端部におけるオーキシンの横移動は（横移動の有無にかかわらず）光屈性の原因ではない。

次にウェントの実験についてだが、彼は寒天片に含まれるオーキシン量を測定する際に拡散物をまったく精製せず、そのまま生物検定（アベナ屈曲試験）を行っていたのである。未精製の拡散物中にはオーキシン以外にもさまざまな物質が含まれていることは明らかであり、ウェントの実験結果は寒天片内に拡散した全物質が有する全活性の総和だったといえる。量を測定するために

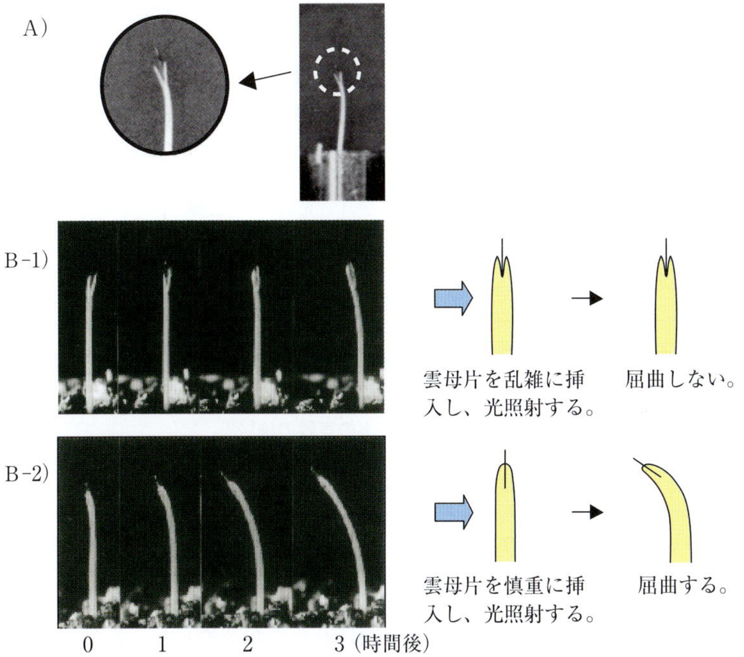

図2-9　ボイセン・イェンセンらの実験の検証[10)]

写真は、光源に対して雲母片を垂直に挿入したものに対し、左方向から光照射して屈曲の様子を撮影したもの。A）ボイセン・イェンセンらの論文[3)]より。3時間後に撮影。B）光照射の0、1、2、3時間後に撮影。B-1）ボイセン・イェンセンらの実験を完全に再現するため、雲母片を乱雑に挿入したもの。B-2）雲母片を慎重に挿入したもの。

活性を調べたのは時代背景によると思われるが、むろん現在では機器分析の発達により、極微量の化学物質でも正確に測定できるようになっている。まず、未精製の拡散物を用いて生物検定を行ったところ、ウェントと同様の結果を得ることができた。これをオーキシン量に換算すると、影側には光側の2.5倍のオーキシンが含まれていることになる（ファーンらにより批判された値である）。しかし、同じ拡散物を精製して（オーキシンの本体である）インドール酢酸の量だけを機器分析法（ガスクロマトグラフィーあるいは蛍光分析器のついた高速液体クロマトグラフィー）で測定したところ、インドール酢酸は光側と影側の寒天片内に等しく拡散していることが明らかになった（図2-10）[11)]。

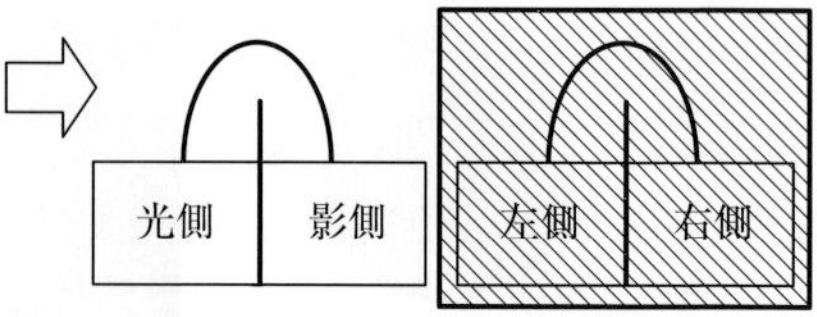

		光側	影側	暗所対照 左側	暗所対照 右側
生物検定法	ウェントの実験（1928年）	27%	57%	50%	50%
	長谷川らの実験（1989年）	21%	54%	50%	50%
機器分析法	長谷川らの実験（1989年）	51%	49%	50%	50%

図2-10　ウェントの実験の検証[11]

光屈性刺激を与えたアベナ幼葉鞘の先端部から寒天片へと拡散してきたオーキシン量を、生物検定および機器分析から算出した。生物検定の結果はウェントの結果と同じくオーキシン活性に差があることが分かったが、機器分析によるとオーキシン量は等しいことが分かった。

未精製のまま行った生物検定では組織間に有意差が認められたものの、精製後に機器分析で測定したところオーキシンは両組織に均等に含まれていたことから、未精製の拡散物中にはやはりオーキシン以外の物質が含まれており、その物質の活性が強く表れた結果であると思われる。さらに図2-10によれば、換算後の暗所対照におけるオーキシン活性の50%と比較すると、影側は+7%（長谷川らの追試によれば+4%）だが光側は−23%（同−29%）である。したがって考察にあたっては、影側の促進よりも光側の抑制の影響に着目する必要がある。追試験にあたって暗所対照と光側・影側を詳細に比較したことにより、「影側の活性は暗所対照とほぼ変わらないが、光側の活性はそれらと比べて大幅に低下した」という、極めて重要な結果を得ることができた。

これらのうち、特に重要なのはオーキシンの偏差分布についての見解である。光刺激によってオーキシンは不均等に分布するのかどうか。これはコロドニー・ウェント説の根幹をなすものである。各国の研究者により、光屈性刺激後の光側および影側組織におけるオーキシン量を機器分析法により測定する実験が競って行われた結果、コロドニー・ウェント説の理論に反して、オーキシンは光照射後も両組織間に均等に分布していることが明らかにされた[12),13),14)]。一方、機器分析を用いて、光側・影側におけるオーキシンの不均等分布を証明し、現在もコロドニー・ウェント説を説明する際に、理論的土台として引用されている論文[15)]がある。しかし、このトウモロコシ芽生えを用いた論文は、赤色光受容体であるフィトクロムの影響を除外するために赤色光を照射した、特殊な芽生えを用いたものである。また、精製が不十分なサンプルを蛍光分析に供しており、信頼性が高くないことや、アベナ屈曲試験によるオーキシン活性の比較が行われていないため、定量と活性試験の結果の比較ができないことなど問題点が指摘されている。コロドニー・ウェント説を支持するためには、より精密な実験方法を用いて、アベナ、ダイコンやヒマワリなどの芽生えについてもオーキシンの不均等分布を証明する必要があろう。

現在はダーウィンとボイセン・イェンセンらの実験の誤りを受けて、オーキシンは先端部ではなく、光照射された組織全面で横移動するのではないかという意見もある。光側から影側への横断的な移動ではなく、両組織の表皮と内層との間を横移動しているという仮説も提唱されたが[16)]、これについては表皮組織をはぎとってオーキシン量を測定したところ、やはり均一に分布していることが明らかになっている[17),18)]。また、光側組織の成長抑制の原因はオーキシンの横移動ではなく、先端から基部への極性移動が光側で阻害されるためという説もある。しかし、コロドニー・ウェント説を強力に支持するブリッグス（W. R. Briggs）はかつて光照射によってもオーキシンの極性移動は抑制されないとする論文を発表している[19)]。

このようにオーキシンが横移動する部位については諸説がある。近年は、コロドニー・ウェント説と矛盾する結果が得られる理由は、細胞間を絶えず移動するオーキシン量を正確に測定することが困難なためだと考えられている。そこで生理化学的な手法に代わって分子遺伝学的・分子生物学的な研究が盛んに行われている。これは主にシロイヌナズナの野生株と突然変異株とを用いて、オーキシンに反応する遺伝子やタンパク質の挙動を比較検討することで、オーキシンの動態を明らかにしようとする試みである。青色光受容体、オーキシン

受容体、オーキシン誘導性遺伝子といった各分子とも関連し、極めて多くの知見が得られている。中でもシロイヌナズナの芽生えにおいて、光照射を長時間行った後ではあるが、オーキシン排出担体遺伝子（*PIN3*）の発現が影側組織で高いことから、光側と影側組織でオーキシンの偏差分布が生じている可能性が指摘されている[20]。この結果はコロドニー・ウェント説の新たな論拠として、前述のオーキシンの不均等分布を示した論文[15]と併記されることがある。しかし、こうした分子遺伝学的な実験結果はあくまでも間接的なものであり、オーキシン以外の物質がそれらの分子に作用する可能性を排除できない。たとえば、オーキシン早期応答性遺伝子・*SAUR* 遺伝子発現は、オーキシン以外の物質（光により増量する成長抑制物質）により抑制されることが明らかになっている[21]。

最先端の機器分析法を用いた直接的なオーキシン量の測定においては、光屈性時のオーキシン量は光側・影側組織間に均等に分布している可能性が極めて高い。しかし、一方でオーキシンの均等分布は分子遺伝学・分子生物学的な手法により証明されておらず、双方ともさらなる研究が必要だといえよう。

（6）ブルインスマ・長谷川説

コロドニー・ウェント説と同説を支持する研究者間に共通していることは、光屈性の鍵化学物質はオーキシンであり、それ以外の可能性を考慮していない点である。しかし、ここまで記してきたように、コロドニー・ウェント説の理論とは矛盾する以下の事実が明らかになってきた。

- 「先端部におけるオーキシンの横移動は（横移動の有無にかかわらず）光屈性の原因ではない」というボイセン・イェンセンらの実験の再検証から得られた考察（図 2-9）。
- 光屈性時の組織ごとの成長率を精密に測定したところ、光側組織の成長抑制のみが生じて屈曲が開始する（図 2-7）。
- 「影側のオーキシン活性は暗所対照とほぼ変わらないが、光側の活性はそれらと比べて大幅に低下した」というウェント実験の再検証から得られた考察（図 2-10）。

オーキシンは横移動しない。
成長抑制物質（オーキシン活性抑制物質）が光照射された場所で生成される。

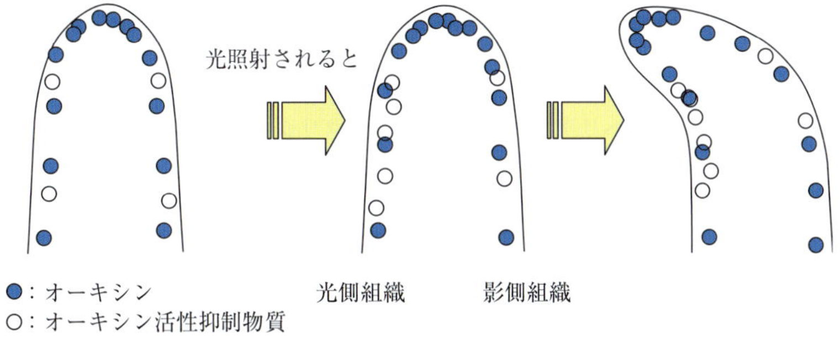

図2-11　ブルインスマ・長谷川説

これに「光屈性時のオーキシン量は光側・影側組織間に均等に分布している可能性が高い」ことを加えると、鍵化学物質の候補をオーキシン以外に求めても良さそうである。

これらを元にして新しいメカニズム理論として提唱されたのが、ブルインスマ・長谷川説（Bruinsma-Hasegawa theory, 1990年）である（図2-11）[22]。光屈性刺激により、光側組織においてオーキシン活性抑制物質が生成され、この物質の活性によって光側組織の成長抑制が起こり、偏差成長が生じて屈曲するという仮説である。この間、オーキシンの横移動は生じておらず、影側組織の成長促進は起こらない。この説の特徴は、光屈性鍵化学物質はオーキシンではなく、光側組織において増量してオーキシン活性を抑制する物質（光誘導性の成長抑制物質）であるとした点である。ちなみに光屈性が光側組織の成長抑制により引き起こされるという考え自体は1915年にブラウ（A. H. Blaáuw）によって提唱されていたが[23]、彼はその原因物質を特定することはできなかった。ブルインスマ・長谷川説は実証的な研究成果に基づき、光屈性の鍵化学物質とその挙動について定義した最初の仮説といえよう。

（7） 光屈性鍵化学物質

長谷川らはこれまでに複数の植物から、光屈性の鍵化学物質としての成長抑制物質を単離・同定してきた。ダイコンからラファヌサニン、MTBI[24] とラファヌソール[25]、トウモロコシから DIMBOA と MBOA[26]、ヒマワリから 8-エピキサンタチン[27] とヘリアン[28]、アベナからウリジン[29]、シロイヌナズナからインドールアセトニトリル[8] である（図 2-12）。DIMBOA と MBOA については、DIMBOA 欠損突然変異株の芽生えに光屈性刺激を与えてもほとんど屈曲が示されないが、この突然変異株に対して MBOA を芽生えの片側に直接投与したところ屈曲が誘導されたため、これらがトウモロコシの光屈性鍵化学物質であることが強く示唆されている[30]。また、シロイヌナズナの光屈性能を欠く突然変異株（*nph3-101*）と野生株にそれぞれ光屈性刺激を与え、後者でのみ増量する成長抑制物質として単離したものがインドール

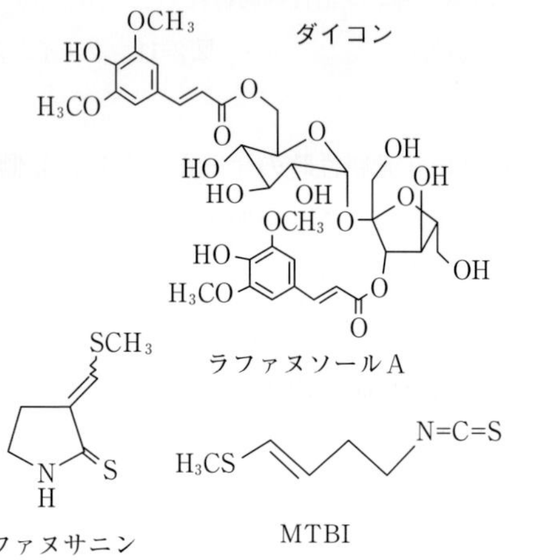

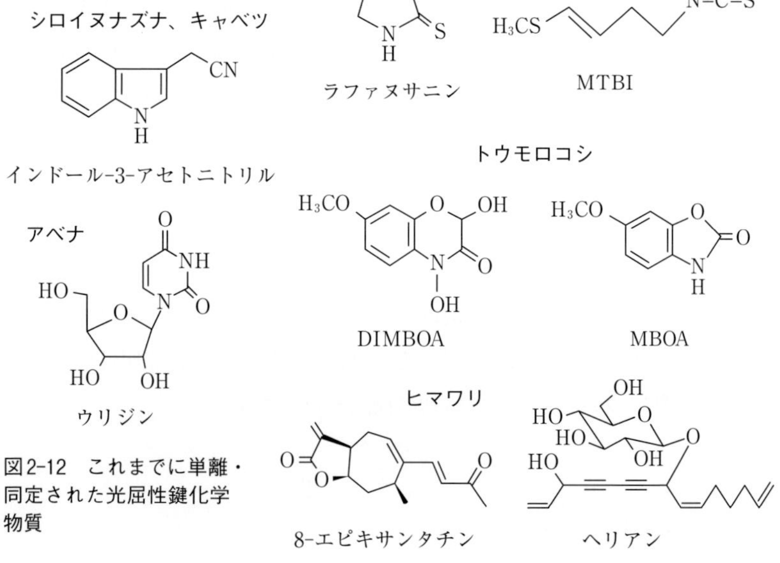

図 2-12　これまでに単離・同定された光屈性鍵化学物質

アセトニトリルである。このインドールアセトニトリルはキャベツ芽生えの光屈性鍵化学物質であることも報告されている[31]。

このように植物種ごとに異なる光屈性鍵化学物質が発見されているが、不活性型の配糖体から加水分解酵素により糖が切り出され、アグリコンが活性型となって成長抑制活性を示すという共通項がある（次項参照）。現在はリン酸化レベルの勾配と成長抑制物質および関連酵素群の偏差分布を明らかにし、各物質に特異的なレセプターの解明やアップレギュレートあるいはダウンレギュレートされる遺伝子の探索を行っている[32]。また、高等植物に共通な現象である光屈性が植物によって異なる化学物質によって制御されているのだとしたら、光屈性の本質的な生物機能とは何なのかを考察する必要があろう。

以下では双方の仮説における問題点と今後の課題についてまとめた。

① コロドニー・ウェント説側は、論理と矛盾するいくつかの実験結果について説明しなければならない。

・同説の理論によれば（暗所対照と比べての）光側組織の成長抑制と影側組織の成長促進が同時に開始されなければならないが、多くの実験結果はこれとは異なっている。光側組織の成長抑制のみによって光屈性が開始され、影側組織の成長は暗所対照とほとんど変わらないことが明らかになった。赤色光を照射した芽生えや成長率が低下した芽生えといった特殊な条件ではなく、光屈性の真の対照である暗所で成長率の良い芽生えを用いた実験を行い、矛盾を解消する結果を出す必要がある。

・ボイセン・イェンセンらの実験の検証結果をどのように説明するのか。オーキシンが先端部で光側から影側組織に横移動することによって屈曲するとすれば、雲母片によりオーキシンの横移動を妨げた場合、屈曲しないはずである。しかし、検証の結果、横移動が妨げられても屈曲することが分かっている。

② 双方の仮説における今後の課題

・光屈性のモデル植物であるアベナ、ダイコン、ヒマワリでも、オーキシンが光・影側組織に均等に分布することが精密な機器分析によって示されている。コロドニー・ウェント説側はトウモロコシだけではなく、これらの植物についてもオーキシンの不均等分布を証明しなければならない。また、その際には過去の実験との整合性の観点からも、光・影側組織からの拡散物自体のオーキシン活性とインドール酢酸の含量との関係を明確に示す必要があろう。一方、ブルインスマ・長谷川説側はトウモロコシのDIMBOA生合成能欠損株を用いた実験だけでなく、アベナ、ダイコンやヒマワリなどの光屈性能欠損株やそれぞれの光屈性鍵化学物質の生合成能欠損株といった突然変異株を作出し、光屈性鍵化学物質の光側組織における生成が光屈性の原因であることを示す必要があろう。

・光屈性に伴うオーキシンの動態を可視化して考察するために、オーキシン誘導性プロモーターの下流につながれたレポーター（*GUS*）の発現が調べられている。光屈性刺激によって光側組織に比べて影側組織のGUS活性が顕著に増加したことから、光・影側におけるオーキシン量の偏差分布が生じているとし、コロドニー・ウェント説の正当性が主張されている[20]。GUS活性は厳密にはオーキシン活性に置きかえることはできても、イコールオーキシン量とはいえない。しかし、ブルインスマ・長谷川説側は光誘導性のオーキシン活性抑制物質が重要であると主張していることから、ラファヌサニン等の光屈性鍵化学物質を芽生えの片側に投与し、投与側のGUS活性が減少するかどうかを明らかにすることも自説の正当性をさらに主張するために必要な実験といえよう。一方、コロドニー・ウェント説側は、光側組織のGUS活性が暗所対照より減少することも示さなければならないだろう。

なお、オーキシン活性を軸とする2説の他にも、ブラシノステロイドやエチレンなどの植物ホルモンの働きや、湿度やイオンの変化との関連性、あるいは細胞自体の感受性の変化を中心として考察する研究グループもある。

3. 著者らの研究

ブルインスマ・長谷川説の観点に立ち、光屈性刺激による光屈性鍵化学物質の生成機構について明らかにするための実験を行った。双子葉植物のダイコン芽生えを用いて、光屈性刺激に伴う成長抑制物質の量的変動および生理活性を調べることで、光屈性反応のメカニズムの解析を試みた[24]。

また、これまでに単離・同定された光屈性鍵化学物質は種特異的な傾向があった。しかし、光屈性反応は高等植物に普遍的な反応であることから、極微量のため発見されていないか、あるいは、これまで成長抑制効果がまったく注目されていなかった生理活性物質が関与している可能性も考えられた。そこで光屈性研究に汎用されてきたものの未だに物質が特定されていなかった、単子葉植物のアベナにおける光屈性鍵化学物質の探索を試みた[29]。

（1） ダイコン下胚軸の光屈性反応における分子機構

① 実験方法

予備実験としてダイコン芽生えの光屈性の様子を観察したところ、光照射の約30分後から屈曲が生じて90分後まで拡大することが分かった（図2-13）。そこで光照射30分後の動態を中心として実験を行った。

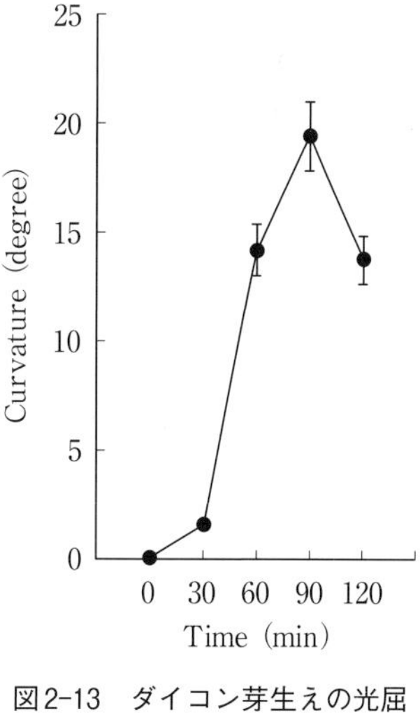

図2-13　ダイコン芽生えの光屈性の経時的変化[24]

暗所で生育させ3cm程度になったダイコン芽生えに対して、フックの反対側から青色光を照射した。屈曲部位である下胚軸部分を切り出して光側組織と影側組織にカミソリで二分し、それぞれを液体窒素に入れて凍結させた。この処理を光照射2時間後まで30分おきに行った。凍結させたダイコン下胚軸を含水アセトンと共にブレンダーで破砕し、濃縮物を酢酸エチルと水により二層分配し、酢酸エチル層をラファヌサニン（raphanusanins）・MTBI（4-methylthio-3-butenyl isothiocyanate）層とし、水層をMTBG（4-methylthio-3-butenyl glucosinolate）層とした。ラファヌサニン・MTBI層は、無水硫酸ナトリウムを加えて脱水し、濾過後、減圧下35℃で濃縮した。その後、シリカゲルのセップパック・カートリッジに供し、ヘキサン中の酢酸エチル濃度10%の溶媒溶出画分をMTBI画分、酢酸エチル50%溶出画分をラファヌサニン画分とした。一方、MTBG層は等量の水飽和フェノールを加え、遠心分離して水層を回収したものに新たにクロロホルムを等量加え、再度遠心分離した後に回収した水層をMTBG画分とし、それぞれの画分を減圧下35℃で濃縮・乾固した。ラファヌサニン、MTBIおよびMTBGを定量するために機器分析（高速液体クロマトグラフィー）を用い、光屈性に伴う光側・影側組織におけるこれらの物質の含量の変化を測定した。

それぞれの生理活性についてはクレス幼根伸長試験、ダイコン下胚軸伸長試験、片側投与試験により調べた。クレス幼根伸長試験は、濃度調整したサンプル中でクレス種子を24時間暗所で培養した後、幼根の長さを測定する方法で、著者らは簡便に成長抑制活性をみるために汎用している。ダイコン下胚軸伸長試験は、1日齢のダイコン発芽種子を濃度調整したサンプル中でさらに2日間暗所で培養した後、下胚軸の長さを測定する方法である。片側投与試験は各物質をラノリンにまぶして緑色安全光下でダイコン芽生えの片側に直接投与し、一定時間暗黒下で静置した後、投与側への屈曲角度を測定することで、屈曲に対する直接的な貢献度を調べる生物検定法である（図2-14）。

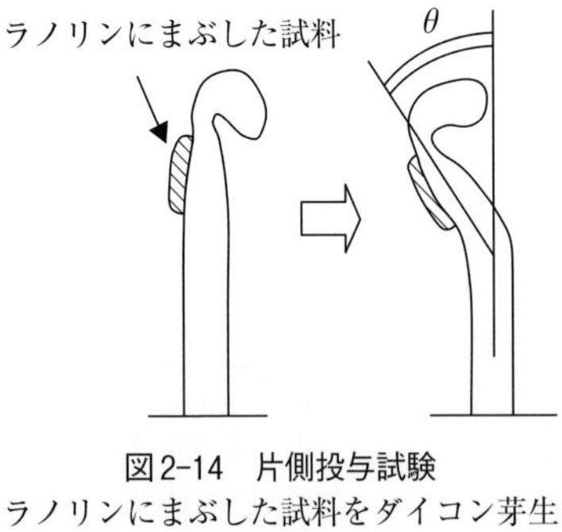

図2-14　片側投与試験
ラノリンにまぶした試料をダイコン芽生えの片側に投与し、暗所で静置し、30分後の屈曲角度（θ）を測定する。

② 結果

双子葉植物のダイコン下胚軸においては、光屈性刺激後30分で光側組織におけるMTBG量の著しい低下と、MTBIとラファヌサニン量の増加が認められた（図2-15）。活性試験からは

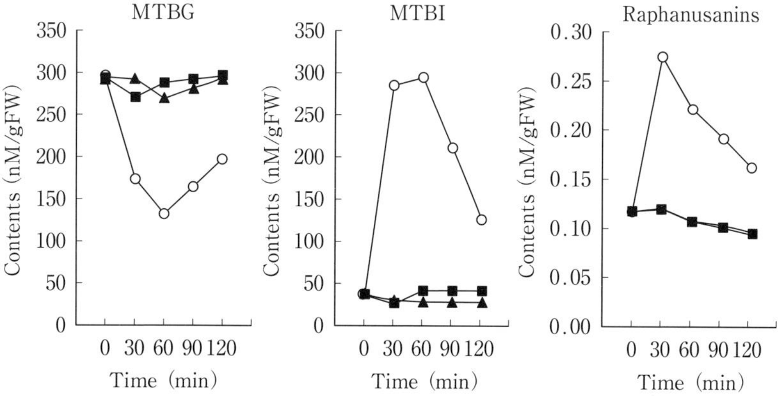

図2-15　光屈性に伴うMTBG、MTBI、Raphanusanins量の経時的変化[24)]
○：光側組織、■：影側組織、▲：暗所対照

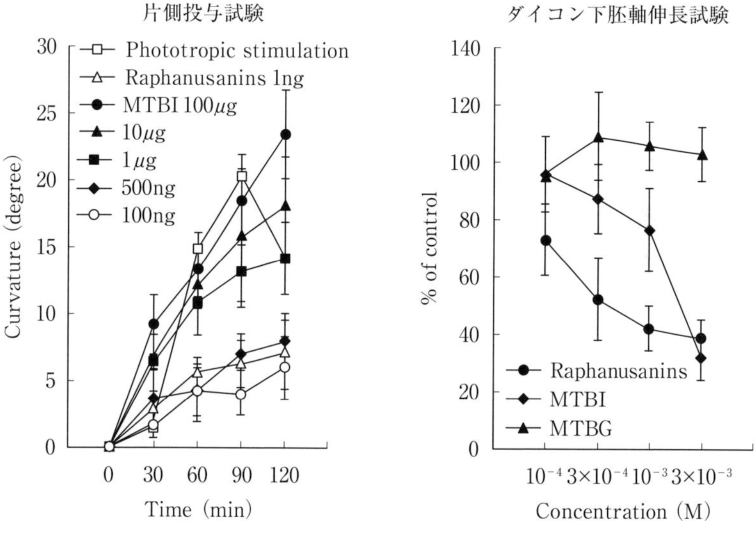

図2-16　ダイコン芽生えの成長抑制物質（ラファヌサニン、MTBI）およびその前駆物質（MTBG）の生物活性[24)]

MTBIとラファヌサニンに強い成長抑制活性があったが、MTBGには促進・抑制のいずれの活性も認められなかった（図2-16）。

③　考察

本研究ではダイコン下胚軸において、ラファヌサニンだけでなくその前駆物質であるMTBIも光屈性鍵化学物質としてダイコン下胚軸の光屈性に重要な役割を演じていることが明らかとなった。また、光屈性刺激によってMTBIの配糖体（MTBG）が加水分解され、活性型のMTBIやラファヌサニンが生成されることが明らかになった（図2-17）。後に行ったトウモロコシ幼葉鞘を用いた実験においても同様の結果が得られている[26]。ダイコンにおけるMTBG、MTBIおよびラファヌサニンの関係が、トウモロコシにおいてはDIMBOA-glc（2-*O*-*β*-D-glucopyranosyl-4-hydroxy-7-methoxy-1, 4-benzoxazin-3-one）、DIMBOA（2, 4-dihydroxy-7-methoxy-1, 4-benzoxazin-3-one）およびMBOA（6-methoxy-2-benzoxazolinone）に置き換えられるようである（図2-18、図2-19）。さらに別に行った実験より、MTBGからMTBIの生成を触媒する加水分解酵素（myrosinase）の活性が光照射後わずか10分で光側組織において高まり、影側では暗所対照とほとんど変わらないことが明らかになった[33]。

したがって、ダイコン下胚軸とトウモロコシ幼葉鞘の光屈性については以下のように説明することができる。青色光が照射されると、10分程度で光側組織における加水分解酵素遺伝子の発現が高まり、酵素活性が高まる。その結果、遅くとも30分には不活性型（貯蔵型）の配糖体から活性型の成長抑制物質の生成が誘導され、光側組織の成長抑制を引き起こして屈曲を誘導する（図2-20）。光屈性が観察される時間帯と成長抑制物質が増量するタイミングが一致し、また増量分を片側投与したところ屈曲が引き起こされたことから、光により生成が誘導される成長抑制物質は光屈性のメカニズムにおける光屈性鍵化学物質であることが示唆された。

なお、成長抑制物質の増量が一過的である理由としては重力屈性の影響があると思われる。植物は横方向への光屈性が開始された瞬間から重力の影響を受けて縦方向への重力屈性を開始するため、複雑な相互作用が働いていることが

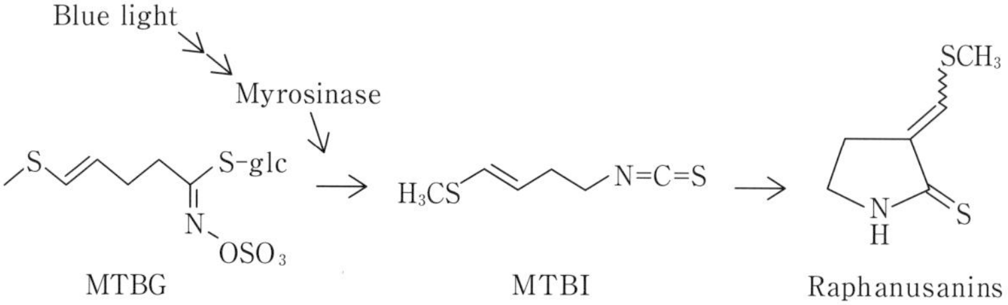

図2-17　ダイコン芽生えにおける光屈性鍵化学物質の生成経路

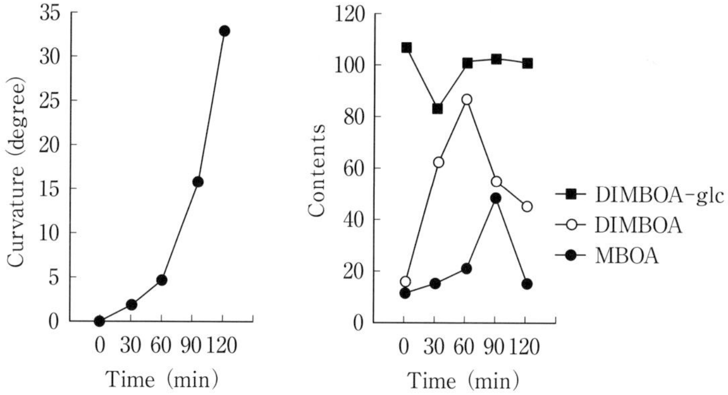

図2-18　トウモロコシ幼葉鞘の光屈性に伴う屈曲角（左）および光側組織における成長抑制物質（DIMBOA、MBOAおよびその前駆物質DIMBOA-glc）量（右）の経時的変化

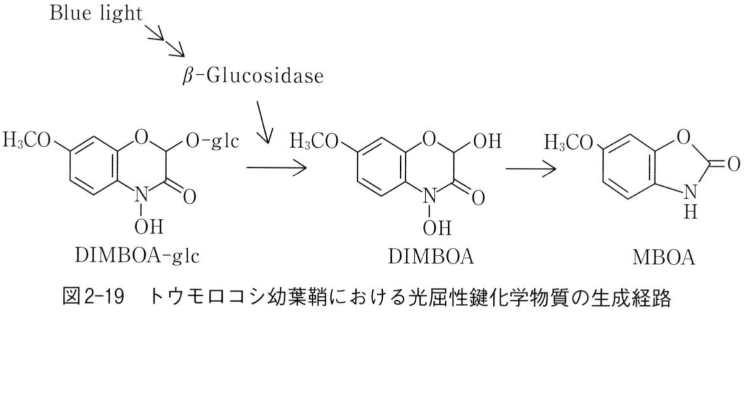

図2-19　トウモロコシ幼葉鞘における光屈性鍵化学物質の生成経路

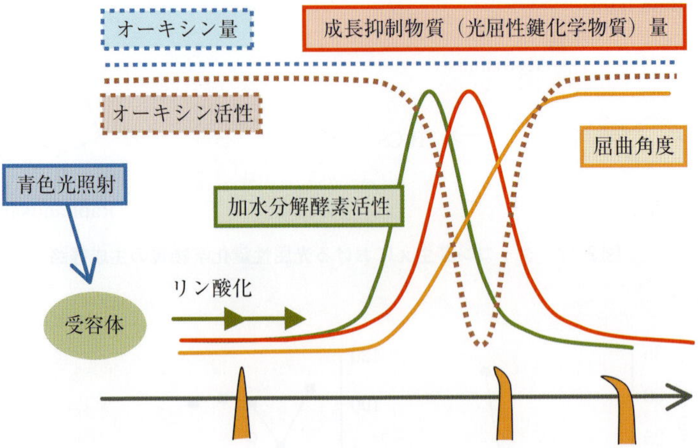

図2-20　ブルインスマ・長谷川説に基づく光屈性のメカニズム
図中の各事項（屈曲角を除く）は光側組織における動態を示す。一方、影側組織における動態は青色光照射前と変わらない。

予想される。また、成長抑制物質の役割は成長抑制システムのスイッチをオンにすることであり、その後で成長抑制物質が減少しても、一度開始されたシステムは一定時間持続されるのではないかと考えられる。

（2）アベナ幼葉鞘の光屈性鍵化学物質の探索

①　実験方法

実験に先だって光投与反応曲線および屈曲の経時的変化のグラフを作成し、光屈性反応のカイネテックスを求め、最適な光条件（青色光3秒照射、0.1 μmol/m^2/s）を決定した。また、光屈性に伴う光側および影側組織の成長率の変化を調べ、光屈性における光側組織の成長抑制の重要性について確認した。その後、アベナ幼葉鞘先端5mmを光源に対して垂直にカミソリで二分した寒天片の上に乗せた後、側方から光屈性刺激を与え、30分後、寒天片に拡散してくる物質を抽出した。光側、影側組織からの拡散物をそれぞれHPLCにかけて、クロマトグラムを比較検討した結果、光屈性刺激によって光側組織で2倍以上の増量を示すピークを見いだし、大量のアベナ幼葉鞘を80%アセ

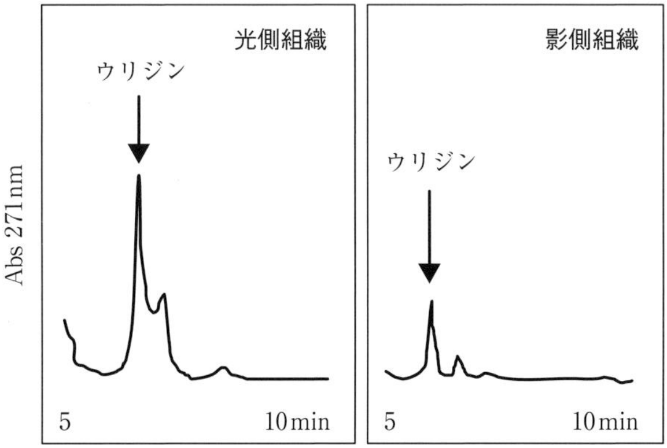

光側組織	影側組織	暗所対照	
15.0±1.1	6.0±0.8	6.1±0.2	(ng/half tip)

図2-21　アベナ幼葉鞘先端部の光側および影側組織からの拡散物をHPLCに供した際のクロマトグラムとウリジンの含有量[29)]

トンで抽出した抽出物から精製・単離した。

このピークの生理活性については、片側投与試験とアベナ幼葉鞘先端伸長試験を用いて調べた。アベナ幼葉鞘先端伸長試験とは、アベナ幼葉鞘の先端部5mm切片を濃度調整したサンプル中に入れ、6時間暗所で培養した後に切片の伸長を測定するものである。

②　結果

単子葉植物のアベナ幼葉鞘においては、青色光を照射した幼葉鞘の光側組織において増量したピーク（図2-21）を、大量のアベナ幼葉鞘抽出物から種々の精製手段を駆使して単離し、^{1}H NMRを用いて構造解析を行った結果、ヌクレオシドの1つであるウリジンであることが分かった。次いでアベナ幼葉鞘の片側投与試験に供した結果、屈曲誘導活性が認められた。

③　考察

アベナ幼葉鞘からは光屈性刺激によって光側組織で増加して成長抑制活性を示す光屈性鍵化学物質を取り出し、リボヌクレオシドの一つであるウリジン

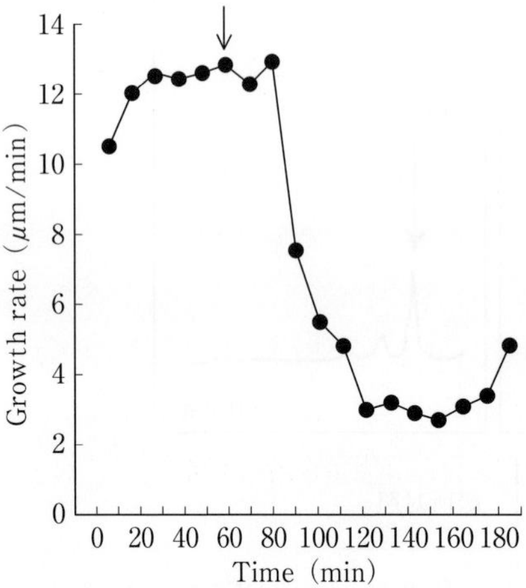

図2-22　アベナ幼葉鞘の成長率に対するウリジンの効果
(Tamimiの論文[34]の図を改変)
アベナ幼葉鞘先端部にウリジンを直接投与した（矢印）後、20〜30分から急激な成長抑制が起こることが分かる。

と同定した。ウリジンが植物に対する成長抑制活性を有するというのは初めての発見であった。その後、タミミ（S. M. Tamimi）によって、ウリジンのアベナ幼葉鞘への片側投与実験が詳細に行われ、ウリジンがアベナ幼葉鞘の光屈性鍵化学物質であることが報告されている（図2-22）[34]。ウリジンはすべての植物に普遍的に存在する物質であり、植物種に共通な光屈性鍵化学物質として関与している可能性が示唆された。しかし、ウリジン自身による直接的な活性によるものか、あるいは他の反応系や物質に影響を及ぼした結果として光屈性を引き起こすのかどうかは、はっきりしていない。また、なぜヌクレオシドのうちでもウリジンが特異的に関与しているのかといった根本的な問題の解明も今後の課題だが、植物の生命を司るヌクレオシドが光屈性に関与している可能性は、光屈性という現象が植物の生命維持活動と高次のレベルで結び付いていることを予見させる。

4. 光屈性のメカニズムのまとめ

近年まで光屈性のメカニズムは、コロドニー・ウェント説で統一されていた。芽生えの先端部でオーキシンが横移動することで生じる影側組織の成長促進が原因となり、屈曲を引き起こすというものである。しかし、同説の理論の土台となった古典的実験が徹底的に再検証された結果、いずれも重大な問題があることが明らかになった。1937年に提唱されたオリジナルのコロドニー・ウェント説では、少なくとも光屈性のメカニズムを説明することはできないようである。

あくまでもオーキシンの横移動を軸とした修正説を掲げるグループが多い中、新しく提唱されたのがブルインスマ・長谷川説である。光照射により光側組織において成長抑制物質が一過的に増量することが原因となり、光側組織の成長抑制のみが生じて屈曲が開始されるという仮説である。この成長抑制物質の動態を調べたところ、光屈性刺激によって光側組織において加水分解酵素が活性化し、不活性型の前駆物質（配糖体）から活性型の成長抑制物質が切り出され、オーキシン活性を抑制することで光側組織の成長が抑制されて屈曲が引き起こされることが明らかになった。そして成長抑制物質の増量は屈曲が開始される頃に早くもピークを迎え、屈曲が始まってからは代謝され、最終的には光照射前のレベルにまで減少することも分かった。なお、成長抑制物質の作用機作についてもすでにいくつかのことが明らかになっている。分子レベルにおいてはオーキシン結合タンパク質に結合し、オーキシンにより誘導される活性を抑制する[35]。同時に細胞レベルにおいてはオーキシンにより誘導されるマイクロチューブルの配向変化を抑制したり[36]、細胞のリグニン化を誘導する[37]などして、細胞の伸長を抑制することが分かっている。

両説は理論的に対立しているため、これまではまったく異なる仮説として位置付けられてきた。しかし、近年の研究成果のいずれもが信頼できると仮定した上で検討すると、両説を組み合わせた包括的なメカニズムが提示できるようである。

① 青色光が照射されると、光が照射された側の組織全体により感受され、フォトトロピンが受容体として働き、シグナル伝達が起こる。光照射の感受部位は先端部に限定されず、仮に先端部においてオーキシンの横移動が起こったとしても、それは光屈性の原因とはならない。

② しばらくの後、光側組織の成長抑制が生じることで屈曲が引き起こされ

る。この屈曲開始段階（初期段階）においては、光側組織において成長抑制を引き起こすのに十分な量の成長抑制物質（光屈性鍵化学物質）が生成されることが分かっている。したがって、成長抑制物質がオーキシン活性を抑制して成長抑制を引き起こすという、ブルインスマ・長谷川説に基づくメカニズムが発生している可能性が高い。コロドニー・ウェント説については「オーキシンの横移動による不均等分布」が精密な機器分析によって証明されていないため、現時点では不明である。

③ その後、屈曲角度が拡大して肉眼でもはっきりと確認できる段階（後期段階）になると、光側組織の成長抑制とともに影側組織の成長促進が生じる場合がある。オーキシンの横移動に関連する遺伝子が活性化することが報告されていることからも、この段階ではコロドニー・ウェント説に基づくメカニズムが発生している可能性がある。ブルインスマ・長谷川説については、成長抑制物質の増量が屈曲開始時をピークとして減少

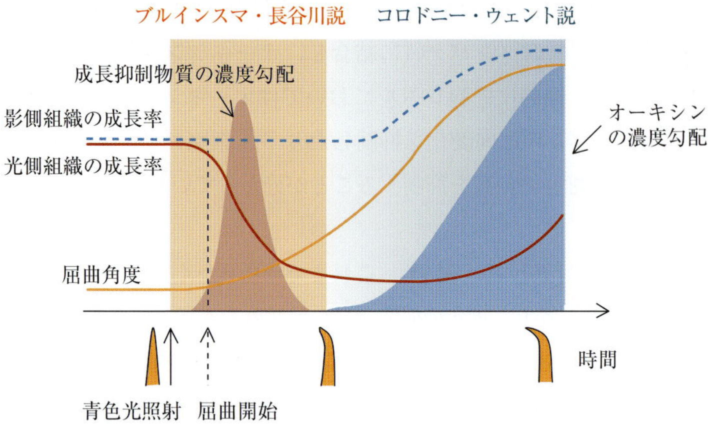

図2-23　光屈性の初期過程（屈曲開始）と後期過程（屈曲増大）におけるメカニズムの移行
屈曲の開始は成長抑制物質の一過的な濃度勾配による光側組織の成長抑制のみによって引き起こされ（ブルインスマ・長谷川説）、その後の大きな屈曲は主にオーキシンの濃度勾配による影側組織の成長促進によって引き起こされる（コロドニー・ウェント説）。

することから適応されないと思われる。

以上のように光屈性のメカニズムは、光照射されてから屈曲が開始されるまでの初期段階（30分から1時間程度）とそれ以後の屈曲角度が拡大する時期（後期段階）とに分けて考えた方がよいと思われる（図2-23）。初期の屈曲は成長抑制物質により引き起こされるが、その後の持続的な後期の屈曲についてはオーキシンが主役になるという、複合的なメカニズムである。これは植物体の成長率が高い時期と低い時期とに言い換えることが可能かもしれない。著者らの研究によれば、成長率が高い芽生え（光屈性が最大限に生じて、実験に最適である頃の芽生え）は光側組織の成長抑制が生じて屈曲するが、成長率が低い芽生え（長く伸びすぎて成長が停止しつつある芽生えや、上部から赤色光を照射して組織全体の成長が抑制された芽生え）においては、むしろ影側組織の成長促進が生じやすいのである（堀江ら、未発表）。

コロドニー・ウェント説を支持する研究者の中には、成長阻害の勾配による初期の屈曲反応は「光屈性」とは異なり、自然界で見られるような大きな（後期の）屈曲のことを「光屈性」と呼ぶべきだという意見もある。そのため現在も光照射を数時間続けて、後期の屈曲を示した植物体を用いた論文が発表されることがある。これは「後期の屈曲が生じているときには、どのような機構が働いているのか？」の研究である。一方、ブルインスマ・長谷川説は明らかに小さな（初期の）屈曲に焦点を絞ったものであり、「どのような機構が働いて、初期の屈曲が開始されるのか？」の研究である（成長抑制物質の増量が一過的であるという発見が、時間についての厳密さをさらに要求することになったといえる）。したがってブルインスマ・長谷川説では、大きな（後期の）屈曲を示した植物体を用いた実験は「原因」ではなく「結果」の調査であり、メカニズムについての研究としては不適切であると見なすことになる。このような点は些細ではあるが、両説の間における根本的な見解の違いでもあり、議論の余地がある。

現在はコロドニー・ウェント説に基づくオーキシンの横移動を裏付けるため、分子遺伝学的・分子生物学的解析に研究の軸足が移されている。一方のブルインスマ・長谷川説はコロドニー・ウェント説の理論的欠陥を指摘した上で、鍵化学物質がオーキシンではない可能性を指摘するものであり、拙速な議論の展開に注意を促すものでもある。そして、ウェントらが 1937 年に発表したオリジナルのコロドニー・ウェント説は、少なくとも光屈性には適用されないことも主張している。最近ではコロドニー・ウェント説の問題点を指摘した教科書[38), 39)]や、光屈性のメカニズムは未だに明らかになっていないとし、対立仮説としてブルインスマ・長谷川説を併記した教科書もある[40), 41), 42), 43)]。専門外の研究者は主流説を前提とせざるを得ないため、その前提の理論的誤りを正確に伝えることは非常に重要である。今後さらに定説の問題点（特にダーウィンやボイセン・イェンセンらの現象面からの実験が誤りであること）が理解されれば、未だに 1937 年に提唱されたオリジナルのコロドニー・ウェント説のみを掲載している教科書も修正され、真のメカニズムの解明に向けたスピードが一段と増すことが期待される。

植物芽生えに対して光照射することで生成される成長抑制物質の探索は、光屈性の発現機構を解決する手がかりになると同時に、植物にとっても人間にとっても有用な化学物質の発見に繋がることが予想されている。これまでに報告されている光屈性鍵化学物質としての成長抑制物質は植物の種類により異なることから、植物材料を増やすことによって光誘導性の新規化合物が発掘される可能性がある。

ダイコンにおける MTBG は主に液胞に存在しており、細胞の破壊と同時にミロシナーゼの作用により分解されて MTBI になる。光屈性を誘導するのは弱青色光であるにもかかわらず、細胞を破壊したときと同じ経路が働いていることになり、植物が光をエネルギー源としてだけではなく抑制的な刺激（ストレス）として感知している可能性が考えられる。現に成長抑制物質として単離した物質のほとんどが抗菌活性（生体防御）を有していた。近年、スプラウトと呼ばれる新芽野菜が健康食品として知られているが、これは光による植物体内での抗菌活性物質の生産を利用したものである。有名なのはブロッコリーのスプラウトで、ガン細胞抑制効果が期待されるスルフォラファンの含有量が光照射によって増量することが報告されている。また著者らは光屈性の鍵化学物質の一つが、大腸ガン細胞の増殖を抑制することを明らかにしている（未発表）。また、最終的に光屈性への関与は示されなかったが、光照射したもやし（大豆および緑豆）からも乳ガンの増殖を抑制する物質（キエビトン）を見いだしており、今後も人体への薬理学的な応用が期待される物質が発見される可能性がある。

さらに、成長抑制物質はオーキシン活性を抑制するため、このことを利用した応用も検討されている。たとえば、ラファヌサニンは細胞の長軸方向への成長を抑制して横に広げることから、矮化剤（作物の倒伏防止）として用いることができるだろう。ラファヌサニンとMBOAは頂芽優勢を打破する活性も持っており[44]、腋芽分化促進剤として使用できる可能性もある。また、ここに掲げたすべての成長抑制物質は天然由来であるため、安全な成長阻害剤（有機農薬）として用いることができる。このように基礎研究である光屈性に関与する成長抑制物質の探索は、農・園芸・林業・医療への応用展開が期待されている。

参考文献

1) Darwin, C. and Darwin, F. The Power of Movement in Plants. J. Murray, London, 1880.

2) Paál, A. Über phototropishe Reizleitung. Jahrb. Wiss. Bot., 58, 406-458, 1919.

3) Boysen-Jensen, P. and Nielsen, N. Studien über die hormonalen Beziehungen zwischen Spitze und Basis der *Avena*-koleoptile. Planta, 1, 321-331, 1926.

4) Went, F. W. Wuchsstoff und Wachstum. Rec. Trav. Bot. Néerl., 15, 1-116, 1928.

5) Kögl, F. and Haagen-Smit, A. J. Über die Chemie des Wuchsstoffs. Proc. Kon. Akad., Wetensch Amsterdam, 34, 1411-1416, 1931.

6) Went, F. W. and Thimann, K. V. Phytohormones. MacMillan, New York, 1937.

7) Taiz, L, and Zeiger, E., ed., Plant Physiology（Sinauer Associates） pp.467-507, 2006.

8) Hasegawa, T., Yamada, K., Shigemori, H., Goto, N., Miyamoto, K., Ueda, J. and Hasegawa, K. Isolation and identification of blue light-induced growth inhibitor from light-grown *Arabidopsis* shoots. Plant Growth Regul., 44, 81-86, 2004.

9) Firn, R. D. and Digby, J. The establishment of tropic curvatures in plants. Ann. Rev.

Plant Physiol., 31, 131-148, 1980.

10) Yamada, K., Nakano, H., Yokotani-Tomita, K., Bruinsma, J., Yamamura, S. and Hasegawa, K. Repetition of the classical Boysen-Jensen and Nielsen's experiment on phototropism of oat coleoptiles. J. Plant Physiol., 167, 323-329, 2000.

11) Hasegawa, K., Sakoda, M. and Bruinsma, J. Revision of the theory of phototropism in plants: a new interpretation of a classical experiment. Planta, 178, 540-544, 1989.

12) Shen-Miller, J. and Gordon, S. A. Hormonal relation in the phototropic response: III. The movement of C^{14}-labelled and endogenous indoleacetic acid in phototropically stimulated *Zea* coleoptiles. Plant Physiol., 41, 59-65, 1966.

13) Bruinsma, J., Karssen, C. M., Benschop, M. and Van Dort, J. B. Hormonal regulation of phototropism in the light-grown sunflower seedling, *Helianthus annuus* L.: immobility of endogenous indoleacetic acid and inhibition of hypocotyl growth by illuminated cotyledons. J. Exp. Bot., 26, 411-418, 1975.

14) Togo, S. and Hasegawa, K. Phototropic stimulation does not induce unequal distribution of indole-3-acetic acid in maize coleoptiles. Physiol. Plant., 81, 555-557, 1991.

15) Iino, M. Mediation of tropisms by lateral translocation of endogenous indole-3-acetic acid in maize coleoptiles. Plant Cell Environ., 14, 279-286, 1991.

16) MacDonald, I. R. and Hart, J. W. New light on the Cholodny-Went theory. Plant Physiol., 84, 568-570, 1987.

17) Feyerabend, M. and Weiler, E. W. Immunological estimation of growth regulator distribution in phototropically reacting sunflower seedlings. Physiol. Plant., 74, 185-193, 1988.

18) Sakoda, M. and Hasegawa, K. Phototropism in hypocotyls of radish. VI. No exchange of endogenous indole-3-acetic acid between peripheral and central cell layers during first and second positive phototropic curvatures. Physiol. Plant., 76, 240-242, 1989.

19) Briggs, W. R., Tocher, R. D. and Wilson, J. F. Phototropic auxin redistribution in corn coleoptiles. Science, 126, 210-212, 1957.

20) Friml, J., Wisniewska, J., Benková E., Mendgen, K. and Palme, K., Lateral relocation of auxin efflux regulator PIN3 mediates tropism in *Arabidopsis*. Nature, 415, 806-809, 2002.

21) Yamamura, S. and Hasegawa, K. Chemistry and biology of phototropism-regulating substances in higher plants. The Chemical Record, 1, 362-372, 2001.

22) Bruinsma, J. and Hasegawa, K. A new theory of phototropism - its regulation by a

light-induced gradient of auxin-inhibiting substances. Physiol. Plant., 79, 700–704, 1990.

23) Blaáuw, A. W. Licht und Wachstum. II. Z. Bot., 7, 465–532, 1915.

24) Hasegawa, T., Yamada, K., Kosemura, S., Yamamura, S. and Hasegawa, K. Phototropic stimulation induces the conversion of glucosinolate to phototropism-regulating substances of radish hypocotyls. Phytochemistry, 51, 275–279, 2000.

25) Hasegawa, K. and Togo, S. Phototropism in hypocotyls of radish. VII. Involvement of the growth inhibitors, raphanusol A and B in phototropism of radish hypocotyls. J. Plant Physiol., 135, 110–113, 1989.

26) Hasegawa, T., Yamada, K., Shigemori, H., Miyamoto, K., Ueda, J. and Hasegawa, K. Isolation and identification of phototropism-regulating substances benzoxazinoids from maize coleoptiles. Heterocycles, 63 (12), 2707–2712, 2004.

27) Yokotani-Tomita, K., Kato, J., Yamada, K., Kosemura, S., Yamamura, S., Bruinsma, J. and Hasegawa, K. 8–Epixanthatin, a light-induced growth inhibitor, mediates the phototropic curvature in sunflower (*Helianthus annuus* L.) hypocotyls. Physiol. Plant., 106, 326–330, 1999.

28) Hasegawa, T., Togo, S., Hisamatsu Y., Yamada K., Suenaga, K., Sekiguchi, M., Shigemori, H. and Hasegawa, K. Isolation and structure elucidation of a potent growth inhibitor, helian, from blue light-illuminated sunflower (*Helianthus annuus*) hypocotyls. Heterocycles, 71, 609–617, 2007.

29) Hasegawa, T., Yamada, K., Kosemura, S., Yamamura, S., Bruinsma, J., Miyamoto, K., Ueda, J. and Hasegawa, K. Isolation and identification of a light-induced growth inhibitor in diffusates from blue light-illuminated oat (*Avena sativa* L.) coleoptile tips. Plant Growth Regul., 33 (3), 175–179, 2001.

30) Yokotani-Tomita, K., Chilton, S., Kosemura, S., Yamamura, S., Yamada, K. and Hasegawa, K. Light response in DIMBOA deficient mutant of maize. Plant Cell Physiol., 39 (Suppl.), 238, 1998.

31) Kosemura, S., Niwa, K., Emori, H. Yokotani-Tomita, K., Hasegawa, K. and Yamamura, S. Light-induced auxin-inhibiting substance from cabbage (*Brassica oleacea* L.) shoots. Tetrahedron Letters, 38 (48), 8327–8330, 1997.

32) Moehninsi, Yamada, K., Hasegawa, T. and Shigemori, H. Raphanusanin-induced genes and the characterization of RsCSN3, a raphanusanin-induced gene in etiolated radish hypocotyls. Phytochemistry, 69 (16), 2781–2792, 2008.

33) Yamada, K., Hasegawa, T., Minami, E., Shibuya, N., Kosemura, S., Yamamura, S. and Hasegawa, K. Induction of myrosinase gene expression and myrosinase activity in radish hypocotyls by phototropic stimulation. J. Plant Physiol., 160 (3), 255–259,

2003.
34) Tamimi, S. M. Uridine and the control of phototropism in oat (*Avena sativa* L.) coleoptiles. Plant Growth Regul., 43 (2), 173-177, 2004.
35) Hoshi-Sakoda, M., Usui, K., Ishizuka, K., Kosemura, S., Yamamura. S. and Hasegawa, K. Structure-activity relationships of benzoxazolinones with respect to auxin-induced growth and auxin-binding protein. Phytochemistry, 37, 297-300, 1994.
36) Sakoda, M., Hasegawa, K. and Ishizuka, K. Mode of action of natural growth inhibitors in radish hypocotyl elongation - influence of raphanusanin on auxin-mediated microtubule orientation. Physiol. Plant., 84, 509-513, 1992.
37) Jabeen, R., Yamada, K., Hasegawa, T., Minami, E., Shigemori, H. and Hasegawa, K. Direct involvement of benzoxazinoids in the growth suppression induced by phototropic stimulation in maize coleoptiles. Heterocycles, 71, 523-529, 2007.
38) Ridge, I., ed., Plants (Oxford University Press) pp.246-254, 2002.
39) Willis, A. J., ed., The Physiology of Flowering Plants (Cambridge University Press) pp.320-343, 2005.
40) McDonald, M. S., ed., Photobiology of Higher Plants (Wiley) pp.274-285, 2003.
41) Mohr, H. and Schopfer, P., ed., Plant Physiology (Springer) pp.504-515, 1995.
42) 改訂　高等学校　生物Ⅰ (2008、第一学習社、田中隆荘他著)、p.257。
43) NHK 高校講座・生物「植物の成長とホルモン」(2009 年度第 36 回第 6 部)。
　NHK 高校講座・生物「環境と植物の反応―植物の成長とホルモン」(2011 年 2 月 4 日放送)。
44) Nakajima, E., Yamada, K., Kosemura, S., Yamamura, S. and Hasegawa, K. Effects of the auxin-inhibiting substances raphanusanin and benzoxazolinone on apical dominance of pea seedlings. Plant Growth Regul., 35 (1), 11-15, 2001.

参考図書

1) 山村庄亮、長谷川宏司編著：動く植物―その謎解き、大学教育出版、pp.40-71, 2002.
2) 山村庄亮、長谷川宏司編著：植物の知恵―化学と生物学からのアプローチ、大学教育出版、pp.16-32, 2005.
3) 甲斐昇一、森川弘道監修：プラントミメティックス―植物に学ぶ―、NTS、pp.487-492, 2006.
4) 栃内新、左巻健男著：新しい高校生物の教科書、講談社、pp.350-352, 2006.
5) 山村庄亮、長谷川宏司編著：天然物化学―植物編―、アイピーシー、pp.65-88, 2007.

第 3 章

重力屈性・重力形態形成

1. はじめに

陸上植物は長い地球の歴史の間に環境に適応する形で、種類さらには生活環の相によっても多様な形態をとるようになったが、その基本体制は一本の主軸（茎および主根）とこれから派生する数多くの副軸（枝、葉、側根、および生殖成長の際に生じる花）から成っている。固着生活を営む陸上植物の生存にとって、軸性を発達させて自分の姿勢を正しく保つこと、すなわち茎や樹木の幹を上（重力と反対方向）に伸ばして光を効率的に受けるように葉を空間配置し、逆に主根を下（重力方向)、そして側根を横に伸ばして多くの水分や養分を土壌から得るとともに地上部を支えることが大切となる。加えて、生存に必須の光は太陽の動きにつれてその射す方向や強さを変え、また、水分は増減したり流れたりする。そのため、植物は外界刺激の大きさや方向の変化に対して巧みに姿勢を制御する仕組みを備えてきた。例えば、植物を横たえると、一般に根は重力方向へ、茎は逆方向へ屈曲して成長する。このような地球上に普遍的に存在する重力ベクトルを情報として、器官が成長運動を変化させながら姿勢制御を行う反応を重力屈性（gravitropism）という（図 3-1)。

重力屈性の応答で一般的なものは、将来主軸となる幼根、双子葉植物の胚軸や上胚軸、単子葉植物芽生えの幼葉鞘などの幼器官、および双子葉植物の節間や成熟した単子葉植物の節などでみられる、重力方向と平行になるといった姿勢制御である。これを正常重力屈性（orthogravitropism）と呼び、重力方向への屈曲を正（positive)、逆方向への屈曲を負（nagative）として区別する。また、イチゴの匍匐枝のように重力方向と直角に成長する側

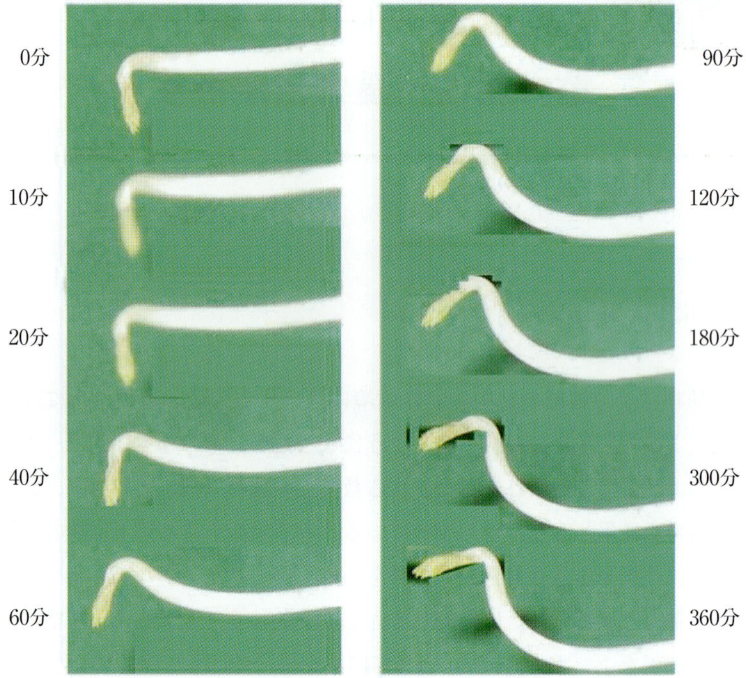

図3-1　植物の重力屈性－黄化エンドウ上胚軸の重力屈性
3.5日齢黄化アラスカエンドウ芽生えを、暗所下において水平に横たえ、その上胚軸（第１節間）の重力屈性を経時的に写真撮影した。写真の横の時間は、水平に横たえてからの時間を示している。

面（横）重力屈性（diagravitropism)、主軸をなす根や茎からそれぞれ派生する側根、側枝など重力方向とある一定の角度を保って成長する傾斜重力屈性（plagiogravitropism）などもある。しかし、姿勢の制御方向は必ずしも器官固有のものではない。例えば、主軸が折れた場合には側根や側枝が正常重力屈性を示すようになり、やがて２次的な主軸として成長していく。また、植物体が成長した後に形成される側根や側枝は、一般に重力感受性をもたず、分化する位置によって成長方向が規定される場合が多い。

『種の起源（ON THE ORIGIN OF SPECIES BY MEANS OF NATURAL SELECTION, OR THE PRESERVATION OF FAVOURED RACES IN

THE STRUGGLE FOR LIFE)』(1859) を著し、「進化論」で有名なチャールズ・ダーウィン (C. Darwin) とその息子フランシス (F. Darwin) による著書『The Power of Movement in Plants (植物の運動力)』(1880) が、重力屈性を含む植物の運動の研究の古典とされ、また、植物ホルモンの研究の発端となったことはよく知られている[1)]。『植物の運動力』は、渡辺仁による翻訳本[2)] (1987) が出版されているので参照されたい。次の節で重力屈性に関する研究の歴史を詳述するが、それらの研究は、重力感受の仕組みと伸長域で屈曲を誘導するシグナル物質に関するものが主である。前者は、アミロプラストの沈降を介して重力刺激が感受されるとされる「デンプン平衡石説 (starch-statolith theory)」(図3-2) を、後者は、光屈性を含め屈性現象を全般的に説明する「コロドニー・ウェント説 (Cholodny-Went theory)」を導いた。「コロドニー・ウェント説」では、重力刺激によってオーキシンが横移動 (横に倒した植物体の上側すなわち反重力側から下側すなわち重力側へ移動) し、生じ

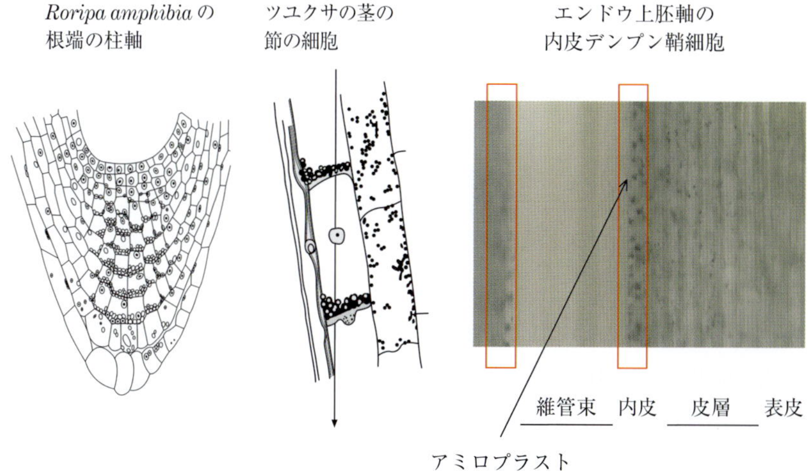

図3-2　重力感受細胞と沈降性アミロプラスト
左：デンプン粒を平衡石として含む*Roripa amphibia* の根端の柱軸[22)]、中央：ムラサキツユクサの茎の節を斜めに置いたもの (矢印は重力方向を示す)[21)]、右：黄化エンドウ上胚軸。「デンプン平衡石説」の基となる沈降性アミロプラストが、茎では内皮組織に、根では根冠のコルメラ細胞に存在する。左および中央の図は、「植物生理学講座3　成長と運動　第5章　屈性反応」(田沢仁) より引用[8)]。

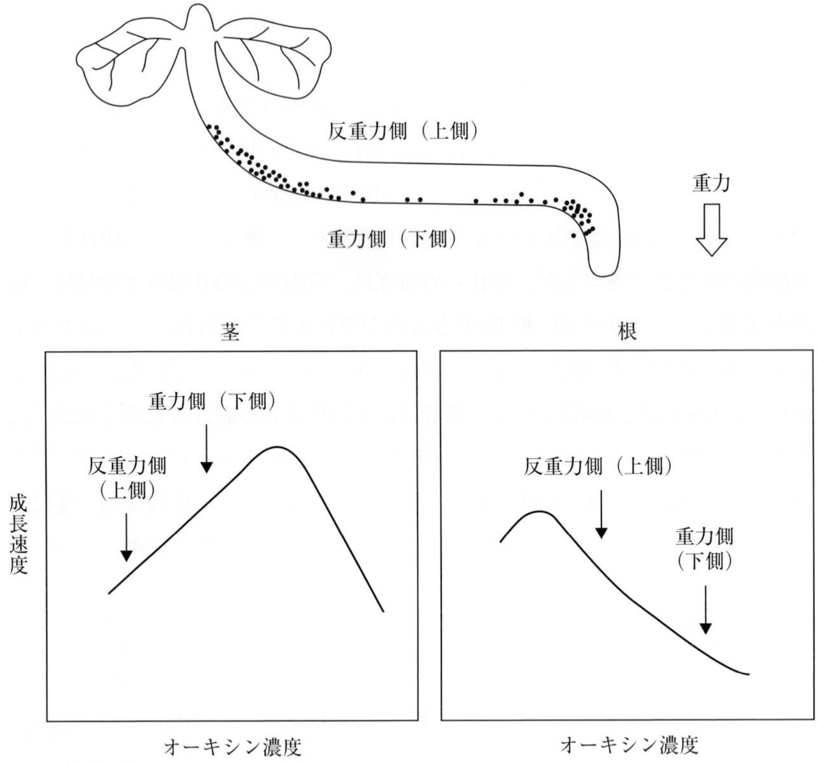

図3-3 「コロドニー・ウェント説」の概略
植物を横たえると、オーキシンが重力側に横移動し、その結果、重力側にオーキシンが蓄積する。それにより、茎では重力側の成長が促進されるため上方向に、他方、根では抑制されるために下方向に屈曲する。

たオーキシン濃度の偏りによって、根では下側の成長抑制により、茎では下側の成長促進により屈曲すると説明されている[3]（図3-3）。しかしながら、歴史的な著書の出版から1世紀半近くになろうとしている今もなお、感受と応答をつなぐ過程を含め、重力屈性のメカニズムについて明確な答えが得られているとは言い難い。本章では、重力屈性のメカニズムについて、研究の歴史を遡って解説すると同時に、問題点について詳述する。また、著者らが行っている宇宙微小重力環境下における植物の応答機構などについても紹介する。

2. 研究の歴史

(1) 重力屈性 [3)-12)]

植物の重力屈性の研究の歴史について、簡単に表3-1に記すこととする。

植物の体制作りに重力が関わっていることは、18世紀の初め、ドダート(D. Dodart)[13)] やオストラック (J. Austruc)[14)] によって示唆されたとされる[12)]。19世紀の初頭、それを実験的に証明したのはナイト(T. A. Knight、1806)である[15)]。彼は、鉛直方向を軸にして回転するようにした水車の縁に芽生えをセットして水車を回転させると、芽生えの根は回転軸から離れる方向に、茎は逆方向に屈曲することを観察した。さらに水車の回転速度(遠心力)を変えた場合の根と茎の伸長方向を調べ、植物の器官が重力あるいは重力加速度に反応することを証明した。重力屈性が光屈性と同じく、器官における重力刺激を受けた側とその反対側の成長速度の差(偏差成長)によることは、1868年、フランク(A. B. Frank)[16)] によって観察され、彼はその現象を geotropism(屈地性)と名付けた。現在では、本質が重力(gravity)に対する屈性であるので、gravitropism(重力屈性)と呼ぶことが一般化されている。

重力屈性の仕組みに関する最初の報告は、シーセルスキー(T. Ciesielski)による(1872)[17)]。彼は、根の先端から一定間隔で印をつけて成長量を測定することで、伸長部域を特定し、屈曲が伸長域で起こることを示した。さらに、光刺激とは異なり植物器官の特定部位を重力刺激することは困難であるため、重力感受部位を決めるのに器官の一部を切除してその反応を見る実験を行った。そして、ソラマメやレンズマメなどの根端を切除した後、水平にしておくと根は重力刺激に反応しないが、根端が再生されると下方へ屈曲してくることを示した。また、根を数時間水平にしておいてまだ下方に屈曲しないうちに根端を切除すると、どのような姿勢にしておいても重力刺激が続いているように屈曲するという結果を報告している。これら一連の結果に基づき、根における重力感受部位と反応部位が空間的に離れており、根端で感受された重力刺激が、伸長部域に伝達され、偏差成長を引き起こすことが示唆された。

表 3-1　植物の重力屈性に関する研究の歴史

1687	Newton, I	「Principia」を著し、重力の概念を打ち出す
1703	Dodart, D.	植物の体制作りにおける重力の関与を示唆（13）
1709	Austruc, J.	植物の体制作りにおける重力の関与を示唆（14）
1806	Knight, T. A.	植物の器官が重力あるいは重力加速度に反応することの実験的証明（15）
1868	Frank, A. B.	屈性が偏差成長に基づくことを見いだし、また屈地性（geotropism）という言葉を提唱（16）
1872	Cieselski, T.	重力屈性の仕組みに関するシグナル伝達カスケードに関する概念の確立（17）
1880	Darwin, C.	「The Power of Movement in Plants」（1）を発表
1882	Sachs, J.	植物回転機（クリノスタット）を開発
1900	Harberlandt, G.	重力屈性を示す器官（ムラサキツユクサの茎の節）における沈降性アミロプラストの発見（21）
1900	Němec, B.	重力屈性を示す器官（根端）における沈降性アミロプラストの発見（22） Harberlandt, G. と Němec, B. それぞれによるデンプン平衡石（starch-statolith）説の提唱
1924～1927	Cholodny, N.	重力屈性の成長調節物質の側面からの研究（71,72）
1928	Went, F. W.	重力屈性のオーキシンの側面からの研究（植物ホルモンオーキシンの発見）（3） 光屈性および重力屈性に関するオーキシン横移動に基づく「Cholodny-Went 説」を独立に提唱（3）
1934	Kögl, F. と Haagen-Smit, A. J.	人尿のエーテル抽出物からヘテロオーキシン（インドール酢酸）を単離同定
1970 年代後半～	Pilet, P. E らと Wilkins, M. ら	重力屈性における成長抑制物質、アブシシン酸の関与の説の提唱（91）
1981		スペースシャトルの初飛行
1998		日本人研究者によるスペースシャトルを利用した STS-95 植物宇宙実験
2008～		国際宇宙ステーションにおける日本の実験棟「きぼう」の運用

彼の実験結果は、ダーウィン父子による重力屈性実験によっても確認された[1)]。彼らが導いた重力屈性の仕組みに関する仮説、すなわち、①重力の感受細胞での重力刺激の感知、②シグナルの発生と伝達、③細胞間のシグナル伝達、④偏差成長という 4 つのステップからなるという重力刺激の信号伝達カスケードは、今でも有効性を保っている。重力屈性のメカニズムはこれらの過程

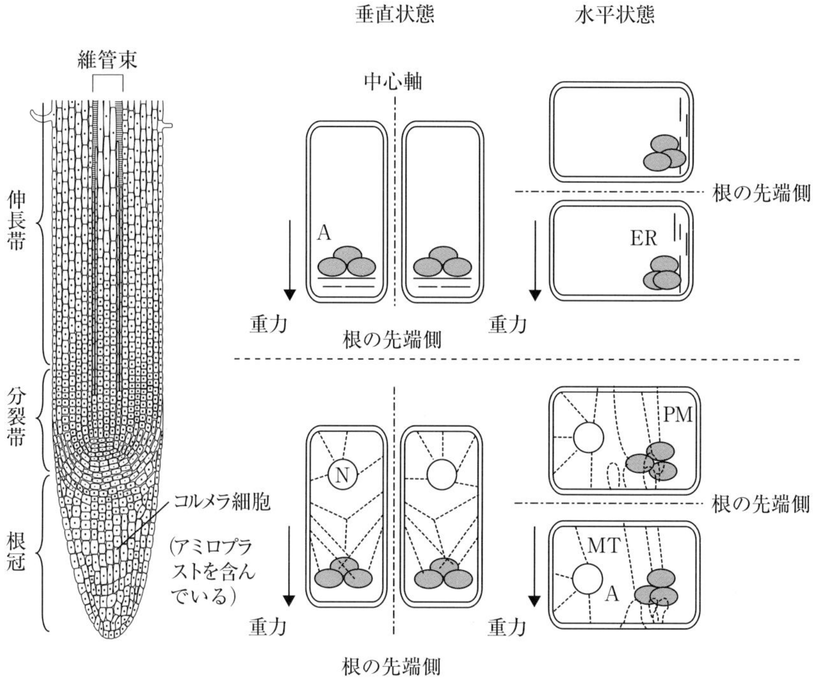

図3-4　デンプン（アミロプラスト）平衡石説
右上図は、アミロプラストの小胞体への接触、あるいはそれによって生じる圧力が、生体刺激への変換をもたらすというモデル、右下図は、アミロプラストをつりさげているアクチンフィラメントが原形質膜に接続しており、アミロプラストの移動が原形質膜上の機械刺激受容体に作用するモデル（actin-tether model）。図中、Aはアミロプラスト、ERは小胞体、Nは核、MTは微小管（アクチンフィラメント）、PMは原形質膜を示している。

ごと、特に感受と偏差成長の過程を中心に研究がなされてきた。

まず、「重力感受細胞（コルメラ（columella）細胞と内皮デンプン鞘細胞）での重力刺激の感知」に関する研究の歴史について紹介する。

光刺激とは異なり、植物の器官の特定の部域だけに重力の刺激を与えることは困難である。根における重力感受が先端の数ミリメートルの部域で起こることは、シーセルスキーによる根端切除実験以来、明らかにされてきた。根の先端には、根端分裂組織の保護の役割を担う根冠が存在する（図3-4）。重力感受器官としての根冠の役割は、根冠を剥離した根は重力屈性を示さないこと、根冠の切除後しばらくして根冠が再生すると重力刺激感受能も回復すること、剥離した根冠に重力刺激を与えてから元の根に戻すと重力屈性が起こることなどからも明らかである。

根冠の中央部には、重力方向へ沈降するアミロプラスト（amyloplast、密度の高いデンプン粒を含む色素体）を含むコルメラ細胞が、軸に対称な形で群を成して存在している。シロイヌナズナ（*Arabidopsis thaliana*（L.）Heynh.）の根冠の周辺細胞や最外層のコルメラ細胞をレーザー照射により殺しても重力屈性を示すが、中央に位置する大きなアミロプラストを有しているコルメラ細胞を殺すと、根の成長速度は影響されないものの重力屈性が阻害されることから、コルメラ細胞間でも重力屈性に対する貢献度が異なっている[18]。このように根の重力感受細胞は、根冠コルメラ細胞と考えられる。しかしながら、エンドウやソラマメでは根冠を除去してもある程度の重力屈性が起こるが、分裂組織まで切除すると反応は完全になくなることから、重力感受部位は根冠を含む根の先端部であるという指摘もある[19]。

ヒトなどの脊椎動物では、内耳にある耳石器官が重力感受器官であり、炭酸カルシウムとリン酸カルシウムを主成分とする平衡石（statolith、耳石ともいう）のずれ方から、重力方向からの傾きを感受している。植物における重力感受も、動物と同じように平衡石のような重力感受装置によるであろうことを提唱したのは、1892年、ノル（F. Noll）[20] による。しかしながら、彼は細胞質中の微細構造物を想定していたため、その実体を明らかにはできなかった。

その後、ハーバーランド（G. Harberlandt）[21] とネメーク（B. Němec）[22] は、重力感受に関わると推定される細胞の詳細な観察結果に基づいて、植物の重力感受細胞での重力方向の感知について広く支持されているデンプン平衡石説（starch-statolith hypothesis）を独立に提唱した。これは、重力感受細胞内に存在するアミロプラストが、常に重力方向に沈降することで、重力を感受するというものである（図3-2および図3-4）。コルメラ細胞中のアミロプラストの沈降速度は、重力刺激を受容するのに必要な時間（刺激閾時）と密接に相関すること[23]、根冠のアミロプラストをジベレリンなどの植物ホルモンによって消化させると重力感受性が消失し、アミロプラストの再生に伴って重力感受性が回復すること[24]など、この説を支持する報告は多い[25),26]。

実際に、アミロプラストの沈降が根の重力屈性反応を起動できるかについて、デンプン合成に関係するホスホグルコムターゼ（phosphoglucomutase）という酵素を欠損しているためデンプンをもたず、アミロプラストに異常を有するシロイヌナズナ starchless（*pgm1*）変異体を利用した解析がなされている。シロイヌナズナ starchless 変異体（starchless mutant TC7）では、アミロプラストにデンプンが十分に蓄積しておらず、地上の 1*g* の重力環境では重力方向に十分沈降しない。にもかかわらず、この突然変異体では、根、胚軸および花茎の重力屈性反応が部分的に阻害されるものの、重力屈性反応が認められる[27]。そのため、重力屈性反応には必ずしもデンプン顆粒は必要でないという考えも提唱されている[27]。しかしながら、別のグループは、同じ突然変異体の根における重力応答反応の経時変化の解析結果などに基づき、デンプンは必ずしも重力感受には必要ではないが、重力に対して十分な感受性を示すのには必要であることを提唱している[28),29]。さらに、starchless *pgm* 変異体（line AGG21）あるいは starch-deficient mutant, line AGG27 の芽生えを過重力環境に置くと、野生型と同様の屈性反応を示すこと、その場合に、デンプン顆粒を含まない色素体が重力刺激に応じて沈降することを見いだし、この結果に基づき、デンプン顆粒を含まない色素体が、重力刺激に応じて沈降し、平衡石として機能しているとしている[28),29]。

また、物理的にアミロプラストの移動を制御する方法を用いた解析がなされている。アマ（*Linum usitatissimum* L.）の根を対象に、アミロプラストのもつ反磁性を利用して、高勾配磁気分離法（high-gradient magnetic field）によってアミロプラストを移動させるという擬似重力を与えると、その移動に応じた屈性反応が見られる[30]。シロイヌナズナの野生型の根では、高勾配磁気分離法によって屈曲が誘導されるのに対し、上述のデンプン顆粒を有していない突然変異体（starchless mutant TC7）では、屈曲が誘導されない[30]。これらの事実は、アミロプラストの沈降が重力屈性を起動する重要な引き金となっていることを支持している。

先述のように、多かれ少なかれ重力刺激の感受にアミロプラストが関与している。アミロプラストの沈降がどのようにして生体情報へ変換されているかはよく分かっていないが、主なものに小胞体を介するものと、細胞内骨格系を介するものがある（図 3-4 右図）。

前者は、電子顕微鏡を用いて詳細に観察すると、コルメラ細胞は細胞質に富み、根の分裂組織側に核、その反対側の細胞周辺部に発達した小胞体の偏在が認められ、根を横たえた場合、アミロプラストは細胞の下半分側にある小胞体にのみ接触し、上半分側の小胞体には接触しないので、情報の偏在が根冠コルメラ細胞で発生するとされるというものである[26), 31)]。この場合、アミロプラストが小胞体の上に乗った時に生じる接触刺激や圧力を小胞体が感受して、カルシウムイオンの放出を誘起し、局所のカルシウムイオンを上昇させる結果、カルシウム依存性カルモジュリンが活性化されると考えられている[32)]。高圧凍結置換法によりタバコのコルメラ細胞の微細構造を観察すると、細胞周辺部に特殊な小胞体（nodal endoplasmic reticulum）の膜構造が確認されることなどから、コルメラ細胞の小胞体の機能的特殊性がうかがえる[33)]。しかしながら、重力感受における小胞体の役割を裏付ける分子実体についての報告は、まだなされていない。

一方、1985 年に、スペースシャトルを利用した興味深い宇宙実験（Spacelab, D1 Mission）がなされている。セイヨウカラシナ[34)]やレンズマメ[35), 36)]を宇宙の微小重力環境下で育てて平衡細胞を観察すると、アミロプラストが原形質内に散在していることが観察されている。さらに、レンズマメでは、スペースシャトル内の遠心機で $1g$ を 3 時間与えると明らかな重力屈性が誘導されるが、アミロプラストは、重力ベクトルに沿って沈降するものの、小胞体上に完全に沈降していないことが観察されている[35), 36)]。このことから、アミロプラストの小胞体への直接的な接触によるものではなく、アミロプラストの移動が細胞骨格の一つであるアクチンフィラメントを介して原形質膜上の機械刺激受容体に作用するという説（actin-tether モデル）が提唱されている[37), 38)]（図 3-4 下図）。酵母の機械刺激受容イオンチャンネル（Mid タンパク質）と相同なタンパク質分子が植物にも存在する。今後、植物の機械刺激受容体の実体、そして重力屈性との関わりが、明らかにされていくであろう。

また、最近、アクチンを介した重力感受モデルとして、Tensegrity-based モデル[39]（テンセグリティーとは tensional integrity を短くした建築用語で、建物の構成要素間相互に働く張力によって生み出される構造的統一性のこと）も、ヨーダー（T. Yoder）らによって提唱されている。これは、細胞骨格を形成するアクチンフィラメントの網目構造が、細胞膜に存在し張力によって活性化される機械刺激受容体につながっていて、平衡石として機能するものが原形質内を沈降すると、局部的にアクチンフィラメントの網目構造が壊されることによって張力の分布が変化し、これが細胞膜上の受容体に伝わるとされるものである。これについても、今後の検証が必要であろう。

上述のように形態学的観察に基づく結果は、アクチンの関与を示唆するものであるが、阻害剤を用いた生理的機能の解析結果は様々である。アクチン重合阻害剤であるラトランキュリン B（Latrunculin B）が根の重力屈性を阻害するという報告[40]がある一方、微小管脱重合剤であるサイトカラシン D（cytochalacin D）は、イネ、トウモロコシ、クレスの根の重力屈性に対して阻害的影響を示さないことも報告されている[41), 42]。その結果に基づき、根の重力屈性には、アミロプラストとアクチンフィラメントの相互作用は必要でないことが提唱されている[38), 41), 42]。

さらに、興味深いことに、トウモロコシ[43]やシロイヌナズナ[44]に Latrunculin B を処理すると、根の重力屈性は阻害されず、むしろ鉛直方向を超えて屈曲する場合も報告されている。この事実に基づき、重力の感受にはアクチン細胞骨格は必要でなく、アクチン骨格はいったん起動された重力屈性を正常に終了することに寄与するという考えも示されている。Latrunculin B 処理による重力屈性の促進は、シロイヌナズナの胚軸や花茎においても報告されているが、この場合には根における重力屈性の促進は認められていない[40]。阻害剤の影響は、根の成長能力など器官全体に及ぶため、アクチン細胞骨格が重力屈性制御にどのように関わっているのかについては、今後の研究が待たれるところである。

根と同様に、地上部の重力感受部位も切除実験によって推定された。ドルク（O. Dolk）はアベナの幼葉鞘の先端を切り取り、切り口からオーキシンを与えて重力屈性を起こすのに必要な刺激閾時を求めたところ、切り取る先端の長さに比例して刺激閾時も長くなることから、感受性は先端から基部側に向かって減少するが、重力に対する感受部域は先端部だけでなく先端から10mm 部域に広がっていることを示した[45]。茎や幼葉鞘などの地上部においても、重力方向へ局在するアミロプラストを含むデンプン鞘細胞が維管束を取り囲んでいる内皮に存在することから、これが茎における重力感受細胞と推定されてきた。しかしながら、根冠の場合のように、内皮細胞層の外科的除去はできないため、その実験的証明はなされてこなかった。

内皮組織が重力感受の場であることは、花茎や胚軸の重力屈性を完全に失っているシロイヌナズナの *sgr*（*shoot gravitropism*）変異体を用いた分子遺伝学的研究などから示された。*sgr1*（*scr*：*scarecrow* と同一）や *sgr7*（*shr*：*short root* と同一） 変異体は、内皮の形成・分化に関係した転写因子をコードしている遺伝子に異常があり、内皮層が完全に欠失している[46]。この *sgr1* や *sgr7* 変異体の地上部の光屈性や根の重力屈性は正常であり、器官の偏差成長を行う能力は有している。したがって内皮が茎の重力屈性に必要であること、さらに、茎の内皮は根の内皮と連続しているので、根の内皮は根の重力屈性には必要ではないといえる。また、胚軸・花茎における重力屈性が異常な *eal1*（*endodermal-amyloplast less 1*）変異体は、内皮細胞中のアミロプラストが欠失している[47]。このことは、地上部における重力感受が、内皮デンプン鞘細胞によることを示すとともに、重力感受におけるアミロプラストの重要性を示唆する。

茎のデンプン鞘細胞は、アミロプラストをもつ点では、根のコルメラ細胞と同じであるが、大きな中央液胞によってその体積のほとんどが占められている。細胞質は、液胞膜と細胞膜のわずかな隙間や、液胞を貫く原形質糸として存在する[48]（図 3-5）。シロイヌナズナの野生型では、アミロプラストは周囲を液胞膜で取り囲まれており、その一部は原形質糸を通って細胞質を活発に移動している。一方、シロイヌナズナの重力屈性変異体の *sgr2*、*sgr3*、*zig/sgr4*

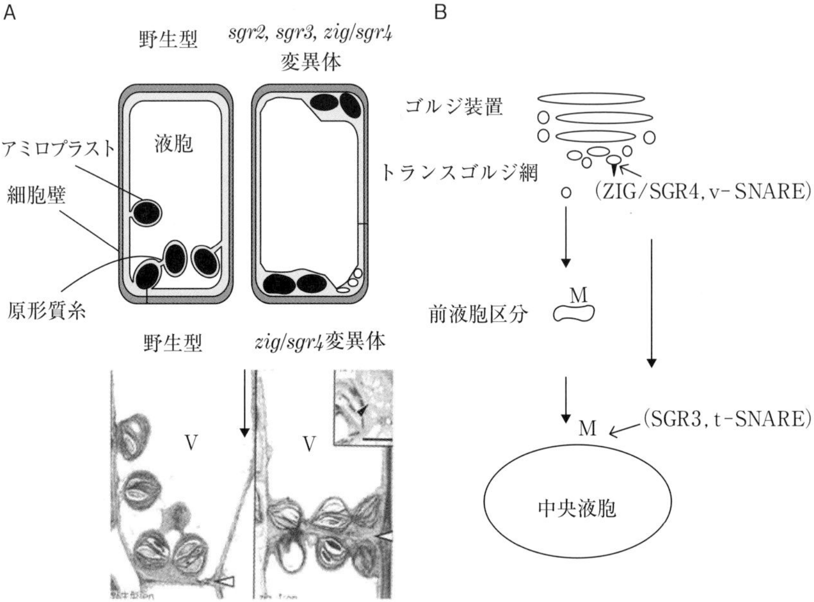

図3-5　シロイヌナズナ野生型と***sgr***突然変異体の内皮細胞の液胞構造（図A）、および、小胞輸送におけるSGRタンパク質の役割（図B）

A：左側は、野生型、右側は、*sgr* 変異体。*sgr* 変異体の花茎は節で折れ曲がり、ジグザグになる。B：液胞関連遺伝子産物であるZIG/SGR4やSGR3は、それぞれ、トランスゴルジ網と前液胞区分から液胞への小胞輸送に関係すると推察されている（森田（寺尾）美代、田坂昌生、蛋白質　核酸　酵素　47：1690-1694（2002）を改変）[48)]。

では、原形質糸がほとんど観察されず、またアミロプラストは液胞膜に取り囲まれておらず、その動きは野生型に比べて著しく抑制されている[48)-50)]。これらの遺伝子産物は、ゴルジ体から液胞への小胞輸送に関連している。このことは、内皮細胞の重力感受において、小胞輸送と液胞膜の動態の重要性を示唆している。興味深いことに、これらの突然変異体の根の重力屈性は正常であることから、茎の内皮細胞とは異なり、発達した液胞をもたないコルメラ細胞では、液胞の重力感受への関わりが大きく異なるといえよう。

上述のように、根や茎の重力感受細胞においてアミロプラストが平衡石として機能して重力感受に関わることは、多くの実験結果からも支持されているようである。しかし、デンプン顆粒をもたないシロイヌナズナ *pgm* 突然変異体では、アミロプラストは沈降しないが、弱いながらも依然として重力屈性を示すことなどから、デンプン平衡石説のシステム以外に代替重力感受システムが存在することがうかがえる[27]。

実際、シャジクモの節間細胞は、アミロプラストに相当する平衡石をもたないにもかかわらず重力屈性を示す。この現象を説明するものとして、特定の粒子の沈降ではなく、感受細胞の細胞質全体の質量が重力方向に生み出す圧力を、細胞壁あるいは細胞外マトリックスにある圧力センサーによって感じられているとする原形質圧モデル（gravitational pressure model、protoplast pressure model）がウェイン（R. Wayne）、スティーヴス（M. P Staves）らによって提示されている[51)～53)]。

次に、「重力刺激の生体信号への変換：カルシウムイオンとpH変化」に関する研究の歴史について紹介する。

重力感受細胞とされる根冠のコルメラ細胞や茎の内皮細胞は、成長軸に対して対称な構造をとっているので、植物を横たえた場合、成長軸を境にして下側に位置する重力感受細胞（刺激側）と、上側に位置するもの（反刺激側）とに区別されることとなる。この空間的配置の違いが、何らかの物質的情報に変換されると考えられる。

位置情報となる重力刺激側と反刺激側の感受細胞で起こる違いを見いだすことは極めて難しいが、コルメラ細胞における直接的な証拠が電気生理学的手法によりもたらされている。通常、細胞の中（シンプラスト）は、細胞の外（アポプラスト）に比べてマイナスに分極している。セイヨウカラシナ（*Lepidium sativum*）のコルメラ細胞では、重力刺激を与えてから数分の内に、刺激側では一過的な脱分極（通常、細胞内が細胞外に対してマイナスに分極しており、この分極が減少する現象）が、反刺激側では緩やかな過分極が起こることが、シーファース（A. Sievers）らによって観察されている[54),55)]（図3-6）。生理学的、薬理学的研究から、この細胞内信号カスケード反応の担い手（セカンドメッセンジャー）として、カルシウムイオン（Ca^{2+}）あるいはpH変化などの細胞質内のイオンがシグナルを仲介する可能性が指摘されている[56)]。

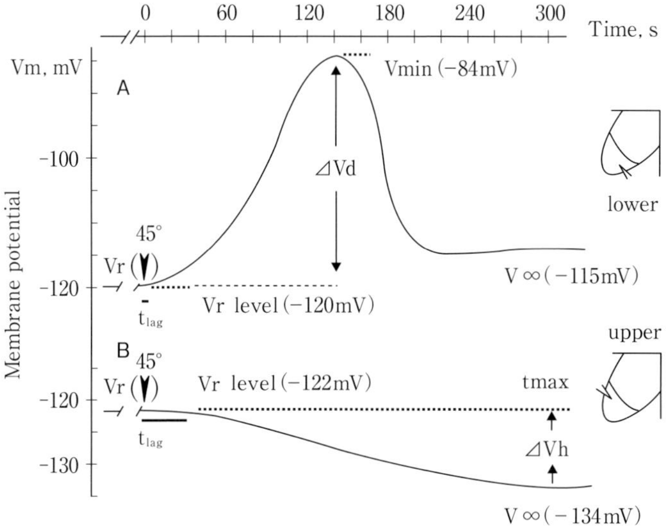

図3-6　重力刺激にともなうセイヨウカラシナ（*Lepidium sativum* L.）の幼根のコルメラ細胞における膜電位の経時変化

A：根冠下側のコルメラ細胞での一例、B：根冠上側のコルメラ細胞での一例。図中、tlagは、重力刺激後、膜電位変化が起こるまでの時間、Vrは、幼根が垂直に置かれた時（resting）の膜電位、⊿Vdは、膜電位の脱分極（depolarization）の大きさ、⊿Vhは、膜電位の過分極（hyperpolarization）の大きさを表している。図中、楔印（▼）の時点で、根を垂直方向から45度傾け、重力刺激を与えた。垂直に保った根（対照）では、過分極、脱分極いずれも観察されていない。図は、Behrensら[55]をもとに改変。

重力屈性とカルシウムイオンの関わりが注目されたのは、1983年、リー（J. S. Lee）、エバンス（M. L. Evans）らによるトウモロコシの根の重力屈性がカルシウムイオンのキレート剤であるEDTA（エチレンジアミンテトラ酢酸）で阻害されるという報告による[57), 58)]。EDTAを含む寒天片を根冠に施された根は、横向きにしても成長速度も変わらずに水平に伸長し続ける。しかし、EDTAを洗って取り除いたり、カルシウムイオンを含む寒天片に置換したりすると、重力に対する反応性が回復する。彼らは、根を横たえると、沈降性アミロプラストの小胞体への接触により、小胞体からカルシウムが放出される結果、細胞の下側でカルシウム濃度が上昇し、カルシウム結合性タンパク質であるカルモジュリンが活性化され、これにより細胞の下側の原形質膜に存在するカルシウムポンプとオーキシンポンプが活性化される結果、細胞壁中にカルシウムとオーキシンが輸送されるという仮説を提唱している[32]。

位置情報を含んだ根冠における重力刺激によってもたらされる膜電位の変化は、根冠全体にも反映されるが、カルシウム結合タンパク質であるカルモジュリンの阻害剤で根冠を処理すると、電流の変化が阻害される[59]。このことは、根冠中に遊離状態で存在している移動可能なカルシウムが、重力刺激感受細胞内から細胞外への信号伝達カスケードにおいて重要な役割を担っていることを支持する。

実際に、感受細胞内においてカルシウム動態の変化があるのかが重要であるが、この点については、まだ十分に明らかにされてはいない。リー、エバンスらは、カルシウムの放射性同位体をトウモロコシの根に均一に与えてから、水平に傾けた根と垂直に保った根でのカルシウムの移動を測定し、水平に傾けた根の、特に根冠において、カルシウムの下側（重力）方向への移動が認められることを報告している[58]。しかし、シロイヌナズナの根においてカルシウム蛍光指示薬Indo-1を用いて細胞質内のカルシウム濃度が可視化されたが、重力刺激後、根のいずれの組織でもカルシウム濃度の有意な変化は検出されていない[60]。この技術では根の伸長域における接触刺激によるカルシウム濃度変化が観察されていることから、その関与が否定されるものではないが、少なくとも根の重力屈性では接触刺激で引き起こされるほどの大きなカルシウム濃度の変化は起こらないことを示唆している。

地上部においても、ほぼ同じである。アベナの幼葉鞘をEGTAで処理すると、根と同様、成長能力は影響されないが、重力屈性が阻害され、この阻害はカルシウム溶液に置き換えると回復する[61]。したがって、細胞壁中のカルシウムが確かに重力屈性に必要とされる。エンドウ上胚軸、ヒマワリ胚軸、およびトウモロコシ幼葉鞘において、表皮細胞と皮層細胞のカルシウム濃度の測定がなされたが、重力刺激による表皮細胞と皮層細胞の細胞間でのカルシウムの移動を示す証拠は得られていない[62]。しかしながら、最近、シロイヌナズナ芽生えの胚軸や葉柄において、カルシウムに感受性を示す蛍光タンパク質

（apoaequorin）を利用して、重力ベクトル変化によって細胞質内カルシウム濃度の一過的な変化がもたらされることも示されている[63)]。今後、組織間でのカルシウムの移動についても検討が必要であろう。

一方、トウモロコシの根の表皮細胞において、重力刺激によって偏ったpH変化が起こることが報告されている[64)]。トウモロコシの根では、反刺激側ではpH減少域が伸長域から根端に広がり、刺激側では伸長域に狭まることから、シグナル分子の移動がこれに関与するものとされる。シロイヌナズナのコルメラ細胞に細胞内pHセンサーであるBCEFC-デキストランをマイクロインジェクションして重力刺激を与えると、コルメラ細胞群の細胞内pHの迅速な変化が観察される[65)]。また、細胞内pHセンター（pH-sensitive GFP）と細胞壁pHセンサー（cellulose binding domain peptide Oregon green conjugate）を使用して、シロイヌナズナの根冠のコルメラ細胞において刺激後30秒以内に一過的に細胞内pHが7.2から7.6へと変化し、細胞壁pHは2分後に5.5から4.5へと変化することがとらえられている[66)]。このpH変化は、前述のデンプン顆粒をもたない*pgm*変異体では観察されない。したがって、細胞内外pHの変化が、重力信号カスケードの初期反応である可能性がある。また、地上部でもトウモロコシの重力屈性器官である葉枕（葉柄の基部側の節状の細胞）を用いた研究から、pH変化の重力屈性への関与が支持されている[67)]。

細胞内pHの上昇は、細胞内からの水素イオン（H^+）の放出を意味する。細胞内に比べ細胞外ではH^+濃度が高い（pHは低い）ので、H^+の放出には原形質膜上のプロトンポンプ（H^+-ATPase）か、あるいは、他のイオンとの移動を利用する必要がある。したがって、重力の生体信号への変換には、H^+-ATPaseの活性が関わっているのかもしれない。最近、根と胚軸の重力屈性に異常をもつ*arg1/rhg*変異体（*altered response to gravity 1/root and hypocotyl gravitropism*）では、コルメラ細胞内でのアルカリ化が観察されないこと、コルメラ細胞特異的にARG1/RHGを発現させると重力屈性が回復することが報告されている[68)]。ARG1は、膜貫通領域、Hsp40ファミリーに保存されているDnaJドメイン、および細胞骨格と相互作用する可能性があるコイルドコイル領域をもつ膜に付着性のタンパク質で、小胞体やゴルジ体などの内膜系に散在している[69),70)]。ARG1の機能の解明は、pH変化を誘発するプロトンの輸送に関わる分子の実体に関わる情報を与えるかもしれない[11)]。

最後に、「重力刺激の伸長部域への伝達と屈曲：オーキシンと成長阻害物質」に関する研究の歴史について紹介する。

「1. はじめに」で述べたように、屈性をもたらす偏差成長を説明する古典的仮説に、オーキシンの横移動による「コロドニー・ウェント説」がある（図3-3)。まず、コロドニー（N. Cholodny）の研究について紹介する。1920年代、彼は、根の先端を切除すると根は重力に対する感受性を失うが、その切断面に幼葉鞘の先端あるいは根端を付けると重力感受性が回復することや、ルーピンの胚軸の中心柱を除去して円筒にしたものでは重力屈性を示さないが、トウモロコシの幼葉鞘の先端を中央の穴のあいた部分に挿入してやると重力屈性が回復することなどを示した。パール（A. Paál）の研究によって、幼葉鞘の先端はその下側の成長を誘導する生長素（いわゆるオーキシン）を産生することが示されていた。コロドニーは、「生長素が重力屈性反応に本質的役割を演じており、鉛直に置いた茎や根では生長素は均等に分布するが、これらの器官が水平に置かれるとその正常拡散が妨げられ、上側と下側の皮層細胞に含まれる量が異なってくる。根と茎の屈曲方向が反対であるのは、根と茎ではその先端からくる生長素に対して反対に反応するからである」と結論づけた[71)]。彼はさらに、光屈性にも重力屈性に関した説が適応できるという見解も示している[72)]。

ほぼ同じ頃、ウェント（F. W. Went）も光屈性の研究において、幼葉鞘の先端からその下側の成長を誘導する生長素（植物ホルモン、オーキシン）を分離する実験を行って、コロドニーとは独立に、同様なオーキシン横移動の説を提唱した[3)]。彼らの実験と考察に基づいて、屈性現象を一般的に説明する「コロドニー・ウェント説」が提唱されるに至った。この仮説は、内生オーキシン[73),74)]や投与したオーキシンの重力側と反重力側における分布[75)]を生物検定法（アベナ屈曲試験）で検出した結果や、放射性インドール酢酸（IAA）の分布に勾配が生じることなどの結果から支えられてきた（図3-7参照)。

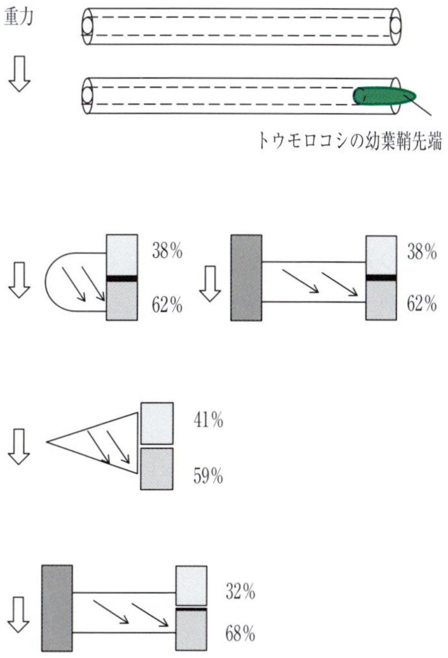

コロドニー（N. Cholodny, 1926）：ルーピンの胚軸の中心柱を除去した円筒の重力屈性。中心柱のないものでは重力屈性を示さないが（上図）、下図に示すように、中央の穴のあいた所にトウモロコシの幼葉鞘先端を挿入すると、重力屈性が回復する。トウモロコシ幼葉鞘先端が産生する生長素（当時はオーキシンは発見されていない）が、屈性に関係すると考えた。

ドルク（H. E. Dolk, 1929）：切り取ったアベナ幼葉鞘先端を横たえておくと、生長素が重力側に移動する結果、生長素が受容寒天片に多く分布していること、また、アベナ幼葉鞘切片を横たえて、先端部側切り口から生長素を与えた場合、基部側重力側寒天片に多く分布していることを、生物検定によって明らかにした。

ボイセン・イェンセン（P. Boysen Jensen, 1933）：切り取ったソラマメの根の先端を横たえておくと、オーキシンが重力側に移動する結果、オーキシンは、重力側受容寒天片に多く分布していることを生物検定によって明らかにした。

ダイクマン（M. J. Dijkman, 1934）：切り取ったルーピン胚軸切片を横たえ、その頂端側切り口からオーキシンを供給した。受容寒天片に回収されたオーキシンは、重力側に68%、反重力側に32%の割合で分布していることを生物検定によって明らかにした。

図3-7　重力屈性を説明する「コロドニー・ウェント説」を支持する古典的実験
植物ホルモン（Phytohormones, F. W. Went and K. V. Thimann 著、川田信一郎、八巻敏雄共訳）[3] をもとに作図。図中の数値は、成長素またはオーキシンの分布を示す。

オーキシンの本体がインドール酢酸と同定されて以来、「コロドニー・ウェント説」を検証する目的で、インドール酢酸の定量が試みられてきた。初期の研究では、オーキシンの化学的本体であるインドール酢酸を、インドールαパイロン法などを利用した物理化学的手法や免疫学的手法によって測定した場合、刺激を与えた器官の両側でその勾配が認められる事例が、トウモロコシの幼葉鞘[76, 77]、中胚軸[78]や根[79]などで報告されている。一方、勾配が認められない場合が、ダイズ[80]や、ヒマワリの胚軸[77]、ソラマメやトウモロコシの根[77]などで報告されている。また、シロイヌナズナ芽生えにおいてレポーター遺伝子の発現から、重力刺激側でオーキシン濃度が高いことが推定されている[81]。しかしながら、差がある場合でも組織中のIAA濃度勾配が光屈性に比較して小さいこと[76),78)]も指摘されており、重力刺激によってオーキシンの横勾配がもたらされているとしても実際に偏差成長を説明するのに十分であるのかは、議論の分かれるところである。なお、内生オーキシン量を定量した初期の手法であるインドールαパイロン法の定量結果には問題があることも指摘されており、ガスクロマトグラフ－質量分析計や高速液体クロマトグラフ－質量分析計を用いた検証が必要とされる。

オーキシン（インドール酢酸）は、茎の先端部や若い葉で合成され、根の方向に向かった求底的な移動、いわゆる極性移動を示す。一方、根においては、

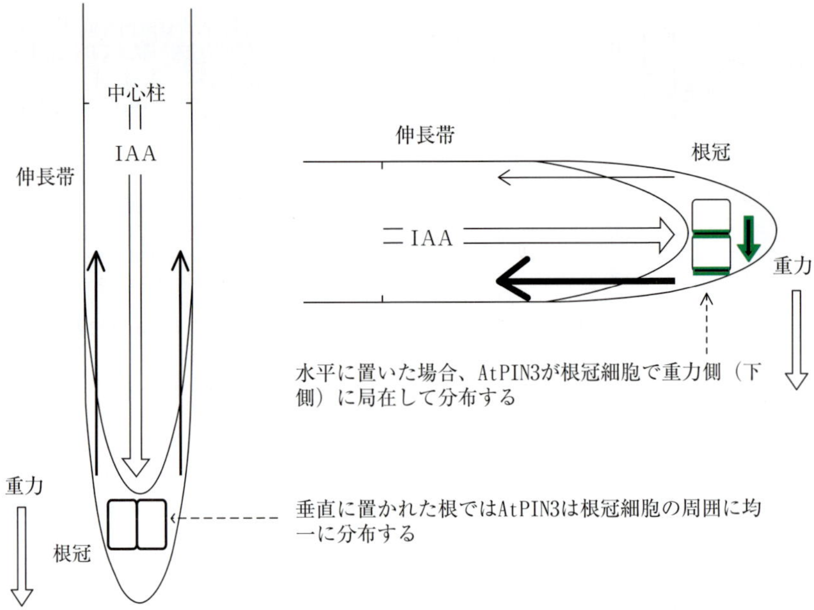

図3-8　根の重力屈性に関する「コロドニー・ウェント説」
オーキシンは茎から根に到達すると、根の中心柱を通って基部側から根端に向かって求頂的に輸送され、根端に達すると、根冠で中心部から表皮の方へと方向を転じ、表皮細胞や皮層細胞層の外側の部分を通って、今度は求基的に根の伸長部域へと移動する。シロイヌナズナでは、オーキシンの移動に関わる排出担体であるPINタンパク質の一つであるAtPIN3タンパク質が、まっすぐに重力方向へと伸長している根の根冠細胞ではすべての方向の原形質膜に均一に分布しているが、そこに重力刺激を加えると、重力方向の原形質膜側に分布状態が変化し局在性を示すようになる。その結果、根冠において重力側で多くのオーキシンが蓄積し、それが伸長域に輸送される。

オーキシンは中心柱を通って根の先端部に送られ、そこから皮層細胞を根の先端から地上部側に向かって移動する。したがって、オーキシンの移動には特別な機能分子が関わっている。その極性移動の分子レベルの研究は、岡田（K. Okada）らによって報告されたシロイヌナズナの *pin* 突然変異体を対象とした花形態形成に関する研究から飛躍的に発展した[82)]。最近のシロイヌナズナを中心的材料とした分子遺伝学的手法によって、オーキシン輸送にオーキシンの取り込み担体とその排出担体の重要性が指摘されており[83), 84)]、それらの重力屈性との関係が調べられている（図3-8)。

オーキシン取り込み担体をコードしている遺伝子に変異があるシロイヌナズナの *aux1* 突然変異体は、根の重力屈性を完全に失っているが、取り込み担体がなくても取り込まれる合成オーキシン、1- ナフチル酢酸（NAA）を与えると根の重力屈性が回復することや[85)]、シロイヌナズナの根冠コルメラ細胞においてオーキシン排出担体である PIN タンパク質の一つ、PIN3 タンパク質が重力刺激を加えると重力方向の原形質膜に局在することが報告されている[86)]。PIN3 タンパク質の局在は、確かに根冠まで輸送されたオーキシンが側方に輸送される際に重力方向により多く輸送されることを推測させる。しかしながら、*pin3* 突然変異体の重力屈性異常はさほど大きくはなく、地上部においては、重力刺激による PIN や AUX タンパク質の偏差分布は見いだされていない。

このように、オーキシンの横移動が重力屈性の原因になっているのかどうかには、まだ多くの課題が残されている。近年、屈性の原因となる機構として、オーキシンに対する反応性（あるいは感受性）に勾配が生じるという考察もなされているが[80), 87)]、これを裏付ける直接的証拠は得られていない。

一方、古典的コロドニー・ウェント説と対峙する説も提唱されている。屈性は、成長軸の両側で伸長成長が不均一になること（偏差成長）によって誘導されるので、どのような偏差成長が起こるかが、屈曲の機構を探るにあたって重要なポイントとなる。細胞間のシグナル分子として、重力刺激を受けた茎や根において、重力刺激側の成長速度が高まることによって屈曲がもたらされる場

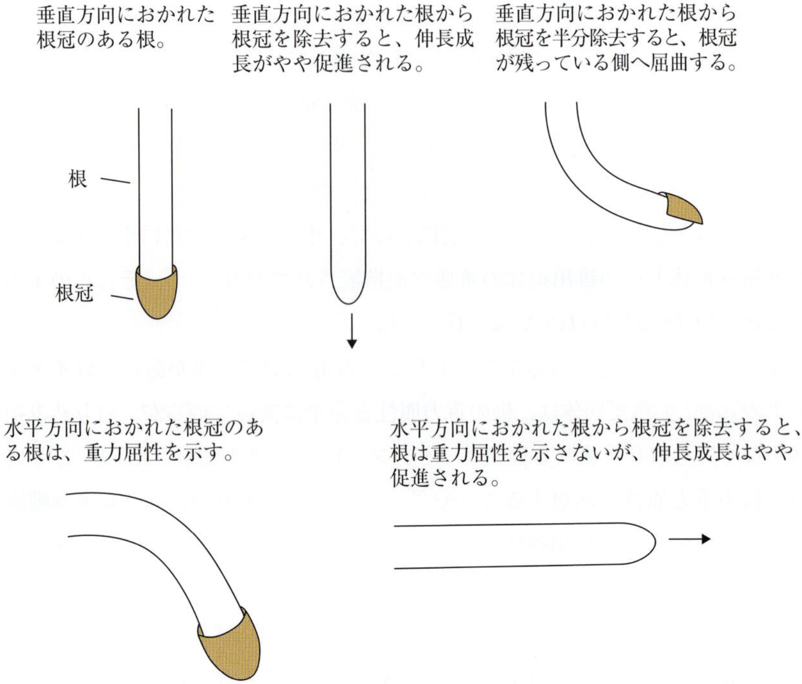
垂直方向におかれた根冠のある根。
垂直方向におかれた根から根冠を除去すると、伸長成長がやや促進される。
垂直方向におかれた根から根冠を半分除去すると、根冠が残っている側へ屈曲する。
根
根冠
水平方向におかれた根冠のある根は、重力屈性を示す。
水平方向におかれた根から根冠を除去すると、根は重力屈性を示さないが、伸長成長はやや促進される。

図3-9　根冠が根の重力屈性を制御する物質を生産することを示す実験
（Shaw and Wilkins, 1973[88] より改変）

合には成長促進物質を、逆に抑制される場合には成長抑制物質がその候補となる。

根では重力側の成長が抑制されることによって屈曲する。根は根冠を取り除くと成長が促進されるし、根冠を半分除去すると、根冠が残っている側へ屈曲する。このことは根冠が重力屈性を調節する成長抑制物質を出していることを示しており[88]（図 3-9）、オーキシン以外の成長抑制物質が作用因子として、より注目されてきた。その代表とされるものが、成長抑制作用を有する植物ホルモンのアブシシン酸（abscisic acid, ABA）である。

1961 年以降、重力屈性の感度を変えたり、発現を誘導したりするために光が必要である場合（これを光依存性重力屈性と称する）が見いだされた[89]。ウィルキンス（M. B. Wilkins）（1978）ら[90]や、ピレー（P. A. Pilet）ら（1980）[91]

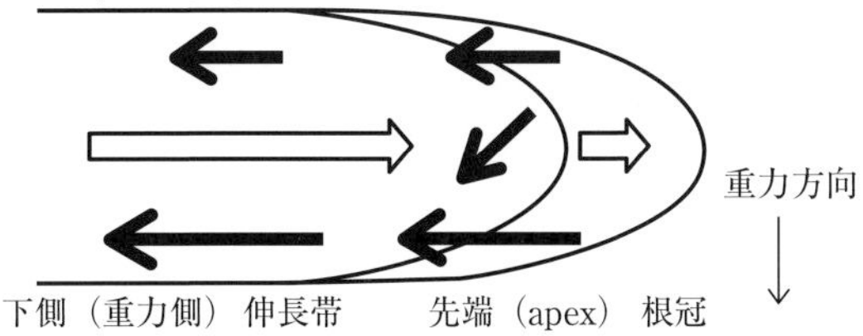

図3-10　アブシジン酸によるトウモロコシの根の重力屈性の制御モデル
黒矢印は、アブシジン酸、白矢印は、インドール酢酸の動きを表している。Pilet（1979）[91] より改変。

のグループは、光依存性重力屈性を示すトウモロコシの根の重力屈性において、根冠の一部を除去したり、雲母片を幼根の様々な位置に差し込むことにより、屈性に関与する物質の性質と輸送を調べ、根冠で合成される成長抑制物質が重力方向へ移動すること、そしてそれが伸長帯に輸送されることを示している。さらに、ピレーらは、根冠にはABAが多く存在すること、重力刺激を与える前にABA処理すると屈曲が促進されること、垂直に保った状態の根の片側に寒天片に含ませたABAを処理するとABAを与えた側に屈曲すること、横たえたトウモロコシの根の伸長帯において重力側（下側）と反重力側（上側）でABAの不均等な分布が認められること、そして、その不均等分布が根冠を除去すると認められないことなどから、ABAによる重力屈性の制御モデルを提唱している [91)-93)]（図3-10）。

しかしながら、ABAの偏差分布に対する否定的な実験結果 [77), 94)] や、カロチノイドの合成阻害剤によってABA内生量を低下させたトウモロコシの根 [95)] や、カロチノイド合成系を欠損したトウモロコシの根 [96)] でも重力屈性が認められることが報告されている。重力刺激を与えると伸長帯の下側でカルシウムイオンの増加が認められること、カルシウムイオンがABAの成長抑制作用を高めることから、ABAの偏差分布が無くても伸長帯で起こるカルシウムイオンの偏差分布がABAに対する感受性を変化させることによって、下側の成長を抑制するという考察もなされている [4)] が、このようにABAの重力屈性への関与に対する否定的な考えも多い。

表 3-2　光依存性重力屈性を示すトウモロコシ芽生えの幼根中の成長抑制物質とその抑制活性

Source root		Inhibition, % of control		
Condition	Root halves	ABA	IAA	Growth inhibitor
Dark	Upper	8	47	27
	Lower	7	53	19
Light	Upper	10	48	20
	Lower	8	54	42

光照射したものと無照射のトウモロコシの根を横たえて重力刺激を与えた。その根を、重力側（lower）と反重力側（upper）に半裁した。それぞれの 80%メタノール抽出物から得られたジクロロメタン可溶酸性画分を、シリカゲル薄層クロマトグラフィー（展開溶媒　トルエン：酢酸エチル：酢酸＝ 40：5：2、v/v/v）によって分離した後、トウモロコシの根の成長抑制試験に供した。ABA、IAA および Growth inhibitor（未同定の成長抑制物質）の Rf 値は、それぞれ 0.13、0.29、0.16 である（Suzuki *et al.* 1979 より）[94]。

また、鈴木（T. Suzuki）らは、光依存性重力屈性を示すトウモロコシ幼根に重力刺激を与えた場合、重力側と反重力側で IAA や ABA による成長抑制活性に差は無いが、重力屈性と相関関係を示すジクロロメタン可溶性の酸性の成長抑制物質の存在を報告している（表 3-2）[94]。この成長抑制物質は、根の屈性現象に関与する可能性があるが、現在まで未同定のままである。

一方、横たえた茎は、根とは逆に上側に屈曲するので、仮にオーキシンの横移動によってオーキシンが重力側に多く存在するとすれば、軸の上側の成長が抑制され、下側の成長が促進されることが屈曲の原因となると推定されるが、成長速度の詳細な解析例は少ない。最近、長谷川らの研究グループによって、ダイコン芽生えを横たえるとその胚軸では、下（重力）側の成長速度は変化しないのに対して、上（反重力）側の成長速度が低下することが報告されている[97]（図 3-11）。このことは、屈曲がオーキシンの偏差分布によるものではなく、反重力側における成長抑制物質によることをうかがわせる。彼らは、その抑制の原因物質として成長抑制作用を有するラファヌソール A（disinapoylsucrose）（図 3-12）を同定している。さらに、ダイコン黄化芽生えを暗所で水平に横たえ、その胚軸の上（反重力）側と下（重力）側の表皮組織中のラファヌソール A を経時的に定量し、正立に比べ、水平にしたものでは、下側表皮組織中のラファヌソール A の含量は対照とほとんど変わらない

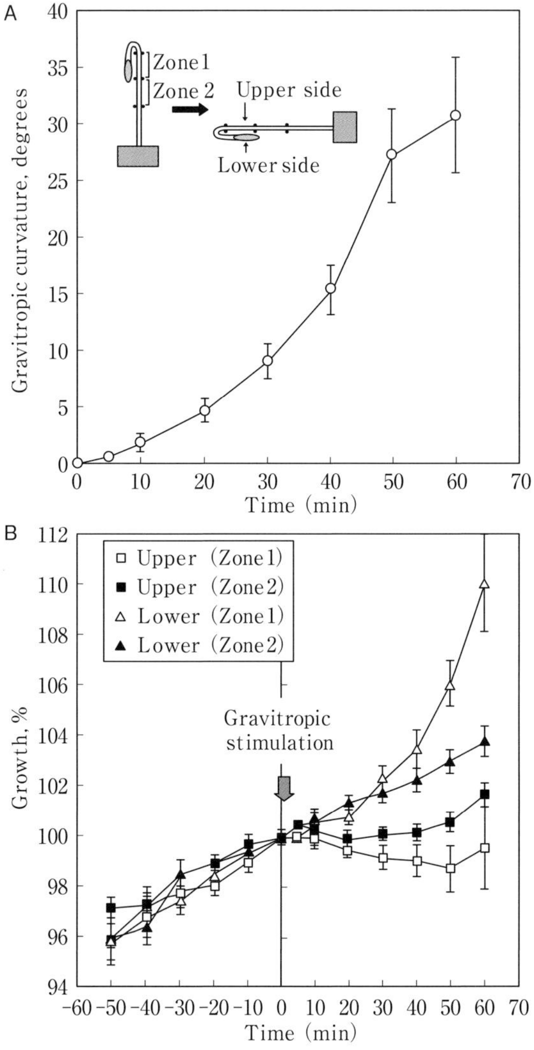

図3-11　ダイコン胚軸の重力屈性（A）、および偏差成長（B）の経時変化
(Tokiwa *et al*. 2005)[97]

黄化サクラジマダイコン芽生えのフックから下0～1cm域をZone 1、1～2cm域をZone 2とし、ビーズを用いて印をつけた。芽生えを横倒しにして重力刺激を与え、胚軸の屈曲角度を測定するとともに、それぞれのZoneにおける重力側（Lower side）と反重力側（Upper side）の成長量を経時的に測定した。その結果、下（重力）側の成長速度は、刺激を与える前とほぼ変わらないのに対して、上（反重力）側の成長速度が低下していた。

	根	地上部（茎、幼葉鞘）
コロドニー・ウェント説	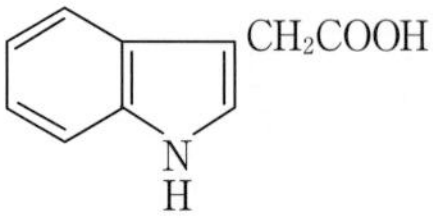 インドール酢酸	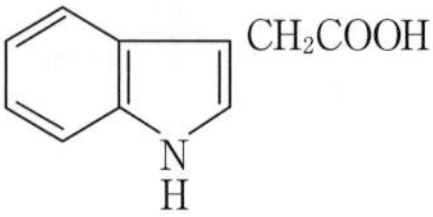 インドール酢酸
	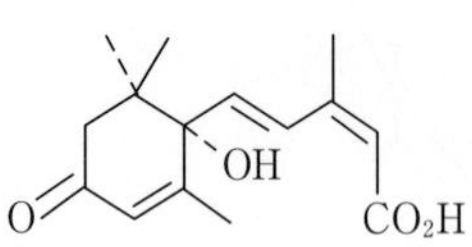 アブシシン酸	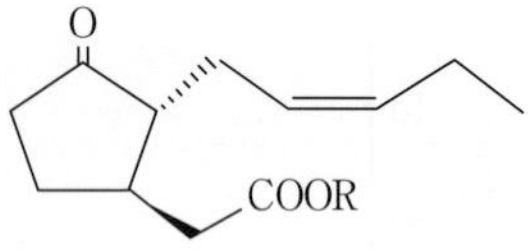 ジャスモン酸（R：H） ジャスモン酸メチル（R：CH_3）
成長抑制物質による説		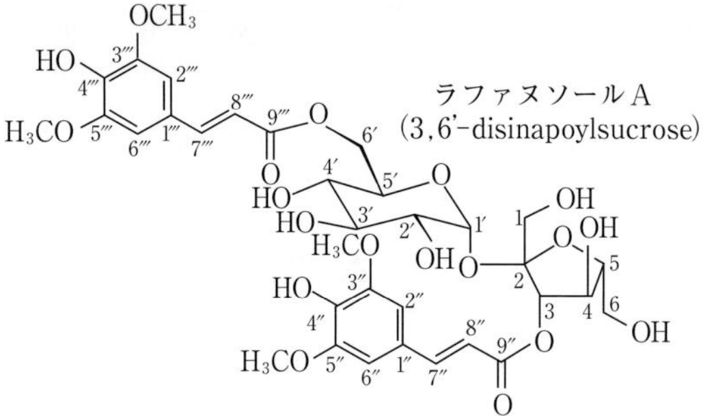 ラファヌソールA (3,6'-disinapoylsucrose)

図3-12　重力屈性への関与が示唆されている化学物質（インドール酢酸と成長抑制物質）

のに対して、上側表皮組織中の含量が増加することを報告している[98]（表3-3）。

また、イネ幼葉鞘を横たえて重力刺激を与えると、成長抑制活性を有するジャスモン酸類の合成が誘導されるとともに、幼葉鞘を横切るジャスモン酸の濃度勾配が形成される[99]。さらに、ジャスモン酸合成欠損のイネ突然変異体では、野生株に比べて重力屈性反応が遅く、屈曲の程度も抑制される。オーキシンに対する反応性は、横たえたイネの幼葉鞘の下側（重力側）では正常であるのに対し、上（反重力）側で減少することから、オーキシンの反応性をジャスモン酸類が変えることによって、重力屈性反応を制御するという考えもある[99]。これらの結果は、いずれも重力屈性の鍵物質として成長抑制物質の関

表3-3　重力屈性刺激にともなうダイコン胚軸における成長抑制物質、ラファヌソールA（Raphanusol A：3,6'-disinapoylsucrose）の分布変動

Plant materials		Raphanusol A, μg/gFW eq. ±S.E.			
		Time after onset of gravistimulation（min）			
		0	30	45	60
Vertical	Left	16.5±1.6	16.3±1.6	15.5±1.7	13.9±1.2
	Right	17.6±1.8	16.0±1.4	14.3±1.5	13.0±1.2
Horizontal	Upper		29.5±2.9	23.5±2.2	20.0±2.1
	Lower		17.3±1.5	15.0±1.6	13.4±1.8

4日齢黄化ダイコン芽生えを、暗所で水平（horizontal）に横たえ、その胚軸の上（反重力）側と下（重力）側の表皮組織中のラファヌソールAを経時的に機器分析により定量した。正立（vertical）に比べ、水平にしたものでは、下側表皮組織中のラファヌソールAの含量は対照とほとんど変わらないのに対して、上側組織中の含量が増加した（Hasegawa *et al.* 2009）。

与を示すものである。

以上のように、偏差分布する物質が成長抑制物質であるのか、それとも成長促進物質であるのかは、さらなる詳細な成長解析と機器分析による定量解析を行う必要がある。古典的な「コロドニー・ウェント説」は、生物検定法によるオーキシン活性の偏差分布に基づいており、オーキシンとその作用の抑制物質との相互作用を考えるとうまく説明ができるかもしれない。屈性を担う化学的メッセンジャーの本体が何であるのかは、古くもあり新しくもある問題といえる。重力屈性の歴史の詳細は、成書や総説を参照されたい[1)-12)]。

（2）様々な重力形態形成—下方成長・枝垂れ・ペグ形成—

次に、重力刺激によって引き起こされる極めて特徴的な形態形成（下方成長、枝垂れ、ペグ形成など）に関する研究が、日本の研究者が中心となって先駆的に行われているので紹介する。

重力は、様々な形で植物の形づくりに影響を及ぼしている。例えば、草本植物を横たえるとその茎は重力屈性を示すが、重力感受・応答機構を欠損した変異体では、自重を支えきれずに茎全体として下方向へ向かう。また、ヤナギや

桜の枝には枝垂れ性のものがあるように、植物の茎や枝が下方成長をしているものがある。その原因は様々である。

南米原産の水生植物のホテアオイ（*Eichhornia cressipes*）は、花が咲くまでは花茎は負の重力屈性を示しているが、開花すると花茎上部が屈曲し始め、約6時間後には直角に、その数時間後にはほぼ完全に下側に曲がる[100)]。一軸（水平）クリノスタット（clinostat、「3. 著者らの研究」で記述する）上では、この下方への屈曲が認められない。したがって、このホテアオイの花茎の開花後の下方屈曲現象は、地上部ではまれな「正」の重力屈性であり、しかも、成長段階によって重力屈性が変化する例である。しかしながら、その機構につい

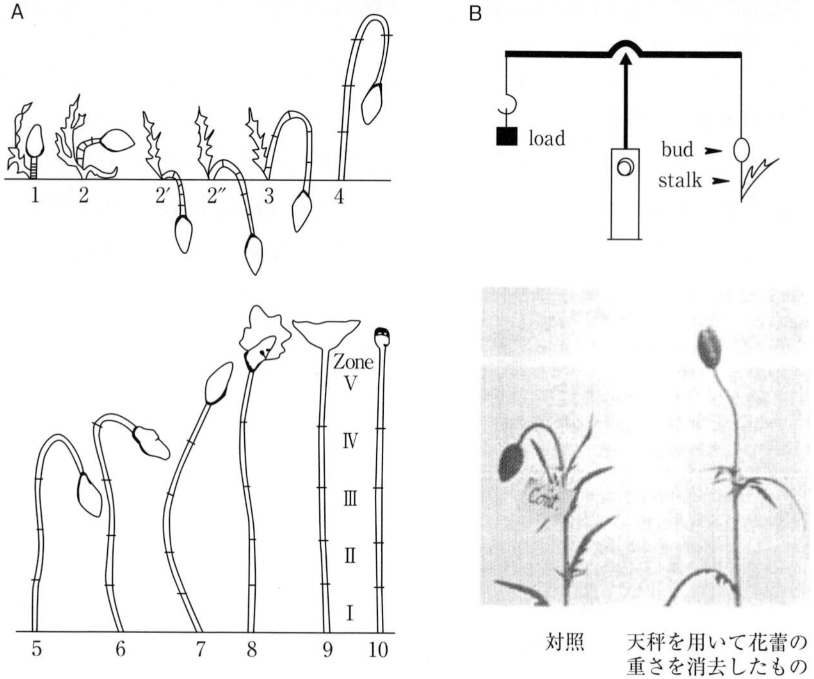

図3-13　ヒナゲシの花蕾の運動（Kohji *et al*. 1979）[101)] と、天秤を利用して花蕾の重さを消去した場合の花茎の運動（Kohji *et al*. 1981）[102)]

A：花蕾ができると、その直下の花茎が屈曲して花蕾は下垂する。十分に花茎が成長すると、下垂した花蕾は上方に向かい、花を開かせる。B：上図のように、天秤を利用して花蕾の重さを消去すると花茎は上方に向かう。

てはまだ明らかにされていない。

一方、虞美人草と呼ばれるように美しい花をつけるヒナゲシ（*Papaver Rhoeas* L.）では、まず花蕾ができると、その花蕾が膨らむにつれてその直下の花茎が屈曲して花蕾が下垂する[6), 101), 102)]。しかしながら、十分に花茎が成長すると花蕾は上方に向かい、花を開かせる（図3-13）。天秤を利用して花蕾の重みが花茎にかからないようにすると、花茎は屈曲せず花蕾の下垂は認められない。したがって、この花茎の屈曲は正の重力屈性でなく、重力に無関係な反応である。若い花茎の細胞壁は極めて柔らかく、成長とともに細胞壁の力学的性質が変化し、変形を受けにくくなる。若い花蕾ではオーキシンの生産量が多く、オーキシンが花茎に十分に供給されるのに対して、成長とともに花蕾のオーキシン生成量が低下することに加え、その花茎への供給が妨げられる。したがって、ヒナゲシの花茎では、花蕾のオーキシンの生産と供給によって制御されている花茎の細胞壁物性の変化がその形態に関わっている[101), 102)]。

また、枝垂れ桜など、枝垂れている樹木の姿は、私たちに精神的に優しさや美しさを感じさせてくれる。枝垂れ性には、重力に対する反応性、あるいは重さに耐える仕組みが関わるだろうことは容易に推察できるが、樹木の枝垂れ現象は、成木を用いての実験は容易でない。そのため、枝垂れ桜などでは、接ぎ木の当年成長枝や実生を用いて解析的研究がなされている（図3-14）[103), 104)]。

枝垂れ性のサクラの枝では、内皮デンプン鞘細胞中に沈降性アミロプラストが観察されること、成長開始直後の時期の枝は負の重力応答性を示し上方伸長することから、枝垂れの原因は重力感受装置の異常によるのではない。成長段階が進むとやがて枝は下方伸長するようになるが、当年枝の伸長帯は枝の最先端の数節間に限られているのに対して、屈曲帯を構成する節間は中央から基部側にかけての伸長を停止した節間である。立ち性のサクラの枝の基部には、「あて材（reaction wood）」の形成が認められるが、枝垂れ性ではその形成が認めらない。あて材は、枝の肥大成長の速い側（広葉樹では枝の上側、曲がる内側）に形成される解剖学的に特異な構造で、あて材に枝の重さによる力がかかるため、引っ張り上げる応力が、傾斜した枝を上方向へと向ける力を生じる（引っ張りあて材）。枝垂れ性サクラの枝の頂芽にジベレリン（gibberellin,

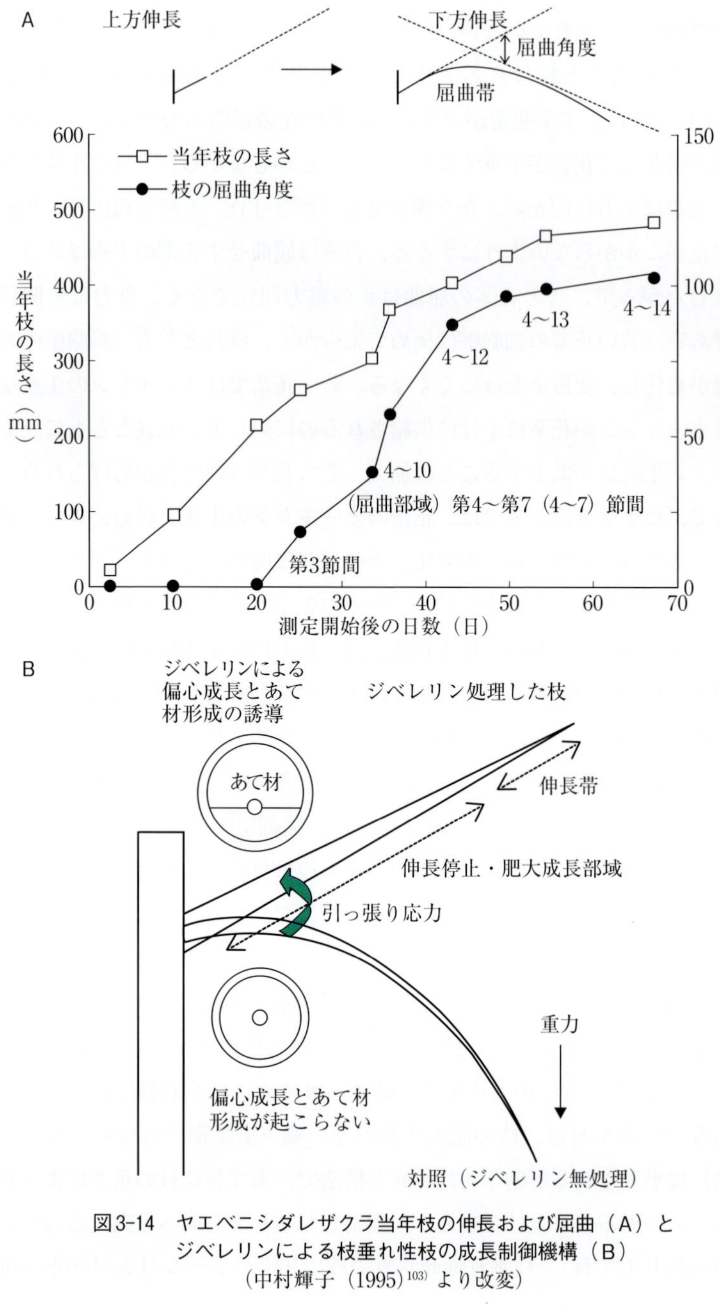

図3-14　ヤエベニシダレザクラ当年枝の伸長および屈曲（A）と
ジベレリンによる枝垂れ性枝の成長制御機構（B）
（中村輝子（1995）[103] より改変）

GA）を投与すると、立ち性枝と同様、上方成長を示すようになり、この時には引っ張りあて材の特徴である木部導管密度の減少や繊維細胞の二次細胞壁構成成分の変化が認められる。逆に、立ち性のサクラの枝に植物ホルモンの一つブラシノライド（brassinolide, BR）を処理すると、あて材形成が抑制され、枝の伸長とともに下方成長が誘導される。

以上のように、「枝垂れ」は、重力刺激によってもたらされるあて材形成が、何らかの原因で抑制されることによって支持組織の機械的強度が低下し、伸長帯での過剰成長による自重の増加を支え切れなくなることによる屈曲現象であるといえる。今後、GA や BR がどのようにそれに関与するかを明らかにする必要がある。

また、重力屈性や下方成長以外にも、例えばアサガオの頂芽が下になるように蔓を折り曲げると頂芽優勢が打破されて折れ曲がった部分の最上位に位置する腋芽が伸長を開始する現象、ナシの枝を水平にすると花芽が形成される現象、ウリ科植物の種子発芽時のペグ形成などにも重力が関わっており、これらも重力形態形成（gravimorphogenesis）の一つである。重力が関わった成長現象であるかそうでないかは、クリノスタットを利用することによって区別できる。ここでは、高橋（H. Takahashi）らによるキュウリ（ウリ科）のペグ（peg）形成に関する研究について簡単に解説する。

扁平で硬い種皮に被われているキュウリ種子を横向きに置いて発芽させると、まず幼根がでて、やがて下胚軸が育ってくるが、その際、幼根と下胚軸の境界部分の下側（重力側）にペグと呼ばれる突起状組織が1個形成され、種皮を押さえる形でペグを梃子（てこ）にして胚軸が伸長することによって子葉が種皮から脱する（図3-15）。スペースシャトルを利用した宇宙実験（STS-95 植物宇宙実験）、あるいはクリノスタット上での擬似微小重力実験においては、ペグは胚軸と根の境界部分の両側にそれぞれ1個ずつ発達してくる。このことは、重力によって境界領域でペグ形成が誘導されるのではなく、境界領域は両側にペグを形成する潜在能力を有しているが、重力が重力と反対側におけるペグ形成を抑制していることを示している（ネガティブ制御）。ペグ形成は、オーキシン極性移動

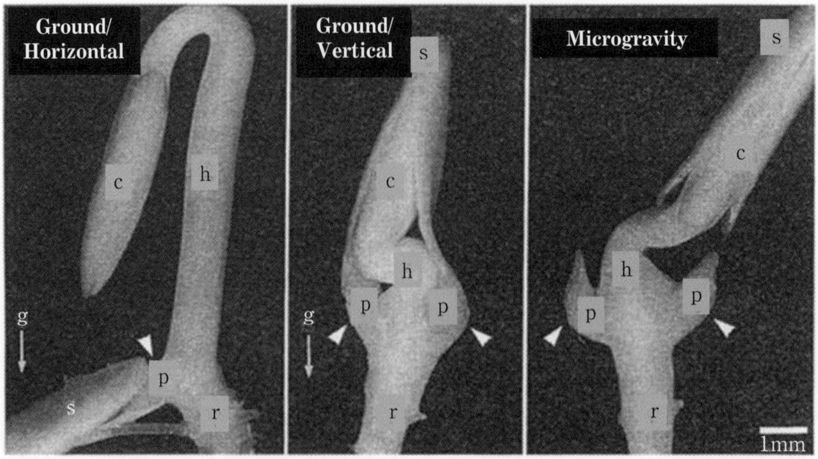

図3-15　宇宙微小重力環境（右）、または、地上で種子を水平（左）あるいは垂直方向（中央）にして発芽させたキュウリの芽生え

地上で種子を水平に置いて発芽させると、胚軸と根の境界部域の重力側に１個のペグが形成され、それで種皮を押さえるようにして子葉がぬけだしてくる。宇宙微小重力下、あるいは地上で種子を垂直に置いて発芽させた場合には、境界部域に２個のペグが発達する。したがって、境界部域はその両側に２個のペグを形成するポテンシャルをもっているが、重力があると、重力と反対側のペグの形成が阻害される（重力によるペグ形成のネガティブコントロール）。p：ペグ、s：種皮、c：子葉、h：胚軸、r：幼根。(Takahashi *et al*., 2000[105] を一部改変)

阻害剤によって抑制されること、ペグ形成が抑えられる条件でもオーキシン投与によって形成が誘導されること、そしてオーキシン制御遺伝子（*CS-IAA1*）の発現解析結果などから、重力感受によってもたらされる境界領域におけるオーキシン濃度勾配がペグの形成位置を制御していると考えられている[105), 106)]。

3. 著者らの研究 ― STS-95 植物宇宙実験―

植物の成長・発達に対する重力の影響を明らかにするには、重力の大きさを変化させて研究する必要がある。光屈性の場合には暗黒条件が対照となるが、重力の場合、地球上で無重力対照を得ることが困難である。そのため、もっ

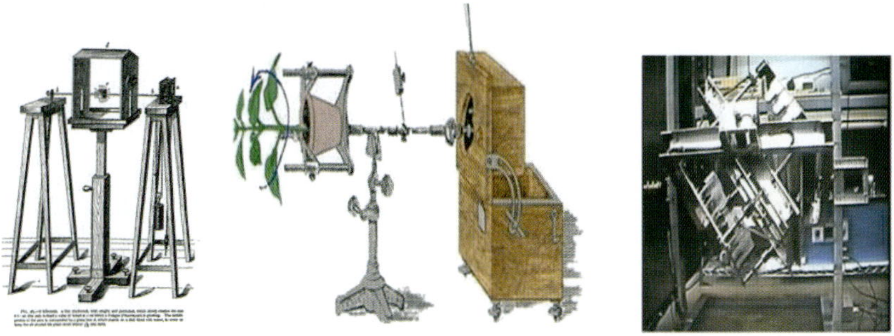

図3-16　クリノスタット（植物回転機）
左から、ザックス（J. Sachs）の一軸クリノスタット、ペファー（W. Pfeffer）のクリノスタット、および、3次元（2軸）クリノスタット。

ぱら植物体を横たえて重力刺激を与える方法がとられてきた。19世紀の後半、ザックス（J. Sachs）は重力がベクトル成分であることを利用し、水平に横たえてセットした植物体を、その軸を中心に緩やかに回転させることで一方向からの重力加速度を除外する装置、クリノスタット（植物回転器）（図3-16）上では茎も根も水平方向にまっすぐに伸長することを示し、クリノスタットが重力研究の有用な道具とされてきた[5), 6)]。最近では2つの直交する回転軸を持ち3次元的に回転可能な3次元クリノスタットも開発されている[107)]。

一方、宇宙環境を利用することによって無重力環境（厳密には、マイクロオーダーの微小重力）を得ることが可能である。著者らは、1998年10月にスペースシャトル“Discovery”を利用したSTS-95植物宇宙実験において、エンドウとトウモロコシ芽生えを対象に「宇宙環境下における植物の形態形成とオーキシンの極性移動に関する研究」を実施した[108), 109)]。ここではその成果に加え、地上実験を含め、成長およびオーキシン極性移動能に対する重力の影響を概説したい。

（1） 宇宙環境下での植物の成長・発達—自発的形態形成—

初期の植物宇宙実験の結果は、ハルステッド（T. W. Halstead）とダッチャー（F. R. Dutcher）[110)]、そして、保尊（T. Hoson）と曽我（K. Soga）[111)]により総説としてまとめられているが、植物の伸長成長に対する微小重力の影響はまちまちである。STS-95 植物宇宙実験においても、トウモロコシの幼葉鞘や中胚軸、エンドウの上胚軸などではわずかな抑制[108), 109)]、イネの幼葉鞘やシロイヌズナの胚軸[111), 112)]やモヤシマメ（*Vigna mungo*）の根[113)]では促進、また、キュウリの胚軸や根では差がないこと[105), 114)]が報告されている。植物宇宙実験では装置や実験条件に制限があり、その対照は地上 1*g* のものであるため、伸長成長に対する影響が、植物種や器官によって様々であるのか、重力以外の要因の違いの影響を受けた結果であるのかは明確でなく、この点については、国際宇宙ステーションなどの宇宙微小重力環境下において遠心装置を利用した 1*g* 対照実験を待たざるを得ない。

一方、植物の成長方向は、重力の影響を顕著に受ける。黄化エンドウ芽生えを宇宙微小重力環境下、暗所で発芽・生育させると、芽生えの上胚軸は子葉節基部で子葉から離れる方向に約 45 度傾いて伸長し、根は茎と反対方向に気中に向かって伸長し、そして、上胚軸鉤状部はその開度を増加させることが観察された（図 3-17）。また、黄化トウモロコシ芽生えでは、中胚軸がランダムな方向へ屈曲して伸長し、幼葉鞘はほぼまっすぐに伸長した。このような重力や光といった環境刺激が無い場合に認められる形態形成を、自発的形態形成

A

B

植物種	器官	形態（屈曲方向）
エンドウ	上胚軸	基部で脊軸側に屈曲し、その後まっすぐに伸長
	根	基部で脊軸側に屈曲し、その後まっすぐに伸長
トウモロコシ	中胚軸	ランダムな方向へ、屈曲して伸長
	幼葉鞘	軸に対して、ほぼまっすぐな方向に伸長
イネ	幼葉鞘	自発的形態形成（向軸側に屈曲）
	根	原基の先端方向からランダムな方向
シロイヌナズナ	胚軸	ランダム方向（全体的には原基の前方方向）
キュウリ	胚軸	一定方向にまっすぐに伸長
ガーデンクレス	胚軸	一定方向にまっすぐに伸長

（IGEシリーズ28「宇宙植物科学の最前線」[118)] をもとに作表）

図 3-17　様々な植物の自発的形態形成
Aは、1*g* 環境下（上）と、宇宙微小重力環境下（下）で生育させた 6 日齢黄化アラスカエンドウ芽生えの写真。Bは、植物宇宙実験において観察された様々な植物種の器官の自発的形態形成を、地上における形態形成を基準としてまとめたもの。

（automorphosis あるいは automorphogenesis）と呼ぶ。自発的形態形成における成長方向は、植物の種類や器官によって規定されており、無重力環境下では植物は決してランダムな方向に成長するのではない（図 3-17）[108), 109)]。

自発的形態形成は、3 次元クリノスタットによって模擬することが可能である。その解析から、黄化エンドウ芽生えの上胚軸鉤状部の開度の増加は鉤状部形成抑制によることが示された。また、上胚軸の傾斜した成長は、胚（幼芽）の本来有している成長方向に基づいており、微小重力下ではその後の上胚軸伸長過程における負の重力屈性反応の阻害により傾斜角度を保ったまま伸長することが示唆された（図 3-18）[115)]。前者は、1g 環境下においてエチレン生合成阻害剤によって類似の形態がもたらされること、3 次元クリノスタット上ではエチレン生成が抑制されることから、エチレン生成は重力の支配下にあり、それによって鉤状部形成が制御されているものと推察される。また、1g 環境下、オーキシン極性移動阻害剤（2, 3, 5-トリヨード安息香酸、9-ヒドロキシフルオレン-9-カルボン酸、およびナフチルフタラミン酸）存在下でエンドウ種子を発芽・生育させると、自発的形態形成に類似の形態を示すが、他方、オーキシンの作用阻害剤（パラクロロフェノキシイソ酪酸）にはそのような効果はない。宇宙微小重力環境下で黄化エンドウ上胚軸のオーキシン極性移動能が低下していることとあわせ（図 3-19）、エンドウ上胚軸の自発的形態形成の制御に何らかの形でオーキシン極性移動が関係しているものと推察される[115)]。

自発的形態形成が誘導される場合の重力情報の感受、伝達、そして、発現に至る過程については、まだよく分かっていない。しかしながら、細胞膜上で機械的刺激を感受するカルシウム依存性機械受容チャネルを阻害するランタノイド（ランタン、La^{3+} やガドリニウム、Gd^{3+}）や、細胞内シグナル伝達において重要性が指摘されているタンパク質リン酸化カスケードを阻害するタンパク質リン酸化酵素の作用阻害剤（カンタリジン）の存在下でエンドウ種子を発芽・生育させると、自発的形態形成に類似の形態がもたらされる[116)]。植物は重力を機械的刺激として感受し、その刺激は、カルシウムチャネルの活性化、そして、タンパク質リン酸化カスケードを介して伝達されているのかもしれない。

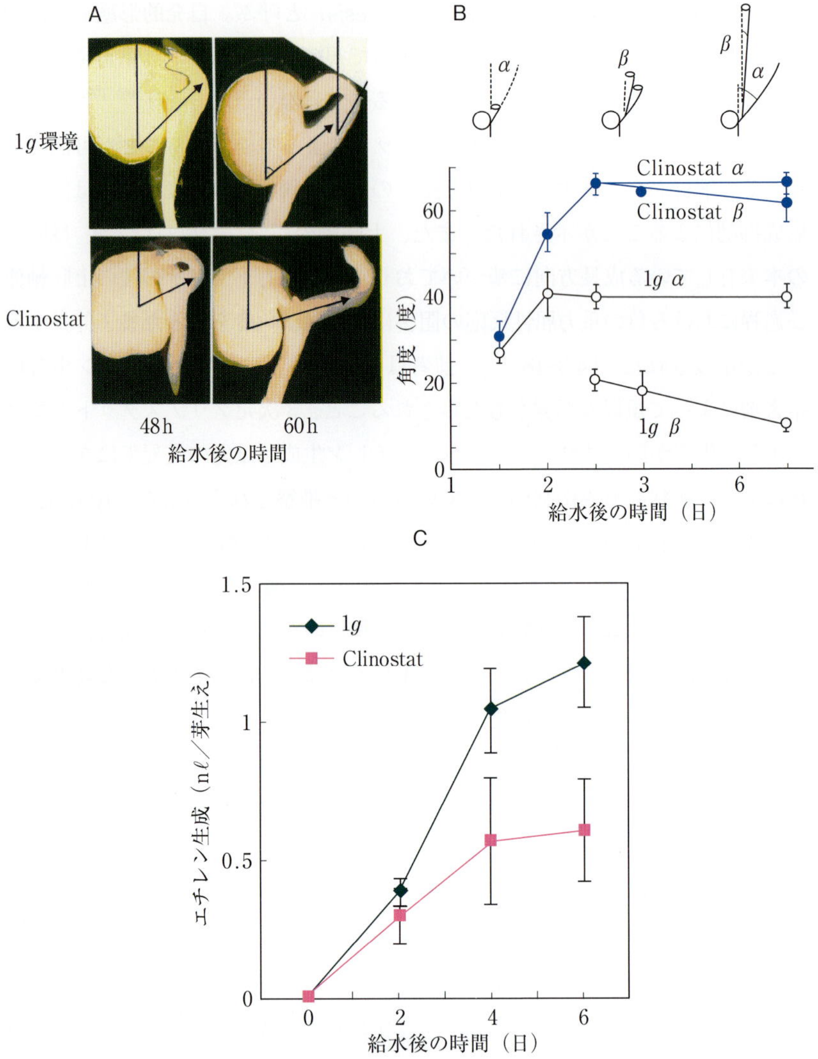

図3-18　3次元クリノスタット上の擬似微小重力環境下における黄化アラスカエンドウ上胚軸（第一節間）の成長方向の経時変化（A,B）、およびエチレン生成（C）[115]

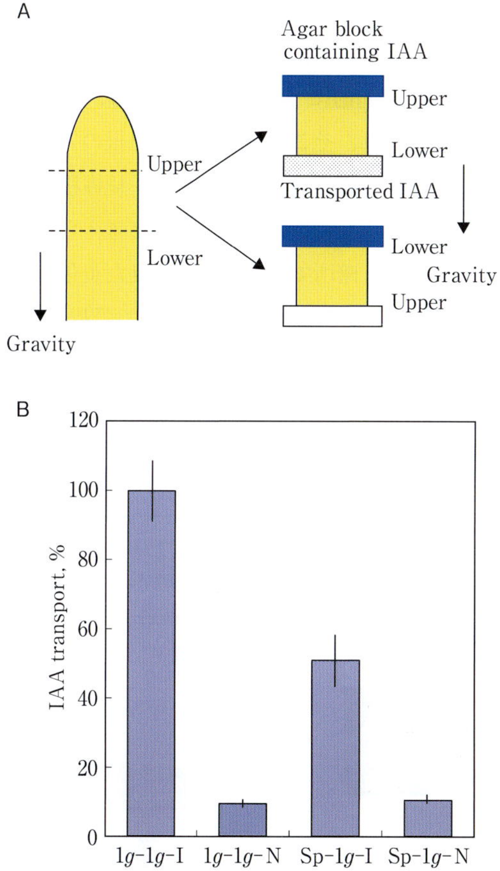

図3-19　茎（幼葉鞘）におけるオーキシン極性移動（A）と、宇宙微小重力環境下で生育させた黄化アラスカエンドウ芽生え上胚軸（第二節間）のオーキシン極性移動能（B）[109]

1*g*-1*g*、Sp-1*g*は、それぞれ、地上で生育させた芽生えと宇宙で生育させた芽生えを示す。Iは極性方向への移動、Nは反極性方向への移動を表している。オーキシン移動は、地上対照に対する相対値。

（2） 微小重力とオーキシン極性移動

オーキシンは、茎の先端部を構成している茎頂分裂組織や若い葉で合成され、根の方向に向かって求基的に（図 3-19A）、一方、根においては、中心柱を通って根の先端部に送られ、そこから皮層細胞を根の先端側から地上部に向かって極性移動する。従来、このようなオーキシン極性移動は、植物組織の極性によってのみ制御され、重力の影響を受けないと考えられてきた。しかしながら、宇宙微小重力環境下、暗所で発芽・生育させた黄化エンドウ芽生えの上胚軸のオーキシン極性移動能は、地上対照と比較して著しく低下しており[108, 109]（図 3-19)、オーキシン極性移動は重力の支配下にある現象であるといえる。

種子中の胚の向きを水平あるいは垂直（垂直やや斜め）になるように種子を置いて、1g 環境下あるいは 3 次元クリノスタット上で発芽・生育させた

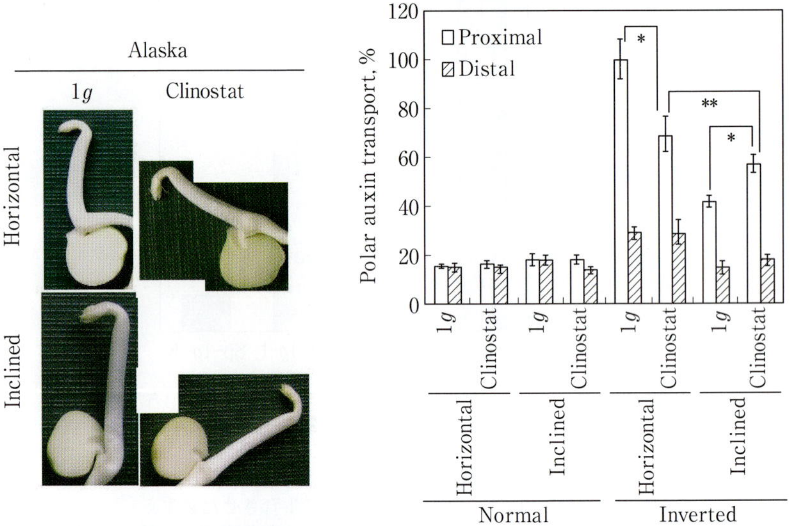

図 3-20　アラスカエンドウ種子を、その胚の向きを水平（horizontal）、あるいは垂直やや斜め（inclined）に播種した。1g、あるいは3次元クリノスタット上で発芽・生育させた3日齢黄化芽生えの上胚軸（第一節間）を半裁し、その子葉側（proximal）と反子葉側（distal）のオーキシン極性移動能を、放射性インドール酢酸を用いて測定した。その結果、クリノスタット上で育てたものでは、発芽・成長時の胚の向きにかかわらずオーキシン極性移動能は変わらなかったが、1g 下の場合、子葉側のオーキシン極性移動能が発芽・成長時の胚の向きに影響された[118]。*は、両者の間に有為差があることを、**は有為差が無いことを表している。

芽生えで比較したところ、第1節間におけるオーキシン極性移動は、上胚軸の子葉側と反子葉側とで対称ではなく、子葉側に偏って構築されること、この子葉側のオーキシン極性移動が重力刺激に応答し変化することが明らかとなった（図3-20）[117),118)]。

オーキシン極性移動能が著しく低いシロイヌナズナの *pin* 突然変異体の研究から飛躍的に発展したオーキシン極性移動に関する分子レベルの研究結果から、シロイヌナズナ花茎のオーキシン極性移動には、通導組織を形成する柔組織細胞の基底部側の細胞膜に特異的に存在するAtPIN1がその排出キャリアーとして重要であるとされている[82),83)]。*AtPIN1* 遺伝子と高い相同性を示すエンドウの *PsPIN1* 遺伝子の発現を調べた結果、その発現は芽生えのオーキシン極性移動能とよく関連しており、*PsPIN1* 遺伝子産物が細胞内から細胞外へのオーキシンの排出に重要な役割を担っているものと思われる[117),118)]。

ところで、自発的形態形成を示す突然変異体の解析は、重力屈性制御機構に関する多大な分子情報を与えるものと期待される。エンドウのWeibull's Weitor品種にX線照射することによって得られた重力屈性異常を示す突然変異体 *ageotropum* エンドウは、自発的形態形成に類似の形態を示す。*ageotropum* エンドウ芽生えのオーキシン極性移動能はアラスカエンドウのそれに比べ低い。さらに、重力ベクトルの変化およびクリノスタット上の擬似微小重力の影響を調べた結果、いずれの重力環境下においても重力刺激の影響を受けなかった[118)]。したがって、正常なオーキシン極性移動能が重力応答に重要であるのかもしれない。しかしながら、*ageotropum* の原因遺伝子は特定されておらず、また、上胚軸の傾斜した自発的形態形成は子葉節付近の限られた場所で起こることから、重力によって影響されるオーキシン極性移動能がどのようにこの形態形成に関わっているかは、今後のさらなる研究が必要とされる。

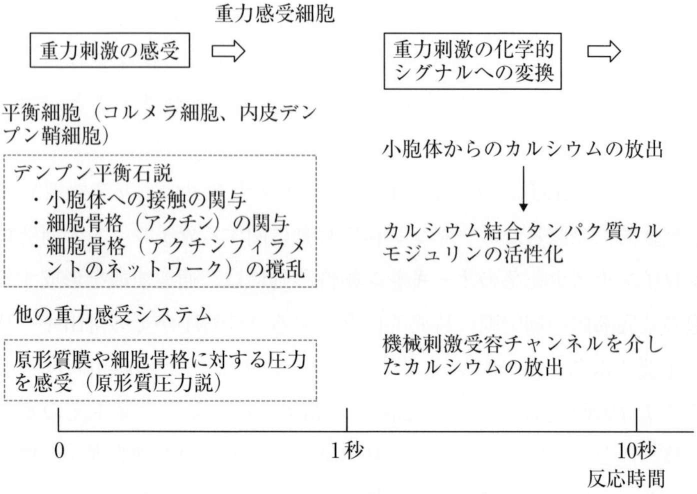

図3-21　重力屈性反応の素過程で起こるイベント。

4. 重力屈性のメカニズムのまとめ

重力屈性反応の素過程で起こるイベントを、時間軸を含め、図3-21にまとめた。その詳細については、「2.（1）重力屈性」に含め記述した。

重力刺激の感受には、感受細胞内での物理的環境情報（重力ベクトル）を細胞内の化学的信号に変換しなければならないが、その機構として、沈降性アミロプラストが小胞体に接触（あるいは圧力的影響を及ぼすこと）することによる小胞体からのカルシウムイオンの放出や、アクチンフィラメントの細胞骨格系を介した機械的圧力受容器によるカルシウムイオンの放出など、様々なものが提唱されている。また。細胞間のシグナルの伝達として電位差の変化が観察される。これにはカルシウムイオンや水素イオンの関与が考えられているが、その実体も未だ明確ではない。感受細胞から位置情報として細胞外に伝えられた刺激は、最終的に成長調節物質の偏差分布という形で伸長帯に伝えられ、偏差成長をもたらす。オーキシンの横移動によるとされるコロドニー・ウェント説に対して、成長抑制物質の重力刺激による合成や、重力方向への移動など、

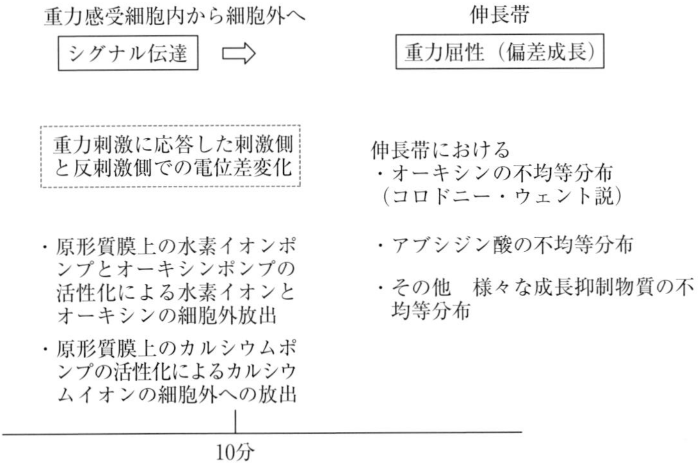

反応時間は、大まかな時間的オーダーを示す。

成長抑制物質による説も提示されており、今後、詳細な成長解析とともに、それらの動態の解析が求められる。

今後、重力の役割を明確にする目的で、国際宇宙ステーション内の微小重力環境で遠心装置により作出した1g重力加速度の影響を調べる実験や、重力屈性過程での様々な突然変異体の分離とその原因遺伝子の解析を通じた網羅的なアプローチによって、重力屈性の仕組みのブラックボックスが明らかにされていくであろう。

引用文献

1)　Darwin, C.（1880）The Power of Movement in Plants. John Murray, London.

2)　Darwin, C.／渡辺 仁訳（1987）「ダーウィン 植物の運動力」森北出版.

3)　Went, F. W. and Thimann, K. V. 著（“Phytohormones”, 1937）、川田信一郎、八巻敏雄共訳（1953）「植物ホルモン」、養賢堂.

4)　宮崎 厚、藤伊 正（1987）「高等植物の重力屈性」、植物の化学調節 22、114-129.

5)　増田芳雄（1992）「植物学史―19 世紀における植物生理学の確立期を中心に」、培風館.

6)　増田芳雄（2002）「植物生理学講義　古典から現代」、培風館.

7)　鈴木　隆（2002）「第２章 屈性・第３節 重力屈性」、山村庄亮、長谷川宏司編著「動く

植物―その謎解き―」、大学教育出版、72-98.

8) 田沢 仁（1975）「5. 屈性反応」、古谷雅樹、宮地重遠、玖村敦彦編「植物生理学講座 3 生長と運動」、朝倉書店、206-239.

9) 森田（寺尾）美代（2006）「第 3 章 刺激と応答、第 1 節　重力屈性における重力感受」、甲斐昌一、森川弘道監修「プラントミメティックス～植物に学ぶ～」、エヌ・ティー・エス、344-350.

10) 加藤壮英、田坂昌生（2004）「I. 環境応答の分子機構 5. 重力感受と形態形成」、岡　穆宏、岡田清孝、篠崎一雄編「植物の環境応答と形態形成のクロストーク」、シュプリンガー・フェアラーク東京、45-52.

11) 新濱 充、森田（寺尾）美代、田坂昌生（2005）、「植物の重力屈性の分子機構」、植物の生長調節 40、39-145.

12) Wilkins, M. B.（1984）9. Gravitropism. *In*: Advanced Plant Physiology, ed. Wilkins, M. B., Pitman Publishing, Ltd., London.

13) Dodart, D.（1703）Sur I'affectation de la perpendiculaire, remarkable dans toutes les tiges, dans plusiers racines, et autant qu'il est possible dans toutes les branches des plantes. Mem. Acad. r. Sci. Paris, 1700, 47-63.

14) Austruc, J.（1709）Conjecture sur le redressement des plantes inclinées a l'horizon. Mem. Acad. r. Sci. Paris, 463-470.

15) Knight, T. A.（1806）On the direction of the radicle and germen during the vegetation of seeds. Phil. Trans. Royal Soc. London, 99-108.

16) Frank, A. B.（1868）Beiträge zur Pflanzenphysiologie. I. Über die durch Schwerkeft verursachte Bewegung von Pflanzentheilen. W. Engelmann, Leiptiz, 167 pp.

17) Ciesielski, T.（1872）Untersuchung über die Abwartskrummung der Wurzel. Beitr. Biol. Pflanz. 1, 1-30.

18) Blancaflor, E. B., Fasano, J. M. and Gilroy, S.（1998）Mapping the functional roles of cap cells in the response of *Arabidopsis* primary roots to gravity. Plant Physiol. 116, 213-222.

19) Younis, A. F.（1954）Experiments on the growth and geotropism of roots. J. Exp. Bot. 5, 357-372.

20) Noll, F.（1892）Über heterogene Induktion, Leiptig, 42 pp.

21) Haberlandt, G.（1900）Über die Perzeption des geotropischen Reizes. Ber. Deut. Bot. Ges. 18, 261-272.

22) Němec, B.（1900）Über die Art der Wahrnehmung des Schwekraftreizes bei den Pflanzen. Ber. Deut. Bot. Ges. 18, 241-245.

23) Audus, L. J.（1962）The mechanism of the perception of gravity by plants. Symp.

Soc. Exp. Biol. 16, 196–226.

24) Pickard, B. G. and Thimann, K. V. (1966) Geotropic response of wheat coleoptiles in absence of amyloplast starch. J. Gen. Physiol. 49, 1065–1086.

25) Wilkins, M. B. (1966) Geotropism. Ann. Rev. Plant Physiol. 17, 379–408.

26) Sack, F. D. (1997) Plastids and gravitropic sensing. Planta 203, S63–S68.

27) Caspar, T. and Pickard, B. (1989) Gravitropism in a starchless mutant of *Arabidopsis*. Implications for the starch-statolith theory of gravity sensing. Planta 177, 185–197.

28) Kiss, J. Z., Hertel, R. and Sack, F. D. (1989) Amyloplasts are necessary for full gravitropic sensitivity in roots of *Arabidopsis thaliana*. Planta 177, 198–206.

29) Fitzelle, K. J. and Kiss, J. Z. (2001) Restoration of gravitropic sensitivity in starch-deficient mutants of *Arabidopsis* by hypergravity. J. Exp. Bot. 52, 265–275.

30) Kuznetsov, O. A. and Hasenstein, K. H. (1996) Intracellular magnetophoresis of amyloplasts and induction of root curvature. Planta 198, 87–94.

31) Volkmann, D. and Sievers, A. (1972) Graviperception in multicellular organs. In: Haupt W., Feinleib, M. D. (eds) Encyclopedia of plant physiology, New Series, vol. 7, Physiology of movement, Springer, Berlin, pp.573–600.

32) Evans, M. L., Moore, R. and Hasenstain, K. H. (1986) How roots respond to gravity. Sci. Amer. 225, 112–119.

33) Zheng, H. Q. and Staehelin, L. A. (2001) Nodal endoplasmic reticulum, a specialized form of endoplasmic reticulum found in gravity-sensing root tip columella cells. Plant Physiol. 125, 252–265.

34) Volkmann, D., Behrens, H. M. and Sievers, A. (1986) Development and gravity sensing of cress roots under microgravity. Naturwissenschaften 73, 438–441.

35) Perbal, G. and Driss-Ecole, D. (1989) Polarity of statocytes in lentil seedling roots grown in space (Spacelab D1 Mission). Physiol. Plant. 75, 518–524.

36) Perbal, G., Driss-Ecole, D., Tewinkel, M. and Volkmann, D. (1997) Statocyte polarity and gravisensitivity in seedling roots grown in microgravity. Planta 203, S57–S62.

37) Sievers, A., Buchen, B., Volkmann, D. and Hejnowicz, Z. (1991) Role of the cytoskeleton in gravity perception. *In*: Lloyd, C. W. (ed) The cytoskeletal basis of plant growth and form. Academic Press, London, pp.169–182.

38) Baluška, F. and Hasenstein, K. H. (1997) Root cytoskeleton: its role in perception of and response to gravity. Planta 203, S69–S78.

39) Yoder, T. L, Zheng, H.-Q., Todd, P. and Staehelin, A. (2001) Amyloplast sedimentation dynamics in maize columella cells support a new model for the gravity-

sensing apparatus of roots. Plant Physiol. 125, 1045–1060.

40) Yamamoto, K. and Kiss, J. Z.（2002）Disruption of the actin cytoskeleton results in the promotion of gravitropism in inflorescence stems and hypocotyls of Arabidopsis. Plant Physiol. 128, 669–681.

41) Staves, M. P., Wayne, R. and Leopold, A. C.（1997）Cytochalasin D does not inhibit gravitropism in roots. Amm. J. Bot. 84, 1530–1535.

42) Blancaflor, E. B. and Hasenstein, K. H.（1997）The organization of the actin cytoskeleton in vertical and graviresponding primary roots of maize. Plant Physiol. 113, 1447–1455.

43) Hou, G., Mohamalawari, D. R. and Blancaflor, E. B.（2003）Enhanced gravitropism of roots with a disrupted cap actin cytoskeleton. Plant Physiol. 113, 1360–1373.

44) Hou, G., Kramer, V. L., Wang, Y.-S., Chen, R., Perbal G., Gilroy, S. and Blancaflor, E. B.（2004）The promotion of gravitropism in Arabidopsis roots upon actin disruption is coupled with the extended alkalinization of the columella cytoplasm and a persistent lateral auxin gradient. The Plant Journal 39, 113–125.

45) Dolk, H. E.（1936）Geotropism and the growth substance（translated by Mrs. Frans Dolk-Hoek and K. V. Thimann）Extr. ec. Trav. Bot. neerl. 33, 509–580.

46) Fukaki, H., Wysocka-Diller, J., Kato, T., Fujisawa, H., Benfey, P. N. and Tasaka, M.（1998）Genetic evidence that the endodermis is essential for shoot gravitropism in *Arabidopsis thaliana*. Plant Journal 14, 425–430.

47) Fujihira, K., Kurata, T., Watahiki, M. K., Karahara, I. and Yamamoto, K. T.（2000）An agravitropic mutant of *Arabidopsis, endodermal-amyloplast less 1*, that lacks amyloplasts in hypocotyls endodermal cell layer. Plant Cell Physiol. 41, 1193–1199.

48) 森田（寺尾）美代、田坂昌生（2002）「植物はどのようにして重力方向を知るのか」、蛋白質 核酸 酵素 47（12），1690–1694.

49) Morita, M., T., Kato, T., Nagafusa, K., Saito, C., Ueda, T., Nakano, A. and Tasaka, M.（2002）Involvement of the vacuoles of the endodermis in early process of shoot gravitropism in *Arabidopsis*. The Plant Cell 14, 47–56.

50) Saito, C., Morita, M.-T., Kato, T. and Tasaka, M.（2005）Amyloplasts and vacuolar membrane dynamics in the living graviperceptive cell of the *Arabidopsis* inflorescence stem. Plant Cell 17, 548–558

51) Wayne, R., Staves, M. P. and Leopold, A. C.（1990）Gravity-dependent polarity of cytoplasmic streaming in *Nitellopsis*. Protoplasma 155, 43–57.

52) Wayne, R., Staves, M. P. and Leopold, A. C.（1992）The contribution of the extracellular matrix to gravisensing in characean cell. J. Cell Sci. 101, 611–623.

53) Staves, M. P.（1997）Cytoplasmic streaming and gravity sensing in *Chara*

internodal cells. Planta 203, S79–S84.
54) Sievers, A., Behrens, H. M., Buckhout, T. J. and D. Gradmann (1984) Can a Ca^{2+} pump in the endoplasmic reticulum of the *Lepidium* root be the trigger for rapid changes in membrane potential after gravistimulation? Z. Pflanzenphysiol. 114, 195–200.
55) Behrens, H. M., Gradmann, D. and Sievers, A. (1985) Membrane-potential responses following gravistimulation in roots of *Lepidium sativum* L. Planta 163, 463–472.
56) Weisenseel, M. H. and Meyer, A. J. (1997) Bioelectricity, gravity and plants. Planta 203, S98–S106.
57) Lee, J. S., Mullkey, T. J. and Evans, M. L. (1983) Reversible loss of gravitropic sensitivity in maize roots after tip application of calcium chelators. Science 220, 1375–1376.
58) Lee, J. S., Mullkey, T. J. and Evans, M. L. (1983) Gravity-induced polar transport of calcium across root tips of maize. Plant Physiol. 73, 874–876.
59) Björkman, T. and Leopold, A. C. (1987) Effect of inhibitors of auxin transport and calmodulin on a gravisensing - dependent current in maize roots. Plant Physiol. 84, 847–850.
60) Legué, V., Blancaflor, E., Wymer, C., Perbel, G., Fantin, D. and Gilroy, S. (1997) Cytoplasmic free Ca^{2+} in *Arabidopsis* roots changes in response to touch but not gravity. Plant Physiol. 114, 789–800.
61) Daye, S., Biro, R. L. and Roux, S. J. (1984) Inhibition of gravitropism in oat coleoptiles by the calcium chelator, ethyleneglycol-bis-(β-aminoethyl ether)-N, N'-tetraacetic acid. Physiol. Plant. 61, 449–456.
62) Bagshaw, S. L. and Cleland, R. (1993) Is wall-bound calcium redistributed during the gravireaction of stems and coleoptiles? Plant Cell Environ. 16, 1081–1089.
63) Toyota, M., Furuichi, T., Tatsumi, H. and Sokabe, M. (2008) Cytoplasmic calcium increases in response to changes in the gravity vector in hypocotyls and petioles of Arabidopsis seedlings. Plant Physiol. 146, 505–514.
64) Mulkey, T. J. and Evans, M. L. (1981) Geotropism in corn roots: evidence for its mediation by differential acid efflux. Science 212, 70–71.
65) Scott, A. C. and Allen, N. S. (1999) Changes in cytoplasmic pH within *Arabidopsis* root columella cells play a key role in the early signaling pathway for root gravitropism. Plant Physiol. 121, 1291–1298.
66) Fasano, J. M., Swanson, S. J., Blancaflor E.D., Dowd, P. K., Kao, T. and Gilroy, S. (2001) Changes in root cap pH are required for the gravity response of the

Arabidopsis root. The Plant Cell 13, 907–922.

67) Johannes, E., Collings, D. A., Rink, J. C. and Allen, N. S. (2001) Cytoplasmic pH dynamics in maize pulvinal cells induced by gravity vector changes. Plant Physiol. 127, 119–130.

68) Fukaki, H., Fujisawa, H. and Tasaka, M. (1997) The RHG gene is involved in root and hypocotyl gravitropism in *Arabidopsis thaliana*. Plant Cell Physiol. 38, 804–810.

69) Sedbrook, J., Chen, R. and Masson, P. (1999) *AGR1* (altered response to gravity 1) encodes a DnaJ-like protein that potentially interacts with the cytoskeleton. Proc. Natl. Acads. Sci. USA 96, 1140–1145.

70) Boonsirichai, K., Sedbrook, J. C., Chen, R., Gilroy, S. and Masson, O. H. (2003) Altered Response to Graviy is a peripheral membrane protein that modulates gravity-induced cytoplasmic alkalinization and lateral auxin transport in plant statocytes. The Plant Cell 15, 2612–2625.

71) Cholodny, N. (1924) Über die hormonale Wirkung der Organspitze bei der geotropischen Krümmung. Ber d. Bot. Ges. 42, 356–362.

72) Cholodny, N. (1927) Wuchshormone und Tropismen bei der Pflanzen. Biol. Zentralbl. 47, 604–626.

73) Dolk, H. E. (1929) Über die Wirkund ger Schwerkraft auf Koleoptilen von *Avena sativa*. Proc. Kon. Akad. Wetensch. Amsterdam 32, 40–47.

74) Boysen-Jensen, P. (1933) Die Bedeutung des Wuchsstoffes für das Wachstum und die geotropische Krümmung des Wurzen von *Vicia Faba*. Planta 20, 688–698.

75) Dijkman, M. J. (1934) Wuchsstoff und geotropische Krümmung bei Lupins. Rec. Trav. Bot. Neerl. 31, 391–450.

76) Iino, M. (1991) Is auxin a hormone? Chemical Regulation of Plants 26, 51–56 (In Japanese).

77) Mertens, R. and Weiler, E. W. (1983) Kinetic studies on the redistribution of endogenous growth regulators in gravireacting plant organs. Planta 158, 339–348.

78) Bandurski, R. S., Schulze, A., Dayanandan, P. and Kaufman, P. B. (1984) Response to gravity by *Zea mays* seedlings. I. Time course of the response. Plant Physiol. 74, 284–288.

79) Saugy, M. and Pilet, P. E. (1984) Endogenous indol-3-yl-acetic acid in stele and cortex of gravistimulated maize roots. Plant Sci. Lett. 37, 93–99.

80) Rorabaugh, P. A. and Salisbury, F. B. (1989) Gravitropism in higher plant shoots. VI. Changing sensitivity to auxin in gravistimulated soybean hypocotyls. Plant Physiol. 91, 1329–1338.

81) Sabatini, S., Beis, D., Wolkenfelt, H., Murfett, J., Guilfoyle, T., Malamy, J., Benfey,

P., Leyser, O., Bechtold, N., Weisbeek, P. and Scheres, B. (1999) An auxin-dependent distal organizer of pattern and polarity in the *Arabidopsis* root. Cell 99, 463–472.

82) Okada, K., Ueda, J., Komaki, M. K., Bell, C. J. and Shimura, Y. (1991) Requirement of the auxin polar transport system in early stages of *Arabidopsis* floral bud formation. The Plant Cell 3, 677–684.

83) Muday, G. K. and DeLong, A. (2001) Polar auxin transport: controlling where and how much. Trends. Plant Sci. 6, 535–542.

84) Boonsirichai, K., Guan, C., Chen, R. and Masson, P. H. (2002) Root gravitropism: an experimental tool to investigate basic cellular and molecular processes underlying mechanosening and signal transmission in plants. Annu. Rev. Plant Biol. 53, 421–447.

85) Marchant, A., Kargul, J., May, S. T., Muller, P., Delbarre, A., Perrot-Rechenmann, C. and Bennett, M. J. (1999) AUX1 regulates root gravitropism in *Arabidopsis* by facilitating auxin uptake within root apical tissues. EMBO J. 18, 2066–2073.

86) Friml, J., Wisnlewska, J., Benkova, E., Mendgen, K. and Palme, K. (2002) Lateral relocation of auxin efflux regulator PIN3 mediates tropism in *Arabidopsis*. Nature 415, 806–809.

87) Trewavas, A. (1981) How do plant growth substances work? Plant Cell Environ. 4, 203–228.

88) Shaw, S. and Wilkins, M. B. (1973) The source and lateral transport of growth inhibitors in geotropically stimulated roots of *Zea mays* and *Pisum sativum*. Planta 109, 11–26.

89) Mohr, H. and Pichler, I. (1960) Der einfluss Hellrotter und dunkelroter Strahlung auf die geotropische Reaktion der Keimlinge von *Sinapis alba*, L. Planta 55, 57–66.

90) Wilkins, M. B. (1978) Gravity-sensing guidance mechanism in roots and shoots. *In*: Controlling factors in plant development. Bot. Mag. Tokyo Special Issue 1, 255–277.

91) Pilet, P. E. (1979) Hormonal control of root georeaction: some light effects. *In*: Plant Growth Substances, Skoog, F ed., Springer-Verlag, Berlin, pp.450–461.

92) Pilet, P. E. and Rivier, L. (1981) Abscisic acid distribution in horizontal maize root segments. Planta 153, 453–458.

93) Chanson, A. and Pilet, P. E. (1982) Transport and metabolism of [2^{14}-C] abscisic acid in maize root. Planta 154, 556–561.

94) Suzuki, T., Kondo, N. and Fujii, T. (1979) Distribution of growth regulators in relation to the light-induced geotropic responsiveness in *Zea* roots. Planta 145, 323–329.

95) Moore, R. and Smith, J. D. (1984) Growth, graviresponsiveness and abscisic-acid content of *Zea mays* seedlings treated with fluridone. Planta 162, 342–344.

96） Moore, R. and Smith, J. D. (1985) Graviresponsiveness and abscisic-acid content of roots of carotenoid-deficient mutants of *Zea mays* L. Planta 164, 126–128.

97） Tokiwa, H., Hasegawa, T., Yamada, K., Shigemori, H. and Hasegawa, K. (2006) A major factor in gravitropism in radish hypocotyls is the suppression of growth on the upper side of hypocotyls. J. Plant Physiol. 163, 1267–1272.

98） Hasegawa, T., Wai Wai Thet Tin, Shigemori, H., Otomatsu, T., Hirose, K., Miyamoto, K., Ueda, J. and Hasegawa, K. (2010) Isolation and identification of a gravity-induced growth inhibitor in etiolatde radisn hypocotyls. Heterocycles 81, 2763–2770.

99） Gutjahr, C., Riemann, M., Müller, A., Düchting, P., Weiler, E. W. and Nick, P. (2005) Cholodny-Went revisited: a role for jasmonate in gravitropism of rice coleoptiles. Planta 222, 575–585.

100） Kohji, J., Yamamoto, R. and Masuda, Y. (1995) Gravitropic response in *Eichhornia cressipes* (water hyacinth) 1. Process of gravitropic bending in the peduncle. J. Plant Res. 108, 387–393.

101） Kohji, J., Hagimoto, H. and Masuda, Y. (1979) Georeaction and elongation of the flower stalk in a poppy, *Papaver Rhoeas* L. Plant Cell Physiol. 20, 375–386.

102） Kohji, J., Nishitani, K. and Masuda, Y. (1981) A study on the mechanism of nodding initiation of the flower stalk in a poppy, *Papaver Rhoeas* L. Plant Cell Physiol. 22, 413–422.

103） 中村輝子（1995）「ジベレリンによるサクラのしだれ性枝の屈曲阻害現象」植物の化学調節 30, 82–91.

104） 中村輝子、吉田正人（2000）「樹木と重力」宇宙生物科学 14, 123–131.

105） Takahashi, H., Kamada, M., Yamazaki, Y., Fujii, N., Higashitani, A., Aizawa, S., Yoshizaki, I., Kamigaichi, S., Mukai, C., Shimazu, T. and Fukui, K. (2000) Morphogenesis in cucumber seedlings is negatively controlled by gravity. Planta 210, 515–518.

106） 高橋秀幸（2009）「オーキシンによる植物の重力形態形成の制御機構に関する研究」植物の成長調節 44, 10–21.

107） Hoson, T., Kamisaka, S., Masuda, Y., Yamashita, M. and Buchen, B. (1997) Evaluation of the three-dimensional clinostat as a simulator of weightlessness. Planta 203, S187–S197.

108） Ueda, J., Miyamoto, K., Yuda, T., Hoshino, T., Fujii, S., Mukai, C., Kamigaichi, S., Aizawa, S., Yoshizaki, I, Shimazu, T. and Fukui, K., (1999) Growth and development, and auxin polar transport in higher plants under microgravity conditions in space: BRIC-AUX on STS-95 space experiment. J. Plant Res. 112, 487–492.

109）Ueda, J., Miyamoto, K., Yuda, T., Hoshino, T., Sato, K., Fujii, S., Kamigaichi, S., Izumi, R., Ishioka, N., Aizawa, S., Yoshizaki, I, Shimazu, T. and Fukui, K. (2000) STS-95 space experiment for plant growth and development, and auxin polar transport. Biol. Sci. Space 14, 47–57.

110）Halstead, T. E. and Dutcher, F. R. (1987) Plants in space. Annu. Rev. Plant Physiol. 38, 317–345.

111）Hoson, T. and Soga, K. (2003) New aspects of gravity responses in plant cells. Int. Rev. Cytol. 229, 209–244.

112）Hoson, T., Soga, K., Mori, R., Saiki, M., Wakabayashi, K., Kamisaka, S., Kamigaichi, S., Aizawa, S., Yoshizaki, I., Mukai, C., Shimazu, T., Fukui, K. and Yamashita, M. (1999) Morphogenesis of rice and *Arabidopsis* seedlings in space. J. Plant Res. 112, 477–486.

113）Wolverton, C., Mullen, J. L., Aizawa, S., Yoshizaki, I., Kamigaichi, S., Muka, C., Shimazu, T., Fukui, K., Evans, M. L. and Ishikawa, H. (2000) Inhibition of elongation in microgravity by an applied electric field. Biol. Sci. Space 4, 58–63.

114）Kamada, M., Fujii, N., Aizawa, S., Kamigaichi, S., Mukai, C., Shimazu, T. and Takahashi, H. (2000) Control of gravimorphogenesis by auxin: accumulation pattern of *CS-IAA1* mRNA in cucumber seedlings grown in space and on the ground. Planta 211, 493–501.

115）Miyamoto, K., Hoshino, T., Yamashita, M. and Ueda, J. (2005) Automorphosis of etiolated pea seedlings in space is simulated by a three-dimensional clinostat and the application of inhibitors of auxin polar transport. Physiol. Plant 123, 467–474.

116）Miyamoto, K., Hoshino, T., Hitotsubashi, R., Yamashita, M. and Ueda, J. (2005) Automorphosis-like growth in etiolated pea seedlings is induced by the application of chemicals affecting perception of gravistimulation and its signal transduction. Adv. Space Res. 36, 1263–1268.

117）Hoshino, T., Miyamoto, K. and Ueda, J. (2006) Requirement of the gravity-controlled transport of auxin for a negative gravitropic response of epicotyls in the early growth stage of etiolated pea seedlings. Plant Cell Physiol. 47, 1496–1508.

118）Hoshino, T., Miyamoto, K. and Ueda, J. (2007) Gravity-controlled asymmetrical transport of auxin regulates a gravitropic response in the early growth stage of etiolated pea (*Pisum sativum*) epicotyls: studies using simulated microgravity conditions on a three-dimensional clinostat and using an agravitropic mutant, *ageotropum*. J. Plant Res. 120, 619–628.

119）IGE シリーズ 28「宇宙植物科学の最前線」— Perspective of Plant Research in Space —東北大学遺伝生態研究センター（2000）.

第 4 章 アレロパシー

1. はじめに

アレロパシー（allelopathy）は、「植物が放出する化学物質が他の植物・微生物に阻害的あるいは促進的な何らかの作用を及ぼす現象」[1] と定義されたが、最近の研究は、昆虫や線虫・小動物に対する作用にも広がっている。他感作用と訳され [2]、作用物質を他感物質（allelochemicals、アレロケミカル）と呼ぶ。阻害作用が顕著に現れることが多いが、促進作用も含む概念である。

タンパク質、アミノ酸、核酸、脂質、糖などの、多くの生物に共通で、生命維持に必要不可欠の物質を「一次代謝物質」と呼ぶのに対し、特定の植物にのみ特異的に存在し、生命維持には直接関与しないアルカロイドやサポニンやフラボノイド等の物質は「二次代謝物質」と呼ばれてきた。これらの物質は、従来、「老廃物」もしくは「貯蔵物質」と考えられ、薬や色素などに利用されてきたものもあるが、植物自身にとっての機能は不明であった。近年、このような物質の役割として「植物の進化の過程で偶然に生成し、他の生物から身を守ったり、何らかの交信や情報伝達を行う手段として有利に働いた場合に、その物質を含む植物が生き残った」とする「アレロパシー仮説」が提唱されている [7]。

アレロパシーは自然界では複雑な現象であり、特定の物質（単一のこともあれば複合のこともある）が、特定の条件下で、特定の作用経路を経て、特定の生理作用を行う現象である。そのため、どんな植物に対しても常にアレロパシーを示す植物は少ない。特異性がアレロパシーの本質である。したがってアレロパシーは特定の植物が一人勝ちする現象ではなく、むしろ、生物多様性を豊かにする要因の一つであるとも考えられる。しかし、後述する「新兵器仮説」では、アレロケミカルは新たに侵入した外来植物が新天地で他の植物を圧倒して植物を圧倒して優占する武器であるとの仮説もあるので、今後さらに研究が必要である。

アレロパシーの作用経路は、①葉などから揮発性物質として揮散（volatilization）、②生葉あるいは植物体残渣や落葉等から雨や霧滴などによって溶脱（leaching）、③根など地下部からの滲出（exudation）の3つがある（図4-1）。根からの滲出と葉からの溶脱は、雑草害や共栄作用に、落葉や残渣からの溶脱は、マルチによる生育阻害に、揮発性物質は、昆虫や微生物に対する影響が重要と考えられる。

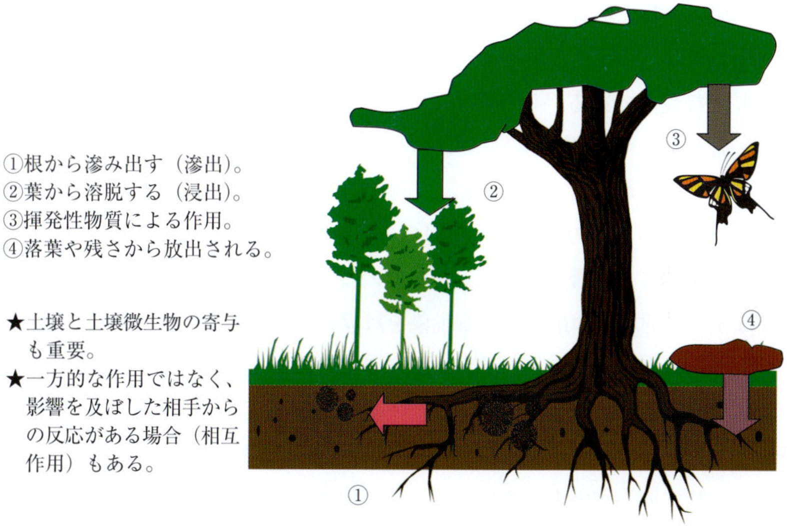
①根から滲み出す（滲出）。
②葉から溶脱する（浸出）。
③揮発性物質による作用。
④落葉や残さから放出される。
★土壌と土壌微生物の寄与も重要。
★一方的な作用ではなく、影響を及ぼした相手からの反応がある場合（相互作用）もある。
①
②
③
④

図4-1　アレロパシーの作用経路

2. 研究の歴史

（1） アレロパシーの定義

アレロパシーは、東北帝国大学植物生理学講座の初代教授モーリッシュ（H. Molisch）が、オーストリアに帰国後『アレロパシー』（1937）という本を出版してその概念を発表したのが端緒である[1)]。ギリシャ語のαλλη λων（お互いの）とπαθος（あるものの身にふりかかるもの）を合成して作られた。原義は「植物が放出する化学物質が他の生物に阻害的あるいは促進的な何らかの作用を及ぼす現象」を意味する。その原著では約9割がエチレン（ethylene）(1)（図4-2）の作用について記載されている。アレロパシーは現在ではある植物が他の植物に影響を及ぼす一方的な現象として研究されることが多いが、最初はエチレンのはたらきのような相互作用から考えられたものであり、促進作用も含む現象である。したがって、A植物とB植物が物質を介して相互に作用しあうという「植物間のコミュニケーション」が本来のアレロパシーの意味であった。しかし、ライス（E. L. Rice）はその著書『アレロパシー』の初版本でアレロパシーの定義を害作用のみであると誤訳し、第二版[2)]では訂正しているが、この影響のためか、アレロパシー研究の大半がA植物がB植物に及ぼす一方的な害作用に関する現象を対象にしている。今後、促進作用も含めた、本来の意味でのアレロパシー研究が盛んになることが望まれる。

千葉大学教授沼田真は、アレロパシーを「他感作用」、作用物質を「他感物質」と翻訳して紹介し、セイタカアワダチソウのアレロパシーに関する研究を行い、特定植物が優占する原因の一部が他感作用であると報告[3)]。アレロパシーは光や養分の競合などと区別しにくく、これらの競合に比べて自然界での寄与率は小さいことが多いが、このような競合を併用した場合、たとえば日陰や砂漠で生育する植物などの特定の場合には重要な役割を果たしていると考えられている。アレロパシーでは阻害作用が顕著に現れることが多いが、促進作用も含む概念である。最近の研究は、昆虫・微生物・動物に対する作用に拡大し「生物が同一個体外に放出する化学物質が、同種の生物を含む他の生物個体における、発生、生育、行動、栄養状態、健康状態、繁殖力、個体数、あるいはこれらの要因となる生理・生化学的機構に対して、何らかの作用や変化を引き起こす現象」と定義されている[4)]。

アレロパシーは微生物が生産する抗生物質と似た概念であるが、抗生物質に比べて研究が遅れている。植物は他の生物から身を守るためにあらかじめアレロケミカルを生産して貯めているのか、どのような植物にも多かれ少なかれ二次代謝物質が含まれるが、どの程度の量含まれ、どの程度の活性を持つときアレロパシーといえるのか、あらかじめ持っている物質以外に、ファイトアレキシンのように、微生物が感染したり昆虫が食害したりしたときに生産されるアレロケミカルも存在するのか等の疑問については、今後さらに研究が必要である。

（2） フィトンチッド

「フィトンチッド」は、ロシアの植物生理学者トーキン（B. P Tokin）によって、アレロパシーとほぼ同じころに提案された[5)]。アレロパシーとほぼ同義であるが、主に植物の揮発性物質が微生物に及ぼす影響が研究された。神山恵三によって日本に紹介され、「森林浴」の理論的根拠となった。主としてロシア語で論文が発表されたため、英語圏ではアレロパシーが一般的である。日本では、農林水産省の「国土資源」というプロジェクトで、作物や樹木の地上部から放出される揮発性物質をポーラスポリマービーズ系吸着剤で捕集し同定する研究が行われ、環境大気中に含まれる植物由来揮発性物質は、一般に5～40ppm、花の近傍など特殊な場合には50～1,200ppmであること、イネ科の穀物や野菜などの作物から放出される揮発性物質の主成分は青葉アルコール（*cis*-3-hexenol）(図4-2, (1)）やシス－3－ヘキセニルアセテート（*cis*-3-hexenyl acetate）(3) 等の脂肪族カルボニル化合物であり、樹園地や森林を構成する樹木およびキク科植物から放出される揮発性物質の主成分はα-ピネン（α-pinene）(4) 等のテルペン類であり、花から放出される香りは、リモネン（limonene）(5) やチモール（thymol）(6) のようなテルペン類や芳香族化合物を主成分とすること、これらの植物由来の揮発性物質は、微量であるが、

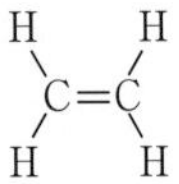

ethylene (1)

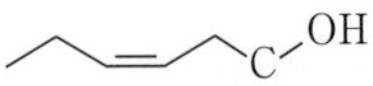

cis-3-hexenol (2)
青葉アルコール

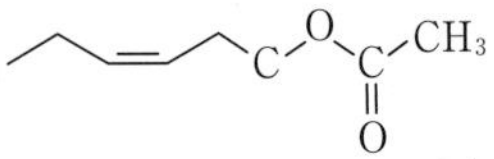

cis-3-hexenyl acetate (3)

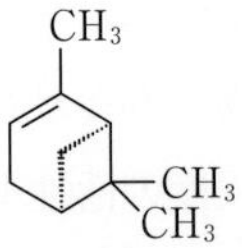

α-pinene (4)

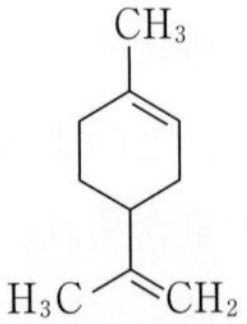

limonene (5)

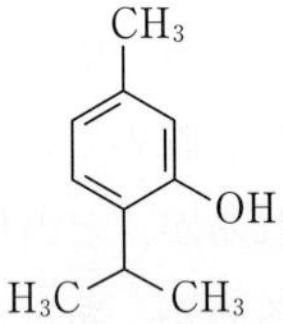

thymol (6)

図4-2　アレロケミカルとして報告のある物質

人間や生態系への影響があり、農林水産業の持つ食糧生産以外の重要な因子であることが報告されている[6]。

(3) クルミのアレロパシー

北米に生育するクログルミ（*Juglans nigra*）の下では他の植物の生育が阻害されることから、アレロパシーが示唆されていた。この現象は、クルミの樹皮や果実に、1, 4, 5-トリヒドロキシナフタレン（1, 4, 5-trihydroxynaphthalene）が含まれており、これが酸化されてユグロン（juglone）（図4-3, (7)）を生成するためであるとされている[7]。ユグロンはナフトキノンであり、5×10^{-4}mol/l の濃度で、トウモロコシの根の呼吸を完全に阻害する。また、強力なアンカップラーである。ユグロンのように、植物体内では糖と結合した配糖体として存在しており、土壌に添加された後、土壌微生物の変化をうけてアレロパシーを示す現象は普遍的に存在している可能性がある。なお、ウキクサ、アオミドロやヒルムシロなどの水田雑草用除草剤として日本で開発されたモゲトン（mogeton）(7-1) は、その構造がユグロンと似ている。

(4) ムギ類のアレロパシー

オオムギ、コムギ、ライムギなどのムギ類は雑草に強い（制圧作用）ことが知られていた。オオムギの他感物質として、アルカロイドのグラミン

(gramine) (8)、エンバクからスコポレチン（scopoletin) (9）が報告されている。グラミンはハコベに対する阻害が強いが、ナズナやタバコに対しては阻害活性が弱くコムギにはまったく影響しない。アレロパシーの特異性を示す例とされる[8)]。

コムギ、ライムギに含まれるアレロケミカルとして、DIBOA（2, 4-dihydroxy-*2H*-1, 4-benzoxazin-3-(*4H*)-one) (10）やDIMBOA（2, 4-dihydroxy-7-methoxy-*2H*-1, 4-benzoxazin-3(*4H*)-one) (11）などのヒドロキサム酸誘導体が報告され、詳しく研究されている。ヒドロキサム酸は、カビなどの病害に対する抵抗性物質として60年以上前にムギ類から見いだされた二次代謝物質である。最近の研究で、これらのヒドロキサム酸誘導体は、昆虫抵抗性、病害抵抗性のみならず、雑草抑制効果も報告されるようになった。最近の研究でこれらの物質が土壌中でAPO（2-amino-*3H*-phenoxazin-3-one) (10-1)、AMPO（2-amino-7-methoxy-*3H*-phenoxazin-3-one) (11-1）という安定で作用の強い物質に変化することが解明されている。アメリカ合衆国やヨーロッパ諸国では有機農業における雑草抑制手段として、ムギわらを被覆資材としたり鋤混むことが奨励されている。

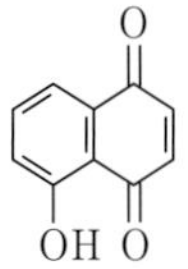

juglone (7)

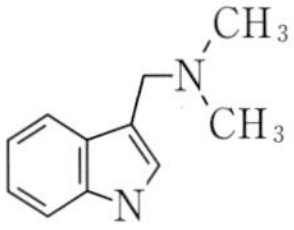

gramine (8)

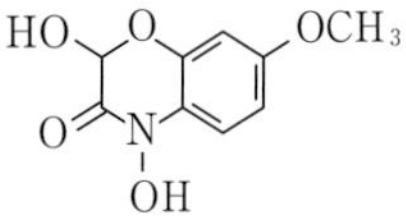

2, 4-dihydroxy-1, 4-benzoxazine-3-one (DIBOA) (10)

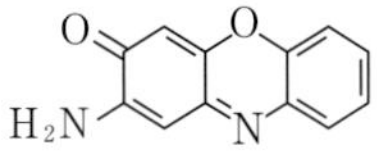

2-amino-3H-phenoxazin-3-one (APO) (10-1)

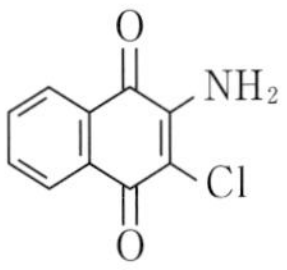

2-amino-3-chloro-1, 4-naphthoquinone (mogeton) (7-1)

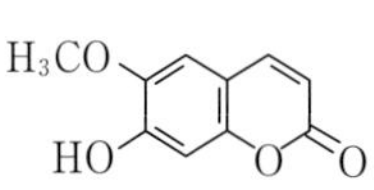

scopoletin (9)

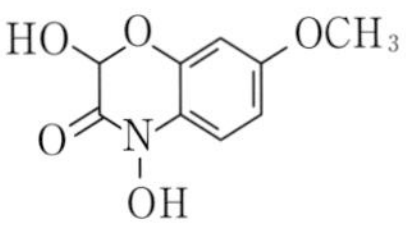

2, 4-dihydroxy-7-methoxy-1, 4-benzoxazine-3-one (DIMBOA) (11)

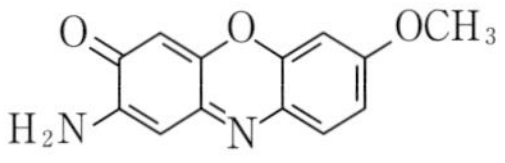

2-amino-7-methoxy-3H-phenoxazin-3-one (AMPO) (11-1)

図4-3　アレロケミカルとして報告のある物質とその関連物質

（5） クレスの生育促進物質レピジモイド

筑波大学の長谷川らのグループは、クレス発芽種子から出る成分が混植した他の植物の生長を促進する現象を見いだし、その本体として新たな糖由来の生理活性物質であるレピジモイド（lepidimoide）(図 4-4, (12)）を同定している[9,10]。その後の研究で、レピジモイドは多くの植物種子分泌液に含まれていることが明らかになっている。また、レピジモイドは植物ホルモンでるサイトカイニン（cytokinin）と同様の活性を持つことも報告されている[11-14]。

（6） 寄生植物ストリガの発芽促進物質と新たな植物ホルモン

アフリカやアメリカでイネ科作物に寄生して収量を下げる雑草であるストリガの発芽は、宿主であるトウモロコシなどの根から分泌される物質ストリゴール（strigol）(13）によって 10^{-10} ～ 10^{-15}mol/l という低濃度で促進されることが明らかにされている[5,6]。ナンバンギセルとススキの間でも同様の物質（オロバンコール（orobanchol）(14）が作用していることが宇都宮大学の竹内と米山らのグループによって解明されている[7]。これらは宿主と寄生植物間の促進的なアレロパシーとして興味深い。近年、これらの物質が、植物の分岐を引き起こす新たなホルモンであることが解明され[8,9]、アレロパシー研究から新

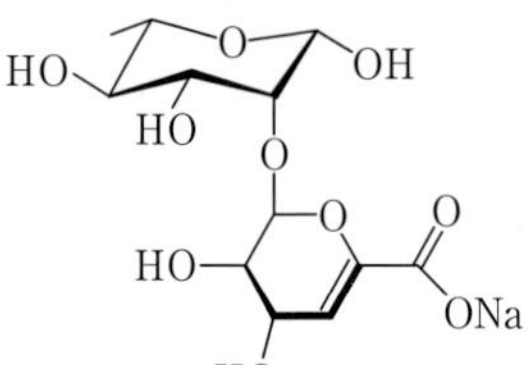

lepidimoide (12)

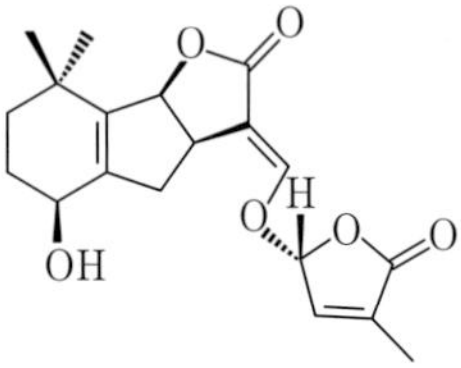

strigol (13)

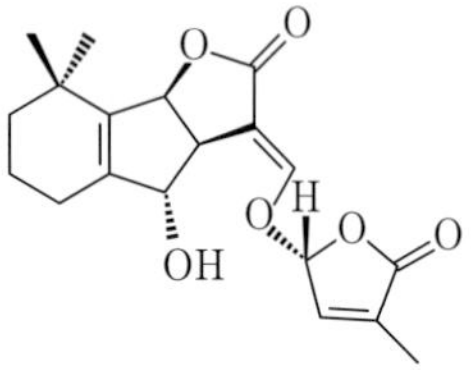

orobanchol (14)

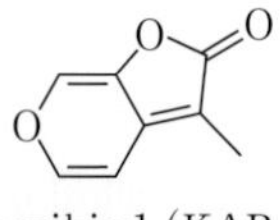

karrikin 1 (KAR_1)
3-methyl-2H-furo [2, 3-c]
pyran-2-one (15)

図 4-4　植物生育促進活性の報告のある物質

たな植物ホルモンの発見に役立った事例といえる。

オーストラリアの研究者らは、オーストラリアの山焼きで発生した煙が植物の発芽を促進する現象に注目し、植物のセルロースに由来する煙の中にストリゴラクトンと構造の類似したブテノライドを同定し、オーストラリア原住民の煙を意味する言葉から karrikin (15) と名付けて報告している[20), 21)]。これらの物質はジベレリンの生合成経路に影響を及ぼすと報告されているが、今後その生理作用の詳細な検討が期待される。

（7） 樹木類のアレロパシーとアレロケミカル

日本の奈良県春日大社を北限とするナギ（*Podocarpus nagi*）も、純林を作ることから、アレロパシーの関与が考えられている。大阪市立大学の目（さかん）らは、そのアレロケミカルとしてナギラクトン（nagilactone）（図4-5, (16)）を報告している[8)]。この物質は土壌中からも検出されるが、濃度が低いので生態系での寄与を疑う論文も出されている[29)]。

コーヒー（*Coffea arabica*）のプランテーションにおいては、樹のリターから、年間1～2g/m^2のカフェイン（caffeine）(17) が土壌に負荷され10年間に100～200ppmの濃度に達するとされている。その作用には選択性があり、8×10^{-3}mol/l（1,600ppm）の濃度でもマメ科植物の発芽・生育を阻害しないが、マメ科以外のハリビユ、カラスムギ、イヌビエ等の発芽を顕著に阻害する[8)]。

京都大学のアフリカにおける猿の研究グループはアフリカ熱帯多雨林で研究中に、アカテツ科の樹木アジャップ（*Baillonella toxisperma*）（現地名で毒の木）の樹下には他の植物が生えないこと、この樹木の森林が他の森林を侵略するように見えることから、アレロパシーの研究を開始し、核酸系の新規アレロケミカルである3-ヒドロキシウリジン（3-hydroxyuridine）(18) が報告されている[22)]。この成分も、双子葉類の生育を強く阻害するがイネ科には影響がない。しかし、葉面散布するとイネ科雑草のイヌビエやエノコログサを抑制するが、トウモロコシには影響しない。選択性のある除草剤が開発される可能性がある。

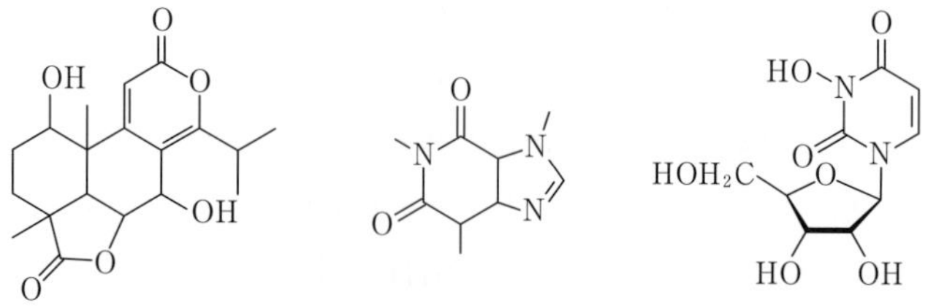

nagilactone A (16)　caffeine (17)　3-hydroxyuridine (18)

図4-5　樹木由来のアレロケミカル

（8）土壌微生物に影響を及ぼすアレロケミカル

オクラホマ大学のライス（E. L. Rice）は、放棄畑における遷移の研究を長年にわたって行った結果、土壌中のフェノール性物質が、植生遷移に寄与しているという結論に達している[2)]。たとえば、メヒシバはパイオニア期の優占種の一つであるが、根からクロロゲン酸、イソクロロゲン酸、スルホサリチル酸等を出して、マツバシバ（*Aristida oligantha*）の生育を抑制する。そのためにマツバシバの種子も土壌中には多量に存在するのに、メヒシバがまず優占する。次にコニシキソウ（*Euphorbia supina*）が侵入するがこの根から放出される没食子酸（gallic acid）(図4-6, (19)）とタンニン酸がメヒシバやヒメムカシヨモギ等のパイオニア雑草を阻害し駆逐する。しかしこれらの物質はマツバシバには影響しないので、遷移の第二段階ではマツバシバが優占するようになるという。

ライスらは、植物が放出するフェノール性物質が窒素固定菌や窒素固定をする藍藻類、および硝酸化成菌に及ぼす影響を調べた。その結果、トウダイグサ科植物（*Euphorbia* spp.）やウルシ科植物（*Rhus copallina*）は大量に没食子酸（19）とタンニン酸を生産し、土壌表層に600～800ppm蓄積するが、この濃度でマメ科植物の根粒着生数を低下させ、ヘモグロビン含量を低下させ、窒素固定を抑制したという。タンニン酸を土壌に添加して再回収して検出されるためには少なくとも400ppmの投与が必要であるが、33ppmの添加でも根粒着生低下に効果があったという。このことは、タンニン酸は土壌に強固に結合した状態でも生物活性をもつことを示すものであるとしている。タンニン酸は10^{-5}M の濃度（10ppm）で根粒菌や藍藻類を阻害するという。

南米コロンビア原産のイネ科牧草 *Brachiaria humidicola* は、現地の研究者によって、硝酸化成抑制作用があることが見いだされていた。日本の国際農業研究センターではこの現象に注目し、ねばり強く成分を研究した結果、この植物の根から硝酸化成菌を抑制する新規物質を同定しブラキアラクトン（brachialactone）と命名している[23]。硝酸態窒素は土壌から流亡しやすいので、硝酸化成を抑制することができれば、施肥窒素を有効利用することができる。

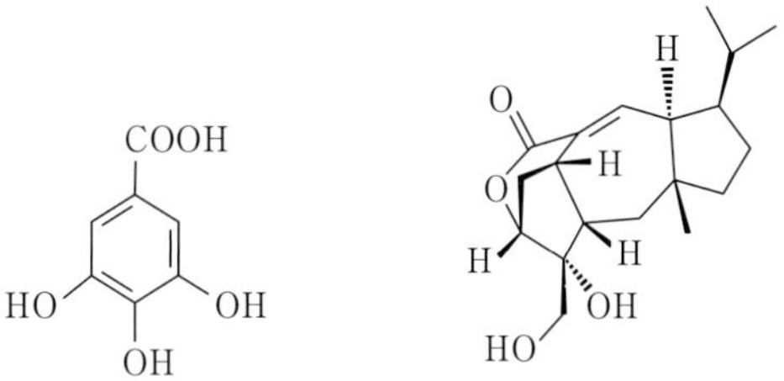

gallic acid (19)　　brachialactone (20)

図4-6　土壌微生物に影響するアレロケミカル

3. 著者らの研究

（1） アレロパシーの識別・証明法

通常、植物間の相互作用においては、光の競合や養分・水分の競合の寄与が大きく、アレロパシーと識別することが難しい。そこで、アレロパシーを実証するためには、識別手法が重要である。

植物の根や葉由来の物質によるアレロパシーを証明する手法として、圃場試験では置換栽培法（substitutive design：栽植密度を一定にして栽植割合を変化させる混植法）、ガラス室試験では階段栽培法、無影日長栽培法、根滲出液循環栽培法（XAD-4 樹脂等のカラムを循環液接続部に入れることで、根から滲出される物質による作用を検定する方法）などを、実験室規模の検定・実証法として、生きている植物の葉から出る揮発性物質を分析する常温吸着法、根から出る物質を検定するプラントボックス法、葉から出る物質を検出するサンドイッチ法を開発した[8)]。

1）サンドイッチ法

サンドイッチ法は、アレロパシーの作用の中で、特に樹木落葉や植物残さに由来する物質による作用の検定法として開発したものであるが、葉からの溶脱を検出する手法としても有用である。この方法により、光の遮蔽や水分等の物理的要因以外に、アレロケミカルによる他の植物への影響を評価することができる。作用の強い植物は、植物マルチや『敷きわら』として、直接農業に利用し雑草防除に用いることができる。

具体的には、落葉を寒天培地にサンドイッチ状に包埋し、この上で検定植物を栽培することにより、通常下方へ溶脱される物質を上方へも移動させ、その上で栽培した検定植物の生育に及ぼす影響を調べることにより、アレロパシーを特異的に検出するものである。

落葉の量は、広葉樹の場合は樹種によらずほぼ一定で、1ha あたり、年間3t といわれている。針葉樹の落葉量はその 2 倍、熱帯多雨林では、3 倍であるとされるが、ここでは 3t を基本とした。これをシャーレの面積に換算すると、落葉量は 300mg/10cm^2 であるが、葉は 1 年のうち 1 ～ 2 カ月に集中して落ちることから、包埋量は、10 ～ 50mg/10cm^2/10ml とした。

材料は、落葉・落枝を対象にする場合、自然に落ちた枯葉で、できるだけ新鮮なものを採取する。用具には、ヌンク社製の 6 穴の組織培養用マルチディッシュを用いる。包埋量は、落葉を秤量し、マルディッシュに入れ、オートクレーブ後 45℃とした寒天 5ml を添加して葉を浮かせた状態でゲル化させる。その上に、さらに 5ml の寒天を加えて葉をサンドイッチ状に重層包埋する。検定植物としてはレタス（Great Lakes 366）がよく用いられるが、この手法は他の植物にも適用可能である。実験方法は参考文献[8)]に紹介している。サンドイッチ法による生物検定法のやり方を図 4-7 に示す。

これまでに約 2,000 種の植物についてサンドイッチ法で検定した結果、発芽まで阻害する強い活性を持っていたのは、ユーカリ類であった。特にレモン

〈サンドイッチ法 Sandwich Method〉

葉から出る物質によるアレロパシーの検定

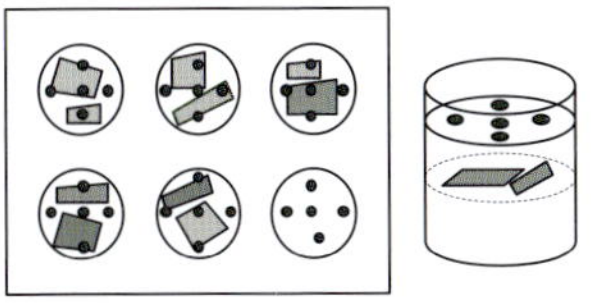

6穴マルチディッシュ
葉（乾燥10～50 mg/10 cm²）
　寒天にてサンドイッチ状に
　包埋し、物質を移行させる
レタス、メヒシバ等で検定

落ち葉によるアレロパシーを検定するために開発された。
　落葉量は一定（3 t ／ ha）…30 mg/10 cm²相当樹木葉の検定
　に向く。全活性との相関が高い。
実際に生態系で作用する物質を評価できる。

図4-7　サンドイッチ法のやりかたの概念図

ユーカリは、強い発芽・生育阻害が見られた。一般に、ブナ科など落葉広葉樹の活性は強くない。一方、ヒマラヤシーダー、セコイアなどの古代から生育している樹種、デイゴ、ギンネム、ムクナ、マンゴー、アブラギリ、ゴムノキ、コーラ、コーヒー、インドボダイジュ、などの熱帯性植物から強い活性が検出された。また、ライ麦やエンバク、稲わらにも植物生育阻害活性が認められた。

2） プラントボックス法

プラントボックス法は、寒天培地中で植物を混植し、生きている植物の根から滲出される物質による作用を特異的に検出するために開発した手法である。栄養素を入れない寒天を用い光の競合をなくしたファイトトロン内で検定するので、純粋に根から出る物質による作用のみを検定できる。

検定に用いる植物は、あらかじめ、よく洗った川砂またはパーライトに播種し、Hoagland の培養液等の培養液で約１～３カ月栽培しておき、根の生体重が１～２ｇになった植物体を用いる。供試する植物の根を、直径 32mm のナイロン製網を張った筒（根圏仕切り筒）に入れ、組織培養用プラントボックス（Magenta 社製、60x60x100mm）の一隅に置き、40 ～ 45℃の 0.5 ～ 0.75 %（W/V）寒天（低温ゲル化寒天、ナカライテスク、30 ～ 31℃でゲル化）を満たし、氷水で急冷してゲル化させる。寒天上の10mm間隔の格子点にレタス（Great lakes 366）を穿刺播種し、播種後5日目に、幼根長、下胚軸長を測定する。阻害活性がある場合、根からの距離が近いほど、検定植物の根の伸長が抑制されているので、活性の測定には、仕切筒の網からの距離を横軸に、伸長を縦軸にとったグラフを作成し、一次回帰式を求め、直線の傾きと網に接した点における伸長から活性を求める（図4-8）。プラントボックス法の詳細な実験方法は参考文献8), 24）に紹介している。

プラントボックス法による検定の結果、圃場でのアレロパシーが報告されているムクナ、ハルガヤ、エンバク等は、本法でも強い阻害活性を示す。この他に、ヘアリーベッチ、アマ、コンフリー、ガラスマメ、エビスグサ、ナタマメも阻害活性が強い。本法の検索結果は、体内成分の抽出からの検索とは必ずしも一致しないが、実際に屋外で作用している物質の影響を検出している可能性が高い。

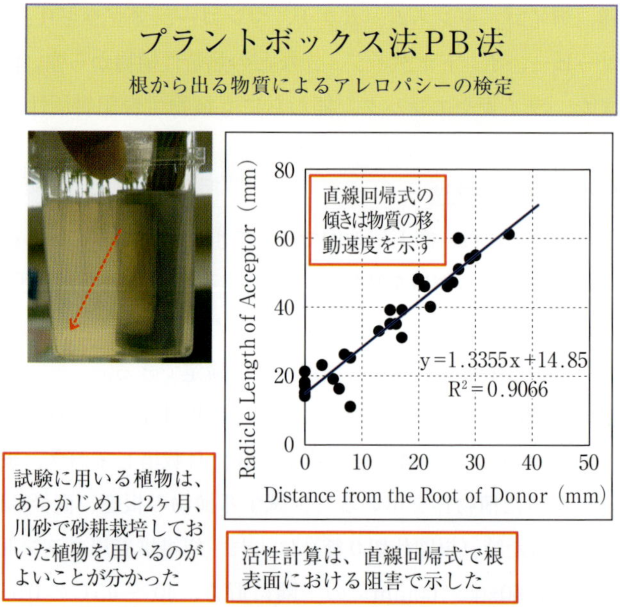
プラントボックス法PB法
根から出る物質によるアレロパシーの検定
直線回帰式の傾きは物質の移動速度を示す
y＝1.3355x＋14.85
R²＝0.9066
Radicle Length of Acceptor（mm）
Distance from the Root of Donor（mm）
0
20
40
60
80
0
10
20
30
40
50
試験に用いる植物は、あらかじめ1～2ヶ月、川砂で砂耕栽培しておいた植物を用いるのがよいことが分かった
活性計算は、直線回帰式で根表面における阻害で示した

図4-8　プラントボックス法のやりかたの概念図

3） ディッシュパック法

ディッシュパック法は、揮発性物質によるアレロパシーを検出するために開発した手法である。

組織培養用6穴マルチディッシュのふたにドリルで穴を開け、シリコンゴムセプタムをはめた器具を作成した。左下の一穴に植物体2gをはさみで細かく切って入れ、その他の穴にはろ紙を敷き、レタス種子を7粒入れ、蒸留水0.7mlを加えた。ふたをして、容器をテープで密封し、アルミホイルで覆い、25℃の恒温器に置いて、4日後に幼根長、下胚軸長を測定する（図4-9）。また、標準物質についても一定量を入れたサンプルカップを左下の穴に入れ、同様に検定する。さらに、容器内のガスをガスタイトシリンジで0.5ml取り、ガスクロマトグラフ質量分析計で揮発性物質の種類と濃度を分析する。ディッシュパック法は比較的新しい検定法であるが、これまでに、クレオメやカラシ

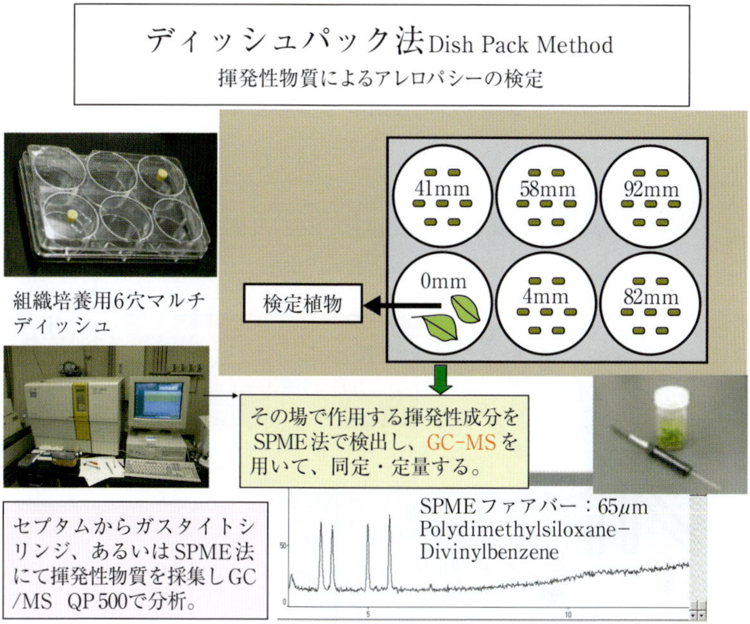

図4-9　ディッシュパック法のやりかたの概念図
藤井義晴・他、農業環境研究成果情報、16、27-28（2000）

ナ類からイソチオシアネート類をアレロケミカルとして証明している。

4） 根圏土壌法

植物の根から土壌に放出される物質の活性を評価する手法として、根と土壌の境界領域にある根圏土壌を用いて他感作用を検出する生物検定法を開発した。用いる土壌は、「空中振とう法」で採取した。すなわち、植物の根系を攪乱せずに採取し、手首を上下に軽く振ることによって落とした土壌を「根域土壌」とし、その後も根の表面に付着している土を刷毛等で拭き落とした土を「根圏土壌」と定義した。

土壌を直接用いる方法と、サンドイッチ法に準じて寒天を添加した方法を比較した結果、寒天の添加が土壌による物理的阻害を排除し、含まれる阻害物質による作用の測定に好都合であった。本法で検出される阻害作用は、根量－根圏土壌の比とは関係がなく、根の形態が及ぼす影響も少ない。プラントボックス法との相関関係は低く、土壌による影響が反映されていると考えられた。確立された方法は次のとおりである。目の開き 1mm の篩で根毛を除去した後の土壌を乾土換算で 3.0g（4cm^3 相当）秤量し、内径 3.5cm の 6 穴マルチディッシュに入れ、0.75%の寒天 5ml を添加して固めた後、検定層として

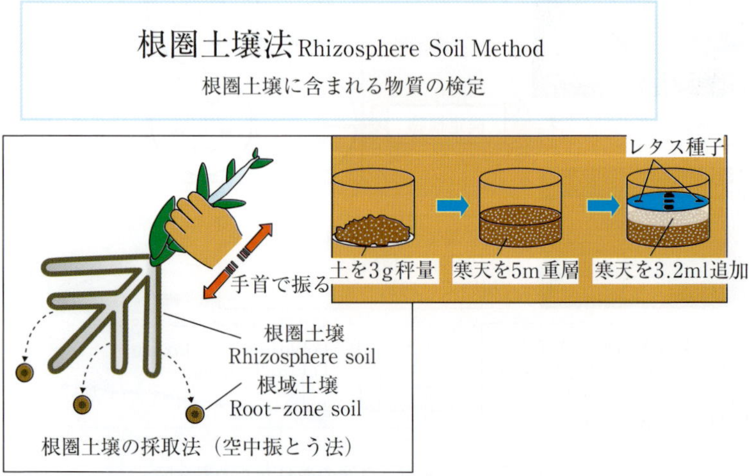

図4-10　根圏土壌法のやりかたの概念図

3.2ml の寒天を重層し、その上にレタス等の検定植物を置床する。暗黒下 25℃の恒温装置で 3 日間培養後、幼根長と下胚軸長を測定する（図 4-10)。本法を用いて色々な植物の活性を測定した結果、現場での雑草抑制作用の強いヘアリーベッチや、強害侵入植物クワモドキの根圏土壌から強い阻害作用が再現性よく検出された。本手法は、根から土壌に放出される物質による他感作用を検定する手法となり、遺伝子組換え植物の現地圃場における他感作用を評価する一助となる。また、本法により、光や養分の競合とアレロパシーを識別して評価することができる。

5）ムクナのアレロパシーと作用成分 L-DOPA

マメ科植物ムクナ（*Mucuna pruriens*）はブラジルの圃場で雑草の生育を抑制することが知られていた。著者らは、その作用の識別と作用物質を研究し、ムクナの生葉や根の中に生体重の 1%にも達する多量に含まれる特殊なアミノ酸 L-3, 4-ジヒドロキシフェニルアラニン（L-DOPA、ドーパ）（図4-11, (21)）が他感物質であることを明らかにした[25]。ドーパは、キク科やナデシコ科雑草の生育を 5 ～ 50ppm の低濃度で阻害するが、トウモロコシやソルガムなどのイネ科植物には影響が小さい。ブラジルではムクナをトウモロコシ等のイネ科作物と混植したとき、雑草は抑制するが、作物は阻害せず、収量を上げる混植農法が行われている。ドーパは雑草を完全に枯らすほどの効果はなく、土壌中では不安定で速やかに分解されて腐植成分に取り込まれ、後作に影響を残さない。なお、ドーパは、ヒトの脳内の神経伝達物質であるドーパミンやホルモンであるアドレナリンの前駆体であり、人間においても植物においても情報伝達に役立つことは興味深い。

6）ヘアリーベッチのアレロパシーとシアナミドの発見

ヘアリーベッチ（*Vicia villosa*）はムクナに近縁のマメ科ソラマメ属の植物で、牧草として欧米で利用されている。ムクナが霜に当たると枯れるのに対し、越冬が可能な越年生の草本である。ヘアリーベッチの他感物質の特定は困難であったが、シアナミド（cyanamide）(22) を同定した[26]。この物質は分子量が小さすぎてかえって同定が難しかった。合成窒素肥料である石灰窒素の有効成分として既知であるが、生物に含まれることを見いだしたのは世界初である。ヘアリーベッチは現地圃場でも雑草抑制作用が強く、緑肥効果と土壌保全効果も期待できる。またこれまでの調査では雑草化のおそれも少ない。

ヘアリーベッチは、秋播きで春先の雑草を完全に抑制する。休耕地や耕作放棄地の管理に有効である[8)]。野菜栽培におけるマルチ植物としても有用であり、水田における不耕起無農薬栽培にも利用が広がっており、秋田県大潟村や富山県の篤農家で大規模に栽培されている。また新たな蜂蜜源としても検討され、良い評価を得ている。

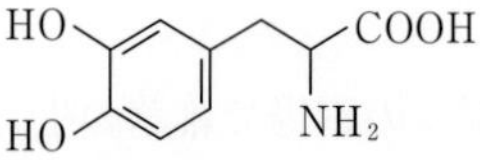

L-DOPA (L-3, 4-dihydroxyphenylalanine) (21)

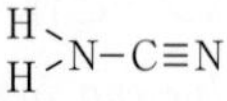

cyanamide (22)

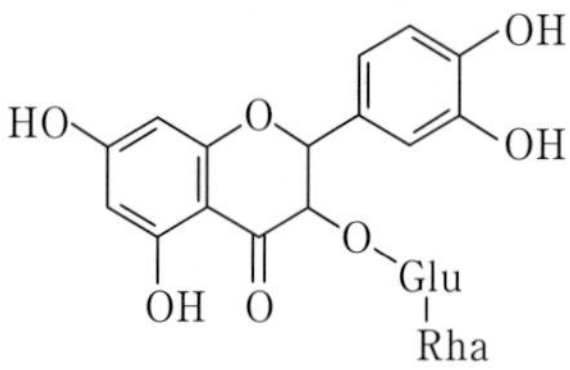

quercetin 3-rutinoside (rutin) (23)

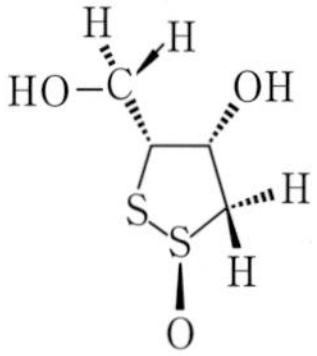

zeylanoxide A (24)

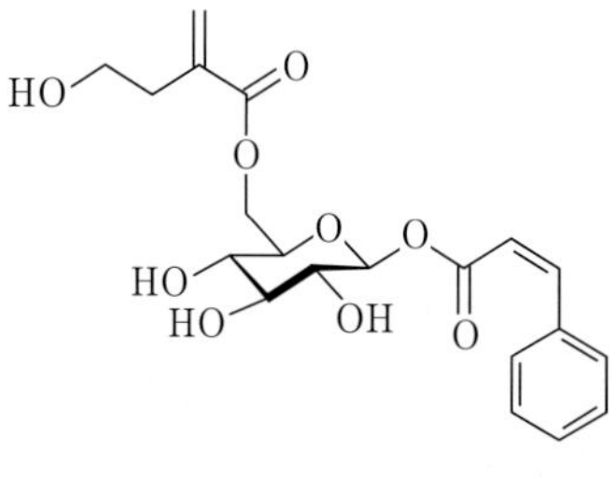

6-*O*-(4'-hydroxy-2'-methylene-butyroyl)-1-*o*-*cis*-cinnamoyl-*β*-D-glucopyranose (25)

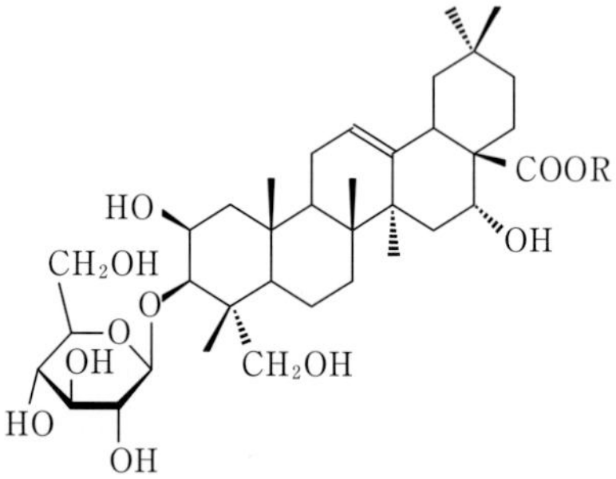

durantanin (26)

図4-11　著者らが報告したアレロケミカル

7）ソバのアレロパシーとルチンの寄与

ソバが雑草との競合に強いことは経験的に知られていた。宮崎安貞は江戸時代に著書『農業全書』の中で、「ソバはあくが強く、雑草の根はこれと接触して枯れる」との記載している。また、宮崎大学の続らはソバ類の他感作用を研究し、宿根ソバの活性が強いことを報告している。著者らもソバ類の他感作用の研究を行い、ソバとダッタンソバに強い他感作用があることを確認し、その他感物質として、ファゴミン、没食子酸、カテキン、およびファゴミン等の特有のアルカロイドやフェノール性物質を同定したが、圃場レベルでの全活性法により、多量に含まれるルチン（rutin）(23) が本体であると結論した[27]。

8）その他のアレロケミカル

ナガボノウルシ（*Sphenoclea zeylanica*）から、ゼイラノキサイド（zeylanoxide）(24) と命名した新規物質を、ユキヤナギ（*Spirae thunbergii*） から、活性の極めて強いシス桂皮酸（*cis*-cinnamic acid）とその誘導体（25）を、クマツヅラ科の小灌木タイワンレンギョウ （*Duranta repens*）から、デュランタニン（durantanin）(28) と命名した新規トリテルペノイドサポニンを同定した[30]。

4. アレロパシーのメカニズムのまとめ

（1）アレロパシーの限定性

アレロパシーの本質は、個々の現象が様々な条件下で限定されたものであり、常にアレロパシーを表すような植物はないことにある。アレロパシーは特定の現象を指すのではなく、多様な現象の総称である。その作用は、特定の物質（単一のこともあるが複合のことが多い）が、特定の植物の条件（開花期とか、生育初期とか）下で、特定の作用経路（根からの滲出、葉からの揮散、葉や残渣からの溶脱など）を経て、特定の環境条件（土壌構成要素、微生物などの生物的要素、光や養分・水分条件、気象条件など）下で、特定の生理作用（阻害、促進、あるいはなんらかの変化）を引き起こす現象であり、植物種によってはまったく作用しないこともある。

（2） アレロパシーの進化上の意義と二次代謝物質

二次代謝物質として知られる、植物に特異的に存在するアルカロイド、サポニンやフラボノイド等の物質は、従来、「老廃物」もしくは「貯蔵物質」と考えられてきた。そのため、生命維持に必要不可欠の物質を「一次代謝物質」と呼ぶのに対して、特定の植物にのみ存在し、生命維持に直接関与しない物質を「二次代謝物質」と呼ぶ。二次代謝物質は植物にのみ存在し、すでに１万種類以上が知られている。これらの物質の中には、生薬、毒薬、麻薬などに利用されてきたものもあるが、植物自身にとっての存在意義は不明であった。近年、「二次代謝物質は植物の進化の過程で偶然に生成し、他の昆虫・微生物・植物等から身を守ったり、何らかの化学交信や情報伝達を行う手段として有利に働いた場合に、その植物が生き残ってきた」とするアレロパシー仮説が提唱され、進化上の意義が有力になっている。したがって、アレロパシーは皆殺し的な現象ではなく、一属一種的な古い植物、生長が遅い植物や弱い植物が生き残ってきた要因の一つであり、むしろ生物多様性を高める要因であったと推定されている。

（3） 他感物質の事例と作用機構

他感物質（アレロケミカル）の作用機構としては、①細胞分裂、生長に作用、②植物ホルモンの作用に影響、③膜の透過性に影響、④養分吸収に関与、⑤光合成に影響、⑥呼吸やエネルギ代謝に影響、⑦一次代謝産物の合成に影響、⑧特定の酵素の阻害などが報告されている。ほとんどの生化学反応に関与している。アレロパシー候補物質は、OH 基、C＝O 基、あるいは S→O 基を持ち、分子内に酸素原子を多く含むものと、励起されやすい二重結合や三重結合を持つものが多い。例えば、クマリン、スコポレチン、ソラーレンなどのクマリン類やプロトアネモニンやパツリンなどは α, β- 不飽和ラクトンを持つ物質であるが、これらの化合物は Michael 反応の受容体であり、SH 基と反応し、SH 基を活性発現に必要とする酵素反応を阻害すると想定される。一方、ドーパ、ミモシン、NDGA、カフェー酸、ジュグロン、カテコール、カフェインなどのグループは、キノンであったり、キノンになりやすい物質であり、励起されやすいπ電子系を持ち、酸化還元反応や光増感反応が関与していると推定される。アレロケミカルの作用機構には、機知の除草剤にない新規なものがあると期待されている。今後の研究が待たれる。

（4） アレロパシーを利用する場合の問題点

1） 土壌中の有機・無機成分の関与

植物から放出される物質が土壌中で他の生物に影響するとき、土壌中の有機成分、無機成分と、土壌微生物の関与が重要である。土壌は吸着剤であり、粘土鉱物と腐植中の有機物が重要な因子であると思われる。他感物質がこれらに吸着されて、作用性を失ったり、逆に安定化することが考えられるが、その機構を調べた研究は少ない。土壌は吸着剤であると同時に、バイオリアクターでもあり、この作用には鉄やマンガン等の金属元素が重要である。例えば、カフェー酸やその誘導体は土壌中の Fe（III）や Mn（III, IV）により速やかに酸化されることが知られている 。

2） 土壌微生物の関与

アレロパシー物質が土壌に添加されたとき、土壌微生物による分解と変化を受けて強い他感物質が生成することがある。例えば、コムギワラに生育する *Penicillium urticae* が、コムギ残渣を分解して、強い抗菌物質であると同時に、植物生育阻害物質であるパツリンを生成するため、刈株マルチや不耕起栽培においてコムギの生育が著しく悪くなることが明らかにされている。

3） アレロケミカルの利用

2つの方向が考えられる。ヘアリーベッチ・ムクナ・ソバのようなアレロパシーの強い植物を直接、被覆植物として利用する方法と、成長促進物質や阻害物質を安全性の高い新しい農薬として利用する方法である。とくに、後者では、天然物の中には、人間や環境に影響が少なく、有害な雑草にのみ作用する未知のアレロケミカルが存在する可能性がある。特にアフリカやアマゾン、東南アジア等には未知の生理活性物質を含む未知の植物が数多く存在するので、これらの探索研究が期待される。また薬草類は天然生理活性物質の宝庫であり、すでにヒトに対する薬理効果が調査されたものが多いので、このような植物由来の生理活性物質からの安全性の高い農薬の開発が期待される。

参考文献

1) Molisch, H.: Der Einfluss einer Pflanze auf die andere-Allelopathie, Jena, Fisher, 1937.

2) ライス著、八巻敏雄、安田環、藤井義晴訳：「アレロパシー」、学会出版センター、1991。

3) 沼田 真：植物群落と他感作用、化学と生物 15、412-418、1977。

4) 藤井義晴：植物のアレロパシー、化学と生物 28、471-478、1990。

5) 神山恵三、B. P. トーキン：「植物の不思議な力＝フィトンチッド」、講談社、1980。

6) 藤井義晴・渋谷知子・安田環：植物由来の揮発性微量物質—その検出法と種間特性—、農業環境技術研究所報告 1、69-82、1986。

7) Davis, R. F.: The toxic principle of *Juglans nigra* as identified with synthetic juglone and its toxic effects on tomato and aflfalfa plants, A. Journal of Bot., 15, 620, 1928.

8) 藤井義晴：「アレロパシー、他感物質の作用と利用」、農文協（自然と科学技術シリーズ）、2000。

9) Hasegawa, K., Mizutani, J., Kosemura, S., and Yamamura, S.: l. c. solation and identification of lepidimoide, a new allelopathic substance from mucilage of germinated cress seeds. Plant Physiol., 100, 1059-1061, 1992.

10) Kosemura, S., Yamamura, S., Kakuta, H., Mizutani, J. and Hasegawa, K.: Synthesis and absolute configuration of lepidimoide, a high potent allelopathic substance from mucilage of germinated cress seeds. Tetrahedron Lett., 24, 2653-2656, 1993.

11) Yamada, K., Matsumoto, H., Ishizuka, K., Miyamoto, K., Kosemura, S., Yamamura, S. and Hasegawa, K.: Lepidimoide promotes light-induced chlorophyll accumulation in cotyledons of sunflower seedlings. J. Plant Growth Regul., 17, 215-219, 1998.

12) Miyamoto, K. Ueda, J. Yamada, K. Kosemura, S. Yamamura, S. and Hasegawa, K.: Inhibition of abscission of bean petiole explants by lepidimoide. J. Plant Growth Regul., 16, 7-9, 1997.

13) Miyamoto K, Ueda J, Yamada K, Kosemura S, Yamamura S. and Hasegawa K: Inhibitory effect of lepidimoide on senescence in Avena leaf segments. J. Plant Physiol., 150, 133-136, 1997.

14) Goto N, Sando S, Sato Y and Hasegawa K: Effects of lepidimoide on growth and development of *Arabidopsis thaliana*. Weed Res. Japan 40: 87-94, 1995.

15) Cook, C. E., Whichard, L. P., Turner, B., Wall, M. E., and Egley, G. H.,: Germination of witchweed (*Striga lutea* Lour.): isolation and properties of a potent stimulant. Science, 154: 1189-1190, 1966.

16） Cook, C. E., Whichard, L. P., Wall, M. E., Egley, G. H., Coggon, P., Luhan, P. A., and McPhail A. T.,: Germination stimulants.II. The structure of strigol-a potent seed germination stimulant for witchweed （*Striga lutea* Lour.）. J. Am. Chem. Soc., 94: 6198 −6199, 1972.

17） Yoneyama, K., Xie, X., Yoneyama, K., and Takeuchi, Y.,: Strigolactones: structures and biological activities. Pest Manag. Sci., 65: 467−470, 2009.

18） Gomez-Roldan, V., Fermas, S., Brewer, P. B., Puech-Pagès, V., Dun, E. A., Pillot, J.-P., Letisse, F., Matusova, R., Danoun, S., Portais, J.-C., Bouwmeester, H., Bécard, G., Beveridge, C. A., Rameau, C., and Rochange, S. F.,. Strigolactone inhibition of shoot branching. Nature, 455: 189−194, 2008.

19） Umehara, M., Hanada, A., Yoshida, S., Akiyama, K., Arite, T., Takeda-Kamiya, N., Magome, H., Kamiya, Y., Shirasu, K.,Yoneyama, K., Kyozuka, J., and Yamaguchi, S.,: Inhibition of shoot branching by new terpenoid plant hormones. Nature, 455: 195−200, 2008.

20） Flematti, G. R., Ghisalberti, E. L., Dixon, K. W., and Trengove, R. D.: A compound from smoke that promotes seed germination. Science, 305. 977−978, 2004.

21） Nelson, D. C., Riseborough, J-A., Flematti, G. R., Stevens, J., Ghisalberti, E. L., Dixon, and Smith, S. M.: Karrikins discovered in smoke trigger *Arabidopsis* seed germination by a mechanism requiring gibberellic acid synthesis and light. Plant Physiol., 149, 863 −873, 2009.

22） 大東肇：アレロパシーによる制御（陸上）、農業環境を構成する生物群の相互作用とその利用技術、農業環境技術研究叢書、4, 20−35、1989。

23） Subbarao, G. V., Hakahara, K., Hurtado, M. P., Ono, H., Moreta, D. E., Salcedo, A. F., Yoshihashi, A. T., Ishikawa, T., Ishitani, M., Ohnishi-Kameyama, M., Yoshida, M., Rondon, M., Rao, I. M., Lascano, C. E., Berry, and W. L., Ito, O. Proc. Nat. Acad. Sci., 2009. www.pnas.org/cgi/doi/10.1073/pnas.0903694106.

24） Fujii, Y. and Hiradate, S. （2007） : Allelopathy New Concepts and Methodology, Science Publishers, pp.1−382, 2007.

25） 藤井義晴：アレロパシー検定法の確立とムクナに含まれる作用物質 L-DOPA の機能、農業環境技術研究所報告 10、115−218、1994。

26） Kamo, T., Hiradate, and S., Fujii, Y.: First isolation of natural cyanamide as a possible allelochemical from hairy vetch *Vicia villosa*., J. Chemical Ecol. 29, 273−282, 2003.

27） Golisz, A., Lata, B., Gawronski, S. W., and Fujii, Y.: Specific and total activities of the allelochemicals identified in buckwheat. W. Biology and Manag., 7, 164−171, 2007.

28) 藤井義晴：他感作用（アレロパシー）に関わる物質、鈴木昭憲、荒井綜一（編集）、農芸化学の事典、朝倉書店、p.204-208、2003。

29) Ohmae, Y. Shibata, K. and Yamakura, T.: The plant growth inhibitor nagilactone does not work directly in a stabilized Podocarpus nagi forest, J. Chemical Ecol. 25, 969-984, 1999.

30) 藤井義晴：天然物の動向、山本出監修、農薬からアグロバイオレギュレーターへの展開—病害虫雑草制御技術の現状と将来—、シーエムシー出版、p.217-229、2009。

第 5 章 植物と微生物の相互作用

1. はじめに

植物はその生活環においてさまざまな微生物と相互作用しながら生きており、特定の微生物との相互作用の結果が病害、共生という形で現れる。しかし無数といってもよいほど数多い微生物のうちで特定の植物（宿主）にこのような結果をもたらすものはごくわずかに過ぎず、ほとんどの場合は見かけ上植物が感染を拒否する、いわゆる非宿主抵抗性を示す。逆に言うと感染は特異的な相互認識のもとに起きる。これらの過程で作用するシグナル物質には多大の関心が寄せられ、これまで数多くの研究がなされてきた。植物の病原体はウイルス、細菌、糸状菌に分類され異なった感染様式をもつ。ウイルスは核酸とタンパク質からのみなる構造体で、それらの構造物が分子レベルで植物に認識され、種々の応答を引き起こす。また細菌や糸状菌では自身の細胞成分や代謝物がシグナルとなり、宿主植物の抵抗性、罹病性を支配する。特に病原糸状菌では宿主植物に特異的に害を与える「宿主特異的毒素」や抵抗性反応を特異的に抑制する「サプレッサー」が相互認識に重要であることが、いくつかの実験系で明らかになった。一方病原体、宿主植物の細胞成分で植物に抵抗性反応を誘導するものは「エリシター」とよばれ、たとえば糸状菌細胞壁構成成分であるキチンやβグルカンの断片がエリシター活性物質として知られている。このようなエリシターによる誘導抵抗性は病原菌の種類によらないことから基礎的抵抗性と呼ばれる。これらとは独立にイネいもち病やジャガイモ疫病では宿主植物の遺伝子（真性抵抗性遺伝子）と病原菌の遺伝子（非病原性遺伝子）の組合せによって抵抗性・罹病性が決まることが知られ、このような遺伝子対遺伝子

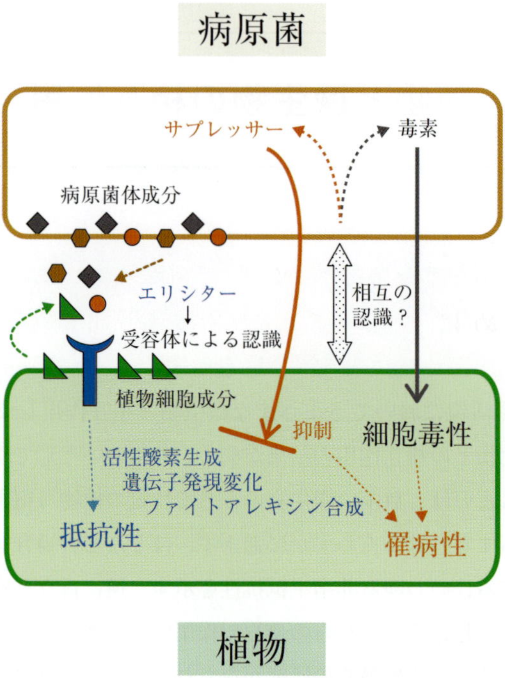

図5-1　病原菌と植物の相互作用とそれに関わるシグナル物質

(gene-for-gene) 関係によって成立する抵抗性は真性抵抗性と呼ばれる。これは特定の品種に対して特定の菌系のみが抵抗性を引き起こすというもので、植物にしか見られないものである。本章では病原糸状菌と宿主植物の相互作用を中心に記述し、寄生と共生の差異についても考察する。

2. 研究の歴史

植物とその病原体との相互作用は感染様式や抵抗性の遺伝的支配の様式などから研究されてきた。同じ病原体を接種しても植物側の栽培品種等の種内変異で病気になる場合とそうでない場合があることが多くの病害で知られている。逆に植物は同じでも接種する病原菌の種内変異（レース）で同様のことが見られる。植物が病気になる（感染が成立する）組合せを親和性、抵抗性になる組合せを非親和性と呼ぶ。これら親和性、非親和性の分子機構は病気の種類によって異なる。

（1） 真性抵抗性

分子遺伝学の手法が植物病理学研究に取り入れられた結果、1990年代から急速にその理解が進んだのは遺伝子対遺伝子の関係で支配される「真性抵抗性」である。1947年にアマのサビ病の研究から、抵抗性が成立するためには宿主であるアマの栽培品種とサビ病菌（*Melampsora lini*）の病原変異（pathovar）の双方に単一の優性遺伝子の存在が必要であることが示された[1)]。同様の関係が細菌病、糸状菌病のいくつかでも成立することが明らかとなった。またウィルス病の場合でもタバコモザイクウィルスに対するタバコN遺伝子のように抵抗性遺伝子の存在が知られている。このような遺伝子対遺伝子の関係で成立する抵抗性は特異性が高く、抵抗性の程度も強い。イネいもち病に対するイネの真性抵抗性を図5-2に示す。分子遺伝学的研究により、病原菌の非病原性遺伝子がダイズ斑点細菌病菌から、宿主植物の真性抵抗性遺伝子がトマトから斑点細菌病抵抗性遺伝子が単離されたのを皮切りに、今日まで数多くの遺伝子が単離されている。これらの特定の組合せがどのようにして抵抗

図5-2　イネいもち病の真性抵抗性
滴下接種による親和性（上）、非親和性（下）イネの病徴。

性応答のスイッチを入れるかについてはこれまでに精力的に解析がなされている[2)]。

（2） 非特異的抵抗性

この遺伝子対遺伝子関係に基づく抵抗性は特定の植物と特定の病原体の間でのみ成立する。一般に植物の抵抗性を誘導する物質をエリシターと総称するが、非病原性遺伝子産物は特異的なエリシターということができる。これに対して病原体や宿主植物細胞成分にはさまざまな種類の植物にそれ単独で抵抗性を誘導する活性があるものが知られており、それらは非特異的なエリシターと呼ばれる。糸状菌の細胞壁主要成分であるキチンやβグルカンの加水分解物、さらに植物細胞壁成分ペクチンの加水分解物（オリゴガラクツロン酸）もさまざまな植物に防御応答を誘導する非特異的エリシターとして知られる[3)]。たとえばキチンオリゴ糖をイネ培養細胞に処理するとnMのオーダーでイネファイトアレキシンの一つ、モミラクトンAの生合成を誘導する。キチンはN-アセチル-D-グルコサミンのポリマーであるが、エリシター活性は7、8糖で強く、また脱アセチル体であるキトサンでは活性はきわめて弱いことからイネ細胞はキチンオリゴ糖を鋭敏に認識する装置をもっていることが推測され、のちにイネ[4)]とシロイヌナズナ[5)]で細胞膜に局在する受容体が同定された。キチンオリゴ糖のエリシター活性はオオムギ、トマト、ニンジン等でも見いだされることから、植物の種を問わず作用すると考えられる[3)]。すなわち糸状菌と植物の相互作用の過程においては、このように相手を選ばない非特異的エリシターが産生されている可能性が考えられる。しかし、このようなエリシターがになう生理学的意義については、実際の植物と病原体との相互作用のなかでそれらが産生されている証拠がないこと、もし産生されるなら植物は常に抵抗性反応を起こし感染を受けないはずであるが実際はそうはならないことから、長い間不明であった。

ジャガイモの重要な病原菌であるジャガイモ疫病菌（*Phytopthora infestans*）は非宿主であるタバコ属の1種、*Nicotiana benthamiana*に感染できない（非宿主抵抗性）が、INF1という分泌型糖タンパク質エリシターの遺伝子発現を抑制した菌はこの植物に感染できるようになった[6]。これはINF1が菌との相互作用において *N. benthamiana* に認識され、非宿主抵抗性を起動したことをはじめて示した重要な発見である。この発見以来、病原微生物細胞の構成成分（Microbe-Associated Molecular Patterns: MAMPs）を植物が認識して非特異的な抵抗性反応を誘導するという考え方が広く支持されるようになった。ただ、これだけでは、そのような非特異的エリシターがあるにもかかわらず、実際の感染の場面で何故本来の宿主を抵抗性にしないか、という疑問が残る。

（3） 抵抗性、感受性の誘導

この問に答える前に抵抗性の誘導について説明する。あらかじめ非親和性の疫病菌を接種したジャガイモ塊茎では親和性菌に対して抵抗性を示すことから、非親和性菌接種によって宿主内に抗菌性物質が蓄積されるのではないかという仮説が1940年に提出され、1960年にエンドウからピサチンがファイトアレキシン（phytoalexin）として同定された[7]。これまでナス科、イネ科、マメ科など200種類以上の植物からファイトアレキシンが見いだされている（図5-3）。長い間見つかっていなかったウリ科でも1998年にキュウリでラムネチンというファイトアレキシンが同定されたことから、ファイトアレキシンは化学的な防御機構の一つとして高等植物に普遍的なものであると考えられている。また、タバコやシロイヌナズナなどの双子葉モデル植物では抵抗性の誘導現象はサリチル酸によって全身に伝えられ、過敏感細胞死や遺伝子発現などさまざまな抵抗性反応を誘導することが知られている[8]。このような抵抗性の発現にはファイトアレキシンの蓄積のほかに、親和性病原菌が持つ非特異的エリシターを宿主植物が認識しやすい状態になっていることも一因かもしれない。

この抵抗性誘導とは逆に、あらかじめ親和性の菌を接種した植物では非親和性の菌の感染を「受容」してしまうことがオオムギうどんこ病、ジャガイモ疫病などで知られている。これらはいずれも遺伝子対遺伝子関係の病害であることから、親和性相互作用の過程では真性抵抗性遺伝子の作用を抑制する因子が作用することを強く示唆している。実際ジャガイモ疫病菌からはβグルカン様

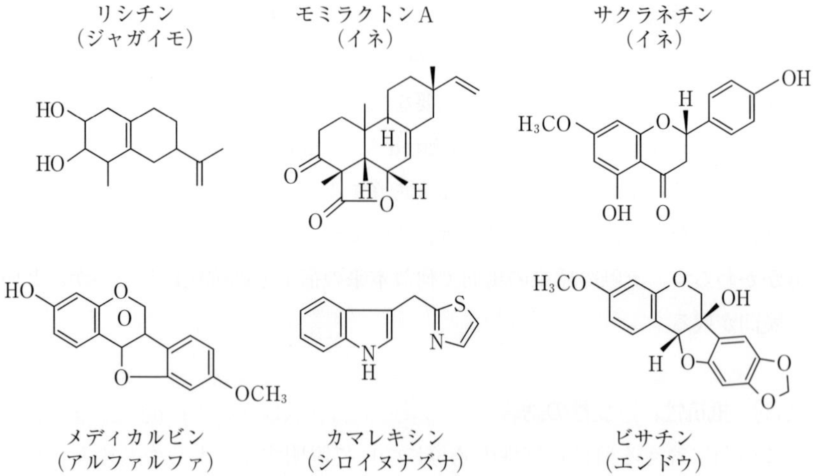

図5-3　代表的なファイトアレキシンの化学構造

物質が非親和性応答における過敏感細胞死やファイトアレキシン生成を抑制することが知られている[9]。相前後してエンドウ褐紋病菌からファイトアレキシン生成を抑制する活性が見いだされ、のちに２種類のムチン型糖ペプチド、サプレッシンＡ（α-GalNAc-O-Ser-Ser-Gly）、サプレッシンＢ（β-Gal（1→4）-α-GalNAc-O-Ser-Ser-Gly-Asp-Glu-Thr）が活性本体として同定された[10]。このように宿主の防御応答を抑制して自らの感染を成立させる因子をサプレッサーと総称する[11]。サプレッサーはエリシターもしくは感染認識によるシグナル伝達のより下流を阻害すると考えられる。また、次に述べる毒素と異なり単独で宿主植物に処理しても見かけ上何の変化も起こさない。

病原体のうちウィルス、細菌は宿主植物の傷や気孔、道管開口部などの自然開口部からしか侵入できないが糸状菌はこれらに加えて植物細胞内に自力で侵入することができる。病原糸状菌はその感染様式から、絶対寄生菌、半活物菌、腐生菌に分類される。うどんこ病菌などの絶対寄生菌（biotroph）は生きた宿主植物細胞にしか感染できないのに対し、黒斑病菌などの腐生菌（necrotroph）は感染と同時に宿主植物細胞を殺す。イネいもち病菌やインゲン炭疽病菌のような半活物菌（hemibiotroph）では菌糸侵入初期の寄生的段階では宿主細胞は形態学的には「生きて」いるが、後期の腐生的段階にはいると宿主細胞が死んでいく。

上述した遺伝子対遺伝子の関係は絶対寄生菌や半活物菌で知られているが腐生菌ではそのままのかたちでは成立しない。また遺伝子対遺伝子関係の研究は真性抵抗性遺伝子の作用機構、すなわち抵抗性の成立機構に主眼がおかれたのに対し、腐生菌の研究では菌側がどのように病原性を発現するかに主眼がおかれた。腐生菌のうち、黒斑病菌（*Alternaria* 属）、ゴマ葉枯れ病菌（*Cochliobolus* 属）は自らの宿主に特異的にダメージを与える「宿主特異的毒素」を産生し、これらのいくつかはすでにその化学構造が明らかになっており(図5-4)、作用機構の解析も行われている[12, 13]。菌側の毒素生産性は遺伝学的に病原性と共分離することから毒素生産性がすなわち病原性であると考えられる。これに対して宿主植物の感受性はほとんどの場合が優性遺伝することから、これらの病原菌の毒素が宿主側の特定の標的遺伝子産物に結合して病原性を発現するものと考えられる。オートムギビクトリア葉枯れ病菌（*C.victoriae*）の毒素、ビクトリンは宿主ミトコンドリアのグリシン脱炭酸酵素に、トウモロコシゴマ葉枯れ病菌（*C.heterostrophus*）のポリケトール毒素、HMT-toxin はミトコンドリア外膜に存在する分子量 13kDa のタンパク質に結合する。後者ではこのタンパク質がミトコンドリアゲノムにコードされているため、感受性は母性遺伝を示す。

一方ごく少数であるが宿主の抵抗性が優性遺伝するケースもあって、たとえばトウモロコシ北方斑点病菌（*C.carbonum*）に対する抵抗性遺伝子の翻訳産物は Hc-toxin の解毒酵素であることが知られている。これらの毒素が菌の感染を成立させる仕組みとして最も単純な考え方は毒素によって殺された無抵抗の宿主細胞に病原菌が感染していくというものである。ビクトリンや HMT-toxin は単独で宿主植物細胞核 DNA の分解やミトコンドリア崩壊など過敏感応答様の反応を起こす[13]。これをどのようにして病原菌が回避するのかについては、カタラーゼなど活性酸素解毒酵素の関与が指摘されているがその詳細なメカニズムはよくわかっていない。ただし、やはり宿主特異的毒素 AK-toxin を産生するナシ黒斑病菌（*A.alternata*）の感染過程の形態学的観察か

Victorin

	R1	R2
B	CH_2Cl	OH
C	$CHCl_2$	OH
D	$CHCL_2$	H
E	CCl_3	OH

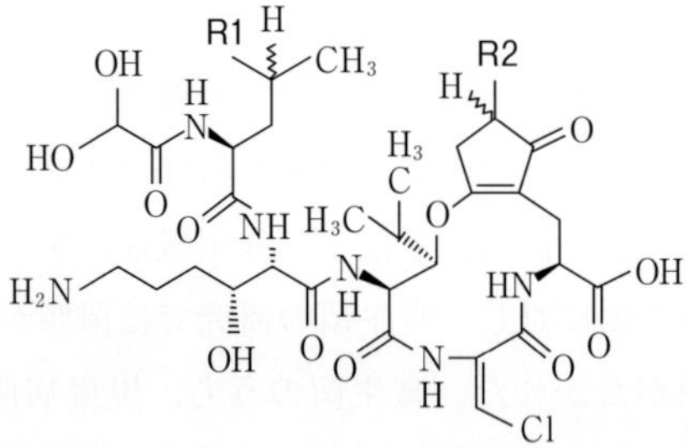

HMT-toxin

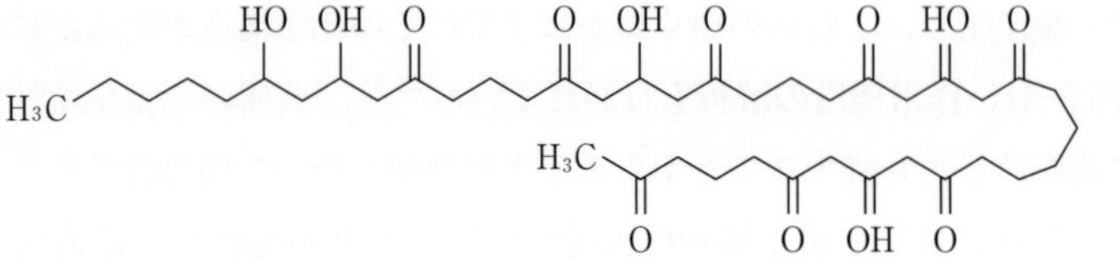

HC-toxin

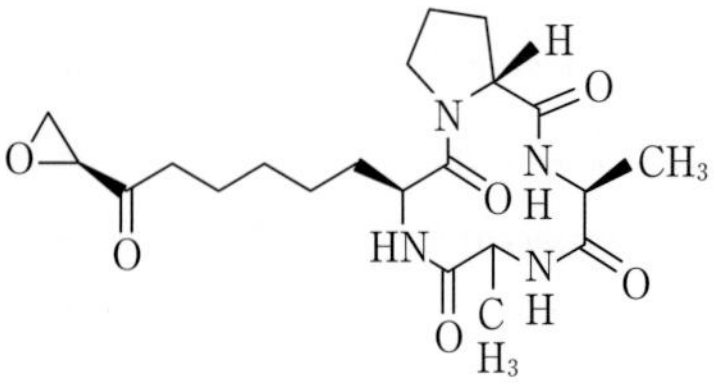

AK-toxin

I　R=CH_3

Ⅱ　R=H

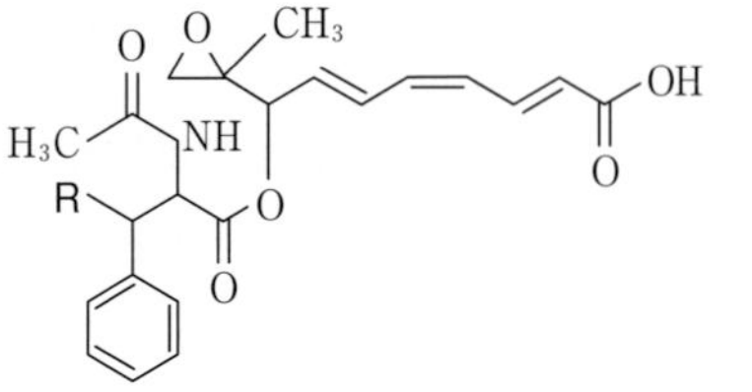

図5-4　代表的な宿主特異的毒素の化学構造

らは親和性菌の感染は宿主細胞死に先行するという結果も報告されており[12)]、これら毒素の感染過程における役割についてはそれぞれの病原菌と宿主植物の相互作用で異なると思われる。

3. 著者らの研究

（1） イネいもち病

イネいもち病はわが国のみならず全世界の主要農産物であるイネの重要な病害であり、わが国における研究の歴史も長い[14)]。イネは2004年に全ゲノム構造が解読され、突然変異系統などのリソースの整備が進み、今や単子葉植物のモデル植物でもある。またイネいもち病菌（*Magnaporthe oryzae*）は長年にわたる研究の歴史があり、2005年にやはり全ゲノム構造が解読され、その知見をフルに生かして感染・発病に関わる遺伝子群の精力的な解析が始まっている。一方で相互作用を支配するシグナル分子については他の病害と同じく知見が多くない。

著者らはイネとイネいもち病菌の相互作用、特に感染初期の段階で起きるイネ細胞への過酸化水素の蓄積、いもち病菌が自らの感染を促進する因子について解析を進めてきた。イネいもち病菌の感染過程を図5-5に示す。イネいもち病はいわゆる遺伝子対遺伝子の関係が成立し、菌のレースとイネ品種の組合せによって非親和性（抵抗性）、親和性（罹病性）が決まる。たとえばイネいもち病菌Ina86-137は非病原性遺伝子*AvrPik*を持つので、抵抗性遺伝子*Pik*をもつイネ品種クサブエには非親和性であるがこの遺伝子を持たない日本晴には親和性である。その感染様式からこの菌は半活物菌で、親和性の感染初期では被感染宿主細胞を殺すことなく感染糸を周囲の細胞に伸展させ、感染の進展につれて次第に被感染細胞が死んで病斑が見えるようになる。これに対して非親和性の組合せでは最初に侵入を受けた細胞は「自殺」し菌糸の伸長を阻止する、いわゆる過敏感細胞死が起きるのが一般的である。

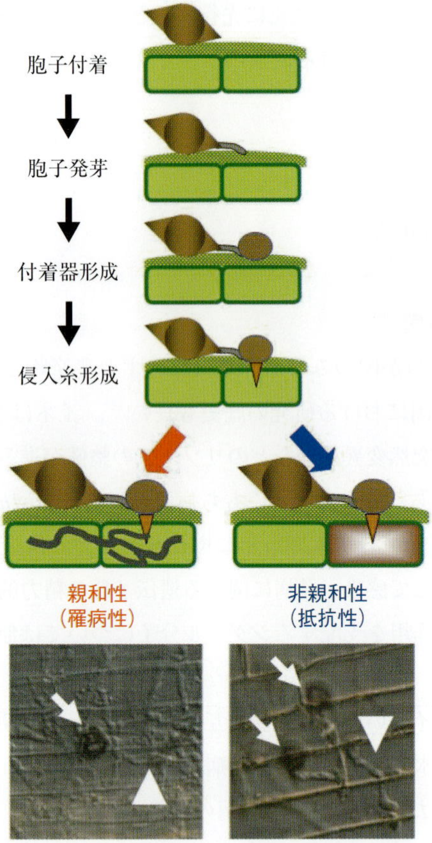

図5-5　イネいもち病菌の感染過程と葉鞘細胞中の感染糸
白矢印は付着器、白三角は侵入菌糸

（2）　感染過程と過酸化水素

過敏感細胞死では宿主が生産した活性酸素分子種が重要な働きをすると考えられている。また、活性酸素は試験管内では細胞毒であり、菌糸の侵入行動にも何らかの影響を及ぼしていると推察されるが、実際の感染現場で生産される活性酸素にそのような役割があるかは不明であった。そこで感染初期においてイネが生産する代表的な活性酸素種である過酸化水素の蓄積と感染過程の関連について解析した[15),16)]。

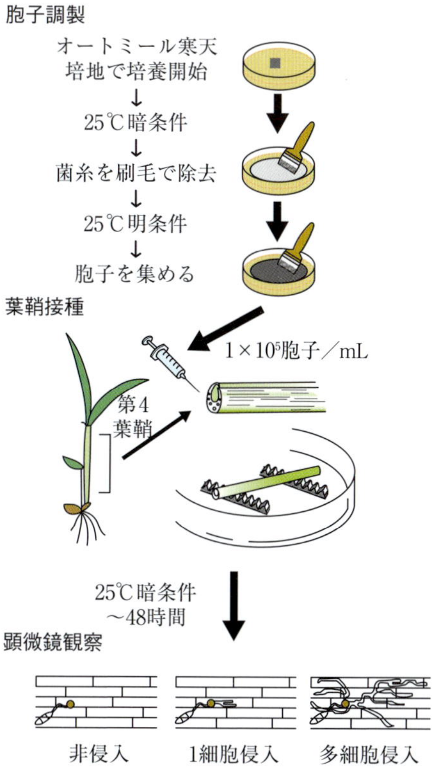

図5-6　いもち病菌胞子調製と葉鞘接種

イネいもち病菌をオートミール寒天培地上で生育させ光照射すると胞子が形成される。それを水に懸濁し噴霧接種等に用いるのが定法である。著者らはイネ葉鞘を接種材料として好んで用いている。これはイネ葉鞘での感染は葉身での遺伝子対遺伝子関係と並行関係にあることに加えて、葉緑体が少ないために侵入した菌糸を顕微鏡で観察できるという利点があることによる。また、過酸化水素は3'、3-ジアミノベンチジン（以下DAB）で組織化学的に検出できる。葉鞘における「感染率」は顕微鏡下で付着器を観察し侵入菌糸が２細胞以上に伸展しているもの、１細胞のみのもの、侵入していないものに分けて計数することで定量化した（図5-6）。わざわざ１細胞への侵入を取り上げるのは、

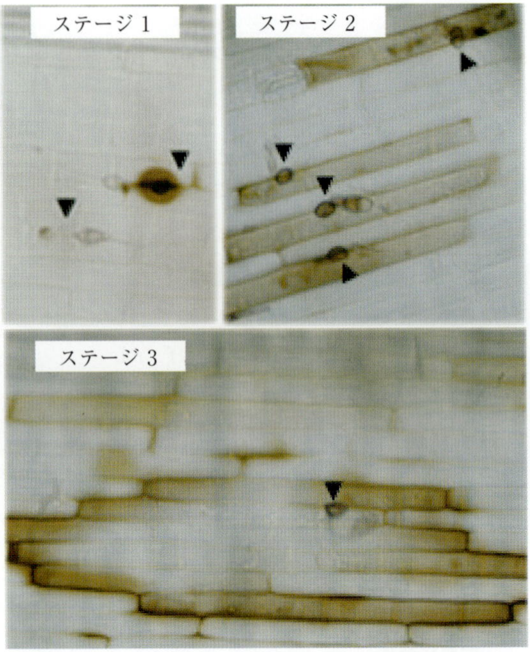

図 5-7　イネ葉鞘における過酸化水素蓄積のパターン
黒三角は付着器

抵抗性を、①最初の細胞への侵入に対する「侵入抵抗性」、②侵入を受けてから発現して隣接細胞への進展に対して作用する「進展抵抗性」、に分けて考察するためである。

いもち病菌を接種したイネ葉鞘細胞における過酸化水素の蓄積は、親和性よりも非親和性の方がより早く、接種 6 時間後には付着器直下の細胞でスポット状の DAB 染色像（ステージ 1）が認められる。このとき付着器は形態的には未熟で、成熟型の特徴であるメラニン蓄積が見られない段階である。接種 24 時間後にはさらに葉鞘細胞全体が染色されているもの（ステージ 2）、付着器を取り囲むようにしてその周囲が染色されているもの（ステージ 3）が観察される（図 5-7）。ただし、ステージ 3 のパターンは親和性の組合せではその出現頻度はきわめて低い。一方、付着器は形成するが侵入糸形成ができない変異株を接種すると、親和性イネ、非親和性イネのいずれにおいてもステージ 1 のスポット状染色像が付着器形成箇所全体の10%未満で観察される。しかし付着器も作れない変異株を接種した場合にはDAB染色像はまったく観察されない。これらの結果は、イネ細胞における過酸化水素の蓄積には少なくとも付着器の形成が必要であることを強く示唆する。

一方、著者らは定法で調製したイネいもち病菌胞子懸濁液には室温でも安定なカタラーゼ活性が存在することを複数の日本産菌系について見いだした。すなわち、従来のやり方ではいもち病菌接種時にはカタラーゼも同時に投与していることになり、これが感染過程における過酸化水素の量、さらには感染行動に影響している可能性が考えられた。実際、親和性菌、非親和性菌のいずれでも胞子懸濁液を遠心分離して上清を除去し水に再懸濁してから接種すると付着器直下付近に過酸化水素が検出される頻度が有意に高まり、同時に接種48時間後の菌の多細胞感染率が低下した。逆に、遠心分離でカタラーゼ活性を含む上清を除去した親和性、非親和性菌の洗浄胞子に市販のカタラーゼを添加して葉鞘に接種したところ、過酸化水素を蓄積する葉鞘細胞の出現頻度は有意に低下し、逆に多細胞感染率が有意に上昇した[16]（図5-8）。これらの結果は、葉鞘細胞に蓄積される過酸化水素が胞子懸濁液中のカタラーゼ活性によって分解されると感染初期のイネの進展抵抗性が抑えられることを示す。過酸化水素のような活性酸素は細胞毒性を有しており、実際イネいもち病菌も過酸化水素を含む培地上では生育が著しく遅延することから考えてもイネ細胞内でつくられた過酸化水素がいもち病菌糸の伸長を阻害したと推定される。カタラーゼのような高分子がイネ細胞内の過酸化水素を直接分解したとは考えにくいことから、これらの結果はまた、過酸化水素の実際の局在部位が、カタラーゼが到達できるアポプラストであることを示しているものと思われる。またこれまで感染過程における過酸化水素の意義を調べるために外部から過酸化水素を投与する実験ではしばしば生理的とは考えにくい濃度が用いられてきた。これに対して著者らが用いたカタラーゼの除去、あるいは再添加という方法はイネ細胞における過酸化水素レベルを生理的な範囲で変化させることができるという利点がある。

次に、非親和性相互作用における過酸化水素の役割について解析した[16]。

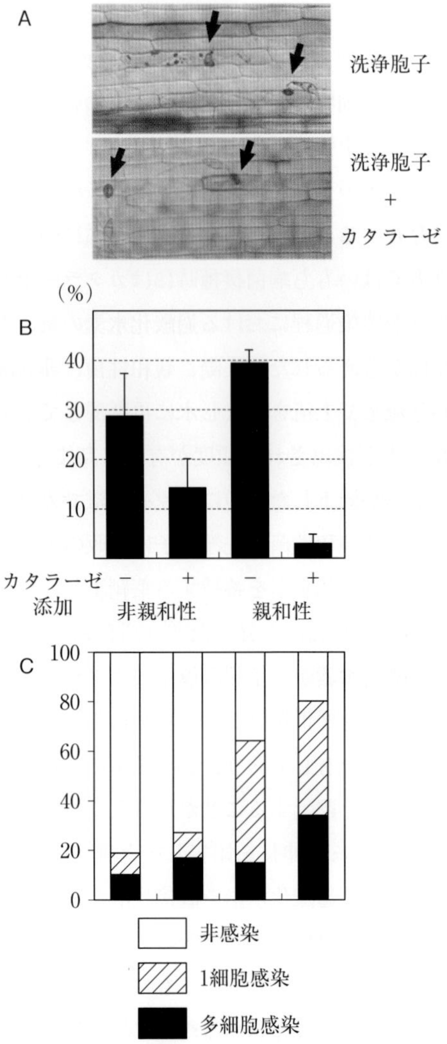

A：DAB染色像、B：DAB染色を誘導した付着器の比率、
C：各感染段階の比率。矢印は付着器。

図5-8　イネ葉鞘細胞の過酸化水素蓄積（24時間後）と感染率（48時間後）に対するカタラーゼ添加の影響[15)]

すでに述べたように非親和性応答では被侵入宿主細胞の細胞死により感染の拡大を防止するが、このとき宿主細胞壁での自家蛍光物質の蓄積および細胞質の顆粒化が観察される。これは親和性の組合せではほとんどみられない。そこで非親和性の組合せにおける自家蛍光と細胞質顆粒化の出現頻度に対するカタラーゼの効果を調べたが、対照区と比較して有意な差は認められなかった。したがって過酸化水素レベルがDABで検出が難しいくらいにまで低下しても過敏感細胞死は起きるといえる。ただし感染に応じて生産される活性酸素種は過酸化水素以外にもスーパーオキシドアニオン（O_2^-）、ヒドロキシラジカル（$OH^{\cdot}$）等が知られており、活性酸素種が過敏感細胞死に関係するということ自体を否定することはできない。活性酸素が感染の場面において果たす役割はかなり複雑で、たとえばイネいもち病菌で活性酸素生成の主要酵素の一つであるNADPHオキシダーゼの遺伝子破壊株は感染装置である付着器を形成できず、結果として病原性を喪失する[17)]。すなわちイネいもち病菌自身が自らの形態形成のために活性酸素を必要とする。

（3） ファイトアレキシンと遺伝子発現

これまで述べたようにイネ細胞における過酸化水素の蓄積には少なくとも付着器の形成が必要であることが明らかとなったが、ではほかの防御応答はどうであろうか。イネの主要なファイトアレキシンであるモミラクトン類、ファイトカサン類の蓄積量と感染過程との関係を調べた[15)]。イネいもち病菌接種後72～96時間のイネ葉身ではファイトカサン類とモミラクトン類の蓄積が確認されるが、付着器形成不全株、侵入糸形成不全株の接種区では水処理区と有意な差がみられない。すなわち過酸化水素の場合と異なり、ファイトアレキシンの蓄積は付着器形成期ではなく、侵入糸がイネ細胞に貫入する時期以降であると考えられる。一般にファイトアレキシンは感染以外にも紫外線や傷害で蓄積することが知られ、イネでもフラボノイド系ファイトアレキシンであるサクラネチンは紫外線照射で蓄積する。イネのファイトアレキシンが傷害で誘導されるという報告はないが、菌糸侵入が細胞壁や細胞膜への傷でもあることを考えれば、それを認識したイネがファイトアレキシンの生合成を開始すること

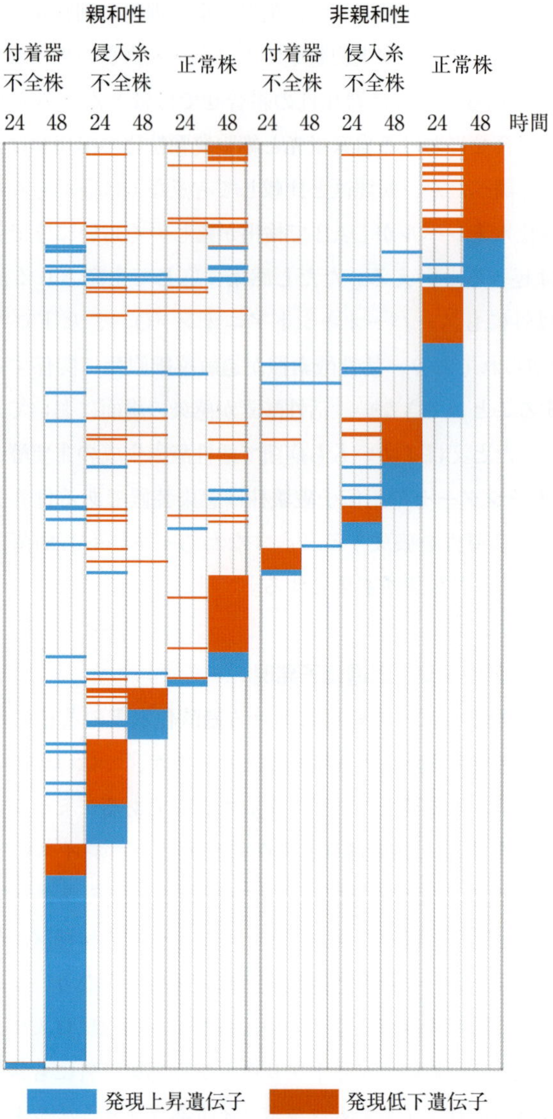

図5-9　いもち病菌変異株を接種した親和性、非親和性イネにおける438種類の応答遺伝子の発現パターン

は十分考えられる。

これらのイネいもち病菌変異株を接種したイネの遺伝子発現の変化をマイクロアレイで解析した結果[15]を図式化した（図 5-9）。大変興味深いことに変異株および親株（野生型）の接種に応答する遺伝子の種類が大きく異なっている。さらにそれぞれの菌株においても親和性、非親和性のイネでの応答遺伝子が異なっている。このことはイネとイネいもち病菌の間には付着器を作る以前から相互作用が存在することを強く示唆する。

（4） 感染補助因子

この感染過程のごく初期における相互作用がどのような物質によって担われているのかは興味深い問題である。イネいもち病菌は胞子発芽の段階で粘性の高い多糖様物質を分泌しイネ細胞との接着に利用しているという観察があるが、両者の相互作用に役割を果たす物質についての知見はほとんどない。また、感染の全段階を通じてイネとイネいもち病菌の相互作用に関わるシグナル物質についてはこれまで数多くの研究がなされ、たとえばイネいもち病菌の毒素としてピリクラリオールやテヌアゾン酸などが報告された[14]。また、胞子を水に懸濁して保温すると発芽するが、その発芽液中に病原菌に対する感受性を誘導する化学物質の活性が報告されており、その因子の存在下ではイネを宿主としないはずのナシ黒斑病菌がイネ細胞に侵入できるようになることが報告されている[18]。これらとは別に著者らは最近日本産イネいもち病菌の分生子懸濁液の上清中に自身の感染を促進するもう一つの活性を見いだした[19]。すでに述べたように、定法で調製したイネいもち病菌胞子懸濁液には感染率を高める因子が存在し、この一つはカタラーゼであるが、カタラーゼの活性は上清を 100℃で 15 分間処理することでほぼ完全に消失するのに対し、熱処理した上清にはなおも感染促進活性が認められる。このような熱に対しても安定な活性は日本晴に親和性の日本産の 5 種類および非親和性の 3 種類の菌系すべてから検出された。さまざまなイネいもち病菌の胞子上清と洗浄胞子の組合せについて検討した結果、この熱に安定な感染促進活性は日本晴を含むいくつかのイネ品種に親和性の組合せでのみ初期感染の促進を誘導すること、どのイネにお

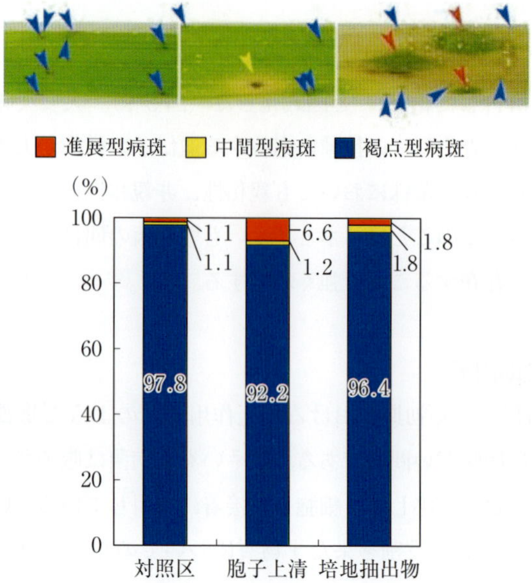

図5-10　進展型病斑の形成率に対する感染補助因子の効果。日本晴切断葉に噴霧接種6日後の観察結果

いても非親和性では効果がないことが明らかとなった。さらに、親和性菌の胞子を上清画分とともにイネ葉身に接種すると、胞子再生産が確認できる「進展型病斑」の形成率が対照区に比較して高くなることを確認した（図5-10）。

すでに述べたようにイネいもち病菌では培養ろ液中の毒素[14]や分生子発芽液中の感染感受性誘導因子[18]などが病原性に関わる因子として報告されている。今回著者らが見いだした感染補助因子は胞子上清を濃縮して葉身に滴下処理しても壊死を引き起こさないこと、シコクビエやアワいもち病菌などの非イネいもち病菌のイネへの感染を誘導しないことから、毒素や感染受容因子とは異なる特徴がある。さらに、これまで他の病原菌で報告されている既知のサプレッサーはすべて病原性決定因子として機能しているのに対し[11]、胞子懸濁液上清中の活性因子はイネいもち病菌に普遍的に存在し、かつ親和性の相互作用においてのみ作用するという、これまで報告されていないユニークな病原性因子である。

4. 植物・微生物間相互作用のメカニズムのまとめ

本章の冒頭で述べたように植物と相互作用しうる微生物の種類は地上の全微生物の種類と比較するとごくわずかであるが、1998年にわが国で記載された植物病害は6,100種類を超え、その8割が糸状菌によるものであるとされる[20]。また病原糸状菌を感染様式から絶対寄生菌、半活物菌、腐生菌に大別して説明したが、ほとんどの病原糸状菌はどれに該当するかがわかっておらず、感染機構も不明のままである。その中で農業生産におよぼす影響が大きい一部の病害については全世界で精力的に研究が進められ、植物感染生理学の基礎を築いてきた。本章で記述した低分子性のシグナル物質の研究も作物の主要病原菌の研究から発展してきたものである。

植物が病原菌の感染を受けて最も初期に発動する応答の一つが活性酸素の生成であることが疫病菌の感染を受けたジャガイモ塊茎で見いだされてから[21]、その抵抗性応答における役割に関する研究が数多くなされてきた。ジャガイモ塊茎では活性酸素はファイトアレキシン、リシチンの生合成をONにすることが知られており、防御応答のシグナル物質の一つと考えられている。いもち病菌を接種したイネでは低分子量Gタンパク質と総称される調節タンパク質の一つ、OsRac1が活性酸素生成酵素NADPHオキシダーゼを活性化する[22]と同時にその消去に関わる遺伝子の発現を抑制して活性酸素のレベルを維持することが知られている。これまでのところ、活性酸素とファイトアレキシン生産の直接のつながりはイネでは知られていないが可能性は否定できない。

過酸化水素はNADPHオキシダーゼによって生成されたスーパーオキシドアニオンからの変換および細胞壁ペルオキシダーゼの反応によって生成しうる。動物細胞における知見に照らして、NADPHオキシダーゼの反応生成物であるスーパーオキシドアニオンが細胞外で生成されると考えられており、いずれの酵素によって生成された過酸化水素もアポプラストに蓄積することは、外部から与えたカタラーゼがイネ細胞に蓄積した過酸化水素を分解するという現象と矛盾しない。インゲン培養細胞ではエリシター処理によって一過的にアポプラストのpHが上昇し、これが細胞壁ペルオキシダーゼを活性化するということが知られており、付着器形成によるアポプラストの微細環境変化がこれらの酵素を遺伝子あるいはタンパク質レベルで活性化した可能性が考えられる。

過酸化水素のもう一つの役割として知られているのは細胞壁成分の物理的強化である。これは過酸化水素を基質とする細胞壁タンパク質の架橋化による高分子化[23]と、リグニンモノマーの高分子化反応が考えられており、いずれも細胞外層を物理的に硬くすることで菌の侵入を防ぐと思われる。過酸化水素をはじめとする活性酸素は侵入しようとする病原菌にとって毒性物質であることから、それに対する解毒機構を持っていることも考えられる。半活物菌の一つ、コムギ葉枯れ病菌（*Septoria tritici*）では過酸化水素に対する感受性は感染初期（寄生的段階）では高く、感染後期（腐性的段階）になるにつれて低くなる。しかしこの活性酸素解毒機構が直接に病原性に必須であることは植物病原細菌である根頭癌腫病菌（*Agrobacterium tumefacience*）においてのみ証明されたにすぎず、酸化ストレス耐性を支配する調節因子や活性酸素分解酵素の遺伝子を破壊すると酸化ストレスに弱くなるという報告はあるが、いずれも直接的な関与についての証明はない。

このような活性酸素生成等の防御応答は根粒菌（細菌）や菌根菌（糸状菌）のような共生微生物の感染過程でも起きる。ただ共生菌の場合には何らかのかたちで宿主による防御反応を抑制し、かつ宿主細胞を殺さずに感染を成立させる。この点ではうどんこ病菌のように宿主を殺さない絶対寄生菌と感染過程は類似している。菌根共生は少なくとも4億年の歴史を持つとされ進化的にきわめて古く、陸上植物のほとんどすべてが菌根菌の感染を受けているといわれる。菌根菌は菌糸が根を包んで菌糸鞘を形成する外生菌根菌と、菌糸が根の内

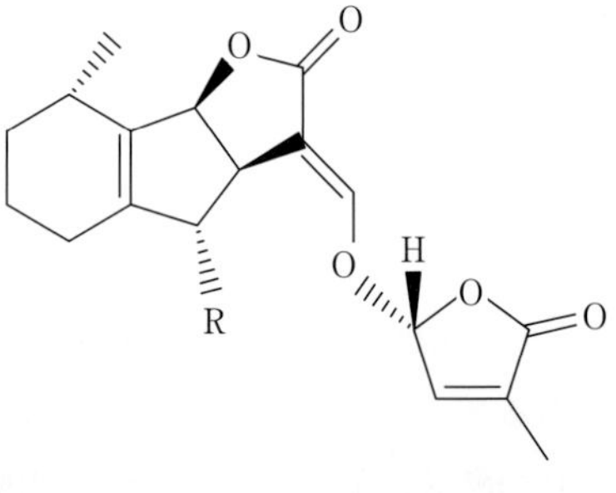

5-Deoxy-strigol　R＝H
Orobanchol　R＝OH

図5-11　ストリゴラクトンの化学構造

部で伸長する内生菌根菌に分類され、このうち植物に栄養を供給することから農業上注目されているのは内生菌根菌に属するアーバスキュラー菌根菌と呼ばれるグループである。この菌根共生では宿主植物からエネルギー供給を受けた菌根菌が土壌中のリン酸などの栄養を宿主に供給する。これらの菌は胞子発芽→付着器→菌糸侵入という植物病原糸状菌と同じ生活史を持ち、発芽菌糸は植物根近傍で枝分かれ構造を作る。これを誘導する植物側の因子が2005年にカロチノイド系化合物の一つ5-デオキシストリゴールと同定された[24]（図5-11)。この物質は根に寄生する寄生植物の種子発芽誘導物質としてさまざまな植物に含まれることはすでに知られていた。最近この物質に植物の分枝を抑制する植物ホルモン作用があることが判明した[25]。

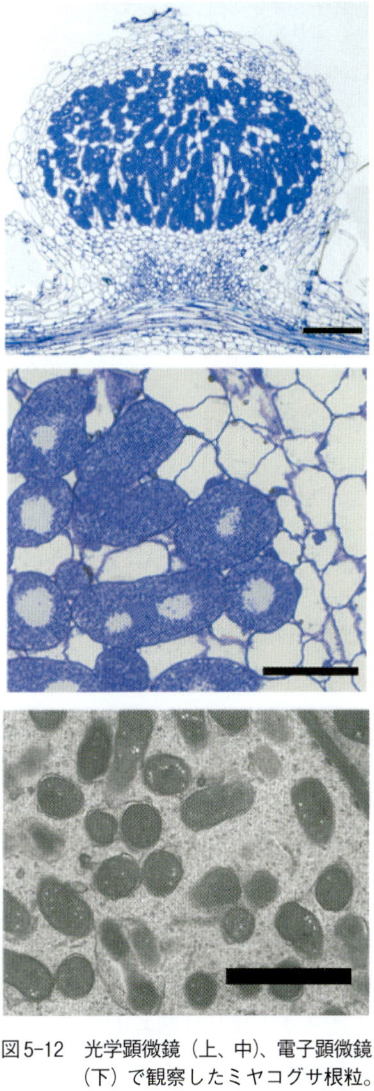

図5-12　光学顕微鏡（上、中)、電子顕微鏡（下）で観察したミヤコグサ根粒。スケールは100mm、20mm、2mm（農業生物資源研究所　河内宏博士提供）

もう一つ共生の例として知られているのはマメ科植物の根に作られる根粒である（図5-12)。これは根粒菌と呼ばれる土壌細菌がマメ科植物の根に感染して形成される「器官」で、その中には根粒菌が「バクテロイド」と呼ばれる状態で存在し、宿主から有機酸のかたちで栄養を受け取り、代わりに空中窒素をアンモニアに固定して宿主に提供する。この感染の初期過程

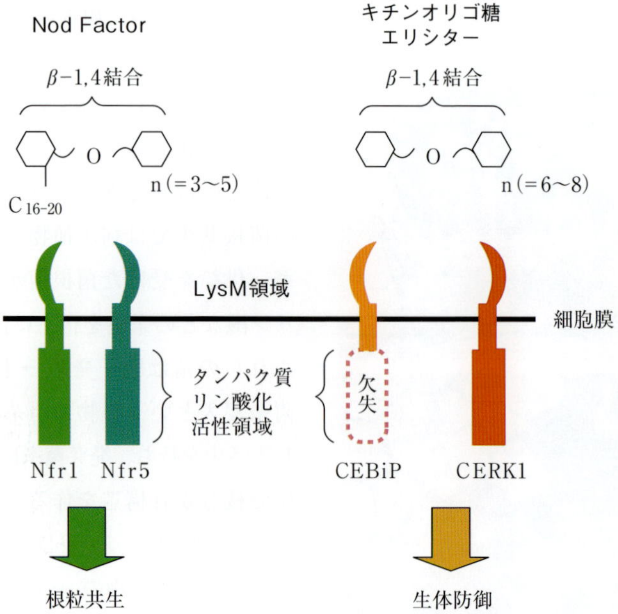

図5-13 Nod Factorとキチンオリゴ糖およびそれらの受容体の構造比較

ではマメ科植物が生産・分泌するフラボノイド系化合物が根粒菌のNod遺伝子群を活性化する。Nod遺伝子群が生産するNod Factorはキチンオリゴ糖を骨格とし脂質鎖を持つリポオリゴ糖で根粒菌の宿主特異性を決定し、宿主マメ科植物に根粒形成のプログラムのスイッチを入れる重要な因子である。Nod Factorの受容体はミヤコグサというモデルマメ科植物から単離された[26)]。2種類のタンパク質のヘテロダイマーと想定され、いずれも細胞膜に局在する受容体型キナーゼをコードする。細胞外領域には原核生物にみられるキチン結合ドメイン（LysM）が存在し、これは上述したキチンオリゴ糖エリシター受容体タンパク質にも見られる[4), 5)]（図5-13）。根粒形成の成立に必須の宿主遺伝子の一部は菌根共生にも必須であることが知られている。そして菌根共生が起きる非マメ科植物でもこれらの遺伝子は存在し、その一部はマメ科植物において根粒形成過程で機能を持つ。このことはマメ科植物の根粒共生は菌根共生から進化した可能性を示唆している。

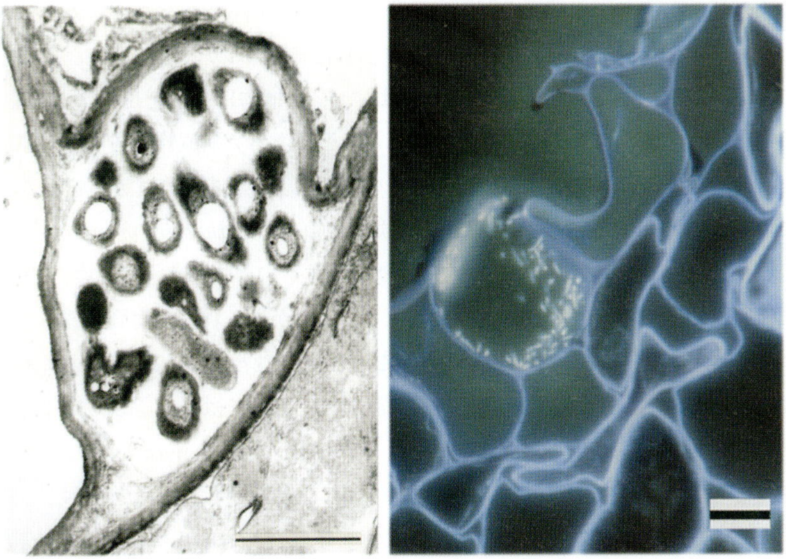

左：野生イネ（*Oryza officinalis*）の根、スケールは1μm、
右：ススキ（*Miscanthus sinensis*）の葉。スケールは10μm。

図5-14　イネ科植物の細菌エンドファイトの電子顕微鏡写真
（東北大学　南澤　究博士提供）

菌根菌や根粒菌は宿主植物に感染すると自らは栄養の供給を受けつつ、リン酸やアンモニアなどの必須栄養素を植物に供給する。このように菌、植物とも利益がある共生関係は特に双利共生と呼ばれる。植物の表面あるいは内部にはこれら以外にも微生物がいる。これらをエンドファイト（endophyte）と総称する（図5-14）。なお植物体表面にいるものをエピファイト（epiphyte）と呼ぶこともある。また、先に述べた菌根菌や根粒菌など共生関係が明確なものも広義のエンドファイトに分類されることもある。これらの中には宿主植物の耐虫性、耐病性のような生物的ストレス、さらに高温耐性などの非生物的ストレス耐性を高める例が知られている。またエンドファイトをもつ植物を食べた動物に中毒を引き起こすことがあり、牧草などで家畜への被害が起きる。これも宿主植物を食害から保護するという意味では宿主植物が得る利益の一つと考えられる。これらエンドファイトによる付与形質は農業上有用でもあることからその利活用法や作用機構の解明には多大の努力が払われてきたが、ほとんどのエンドファイトについては相互作用の分子的実体はわかっていない。ところで、エンドファイトが病原菌と違うのは、①宿主植物に病徴を出すことなく、②宿主植物内であるレベルまで増殖できることである。病原性を失った病原菌変異株は数多く単離されており、それらのほとんどは①を満たすが②を満たさない。ところが興味深いことにウリ類炭疽病菌（*Collethotricum magna*）の変異体にはエンドファイト様の感染行動を示すものがある[27]。この変異体は親株と比較して感染の宿主特異性にはまったく差が見られず、病徴を誘導しない。感染した菌糸は宿主細胞内に閉じこめられることなく、親株同様菌糸の成長が見られることから、非親和性菌に転換したわけではない。さらにこの変異株を接種したスイカはつる割れ病菌（*Fusarium oxysporum*）への抵抗性が高まった。これは病原糸状菌がエンドファイトに転換しうることを示す。逆にエンドファイトが病原菌に変換することを示した例もある[28]。牧草の１種、ペレニアルライグラスに共生する糸状菌エンドファイト（*Epichloë festucae*）は共生することにより宿主に成長促進、病虫害抵抗性などを付与する。このエンドファイトは宿主細胞間隙で生活し、宿主細胞内には侵入しない。この変異株の中で宿主を枯死させるものが見いだされ、その原因遺伝子が活性酸素生成酵素 NADPH オキシダーゼと同定された。親株では成長菌糸の先端付近でこの酵素の反応産物であるスーパーオキシドアニオンが検出されることから活性酸素がこの菌の宿主内の成長制御に重要な役割を持つことが示された。この遺伝子破壊株は宿主植物中で増殖の程度が親株に比較して高まっていることもこの仮説を証明した。エンドファイトか病原菌かは何によって決定されるのであろうか。先に述べたエンドファイトは宿主細胞内には侵入しないが、やはりエンドファイトの１種と考えられるアーバスキュラー菌根菌は宿物細胞内に侵入する。また病原糸状菌でもコムギ葉枯れ病菌は宿主細胞内には侵入せず、細胞間隙で増殖する。したがって感染の形態学的な様式と相互作用様式とは無関係であり、先述の牧草エンドファイトの変異体の解析結果は宿主内の増殖の抑制がエンドファイトであるための一つの重要なポイントであることを示唆している。その上でその代謝物が宿主植物に毒作用を持たないことなど、さまざまな条件が考えられる。

長い進化の過程で微生物との相互作用は自らの意志で動けない植物にとって避けられない運命であったが、それは病害というマイナスの面だけでなく、共生というプラスの影響をもたらした。今日の生物学の発展はこの分野にも波及し、これまで異なる世界のものと考えられてきた病原微生物と共生微生物は遺伝子のレベルで考えれば実はそれほど大きな違いはないのではないか、ということを示唆する実験結果が得られはじめている。また、自然環境中では植物は多様な生物と「共存」しながら生きており、その相互作用の中には我々が知らないところで植物に利益を与えたり、あるいは悪影響をおよぼしたりしているものがあるかもしれない。この中でごく限られた種類の微生物ではあるが、作物の病害防除や生育促進のために微生物資材として利用されているものもある。この手法は化学農薬、化学肥料が環境に与える負荷が問題となりつつある昨今、とりわけ脚光を浴びてきており、トリコデルマ菌など一部の微生物が農業場面で実用化されている。しかしそれらの環境中での植物あるいは他の微生物との相互作用の全貌の解明には程遠い。それはこれらの自然環境に生息する微生物の種類が膨大で、それらの大部分が難培養性であるという事実が研究を進める上で大きな障害となってきたからである。しかし現在の最新技術はメタゲノム解析という革命的なブレークスルーをもたらした。従来は微生物のゲノム解読には対象とする微生物を培養し抽出したDNAを解析に供してきたが、メタゲノム解析では環境中の微生物集団から抽出したDNAの塩基配列をランダムに解読し、既存の塩基配列データベースを参照しつつ遺伝子構造情報を入手しようとするもので、培養ができない微生物についても適用可能である。

これらの有用な微生物は、栄養や生活場所をめぐる直接の拮抗、抗菌性物質の産生による静菌・殺菌作用、植物への抵抗性付与、などを通じて標的微生物の増殖を抑制し病害を防除すると想定されている。これらの相互作用機構の解明で得られた知見は、基礎科学としての植物と微生物の相互作用機構の研究に新たなページを加えるのみならず、植物や微生物の新しい生物機能の発見にもつながるポテンシャルを持っており、今後の発展が期待される。

参考文献

1) Flor, R. H. Host-parasite interactions in flax-rust—its genetics and other implications. Phytopathology 45, 680-685, 1947.

2) Rathjen J. P. and Moffett P. Early signal transduction events in specific plant disease resistance. Curr Opin Plant Biol. 6, 300-306, 2003.

3) Shibuya, N. and Minami, E. Oligosaccharide signaling for defence responses in plant. Physiol. Mol. Plant Pathol. 59, 223-233, 2001.

4) Kaku, H., Nishizawa, Y., Ishii-Minami, N., Akimoto-Tomiyama, C., Dohmae, N., Takio, K., Minami, E. and Shibuya, N. Plant cells recognize chitin fragments for defense signaling through a plasma membrane receptor. Proc. Natl. Acad. Sci. U.S.A. 103, 11086-11091, 2006.

5) Miya, A., Albert, P., Shinya, T., Desaki, D., Ichimura, K., Shirasu, K., Narusaka, Y., Kawakami, N., Kaku, H. and Shibuya, N. CERK1, a LysM receptor kinase, is essential for chitin elicitor signaling in *Arabidopsis*. Proc. Natl. Acad. Sci. U. S. A. 104: 19613-19618, 2007.

6) Kamoun, S., van West P., Vleeshouwers, V. G., de Groot, K. E., and Govers, F. Resistance of *Nicotiana benthamiana* to *Phytophthora infestans* is mediated by the recognition of the elicitor protein INF1. The Plant Cell 10, 1413-1426, 1998.

7) Cruickshank, I. A. M. and Perrin, D. R. Isolation of a phytoalexin from *Pisum sativum* L. Nature 187, 799-800, 1960.

8) 光原一朗、瀬尾茂美、大橋祐子「病害抵抗性の全身誘導機構とそのシグナル伝達」島本功・渡辺雄一郎・柘植尚志編著「分子レベルからみた植物の耐病性」植物細胞工学シリーズ、秀潤社、2003。

9) Doke, N., Garas, N. A. and Kuc, J. Partial characterization and aspects of the mode of action of a hypersensitivity-inhibiting factor （HIF） isolated from *Phytopthora infestanse*. Physiol. Plant Pathol. 15, 127-140, 1979.

10) Shiraishi, T., Saitoh, K., Kim, H. M., Kato, T., Tahara, M., Oku, H., Yamada, T. and Ichinose, Y. Two suppressors, Suprrescins A and B, secreted by a pea pathogen, *Mycosphaerella pinodes*. Plant Cell Physiol. 33, 663-667, 1992.

11) Shiraishi, T., Yamada, T., Ichinose, Y., Kiba, A. and Toyoda, K. The role of suppressors in determining host-parasite specificities in plant cells. Int. Rev. Cytol. 172, 55-93, 1997.

12) 児玉基一朗、尾谷浩、甲元啓介「5 宿主特異的毒素」市原耿民・上野民夫編著「植物病害の化学」学会出版センター、1997。

13) Wolpert, T. J., Dunkle, L. D. and Giuffetti, L. M. Host-selective toxins and avirulence

determinants: What's in a name? Annu. Rev. Phytopathol. 40, 251–285, 2002.

14）山中達・山口富雄編著「稲いもち病」養賢堂、1987。

15）Kato, T., Tanabe, S., Nishimura, M., Ohtake, Y., Nishizawa, Y., Shimizu, T., Jikumaru, Y., Koga, J., Okada, K., Yamane, H. and Minami, E. Differential responses of rice to inoculation with wild-type and non-pathogenic mutants of *Magnaporthe oryzae*. Plant Mol. Biol. 70, 617–625, 2009.

16）Tanabe, S., Nishizawa, Y. and Minami, E. Effects of catalase on the accumulation of H_2O_2 in rice cells inoculated with rice blast fungus, *Magnaporthe oryzae*. Physiol. Plant. 137, 148–154, 2009.

17）Egan, M. J., Wang, Z.-Y., Jones, M. A., Smirnoff, N., and Talbot, N. J. Generation of reactive oxygen species by fungal NADPH oxidases is required for rice blast disease. Proc. Natl. Acad. Sci. U. S. A. 104, 11772–11777, 2007.

18）Arase, S., Kinoshita, S., Kano, M., Nozu, M., Tanaka, E. and Nishimura, S. Ann. Phytopath. Soc. Jpn. 56, 322–330, 1990.

19）Ando, S., Tanabe, S., Akimoto-Tomiyama, C., Nishizawa, Y. and Minami, E. The supernatant of a conidia suspension of *Magnaporthe oryzae* contains a factor that promotes the infection of rice plants. J. Phytopathol. 157, 420–426, 2009.

20）岸國平編著「日本植物病害大事典」全国農村教育協会、1998。

21）Doke, N. Involvement of superoxide anion generation in the hypersensitive response of potato tuber tissues to infection with an incompatible race of *Phytophthora infestans* and to the hyphal wall components. Physiol. Plant Pathol. 23, 345–357, 1983.

22）Wong, H. L., Pinontoan, R., Hayashi, K., Tabata, R., Yaeno, T., Hasegawa, K., Kojima, C., Yoshioka, H., Iba, K., Kawasaki, T. and Shimamoto, K. Regulation of rice NADPH oxidase by binding of Rac GTPase to its N-terminal extension. The Plant Cell 19, 4022–4034, 2007.

23）Bradley, D. J., Kjellbom, P. and Lamb, C. J. Elicitor- and wound-induced oxidative cross-linking of a proline-rich plant cell wall protein: a novel, rapid defense response. Cell 70, 21–30, 1992.

24）Akiyama, K., Matsuzaki, K. and Hayashi, H. Plant sesquiterpenes induce hyphal branching in arbuscular mycorrhizal fungi. Nature 435, 824–827, 2005.

25）Umehara, M., Hanada, A., Yoshida, S., Akiyama, K., Arite, T., Takeda-Kamiya, N., Magome, H., Kamiya, Y., Shirasu, K., Yoneyama, Y., Kyozuka, J. and Yamaguchi, S. Inhibition of shoot branching by new terpenoid plant hormones. Nature 455, 195–201, 2008.

26) Madsen, E. B., Madsen, L. H., Radutoiu, S., Olbryt, M., Rakwalska, M., Szczyglowski, K., Sato, S., Kaneko, T., Tabata, S., Sandal, N., et al. A receptor kinase gene of the LysM type is involvd in legumeperception of rhizobial signals.Nature 425, 637-640, 2003.

27) Freeman, S. and Rodriguez, R. J. Genetic conversion of a fungal plant pathogen to a nonpathogenic, endophytic mutualist. Science 260, 75-78, 1993.

28) Tanaka, A., Christensen, M. J., Takemoto, D., Park, P. and Scott, B. Reactive oxygen species play a role in regulating a fungus-perennial ryegrass mutualistic interaction. The Plant Cell 18, 1052-1066, 2006.

第6章 頂芽優勢

1. はじめに

頂芽優勢（apical dominance）とは、相関抑制（correlative inhibition: 植物体の一部の器官や組織の成長が、他の部分の成長と関連して阻害される現象）の一種で、茎の先端にある芽（頂芽）が成長している間は葉脈から出る芽（側芽または腋芽）の成長が阻害されて「休眠」する現象である[1)]。頂芽の切除や傷害により頂芽の機能が消失すると、頂芽優勢が解除されてこの休眠状態の側芽が頂芽に代わり成長を始める。通常はその中の最上位の一個の側芽が新しい頂芽として優先的に成長する。高等学校の生物の教科書では、「頂芽優勢という現象は、頂芽で作られたオーキシンが下方に運ばれて側芽の成長を抑制することが原因で起きる」と記載されている。その程度は植物種によって異なり、また植物齢によっても変動する。例えば、ムラサキツユクサ（*Tradescantia reflexa*）のように完全には分化していない胚のような一群の組織化された細胞群からなるもの、エンドウ（*Pisum sativum*）（図6-1）やインゲン（*Phaseolus vulgaris*）のように形態的にはっきりした芽に分化した後に成長を停止しているもの、頂芽が存在していても、側芽の成長がわずかではあるが起こる頂芽優勢の弱い植物（*Coleus* 属）から、頂芽の分裂組織の除去によってのみ側芽の成長が起こる頂芽優勢の強い植物（*Tradescantia* 属など）まで、様々である[1)]。また、この現象は草本植物だけでなく木本植物にも観察される。温帯地域では、落葉樹の多くは春から夏にかけて側芽を形成するが、その芽が萌芽するのは翌春であり、その間は「休眠」状態にある。芽が形成されてから秋頃までには成長に好適な環境であるが、それにもかかわらず成長が

左：頂芽を切除したもの。右：頂芽を有するもの。
頂葉を切除したものでは側葉の成長が観察される。

図6-1　エンドウ（***Pisam sativum***）の黄化芽生え

休止しているのは、芽の成長が頂芽や成熟葉などによって抑制されている偽休眠の状態にあるためである。また、多くの樹種において伸長中の頂芽を摘心すると側芽が萌芽する[2)]。一方、頂芽が着生したままの茎を傾けたり弓なりに曲げたりしても頂芽優勢が打破され、側芽が成長を開始する。例えば、ニホンナシにおいては、その新梢を曲げること（誘引処理）によって側芽の成長が促進されて着花率が上がるようになる[3)]。

2. 研究の歴史

（1） オーキシンによる側芽の成長抑制

頂芽優勢は器官相関現象の代表的な例として古くから主に植物生理学者によって研究がなされてきた。チマン（K. V. Thimann）とスクーグ（F.

Skoog）は、ソラマメを用いて頂芽切除によって起こる側芽成長が、頂芽切除面に投与したインドール酢酸（Indole-3-acetic acid, IAA）で抑制されることを示し、頂芽から供給されるオーキシンが相関因子として側芽の成長抑制に作用していると考えた[4), 5)]。以来、投与したオーキシンが切除した頂芽を補完する働きは多くの植物で確認されてきた[6)-9)]。また、サイトカイニンは古くから側芽の成長を促進することが知られている[10)]。このようなことから頂芽優勢は、頂芽で生産され茎を求基的に移動するオーキシンが側芽の成長を抑制し、頂芽切除を合図としてサイトカイニンが側芽を成長に導く、というモデルで説明されてきた（図6-2）。1930年代に提唱されたこのような仮説に対して様々な検証がなされてきたが、おおむねこの仮説を支持しつつも、必ずしもこの2つの植物ホルモンだけでは頂芽優勢を説明できないとする研究結果も多数存在する。

側芽の成長抑制については、上記の通りオーキシンによって制御されていると考えられてきた。オーキシン極性移動阻害物質を節間に処理すると側芽の成長が開始することも様々な植物で明らかにされている[11), 12)]。

このようにオーキシンは、頂芽による側芽の成長抑制物質と思われる作用を示すと同時に、オーキシンだけでは側芽の成長抑制を説明できないことを示す

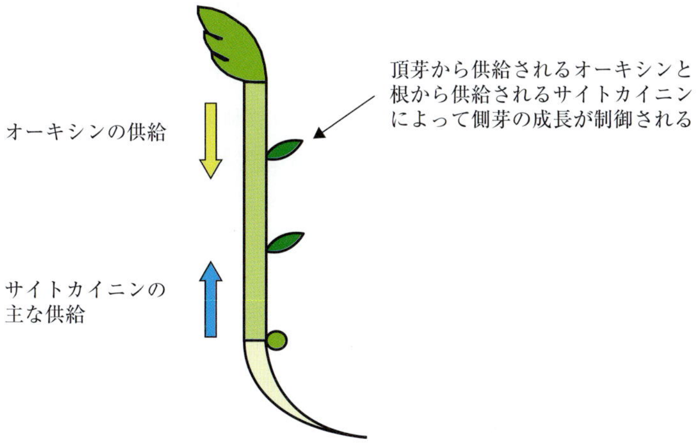

図6-2　これまで主に説明されてきた頂芽優勢の作用機構

研究も多数報告されている。頂芽優勢から解除された側芽は成長が阻害されている側芽よりも高濃度のオーキシンを含む[13), 14)]、頂芽優勢の弱いエンドウ変異体内では野生株以上にオーキシンを含む[15)]など、側芽成長抑制をIAAが直接制御している訳ではないことを示唆する報告がある。

このようなことから、オーキシンのセカンドメッセンジャーの存在が考えられるが、リバート（E. Libbert）はエンドウ抽出物に側芽の成長を阻害する物質が存在し、頂芽を切除するとこの物質の内生量が減少するが、頂芽切除部位にオーキシンを投与すると頂芽を有する芽生えと同様にその内生量には変化が見られないことを報告している[16)-18)]。

（2） その他の物質による側芽の成長抑制

この他にも、カロテノイド分解酵素を中心とした側芽成長抑制機構の研究が盛んに行われている。シロイヌナズナ[19)]、エンドウ[20)]、ペチュニア[21)]、イネ[22), 23)]において、側芽の成長が抑制されない変異体を用いた実験が行われ、その原因遺伝子を解析した結果、これらの多岐に渡る植物間においても原因遺伝子は類似したものであり、植物種間共通の側芽成長抑制機構の存在が示唆されている。この一連の遺伝子群の中にカロテノイド分解酵素が含まれていることから、オーキシンのセカンドメッセンジャーとしてカロテノイド分解産物の関与が指摘されている[24), 25)]。

これらの他にも、フラボノイド[26)]やアブシジン酸[27), 28)]などの関与を指摘する報告、頂芽で生産されたオーキシンが極性移動する間に節間におけるサイトカイニン生合成を抑制していることを示す報告もあり[29), 30)]、未だ真の制御機構は明らかになっていない。

（3） サイトカイニンによる側芽の成長促進

一方、側芽の成長促進機構については、サイトカイニンが古くから側芽の成長を促進することが知られており[10)]、以降様々な植物でそれが実証され[31)-34)]、また頂芽切除後に側芽付近の組織においてサイトカイニンの内生量が増加することも報告されるなど[30), 35), 36)]、サイトカイニンが側芽の成長促進に関与して

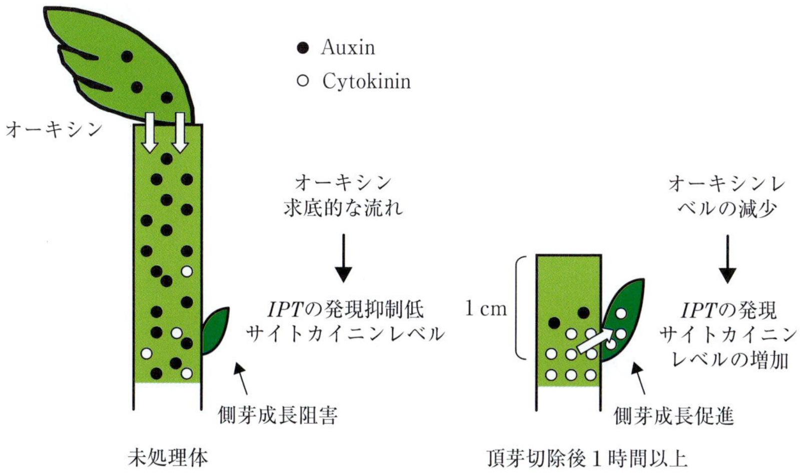

図6-3　頂芽優勢の分子機構モデル

いるという仮説は多くの支持を得てきた。近年、エンドウの節間において、オーキシンによってサイトカイニン合成の制限段階となる酵素の発現量が抑制される、という報告がなされた（図6-3）[30]。このような報告からも、生体内でサイトカイニンが側芽の成長を促進している可能性は高いと考えられる。

このようにサイトカイニンが側芽成長促進に関与している可能性は高いが、頂芽切除後にサイトカイニンの内生量に変動が見られるのは側芽の成長が観察される時間に比べて遅いことも示されている[35]。また、節間におけるオーキシン内生量の低下がサイトカイニンの合成を促進するという報告もなされているが[29), 30]、頂芽切除面から20cm離れた側芽の成長が頂芽切除後およそ5時間で生じるのに対し、オーキシンの極性移動はおよそ1.0cm/hでしか生じておらず、オーキシンの節間における内生量の変動と側芽の初期成長は連動していないことを指摘する報告もある[37]。このようなことから、サイトカイニン以外に側芽の成長をイニシエートする物質が存在するのではないかと考えられる。側芽を形態学的に見ると、側芽の成長には2段階あり、まず休眠期から転換期へ移行し、次いで転換期から成長期へと移行すると考えられている[38]。この転換期ではゆるやかな成長を示しつつ、その後の内的・外的要因によって再度休眠期に入ることもあれば、成長期へと移行することもあるとされている[25), 39)]。したがって、休眠期から転換期へ移行する際に関わる物質と転換期から成長期へと移行する際に関わる物質が存在する可能性がある。

3. 著者らの研究

（1） エンドウ芽生えの頂芽優勢に対する、オーキシン活性阻害物質およびオーキシン極性移動阻害物質の効果

[目的]

上記のような頂芽優勢に関する研究に基づいて、頂芽優勢におけるオーキシンの役割について検証するため、サクラジマダイコン（*Raphanus sativus* var. *hortensis* f. *gigantissimus* Makino）およびトウモロコシ（*Zea mays* L. cv. Canadian Rocky Bantam 85）からオーキシン活性阻害物質としてそれぞれ単離・同定されている、ラファヌサニン（raphanusanin: Ra）[40)] および6–メトキシ–2–ベンゾキサゾリノン（6-methoxy-2-benzoxazolinone: MBOA）[41)] を無傷のエンドウ芽生えの様々な部位に投与し、それらの物質が側芽の成長に与える影響を調べることとした。一方、頂芽優勢の研究で汎用されてきたオーキシン極性阻害物質である2, 3, 5–トリヨード安息香酸（2, 3, 5-triiodobenzoic acid: TIBA）および1–ナフチルフタラミン酸（1-naphthylphthalamic acid: NPA）を用いて同様の実験を行い、側芽の成長を調べることを目的とした。

[実験植物・方法]

〈植物材料〉

エンドウ（*Pisum sativum* L. cv. Alaska）の種子を流水に24時間浸して発芽させた後、蒸留水で湿らせたキムタオルを敷いたトレイ（6×27×37cm）に入れ、暗黒下25℃で1日間培養した。根の長さ（約1.5cm）が均一な個体を選び、蒸留水で湿らせた脱脂綿の入った試験管（ϕ1.5×8.5cm）に植え替え、さらに暗黒下25℃で6日間生育させた後、第三節間の長さが4～5cmの芽生

えを選び、暗所で実験に用いた。

〈物質の投与方法〉

無傷のエンドウの芽生えの頂芽部分、第二節の0.5cm上部（節間）あるいは側芽部分に1.6ngのラファヌサニン（Ra）を含むラノリン（2mg）をガラス棒を用いて投与した。処理後0分、30分、60分に第二節側芽の鱗片葉をピンセットではがし、接眼マイクロメーターを備えた顕微鏡で第二節側芽の全長を測定した。また、MBOA、TIBA、NPAについても同様の方法で投与し、第二節側芽の全長を測定した。なお、無処理の植物、頂芽、節間あるいは側芽部分にラノリンのみ（2mg）を投与した植物を対照として用いた。

次に、エンドウ芽生えの頂芽をカミソリで切除し、その茎の切り口に2μgのIAAを含む50%エタノール水溶液（1μℓ）をマイクロピペッターを用いて投与した。この頂芽を切除した植物体に無傷の植物の場合と同様の方法でRa、MBOA、TIBA、NPAを投与した。無傷の植物、頂芽を切除した植物、頂芽を切除して切り口に50%エタノール水溶液（1μℓ）を投与した植物、頂芽を切除して切り口にIAAを含む50%エタノール水溶液（1μℓ）を投与した後、節間および側芽部分にラノリンのみ（2mg）を投与した植物を、それぞれ対照として用いた。

また、根をカミソリで切除したエンドウ芽生え（エクスプラント、explant）を0.8%の寒天（10mℓ）が入った試験管（φ3.0×11.5mm）に刺し、エンドウの芽生えの頂芽部分、第二節の0.5cm上部（節間）あるいは側芽部分に1.6ngのRaあるいはTIBAを含むラノリン（2mg）をガラス棒を用いて投与した。処理後0分、30分、60分に第二節側芽の鱗片葉をはがし、接眼マイクロメーターを備えた顕微鏡で第二節側芽の全長を測定した。

[結果と考察]

ラファヌサニンおよびMBOAを無傷のエンドウ芽生えの頂芽、節間あるいは側芽に投与した場合のすべてにおいて側芽の成長が確認された。一方、TIBAおよびNPAでは無傷のエンドウ芽生えの頂芽および節間に投与した場合にのみ側芽の成長が確認され、側芽に直接投与した場合には頂芽優勢が解除されなかった。以上の結果とIAAを直接頂芽切除芽生えの側芽に処理した場合に側芽の成長が阻害されなかったことなどから、側芽の成長阻害は頂芽から移動してくるIAA自身によるものではなく、IAAによってその生合成が促進され、オーキシン活性阻害物質（例えばラファヌサニンやMBOA）によってその生合成が阻害される生理活性物質（側芽成長抑制物質）によって誘導されている可能性が示唆された。これらの結果からエンドウの頂芽優勢には頂芽から供給されるIAAと密接に関わるが、IAAとは異なる物質が関与していると考えられた[42]。

（2）エンドウ芽生えの頂芽優勢に関与する成長調節物質の探索

[目的]

（1）の実験結果から、著者らはエンドウの頂芽優勢に関与する成長制御物質の単離・同定を目的として、頂芽を有するエクスプラント、頂芽を切除したエクスプラントおよび頂芽切除面にIAAを投与したエクスプラントからの拡散性物質の側芽成長に対する効果について調べることとした。

[実験方法]

〈拡散性物質の抽出〉

直径45mmのペトリシャーレに、1.5%の寒天を5mℓ入れ凝固させた後、その上に0.8%の寒天を10mℓ入れ2層の寒天を作った。頂芽を有するエクスプラント、頂芽を切除したエクスプラントあるいは頂芽切除面に2mgのIAAを含む50%エタノール水溶液（1μℓ）を処理したエクスプラントを準備し、それぞれのエクスプラントを0.8cmの寒天部分に刺し、25℃、暗所中で3時間静置した（図6-4）。その後、寒天を取り出し、200mℓのアセトン中に入れ、25℃、暗所中で3時間静置し、寒天中に拡散している物質を抽出した。この抽出液（滲出液）を2重のろ紙を用いてろ過し、ろ液を濃縮・乾固した。

〈滲出物の生物検定〉

50%エタノール水溶液（1μℓ）にエクスプラント1本分相当が含まれるように滲出物の濃度を調製した後、マイクロピペッターを用いて無傷のエンドウの頂

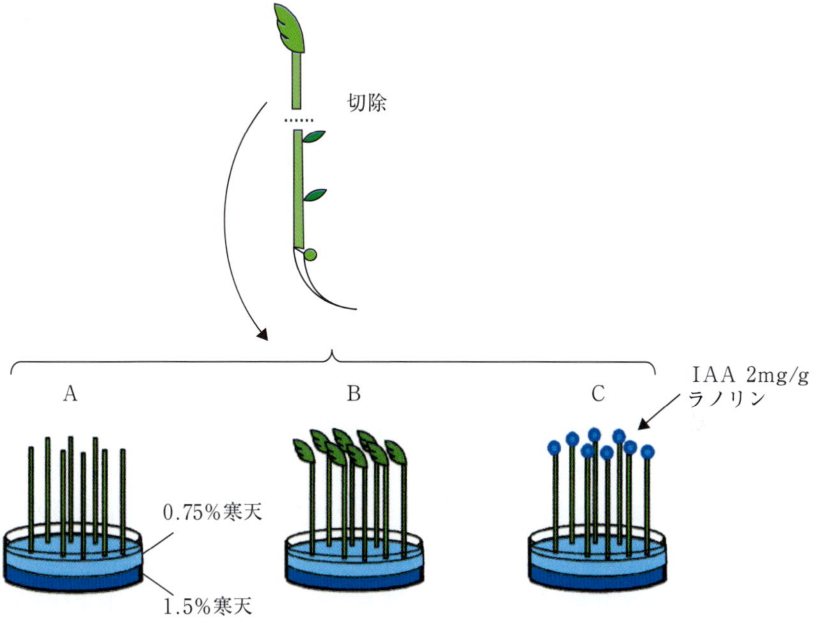

A：頂芽を切除したエクスプラント
B：頂芽を有するエクスプラント
C：頂芽切除面にIAAを投与したエクスプラント

図6-4　側芽の成長を制御する物質の採取方法

芽切除面に試験液（1μℓ）を投与した。25℃、暗所にて、処理後0分、60分に第二節側芽の鱗片葉をはがし、接眼マイクロメーターを備えた顕微鏡で第二節側芽の全長を測定した。このとき、無傷の植物、頂芽を切除した植物および頂芽切除面に50%エタノール水溶液（1μℓ）を投与した植物を対照として用いた。

〈成長調節物質の抽出〉

頂芽を有するエクスプラント、頂芽切除のエクスプラントあるいは頂芽切除面に2μgのIAAを含む50%エタノール水溶液（1μℓ）を処理したエクスプラントを準備し、前述と同様にそれぞれのエクスプラントを下層が1.5%、上層が0.75%になった2層の寒天に刺し、25℃、暗所中で3時間静置した。その後、寒天を取り出し、200mℓのアセトン中に入れ、25℃、暗所中で3時間静置し、寒天中に拡散している物質を抽出した。この抽出液を2重のろ紙を用いてろ過し、ろ液を濃縮・乾固した。

〈HPLCによる滲出物の比較〉

それぞれのエクスプラントからの滲出物を高速液体クロマトグラフィー(HPLC)に供し、頂芽を有するエクスプラント、頂芽を切除したエクスプラントおよび頂芽切除面にIAAを投与したエクスプラントからの滲出物の比較を行った。

[結果と考察]

頂芽を有するエクスプラントからの滲出物および頂芽切除面にIAAを投与したエクスプラントからの滲出物を、頂芽切除エンドウ芽生えの側芽に投与したが測定期間内での側芽の成長はまったく認められなかった。この結果からも、頂芽から側芽の成長を阻害する働きを持つ物質が移動してくる可能性がさらに強く示唆された。そこで、それぞれのエクスプラントからの滲出物についてHPLCを用いて分離したところ、頂芽を有するエクスプラントおよび頂芽切除面にIAAを投与したエクスプラントからの滲出物において大量に存在し、頂芽を切除することにより減少するが、IAAとは異なる物質が確認され、この物質が側芽の成長阻害活性を持つことが明らかとなった。この結果より、実際に側芽の成長を阻害する物質が存在し、その物質がエンドウの頂芽優勢において重要な役割を果たしていることが明らかにされた。また側芽の成長阻害活性が認められた頂芽を有するエクスプラントおよび頂芽切除面にIAAを投与したエクスプラントから拡散してきた物質のHPLCクロマトグラムを詳細に比較、検討したところ、全般的に認められるピークの数、大きさ等にほとんど差異は認められなかった。したがって、頂芽から供給されるIAAがエンドウの頂芽優勢の維持に深く関与していることが本実験でも確かめられた。

(3) 頂芽優勢を制御する生理活性物質の構造解析

[目的]

そこで、エンドウの頂芽優勢制御物質本体の構造を決定するために、エンドウ黄化芽生えのアセトン抽出物を用いて、側芽成長阻害活性を指標に種々のクロマトグラフィーで分離・精製し、側芽成長阻害活性を示す物質を単離することを目的とした。

［実験方法］

〈植物体からの頂芽優勢を制御する生理活性物質の抽出〉

根および子葉を切除した7日齢のエンドウ黄化芽生え（1kg）を60%アセトン（2ℓ）に入れ、ホモジナイザーを用いて粉砕し、5℃、暗所で6時間静置し溶液中に拡散してきた物質を抽出した。その後、この抽出液を吸引ろ過しろ液をロータリーエバポレーターで減圧下、35℃で濃縮・乾固した。この濃縮物にメタノールを加えて遠心し、上清を濃縮・乾固した。この濃縮物を蒸留水に溶解し、C18カートリッジ（Sep-Pak C18）に供し、10%、30%、60%、100%のメタノール（各20mℓ）で溶出した。60%メタノール溶出画分をC18カートリッジ（Sep-Pak C18）に供し、20%、50%、100%のアセトニトリル（各20mℓ）で溶出した。活性（50%アセトニトリル溶出）画分を濃縮・乾固し、濃縮物（361mg）を得た。この濃縮物（361mg）をHPLC（TSK-gel ODS-80Ts、アセトニトリル：水＝7：3）で3つの画分に分離した。各溶出画分について頂芽を切除したエンドウの第二節側芽に投与したところ、保持時間10～15分の画分において側芽の成長阻害活性が確認された。そこで、同様の条件下で精製を行い、活性物質（0.5mg）を単離した。

〈頂芽を有する生理活性物質の構造解析〉

単離した活性物質の構造解析については、質量分析計としてPlatform LCMS（Waters社製）および核磁気共鳴スペクトルとしてAVANCE-500（Bruker社製）を用いた。

〈活性物質の生物検定〉

単離した活性物質が0.02μg、0.2μg、2μgずつ含まれる50%エタノール水溶液（1μℓ）を、マイクロピペッターで無傷のエンドウの頂芽切除面または第二節側芽に投与した。処理後0分、60分に第二節側芽の鱗片葉をはがし、接眼マイクロメーターを備えた顕微鏡で第二節側芽の全長を測定した。

[結果・考察]

1kg のエンドウ黄化芽生えのアセトン抽出物にメタノールを加えて得られた沈殿物の上清を Sep-Pak C18 カートリッジ（メタノール－水系）を用いて分離した結果、側芽成長阻害活性は 60%メタノール溶出画分において認められた。この画分を次に Sep-Pak C18 カートリッジ（アセトニトリル－水系）を用いて分離した結果、50%アセトニトリル画分において側芽成長阻害活性が認められた。そこでこの画分をさらに HPLC（アセトニトリル：水=7：3）を用いて分離精製し、側芽成長阻害活性を有する物質（0.5mg）を得た。

得られた活性物質の ESIMS より m/z 146 $(M+H)^+$ に擬似分子イオンピークが観測された。また、^{1}H NMR スペクトルより、δ9.92 (1H, s), 8.20 (1H, d, J=7.1 Hz), 8.17 (1H, s), 7.52 (1H, d, J=7.9 Hz), 7.33 (1H, dd, J=8.3 and 7.9 Hz) および 7.28 (1H, dd, J=8.3 and 7.1 Hz) が観測されたことから、本化合物はインドール-3-アルデヒド（indole-3-aldehyde）であることが明らかとなった（図 6–5）。

次に indole-3-aldehyde の活性について調べた。まず、頂芽を切除したエンドウの頂芽切除面に単離した indole-3-aldehyde を投与した場合は、IAA を投与した場合と同様に側芽の成長は阻害され、頂芽優勢は保持されたままであった。一方、これまでにも報告がされていたように、頂芽を切除したエンドウの側芽に IAA を直接投与しても側芽の成長は開始するのに対し、indole-3-aldehyde を側芽に直接投与した場合には、側芽の成長は阻害され頂芽優勢は保持されたままであった。また、単離した indole-3-aldehyde の活性と標品の indole-3-aldehyde の活性は同様であることが確認された。これらのことから、indole-3-aldehyde が側芽の成長を阻害し、エンドウの頂芽優勢を制御している可能性が強く示唆された（図 6–6）[43]。

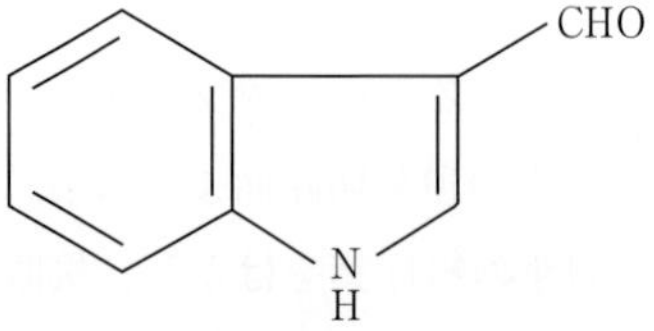

図6–5　エンドウ芽生えの側芽成長阻害物質（Indole–3–aldehyde）

以上の結果より、エンドウの頂芽優勢のメカニズムについて考察すると、以下のようなモデルが考えられた。可能性の一つとして、indole-3-aldehyde は IAA の酸化

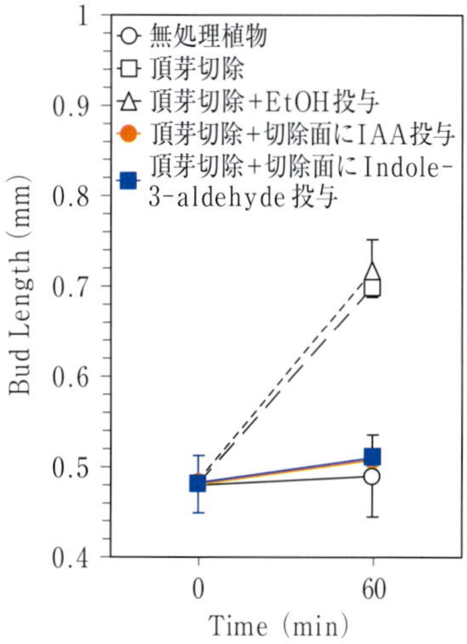

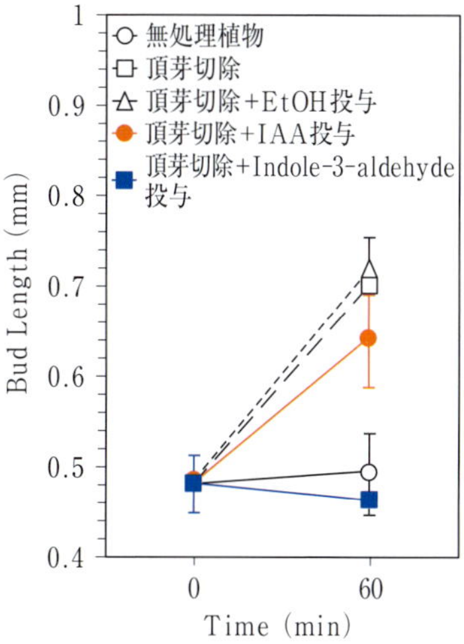

左図：頂芽切除面にIAAおよびindole-3-aldehydeを投与した場合の側芽の成長の変化。
右図：側芽にIAAおよびindole-3-aldehydeを投与した場合の側芽の成長の変化。

図6-6　エンドウ芽生えにIAAおよびIndole-3-aldehydeを作用させた場合の側芽の成長の変化

分解物の可能性があることから、エンドウの頂芽優勢において、頂芽から供給されるIAAが節間を移動する間に代謝されてindole-3-aldehydeに変化し、側芽の成長を阻害しているというメカニズムが考えられる。しかし、合成オーキシンであるnaphthylacetic acid（NAA）や、2, 4-dichlorophenoxyacetic acid（2, 4-D）を頂芽切除面に処理した場合に、側芽の成長は阻害され、頂芽優勢は維持されるという報告が数多くあることから、頂芽から供給されるIAA自体がindole-3-aldehydeに変化しているのではないと思われた。そこで著者らは、重水素で標識化されたIAAを頂芽切除面に投与し、節間を通って滲出してきた成分をLC-MSで分析したが、標識化されたindole-3-aldehydeは検出されなかった。したがって、頂芽から移動してくるIAAが、indole-3-aldehydeの生成を誘導し、そのindole-3-aldehydeが側芽に供給されることによって側芽の成長が阻害されている可能性が強く示唆される。なお、このindole-3-aldehydeが、節間や側芽で生成されるといわれているサイトカイニンの生合成や作用を阻害する活性を有するのかどうかについては現在研究中である。

一方、頂芽切除によって1時間以内に見られる側芽の成長の時点においては側芽付近の組織におけるIAA含量が変化しないとの報告があることから、頂芽切除によってIAAの供給が断たれることで急速に生産され、節間を基部方向に流れて側芽成長促進作用をもたらす物質の存在が強く示唆された。そこで著者らはこの物質の存在を確かめるために、前述と同様に3種のエクスプラント（図6-4）を用意し、これらのエクスプラントの節間切除面からの滲出物のHPLC分析を行った。その結果、頂芽切除後に顕著に増加する物質の存在が確認されたが、一方において頂芽切除後1時間では側芽付近の節間におけるIAAの動態には変化がないことを見いだした。したがって、側芽成長制御にはIAAの直接的関与がないことが明らかにされた。以上の結果から、頂芽切除1時間以内に見られる側芽成長機構を説明する次のようなモデルを推定した（図6-7）。頂芽を有している状態では、頂芽から供給されるIAAが節間に

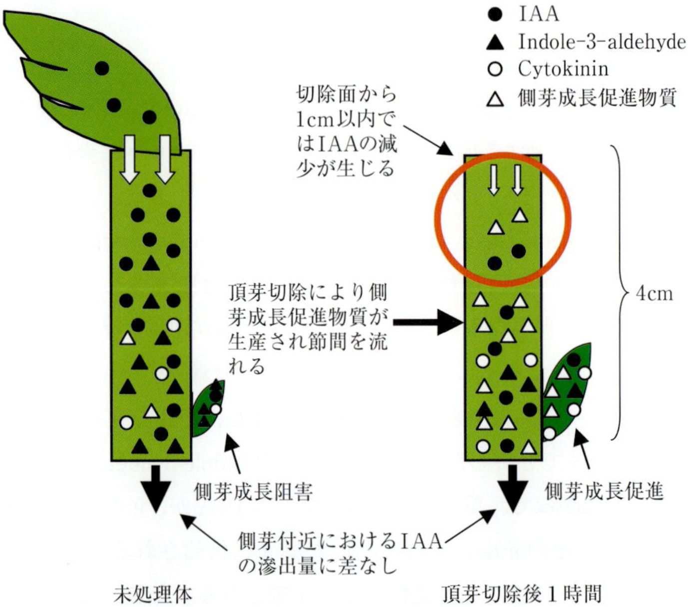

図6-7　著者らの想定している頂芽優勢の分子機構モデル

おいて側芽成長阻害物質 indole-3-aldehyde の生成を誘導することで側芽の成長を阻害している。頂芽を切除すると、1時間以内に側芽の成長が観察されるが、この時点では側芽付近における IAA の減少は起こっておらず、IAA は側芽成長制御には直接関与しない。そこで側芽の成長促進を直接誘導するのが、頂芽切除面付近で1時間以内に生産され、節間を急速に流れる物質（未同定）によって側芽の成長が促進されるというモデルである。現在、この側芽の成長を促進する物質の単離を行っているところである。したがって、少なくともエンドウの頂芽優勢においては、初動的にはオーキシンとサイトカイニンの関与を否定することはできないが、直接的には側芽成長阻害物質である indole-3-aldehyde と構造未知の側芽成長促進物質のバランスによって制御されているのではないかと考えている。なお、この側芽成長促進物質がサイトカイニン様活性やオーキシン活性に対する阻害活性を有するのかどうかについては今後の課題である。

4. 頂芽優勢のメカニズムのまとめ

1990 年代後半からシュートの分枝に関わる変異体を用いた研究が盛んに行われ、レイサー（O. Leyser）らはシロイヌナズナからシュートの分枝が過剰に起こる変異体として *more axillary growth* 1～4（*max1*～*4*）を見いだした。これらの変異体を用いた実験により、*MAX1/3/4* 遺伝子が根あるいは茎で発現して植物体内を求頂的に移動し、シュートの分枝を抑制する新規植物ホルモン様物質の生合成に関わっていることを示唆した。これ以外にも、エンドウの *ramosus*（*rms*）およびイネの分げつ矮性 *dwarf*（*d*）が、シュートの分枝に関わる突然変異体であることが見いだされた[42]。その後、*RMS*、*MAX* および *D* 遺伝子がクローニングされ、これらの変異体において枝分かれが過剰に起こる原因として、カロテノイド酸化開裂酵素（carotenoid cleavage dioxygenase: CCD）である CCD7 と CCD8 および F-box タンパク質が関与することが明らかにされた[44]。また、シロイヌナズナの *MAX1* 遺伝子は

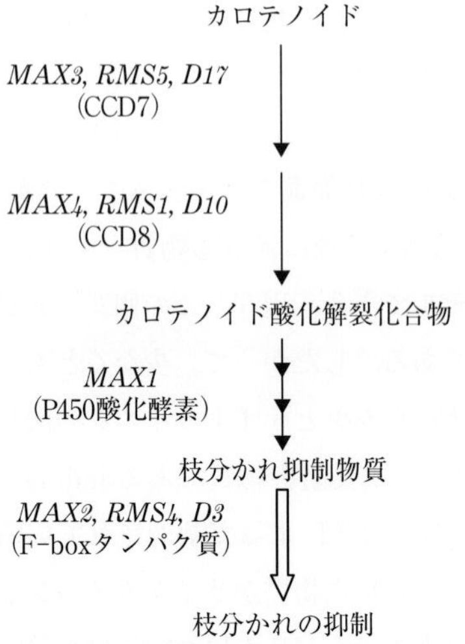

図6-8　枝分かれ抑制物質の生成経路

シトクロムP450酸素添加酵素であるCYP711A1をコードしており、植物体内の様々な組織で発現しているが、とくに維管束の周辺組織で発現していることが見いだされた。一方、*max2*変異体の原因遺伝子*MAX2*はF-boxタンパク質をコードしており、エンドウの*rms4*の原因遺伝子RMS4は*MAX2*のオルソログと考えられている。これらの原因遺伝子の推定機能から、*RMS*/*MAX*/*D*遺伝子産物によりカロテノイド由来の物質が生産され、これがそれぞれの植物における枝分かれを抑制する、という仮説が提唱された（図6-8）[44), 45)]。F-boxタンパク質は植物ホルモンであるオーキシン、ジャスモン酸、ジベレリンの受容体または情報伝達因子として働くことがわかってきたことから、MAX2、RMS4およびD3は、カロテノイド由来の物質の受容以降に関わるものと推定された。最近、イネ*d*変異体を用いた研究からこのような物質としてストリゴラクトンが見いだされた（図6-9）[46)]。同様の結果は、エンドウの*rms*変異体を用いた研究からも得られている[47)]。

これまで頂芽優勢は主に頂芽から供給されるオーキシンの濃度が茎では成

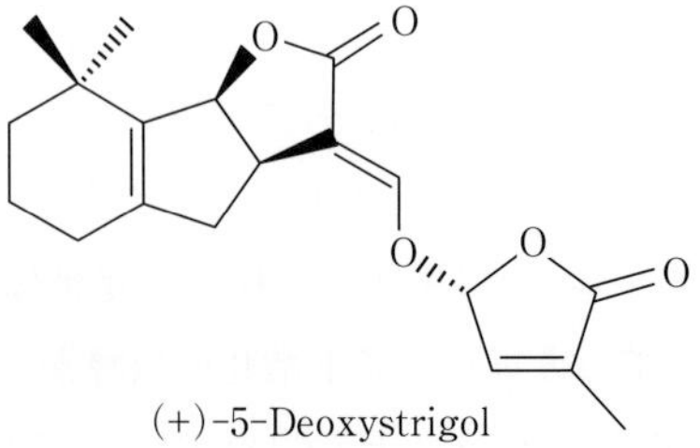
(+)-5-Deoxystrigol

図6-9　枝分かれ抑制物質ストリゴラクトンの構造

長促進に働くが、側芽の成長には阻害的に働くことによって引き起こされる、または根から供給されるサイトカイニンが、頂芽に吸引され側芽には蓄積されないために側芽の成長が阻害されると生物や植物生理学の教科書で記載されている。しかしながら、前述のようにIAAは直接的に側芽の成長を阻害していないことや、根を切除しても頂芽優勢は維持されることから根からのサイトカイニンの供給は考慮すべきではない点などが実験的に明らかにされているにもかかわらず、未だに記述内容は変わっていない。

著者らの研究結果から、頂芽優勢における側芽の成長抑制はオーキシン以外の生理活性物質が直接作用している可能性が示唆され、最近では、枝分かれに関する突然変異体の研究から、枝分かれ抑制物質としてストリゴラクトンが見いだされた。ストリゴラクトンはエンドウにも含まれていることが報告され、頂芽を切除したエンドウやNPAを節間に投与してオーキシンの極性移動を抑制したエンドウの側芽にストリゴラクトンを投与すると側芽の成長が抑制されることが見いだされた[48]。しかしながら、頂芽を切除した場合、頂芽切除面にオーキシンを投与した場合や頂芽・節間にNPAを投与した場合におけるストリゴラクトンの内生量の変化については調べられていない。また、ストリゴラクトン投与量が内生量と匹敵する量であるのかは不明である。

以上の結果から、頂芽切除後に側芽が成長するのは、休眠期から転換期へと移行させる側芽成長促進物質が関与し、その後に転換期から成長期へと移行する際には、オーキシンからのシグナル伝達によってindole-3-aldehydeやストリゴラクトンによって抑制されていたものが解除され、サイトカイニンによって移行していくものと考えられる（図6-10）。今後、オーキシン以外のindole-3-aldehydeやストリゴラクトンのような側芽成長抑制物質ならびに側芽成長促進物質の作用機序を調べることにより、頂芽優勢の機構が解明されるものと期待される。

頂芽優勢の生物学的意味は、頂芽が傷害等を受けた際に生存していくために側芽の成長を開始させるために必然的な現象と考えられる。それ以外にも、植物が成長点を高い位置へと移動させ、成長に必要な光や二酸化炭素を効率よく得るためだとも考えられ、その際に頂芽の成長をより促すために側芽の成長を

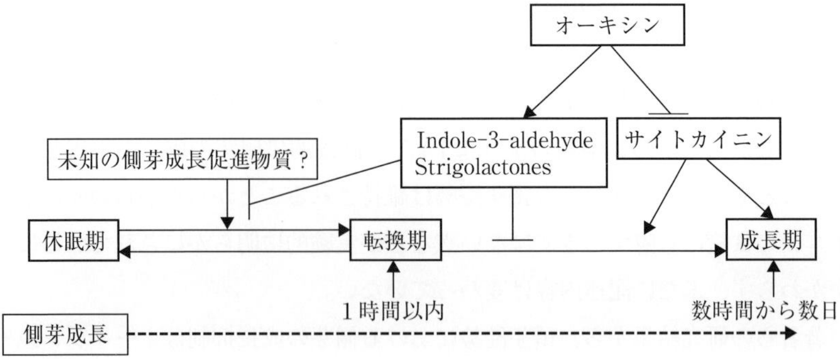

図6-10　エンドウ芽生えにおける頂芽優勢の機構

抑制しておくような機構が備わったのではないかと考えられる。したがって、頂芽が最も高い位置にないと成長が止まり（頂芽優勢打破）、側芽の成長が開始される植物も存在する。木本植物であるニホンナシでは、枝を傾けることによって、伸長成長が停止し、側芽の成長が高まり、花芽の数が増加することが知られており、実際の農家で枝を傾ける作業（誘引処理）を行っている。これは、植物が重力を感じていてそれに変調を来すと応答反応が働いて側芽の成長を促すものと考えられる。したがって、重力を制御した環境下（例えば宇宙空間）での頂芽優勢現象の有無についての研究により、重力と頂芽優勢との関係が明らかになるのではないかと考えられる。以上のような研究によって、植物における頂芽優勢の機構が解明されれば、作物の栽培や収果量の調節等の農園芸業への応用が十分に期待される。

参考文献

1）Phillips, I. D. J. Apical dominance. Annu. Rev. Plant Physiol. 26, 341-367, 1975.

2）Cline, M. G. and Deppong, D. O. The role of apical dominance in paradormancy of temperate woody plants: a reappraisal. J. Plant Physiol. 155, 350-356, 1999.

3）Ito, A., Yaegaki, H. Hayama, H., Kusaba, S., Yamaguchi, I., and Yoshioka, H. Bending shoots stimulate flowering and influences hormone levels in lateral buds of Japanese pear. HortScience 34, 1224-1228, 1999.

4）Thimann, K.V. and Skoog, F. Studies on the growth hormone of plants. The inhibiting action of the growth substance on bud development. Proc. Natl. Acad. Sci. USA 19, 714–716, 1933.

5) Thimann, K. V. and Skoog, F. On the inhibition of bud development and other functions of growth substance in *Vicia faba*. Proceedings of the Royal Society of London, series B; Biological Science 114, 317–339, 1934.

6) Phillips, I. D. J. Auxin-gibberellin interaction in apical dominance: experiments with tall and dwarf varieties of pea and bean. Planta 86, 315–323, 1969.

7) White, J. C. Correlative inhibition of lateral bud growth in *Phaseolus vulgaris* L. Effect of application of indole-3-acetic acid to decapitated plants. Ann. Bot. 40, 521–529, 1976.

8) Cline, M. G. Exogenous auxin effects on lateral bud outgrowth in decapitated shoots. Ann. Bot. 57, 255–266, 1996.

9) Cline, M. G., Chatfield, S. P., and Leyser, O. NAA restores apical dominance in the *axr3-1* mutant of *Arabidopsis thaliana*. Ann. Bot. 87, 61–65, 2001.

10) Wickson, M. and Thimann, K. V. The antagonism of auxin and kinetin in apical dominance. Physiol. Plant. 11, 62–74, 1958.

11) Mitchell, J. W., Marth, P. C., and Freeman, G. D. Apical dominance in bean plants controlled with phthalamic acids. J. Agric. Food Chem. 13, 326–329, 1965.

12) Panigrahi, B. M. and Audus, L. J. Apical dominance in *Vicia faba*. Ann. Bot. 30, 457–473, 1966.

13) Gocal, G. F. W., Pharis, R. P., Young, E. C., and Pearce, D. Changes after decapitation of indole-3-acetic acid and abscisic acid in the larger axillary bud of *Phaseolus vulgaris* L. cv Tender Green. Plant Physiol. 95, 344–350, 1991.

14) Pearce, D. W., Taylor, J. S., Robertson, J. M., Harker, K. N., and Daly, E. J. Changes in abscisic acid and indole-3-acetic acid in axillary buds of *Elytrigia repens* released from apical dominance. Physiol. Plant. 94, 110–116, 1995.

15) Beveridge, C. A., Ross, J. J., and Murfet, I. C. Branching mutant *rms-2* in *Pisum sativum*. Grafting studies and endogenous indole-3-acetic acid levels. Plant Physiol. 104, 953–959, 1994.

16) Libbert, E. Das Zusammenwirken von Wuchs-und Hemmstoffen bei der Korrelativen Knospenhemmung. I. Mittelung. Planta 44, 286–318, 1954.

17) Libbert, E. Das Zusammenwirken von Wuchs-und Hemmstoffen bei der Korrelativen Knospenhemmung. II. Mittelung. Planta 45, 68–81, 1955.

18) Libbert, E. Nachweis und chemische Trennung des Korrelationshemmstoffes und senier Hemmstoffvorstufe. Planta 45, 405–412, 1955.

19) Bennett, T., Sieberer, T., Willett, B., Booker, J., Luschnig, C., and Layser, O. The *Arabidopsis MAX* pathway controls shoot branching by regulating auxin transport. Current Biology 16, 553–563, 2006.

20) Johnson, X., Brich, T., Dun, E. A., Goussot, M., Haurogne, K., Beveridge, C. A., and Ramaeu, C. Branching genes are conserved across species. Genes controlling a novel signal in pea are coregulated by other long-distance signals. Plant Physiol. 142, 1014–1026, 2006.

21) Simons, J. L., Napoli, C. A., Janssen, B. J., Plummer, K. M., and Snowden, K. C. Analysis of the *DECREASED APICAL DOMINANCE* genes of petunia in the control of axillary branching. Plant Physiol. 143, 697–706, 2006.

22) Zou, J., Chen, Z., Zhang, S., Zhang, W., Jiang, G., Zhao, X., Zhai, W., Pan, X., and Zhu, L. Characterizations and fine mapping of a mutant gene for high tillering and dwarf in rice. Planta 222, 604–612, 2005.

23) Arite, T., Iwata, H., Maekawa, M., Nakajima, M., Kojima, M., Sakakibara, H., and Kyozuka, J. *DWARF10*, an *RMS1/MAX1/DAD1* ortholog, controls lateral bud outgrowth in rice. Plant J. 51, 1019–1029, 2007.

24) Schwartz, S. H., Qin, X., and Lowen, M. C. The biochemical characterization of two carotenoid cleavage enzymes from *Arabidopsis* indicates that a carotenoid-derived compound inhibits lateral branching. J. Biol. Chem. 279, 46940–46945, 2004.

25) Dun, E. A., Ferguson, B. J., and Beveridge, C. A. Apical dominance and shoot branching. Divergent opinions or divergent mechanisms? Plant Physiol. 142, 812–819, 2006.

26) Lazar, G. and Goodman, H. M. *MAX1*, a regulator of the flavonoid pathway, controls vegetative axillary bud outgrowth in *Arabidopsis*. Proc. Natl. Acad. Sci. USA 103, 472–476, 2006.

27) Gocal, G. F. W., Pharis, R. P., Young, E. C., and Pearce, D. Changes after decapitation of indole-3-acetic acid and abscisic acid in the larger axillary bud of *Phaseolus vulgaris* L. cv Tender Green. Plant Physiol. 95, 344–350, 1991.

28) Rohde, A., Prinsen, E., De Rycke, R. D., Engler, G., Van Montagu, M., and Boerjan, W. PtABI3 impinges on the growth and differentiation of embryonic leaves during bud set in poplar. Plant Cell 14, 1885–1901, 2002.

29) Nordstrom, A., Tarkowski, P., Tawkowski, D., Norbaek, R., Ascot, C., Dolezal, K., and Sandberg, G. Auxin regulation of cytokinin biosynthesis in *Arabidopsis thaliana*: A facter of potential importance for auxin-cytokinin-regulated development. Proc. Natl. Acad. Sci. USA 101, 8039–8044, 2004.

30) Tanaka, M., Takei, K., Sakakibara, H., and Mori, H. Auxin controls local cytokinin biosynthesis in nodal stem in apical dominance. Plant J. 45, 1028-1036, 2006.

31) Panigrahi, B. M. and Audus, L. J. Apical dominance in *Vicia faba*. Ann. Bot. 30, 457-473, 1966.

32) Lewnes, M. A. and Moser, B. C. Growth regulator effects on apical dominance of English ivy. HortScience 11, 484-485, 1976.

33) Wright, R. D. 6-Benzyl amino purine promotes axillary shoots in *Ilex crenata* thumb. HortScience 11, 43-44, 1976.

34) Semeniuk, P. and Griesbach, R. J. Bud applications of benzyladenine induce branching of a nonbranching poinsettia. HortScience 20, 120-121, 1985.

35) Turnbull, C. G. N., Raymond, M. A. A., Dodd, I. C., and Morris, S. E. Rapid increases in cytokinin concentration in lateral buds of chickpea (*Cicer arietinum* L.) during release of apical dominance. Planta 202, 271-276, 1997.

36) Mader, J. C., Emery, R. J. N., and Turnbull, C. G. N. Spatial and temporal changes in multiple hormone groups during lateral bud release shortly following apex decapitation of chickpea (*Cicer arietinum*) seedlings. Physiol. Plant. 119, 295-308, 2003.

37) Morris, S. E., Cox, M. C. H., Ross, J. J., Krisantini, S., and Beveridge, C. A. Auxin dynamics after decapitation are not correlated with the initial growth of axillary buds. Plant Physiol. 138, 1665-1672, 2005.

38) Cline, M. G. Concepts and terminology of apical dominance. Am. J. Bot. 84, 1064-1069, 1997.

39) Stafstrom, J. P. and Sussex, I. M. Expression of a ribosomal protein gene in axillary buds of pea seedlings. Plant Physiol. 100, 1494-1502, 1992.

40) Hasegawa, K., Shiihara, S., Iwagawa, T., and Hase, T. Isolation and identification of a new growth inhibitor, raphanusanin, from radish seedlings and its role in light inhibition of hypocotyl growth. Plant Physiol. 70, 626-628, 1982.

41) Hasegawa, K., Togo, S., Urashima, M., Mizutani, J., Kosemura, S., and Yamamura, S. An auxin-inhibiting substance from light-grown maize shoots. Phytochemistry 31, 3673-3676, 1992.

42) Nakajima, E., Yamada, K., Kosemura, S., Yamamura, S., and Hasegawa, K. Effects of the auxin-inhibiting substances raphanusanin and benzoxazolinone on apical dominance of pea seedling. Plant Growth Regulation 35, 11-15, 2001.

43) Nakajima, E., Nakano, H., Yamada, K, Shigemori, H., and Hasegawa, K. Isolation and identification of lateral bud growth inhibitor, indole-3-aldehyde, involved in apical

dominance of pea seedlings. Phytochemistry 61, 863–865, 2002.

44) Ongaro, V. and Leyser, O. Hormonal control of shoot branching. J. Exp. Bot. 59, 67–74, 2008.

45) Booker, J., Sieberer, T., Wright, W., Williamson, L., Willett, B., Stirnberg, P., Turnbull, C., Srinivasen, M., Goddard, P., and Leyser, O. MAX1 encodes a cytochrome P450 family member that acts downstream of MAX3 and MAX4 to produce a carotenoid-derived branch inhibiting hormone. Dev. Cell. 8, 443–449, 2005.

46) Umehara, M., Hanada, A., Yoshida, S., Akiyama, K., Arite, T., Takeda-Kamiya, N., Magome, H., Kamiya, Y., Shirasu, K., Yoneyama, K., Kyozuka, J., and Yamaguchi, S. Inhibition of shoot branching by new terpenoid plant hormones. Nature, 455, 195–200, 2008.

47) Gomez-Roldan, V., Fermas, S., Brewer, P. B., Puech-Pagè, V., Dun, E. A., Pillot, J.-P., Letisse, F., Matsusova, R., Danoun, S., Portais, J.-C., Bouwmeester, H., Bécard, G., Béveridge, C. A., Rameau, C., and Rochange, S. F. Strigolactone inhibition of shoot branching. Nature 455, 189–194, 2008.

48) Brewer, P. B., Dun, E. A., Ferguson, B. J., Rameau, C., and Beveridge, C. A. Strigolactone acts downstream of auxin to regulate bud outgrowth in pea and Arabidopsis. Plant Physiol. 150, 482–493, 2009.

第 7 章 花芽形成

1. はじめに

栄養成長をしている植物が生殖成長に切り替わる過程はドラマティックであり、昔から多くの研究者の興味を引いてきた。生殖成長に切り替わる環境要因は、日長の変化、低温、貧栄養など幾つか知られているが、毎年、厳密に制御される要因という意味では日長の変化が最も重要である。日長の変化は葉で感受される。ミハイル・チャイラヒャン（Mikhail Chailakhyan）が1937年の論文[1)]で提唱した「日長の変化を葉が感受し、葉で花成ホルモン（フロリゲン florigen）が生成し、それが茎頂に運ばれ花芽が形成される」と言うフロリゲン説は、その空間的なダイナミックさと、名称にも魅力があったので研究データとは別に、フロリゲンという言葉は有名になった。

最近、*FLOWERING LOCUS T*（*FT*）遺伝子が葉で発現し、その発現蛋白が茎頂に送られることで花成が始まることが報告され[2), 3)]、また、その*FT*作用は広範な種の植物で見られるので*FT*こそがフロリゲンの正体で、花成は*FT*でコントロールできる、と考えられている。*FT*は花芽形成のイベントの中で大変重要な遺伝子であることは間違いないが、実践的な立場からするとこの考えは単純すぎると思われる。まず、昔、考えられたように1つの物質（遺伝子でもよいが）だけで花を形成することはできない。次節で述べるように花芽形成は幾つかのステップからなり、当然、それぞれのステップで決定的に関わる遺伝子がいくつも存在する。また、花芽形成に関わる化学物質は各種植物ホルモンを含めて幾つか示されているが、それぞれが花芽形成の各ステップでどのように関与しているかということはほとんど明らかになっていない。植物の成長は遺伝子と化学物質の協調作用であるはずであるが、遺伝子研究の技術開発が先行していたために遺伝子の関わりが、まずわかってきたというのが現在の状況である。今後、明らかになってきた遺伝子と化学物質がどう関わるかが次第にわかってくると思われる。

本章では花芽形成に関わる代表的な遺伝子を概括し、その後、現在までに明らかになった化学物質との関わりを述べる。化学物質の中では、著者らが研究を進めてきたKODAについて詳しく解説する。

2. 研究の歴史

（1） フロリゲンの探索

花芽形成についての科学的研究は、ガーナーとアラード（W. W. Garner and H. A. Allard）[4] が多数の植物を調べて、ダイズやタバコなど、昼の長さがある時間以下になったときに限り花を咲かせるような植物があることを、1920年に発見したことに始まると言ってよいだろう。彼らは、乾燥など他の花芽形成に与える影響なども観察した上で、昼の長さが花芽形成のタイミングを決めるのに極めて重要であることを明快に指摘している。次に重要な進展の機会は、ロシアの植物生理学者ミハイル・チャイラヒャン（M. K. Chailakhyan）が1937年に接木実験に基づいて提唱したフロリゲンの存在の予言である。同様な接木実験はその後、多くの研究者によって確かめられている。例として1958年にゼーバート（J. A. D. Zeevaart）が発表した接木実験[5] の概要を瀧本[6] がわかりやすく示しているのでそれを図7-1に示す。シソの場合は一度、短日処理して花芽形成した個体から取った葉を長日条件下のシソに接ぐと花芽を誘導した。その場合、同じ葉で7個体のシソに花芽を誘導することができるという。これは極端な例である。恐らく、シソの葉は切り取った後も容易には枯れないという特殊な事情によると思われるが、短日のシグナル物質が葉でつくられることを明快に示している。またこの場合、接木した先の個体の葉を用いても別な個体のシソに花芽形成を誘導することはできない。つ

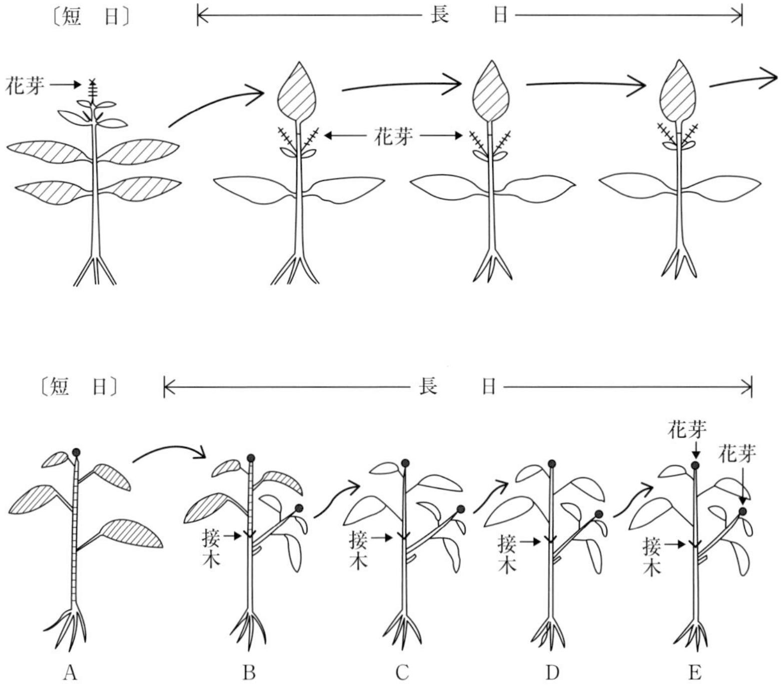

図7-1　シソとオナモミの接木実験

短日処理で花を誘導したシソの葉を切除し、長日条件下で花が着いていないシソに接木すると花を形成することができる（上段）。1枚の葉でいくつもの植物に花をつけることができる。また、短日条件で花を咲かせたオナモミの花が着いたシュートを、長日条件下のオナモミに接木すると花を誘導することができる（下段）。新しく形成した花の着いたシュートを切り取り、別の長日条件下の植物に接木すると改めて花を誘導することができる（瀧本敦「花を咲かせるものは何か」[6] から引用）。

まり、短日処理のシグナル物質（フロリゲン）は飽くまでも葉で作られるもので、例え、接木して花が着いた個体でもその葉には新たなフロリゲンは生成していないことになる。しかし、葉ではなく、接木して花芽形成を誘導した個体から新たに出現してくる花を持つシュートを使えば、別の個体の花芽形成を誘導することができる。このようにフロリゲンは植物体を移動する物質として認識されるようになり、それ以降、フロリゲンの正体解明が花芽形成研究の主要なテーマになった。もっとも、チャイラヒャン自身は、ジベレリンが発見された以降は、フロリゲンは単独の物質ではなく、ジベレリン（gibberellin）と未知物質アンテシン（anthesin）の複合であり、この両者のバランスで花芽形成が誘導される[7]と考えていた。彼は多くの長日植物は短日条件下でもジベレリンにより花芽形成が誘導されるのに対して短日植物では長日条件にジベレリンを与えても花芽形成が起きないので、アンテシンという仮想の成分を考えた。アンテシンは発見されることはなかったし、今日ではこの複合作用を省みる人はほとんどいない。しかし、答えがわからないときに大胆な仮説を出すことはその正否は別にして科学の発展には大事なことではないだろうか。詳しくは別書（参考文献8)）に譲るが、結局、彼の説は長日植物の開花を決めるのはジベレリンであり、短日植物のそれはアンテシンということになる。この中で、長日植物の花芽形成にジベレリンが重要な役割を果たしていることはその後の研究で証明されたと言ってよいだろう。さらにジベレリンが *FT* 遺伝子を介さず、独自の花芽形成誘導機構をも持っていることも証明されつつある。その点についてはジベレリンの項で解説する。

既知の植物ホルモンとは別に、フロリゲンを見つけようとする努力は主にアオウキクサ（*Lemna paucicostata*）の花成誘導系を用いて行われてきた。アオウキクサは培養などの管理も微生物培養のセンスでできるし、大きな実験スペースも必要ない。何よりも小さいながらも高等植物に分類され、おしべやめしべを持つ花が分化するという点が評価された。最初に見つかってきたのは、芳香族化合物である。サリチル酸（salicylic acid）[9, 10]、安息香酸（benzoic acid）[11]、フェニルグリオキサール（phenylglyoxal）[12]の他、N 含有の複素環化合物であるニコチン酸[13]、ピペコリン酸[14]などが見いだされた（図 7-2）。一方、竹葉らはポリペプチドがアオウキクサ 151 株の花成を誘導することを見いだし[15]、注目を浴びた。このペプチドは加水分解しても活性があり、結局、アミノ酸としてのリジンそのものも花成効果を持つことがわかった[16]。しかし、以上の成分はアオウキクサの花成誘導条件に関連して変動することが見つかっていないし、他の植物での花芽形成への関与も不明である。そういう意味で花芽形成に関与する普遍的な成分とは言い難い。

著者らは、以上の物質群とはまったく異なるユニークな成分を見いだした[17]。

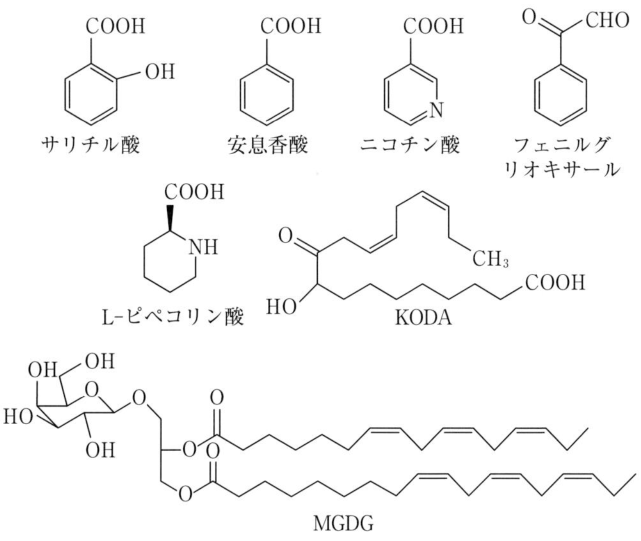

図7-2　花成誘導に関与することが見いだされた物質

KODA（α-ketol octadecadienoic acid; 9-hydroxy-10-oxo-12(*Z*), 15(*Z*)-octadecadienoic acid）と呼んでいる脂肪酸である（図7-2）。KODAだけではアオウキクサ151株の花成を誘導しないが、KODAとノルエピネフリンのアダクト群（図7-8参照）が強い花成誘導効果を示した[18), 19)]。詳しいことはKODAの項で述べるが、この成分はアサガオでの花成誘導条件に合わせて変動することも報告され[20)]、また、他の多くの植物の花芽形成を促進することもわかった[21)]。ただし、KODAだけでは花成誘導は起きないのでフロリゲンとしての資格はないが、花芽形成に関与する普遍的で重要な成分であることが期待される。

脂肪酸については繁森ら[22)]もシロイヌナズナの花成誘導系においてユニークな成分を見いだした。シロイヌナズナを短日下で栽培し、花芽形成を起こさない植物と長日下で花芽形成を起こした植物中のメタノール抽出物をHPLCで解析したところ、モノガラクトシルジアシルグリセロール（MGDG）（図7-2）が顕著に減少していることがわかった。花芽形成を起こすときに使われる成分と解釈すれば、花成促進作用を持つことが期待された。調べたところ花成誘導ではないが、その後の花芽形成過程に重要な役割を演じていることが示唆された。この作用はKODAと似ている上、MGDGの構成成分であるリノレン酸はKODAの前駆成分であるのでMGDGはKODAを通してその作用を発揮している可能性もある。

以上の所謂、フロリゲン探しは*FT*遺伝子が見つかったことで、研究者の興味は弱くなったが、今後、*FT*を含めて花成関連遺伝子とこれまで見いだされた低分子との関わりを解明することが、花芽形成現象の理解に今後重要になってくると思われる。

（2） 植物ホルモンと花成誘導

既知の植物ホルモンの中で、ジベレリン（gibberellin）とアブシジン酸（abscisic acid）の花芽形成への関与が証明されている。

1） ジベレリン

ジベレリンが特に長日植物の花成に促進的に働くことはすでに1960年代からよく知られていた[23]。シロイヌナズナの花成もジベレリンで誘導され、日長、低温、自立的要因と並んでジベレリン経路も確立されている。ジベレリンは、長日に反応するシス制御領域とは異なる領域を介して、*LFY*（*LEAFY*）遺伝子のプロモーターを活性化する[24]。その点に関して、Gocalら[25]はシロイヌナズナにある*GAMYB*様の転写因子遺伝子を調べた。*GAMYB*は大麦糊粉層におけるジベレリンで誘導されるα-アミラーゼ分泌研究の中で見つかった、ジベレリン誘導型の*MYB*型転写因子である。シロイヌナズナの中には*GAMYB*様遺伝子は3つあった（*AtMYB33, AtMYB65, AtMYB101*）。いずれの遺伝子もα-アミラーゼプロモーターを大麦の*GAMYB*と同程度に強く活性化したので、ジベレリンの直接的関与が強く期待された。そこで、短日条件のとき、ジベレリンで花成を誘導したときの茎頂での*AtMYB*の発現を組織化学的に調べたところ、*LFY*の発現直前に発現することがわかった。さらに*LFY*プロモーター配列に*AtMYB*蛋白が直接、特異的に結合することも示され、ジベレリンが*FT*を介しないで直接*LFY*の発現を誘導する機構が解明された。一方、久松とキング（T. HisamatsuとR. W. King）[26]は*FT*とジベレリンに的を絞り、シロイヌナズナ花芽形成におけるそれらの役割を、ジベレリン欠損変異株（*ga1-3*）と *FT* 欠損変異株（*ft-1*）を用いて詳しく調査した。その結果、シロイヌナズナではジベレリンは、*FT* の上流に位置して、*FT* を通じて花芽形成を誘導する経路が主流であることが確かめられた。*ga1-3* を用いた場合、長日条件をあたえても *FT* が増加せず、花芽形成も起きない。さらに、そこにジベレリンを与えると *FT* の増大と花芽形成が完全に回復するので *FT* の誘導にはジベレリンが不可欠であることを示したが、それだけでなく、*ft-1* 株では、長日条件で花成が誘導しないときに GA_4 を与えると 82%もの株で花芽形成が起こるようになるという。多くの実験のデータは FT を通じた花成誘導がメインであることを示していたが、ジベレリン独自の経路の存在も証明された。また、ジベレリンの生合成遺伝子（*AtGA20ox2*）の発現場所も *FT* のそれとは異なることもわかった。*FT* は葉身で発現するのに対し、*AtGA20ox2* は葉柄と茎頂で発現し、葉身ではまったく発現が見られなかった。ジベレリンがどのように *FT* の発現を活性化するのかは不明である。一方、*FT* を介さないでジベレリンが直接、花成を誘導する系があることの証明は花成現象での低分子の役割の重要性を再認識させる。シロイヌナズナでは *FT* に比べて、ジベレリン独自の役割は小さいが、植物によってはその経路が重要である場合も十分あり得る。同じ長日植物である *L. temulentum* では短日条件でジベレリンを与えると *FT* がわずかしか発現しないときにも顕著な花成誘導効果が見られる[27]。

2） アブシジン酸

アブシジン酸が花成に与える影響は大きくはないと思われていた。低濃度（0.2 または 0.4 mg/L）で、短日条件下のアサガオ花成がわずかに促進されることは知られていたが[28]、この効果は暗期処理の終わり近く、または暗期後に処理することで、暗期前に処理すると逆に花成を阻害した[29]。また、内生アブシジン酸は光周期条件の変化に連動することはなく、アブシジン酸の生合成阻害剤（フルリドン、fluridone）も花成に影響しないという[29]。しかし、自立的要因による花成（autonomous flowering pathway）では、アブシジン酸は重要な役割を持っていることがわかってきた。自立的要因により発現が促進される *FCA* は、*FlOWERING LOCUS C*（*FLC*）を抑制する。FLC は花成を抑制する転写因子であるので、結果的にFCAの発現により花成が促進される[30), 31)]。FCAの働きにはFYとの相互作用が必要である[32)]。最近、FCAはアブシジン酸の受容体でもあることがわかった。アブシジン酸がFCAと結合することによりFYとの結合が阻害され、FLCを抑制することができなくなる。このように、アブシジン酸はレセプターでもあるFCAの働きを阻害するのでFLCは抑制されず、結果的にアブシジン酸の働きで花成誘導は妨害される（図7-3）[33)]。

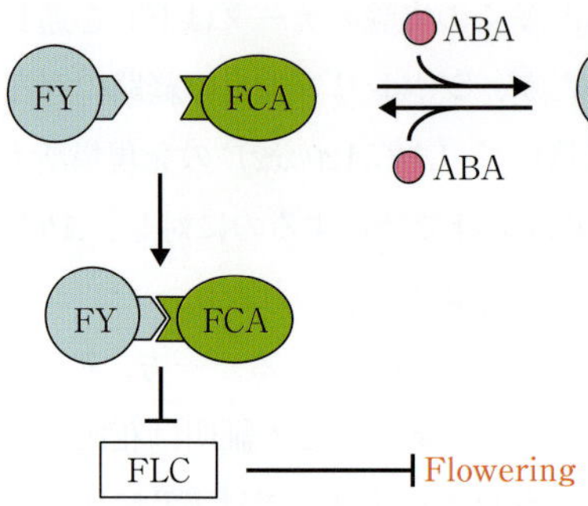

図7-3　アブシジン酸の花成抑制作用の分子的機作
FCA、*FY*、*FLC*の各遺伝子（蛋白質）については図7-1
および本文を参照（Schroeder and Kuhn[75)] の図を引用）。

（3）遺伝子レベルでの研究

花成関連遺伝子の働きを理解するには花芽形成の諸過程を理解することが必要である。栄養成長から生殖成長への変換は、成長点（meristem）で栄養芽が花芽に分化する過程と考える向きもあるが、花芽分化が起きてもその原基から完成した花ができる（開葯する）までには幾多のステップがあり、農業上のトラブルもその過程に多い。花芽形成の各ステップとそこに関わる代表的な遺伝子を表7-1に示した。実際には花芽形成関連遺伝子の研究の多くはシロイヌナズナを材料にしたものだが、実はシロイヌナズナは花芽形成の研究に特別に向いているわけではない。まず、花芽形成を起こす条件に設定しても直ちに花芽形成が始まるわけではない。これは、例えば短日性のアサガオと対比してみると、アサガオでは、連続光下で栽培するときに長い夜（例えば16時間）を一回だけ与えれば、十分な花成誘導が起こり、成長点はすぐに花芽分化の方向に進むが、シロイヌナズナでは、それほどクリアーな刺激になる環境はない。また、シロイヌナズナは花序をつくる植物であることから、シロイヌナズナの場合には花芽分裂組織（floral meristem）ができる前に花序分裂組織（inflorescence meristem）ができる。花序分裂組織は花芽分裂組織を外側に発生させながら、成長点を維持して上方に伸びていくことになる。花芽形成のメカニズムを解析する材料としては少し複雑である。表7-1には花序分裂組織の過程を含めなかった。栄養成長分裂組織と花序分裂組織は分化について非決定的（indeterminate）であり、花芽分裂組織は花組織にしか分化しないので、その意味で決定的（determinate）である。また、あまり認識され

表7-1　花芽形成の各ステージと関与する代用的遺伝子

ステージ （　）内は別名	関与する代表的遺伝子	内　容
【Ⅰ】花成誘導（催花） floral induction	*CONSTANCE*（*CO*）， *FLOWRING LOCUS T* （*FT*），*FD*	花成刺激が生成される過程。葉でフロリゲンが生成する過程と考えて不都合はない。
【Ⅱ】花成誘起（花芽創始） floral evocation, floral initiation	*APETALA1*（*AP1*）， *CAULIFLOWER*（*CAL*）， *LEAFY*（*LEY*）	栄養成長中の茎頂のドーム型（円錐状）形状が半球状または扁平になる（花芽形成が起こる前触れ）過程。
【Ⅲ】花芽分化 floral differentiation	*AGAMOUS*（*AG*）	花原基が分化する過程。
【Ⅳ】花芽発達と花芽成熟 floral development and maturation		花芽成熟は開花するために必要な過程として一部の植物で認識されている。花芽成熟に必要な環境要因はほとんどの場合、低温である。休眠打破条件と同じであることが興味深い。花芽成熟は花芽発達の後に起こることが多いが、前に起こることもあるので一諸の過程として扱った。
【Ⅴ】開花（開葯） flowering, anthesis		観賞的な観点というよりも生殖器官としての完成。

ていないが、シロイヌナズナのような実験植物では表 7-1 にある「【Ⅳ】花芽発達と花芽成熟」の過程はほとんど意識されない。しかし、普通の植物では分化した花芽原基がすべて開花にまで至る例はむしろほとんどないのではないか。その過程にトラブルが多いことが普通である。シロイヌナズナのような実験植物はそこの過程に問題がおきにくい品種を無意識に選抜している可能性がある。栄養芽の成長点は未分化な細胞の増殖と、周辺の細胞を葉や枝（もっと広い概念で言えばシュート）などの器官に分化させ、そのバランスをとりながら成長している。成長点で未分化な状態を維持するには、シロイヌナズナでは *WUSCHEL*（*WUS*）が重要な役割を担っている。*WUS* は分裂組織中の幹細胞のすぐ下にある細胞群で発現し、幹細胞が分化することを抑えている[34)]。*WUS* が分裂組織の未分化状態を維持する働きは栄養成長時だけでなく、胚発生時の茎頂花序分裂組織、花芽分裂組織までも含めたシロイヌナズナの全成長

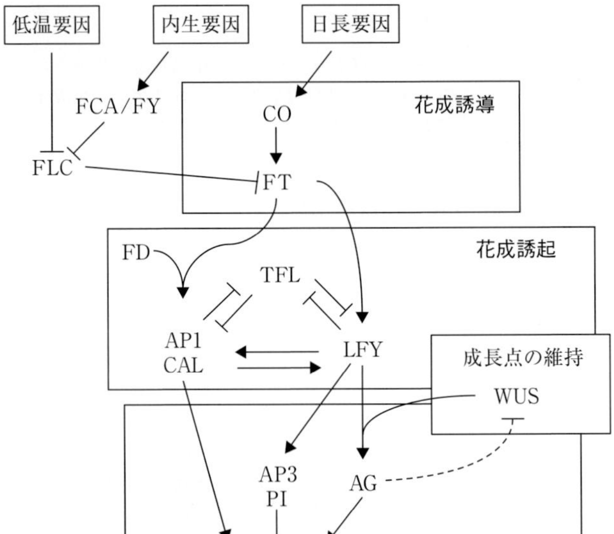

注）遺伝子の名前は本文を参照

図7-4　花成誘導から花芽分化に至るまでの代表的な遺伝子の関与
（R Sablowski の総説[58)] にある図を改変）

過程に及んでいる[35)-37)]。

花成誘導から花原基ができるまでに関与する遺伝子発現の関係を図7-4に示した。日長の変化など花成誘導に十分な刺激を植物が受けると、葉組織の中で*CONSTANCE*（*CO*）遺伝子が発現する。*CO* mRNAは、シロイヌナズナでは夜明け12時間後に転写され始め[38)]、また、それから翻訳される*CO*蛋白は光照射下でのみ安定である[39)]。したがって、短日条件ではいつも低く抑えられている。長日条件で生成した*CO*蛋白は*FLOWERING LOCUS T*（*FT*）遺伝子の転写を活性化する。葉で誘導・発現された*FT*蛋白は茎頂に送られて[2), 3)]花成イベントを引き起こすので、チャイラヒャンが提唱していた、いわゆるフロリゲンはこの*FT*蛋白であろうと解釈されている[40)]。

*FT*蛋白は茎頂でbZIP蛋白である*FD*と相互作用し[41), 42)]、その後に*APETALA1*（*AP1*）/*CAULIFLOWER*（*CAL*）と*LEAFY*（*LFY*）を活性化する[43)]。*AP1*と*CAL*はMADSドメイン型転写因子の配列を持ち、互いに88%の相同性を持ち、恐らく同じ遺伝子の転写を制御していると考えられている[44)]。これらの遺伝子は花芽分裂組織が発生し、それを維持するために必要十分な条件を持つ遺伝子である。つまり、*AP1*と*CAL*は花序分裂組織から花芽分裂組織が出現するや否や発現が起き[44)]、かつ、*AP1*を過剰発現させると花序分裂組織は頂花組織に変換してしまう[45)]。一方、*AP1*/*CAL*の二重突然変異体（*ap 1-1 cal-1*）では、花序分裂組織の脇に発生した花の原基は正常な花器官に発達することができず、不完全な原基形成を繰り返すことにより、花が付くべき位置にカリフラワーのような花原基の固まりになる[46)]。*LFY*も転写因子の配列を持つ[47)]。*LFY*の機能を損なうと花芽分裂組織は花序分裂組織に戻ってしまうことが知られている[48)]また、*LFY*を強制的に発現すると花序分裂組織が花芽分裂組織に転換する[49)]。*LFY*の効果は*AP1*を通じて作用しているが[45), 50)]、それらとは別に独立に作用する経路もある。いずれにしても、以上のように*AP1*/*CAL*と*LFY*は花芽分裂組織を特徴付ける花芽分裂組織のアイデンティティー遺伝子である。

栄養芽分裂組織がいつ、花序分裂組織に転換するかについては、特定の遺伝子の発現と連動して規定されていないが、*AP1*/*CAL*と*LFY*が発現する前で*FT*の発現の後であるから、茎頂で*FT*と*FD*が相互作用する時期か、その後、*AP1/CAL*と*LFY*の発現が始まる前になる。*AP1/CAL*と*LFY*は花序分裂組織の周辺に生じる花芽分裂組織のみで発現している。花序分裂組織で*AP1/CAL*と*LFY*を発現させず、花序分裂組織の状態を保っているのは花序分裂組織のすぐ下側で発現している*TERMINAL FLOWER*（*TFL*）である。*TFL*欠損の突然変異体では花序分裂組織全体は花芽分裂組織に変わってしまう。*TFL*は*FT*のホモログであるが、機能はまったく逆である[51-53]。

以上のように栄養芽分裂組織から花芽分裂組織が出現するまでの茎頂分裂組織では、さまざまな遺伝子の発現・抑制がドラスティックに見られる。この時期の細胞組織の場としての変化はどうなのだろうか。それについてはホワイトマスタード（*Sinapis alba* L.）を用いた興味深い研究がある。

ホワイトマスタードはヨーロッパやカナダで栽培されているスパイスなどに使われるナタネ科の植物であるが、1回の長日条件で花芽形成が誘導される。長日処理開始後、16～28時間で、葉で作られた刺激が茎頂分裂組織(SAM)に移動する[54]。その時間はSAMでの細胞分裂が高まる時期と一致する。細胞分裂はその後、36時間まで減少に向かうが40時間以降に第二の細胞分裂のフェーズが始まり、60時間目にピークを迎える。それから数時間するとSAMは花芽分裂組織に変化を始める[55]。細胞分裂の2つのピークの間28時間から36時間をピークに原形質連絡（plasmodesmata）の数が一過的に2倍以上にも増えるという[56]。原形質連絡で繋がった細胞群の形状が栄養成長のときには三角形であったものが、花芽形成に向かうときには丸くなるという空間的違いも生じる[57]。つまり、花成誘導の結果、茎頂に刺激が移動し、花芽分裂組織が発生する少し前に細胞同士の相互作用の場が格段に広がるときがあるということである。この原形質連絡の生成は細胞分裂のときにできるのではなく、すでに細胞壁を蓄積しつつある細胞で新たに形成されるようである。ホワイトマスタードでもシロイヌナズナと同様な花成関連遺伝子が関与しているとすれば、この原形質連絡の数が増える時期というのは*FT*が*FD*と相互作用する時期か、その直後ではないかと思われる。

植物の細胞というと細胞壁に囲まれた動きに乏しいイメージがあるが、必要なときには思いのほかダイナミックに形態も変えるという例である。このような原形質連絡のダイナミックな変化は休眠芽ができるときにも見られる。いずれにしても花芽創始（花芽分裂組織ができるとき）が始まる少し前は、代謝的にも大変ダイナミックな時期と想像される。ここに関わる化学物質は明らかになっていない。

これまで述べたように、*AP1/CAL* や *LFY* は花芽分裂組織のアイデンティティー遺伝子と言われる。花芽形成の過程で言えばSAMがドーム状から扁平になる段階を規定している（表7-1を参照）。花芽形成に必要な過程で花芽分化の準備期間にあたる。ここから実際の花芽が分化してくる過程を規定する遺伝子はまた別にある。雄ずいと心皮の決定には幾つかの遺伝子が関与しているがもっとも重要な遺伝子は *AGAMOUS*（*AG*）である。*AG* 欠損突然変異体では雄ずいが花弁に変わり、また、心皮はがく片－花弁－がく片の繰り返し構造に置き換わってしまった。このため、*AG* は花器官のアイデンティティー遺伝子と言われる（図7-4）。花の器官が分化するためには花芽分裂組織がその役割を終了させることが必要である。分裂組織（meristem）を維持しているのは *WUS* であるので、*WUS* を抑制することが必要であるが、*AG* がその役割を担っているのではないかと推察されている[58]。逆に *WUS* は *AG* を活性化させる。さらに、その転写は *LFY* 蛋白が同時に存在することが必要である[59]。つまり、*WUS* はいつでも *AG* を活性化できるわけでなく、*LFY* が活性化しているとき、つまり、花芽分裂組織が発生しているときに限り、*AG* を活性化させ、次のステージ（花器官の分化）に向かうことを保証しているのである。

3. 著者らの研究

花芽形成を制御する、新しい生理活性物質としてKODA（α-Ketol OctadecaDienoic Acid; 9-hydroxy-10-oxo-12(*Z*), 15(*Z*)-octadecadienoic acid）と呼ばれるオキシリピンを紹介する。この物質はアオウキクサの花芽形成物質を探索する中で発見された。

（1） KODAのアオウキクサにおける花成誘導作用

瀧本らはアオウキクサの花芽形成を誘導する水溶性の物質を探索していた。アオウキクサ441系統の水抽出物は151系統のアオウキクサの花芽形成を強く誘導した[60]。水でのホモジェネートを遠心により沈殿と上澄みに分けるとそれぞれには活性がなかったが一緒にすると強い活性を示した。つまり、少なくとも2種類の物質が活性発現に関与していると思われた。上澄み中にはノルエピネフリンが含まれており、それで活性を代替することが可能であった[60), 61]。以上のアオウキクサ水抽出画分の花成誘導作用の概略を図7-5に示した。沈殿中の活性物質の本体は、長い間わからなかったが、活性成分がストレスにより二次的に生成されるという性質[62]がわかってから研究が進展した。活性が制御できるようになったからである。その後、沈殿画分の活性成分の探索が始まった。活性成分は水で抽出されてくる物質なので最初は糖やペプチドなどを想像していたが、まったく意外なことに、最終的に脂肪酸（KODA）が見つかった[17]。リノレン酸からリポキシゲナーゼによる酸化代謝物の総称でオキシリピンの一種である（図7-6）。KODAはリノレン酸から9位特異的なリポキシゲナーゼ（9-LOX）とアレンオキシドシンターゼ（AOS）の2つの酵素

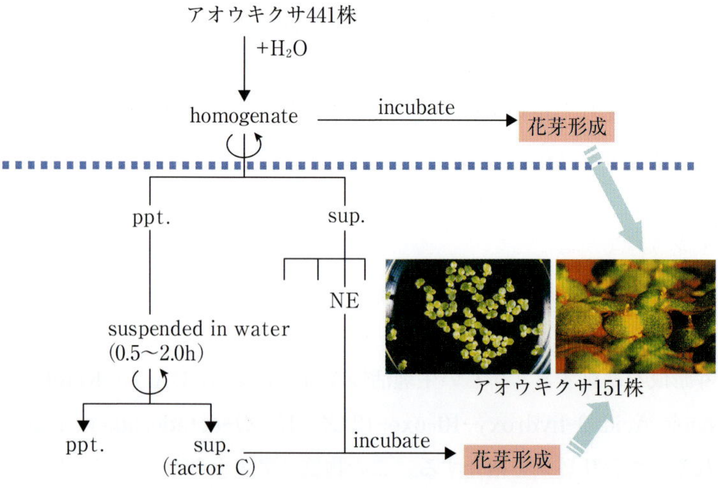

図7-5　アオウキクサ151株花芽形成誘導物質探索の概略

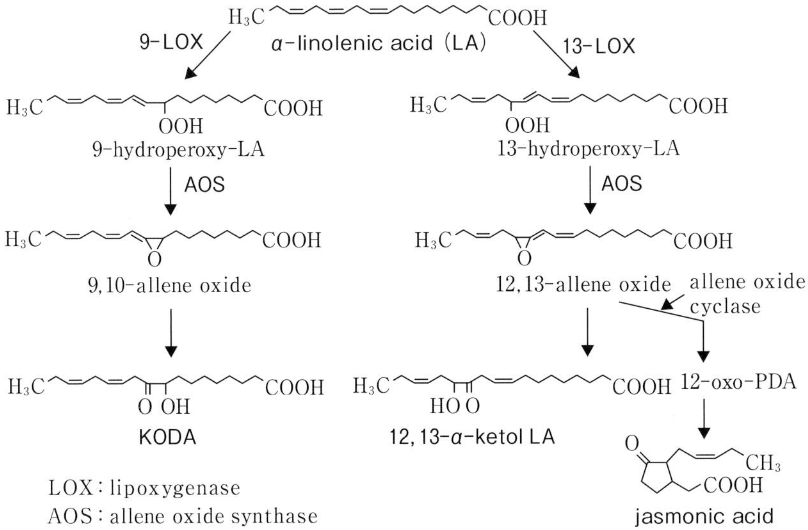

図7-6　Allene oxide synthase（AOS）が関与するオキシリピン代謝図
（横山[21]の図を引用）

により生成すると考えられ、実際にその酵素を用いればin vitroで生成する[17]。オキシリピンの中で研究が進んでいるジャスモン酸が13位特異的なリポキシゲネースから始まる一連の反応で生成することを考えるとその位置関係（図7-6）は大変興味深い。KODAは乾燥や加温などのストレスにより誘導放出されるので明らかにストレス誘導性の物質であるが、実は乾燥ストレスを与えると直ちにできてくる部分は少なく、それを水に戻す過程で大量に生成・放出される[17]。つまり、ストレスの過程で生成されるというよりも、その回復する過程で生成されている。その後、KODAの作用の特徴がわかってくると、この生成過程には意味があることがわかった。KODAは、ストレスに関与しているもののストレスを誘導する作用ではなく、ストレスを受けた植物がストレスからの回復の過程でKODAの作用を利用していると思われる。

アオウキクサ151株の花成は、441株に乾燥・熱・浸透圧などのストレスを与えたときに放出されるKODAとノルエピネフリンとの反応物が151株の花成を強く誘導する。最初に、ノルエピネフリンの構造活性相関について調べた[18]。

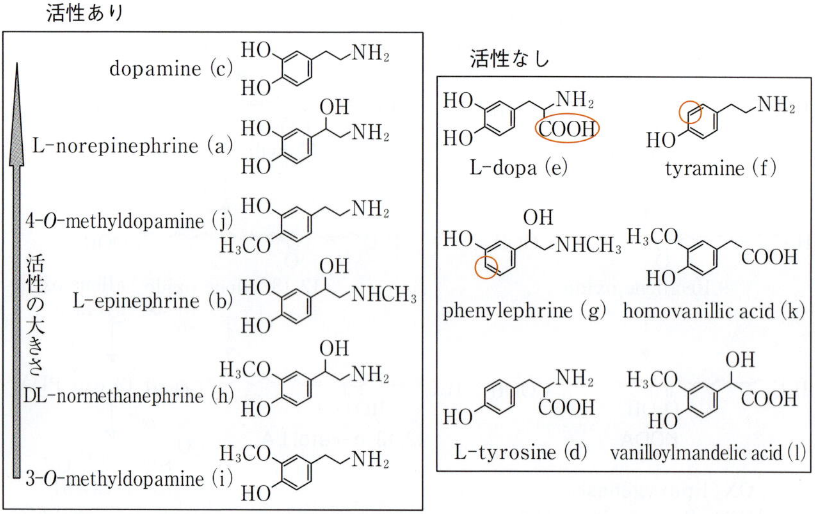

図7-7　カテコールアミンおよびその類縁体の構造とアオウキクサ151株の花成誘導活性の関係
カテコールアミン類縁体とKODAを等モル（3mM）、Tris-HCl緩衝液（pH 8.0）で24時間、室温で放置した後、0.01〜3μMのいろいろな濃度でアッセイし、活性を調べた。

その結果、この反応にはカテコールアミン構造が必須であることがわかった(図7-7)。

次に、KODAの構造特異性を詳しく調べた。オキシリピン代謝の中で、このような活性を持つ可能性があると思われたのは、KODAの異性体である12, 13-αケトールリノレン酸（図7-6を参照）とJAであるが、いずれもそのような活性はまったく認められなかった[17]。最近、KODAの構造特異性をさらに詳しく調べた[63), 64]。必須の最小構造は12位のシス型のオレフィン構造と10位のカルボニル構造である。9位の水酸基がないと活性は1/1000に減少してしまうが、完全に消失するわけではないことがわかった。KODAのカルボン酸をエステル（メチル化）にすると活性が1/10に低下した。なお、15位のオレフィンについて、最近、KODAを塩素ラジカルなどと共存させるとそこがジオールに酸化され、その酸化物も活性を持つことがわかっている。15, 16-ジオール体構造のユニークな点は、切花に対して強い鮮度保持作用があることである[65]。KODAに切花の鮮度保持作用はほとんどない。

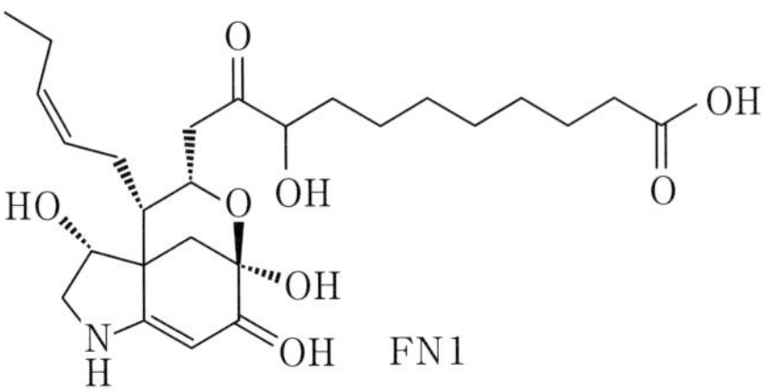

FN1

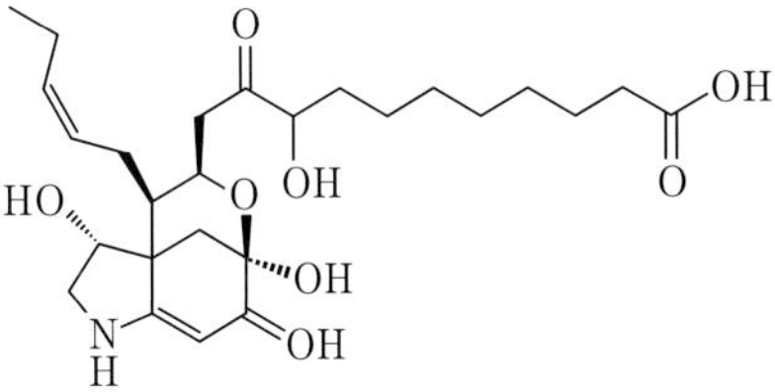

FN7

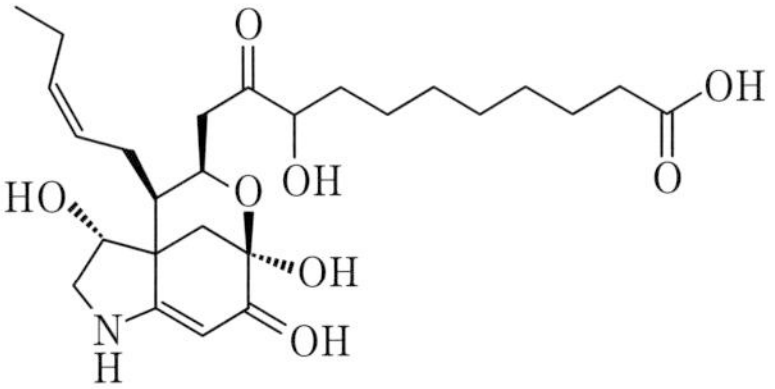

FN10

図7-8　KODAとノルエピネフリン混合液から確認されたアダクトの例

KODAのカテコールアミンとノルエピネフリンの実際の反応物も解析した。現在までにFN1、FN7、FN10と呼ぶ構造が明らかになった（図7-8）[18), 19)]。これらの反応物はin vitroで生成する物質であり、いずれもアオウキクサの花成で強い効果があるが、これまでのところ、体内での存在は確認されていない。FN1についてはアオウキクサだけでなく、アサガオの系でも、KODAに比べ1/10000の濃度で同様な活性が確認されている[21)]。KODAとノルエピネフリンのアダクト（結合物）はこのように大変魅力ある物質であるが、生体内で確認されていない段階では生理的な意味合いは論じられないので、生体内物質であるKODAの働きについて研究を進めた。

（2）花芽形成過程と内生KODAの変動

KODAは植物体内に存在するオキシリピンであるので、花成誘導に伴って内生のKODAが変化する可能性がある。アサガオ（紫）は、1回の暗処理（16時間）を与えることにより連続照明下栽培でも花芽形成を誘導することができる、絶対的短日植物である。この場合、暗期が花成誘導期にあたるので、その期間中のKODAの増減に興味を持ち、内生KODAの定量を行った。アサガオ中のKODAの存在は知られていなかったのでLC-SIMおよびLC-MS/MSにより証明した[20)]。9-anthryldiazomethaneでエステル化したKODAを蛍光法で増減を調べたところ、子葉中のKODAは14時間目に急増し16時間目の暗期終了までその値を維持し、照明下に戻されると1時間以内に元の低レベルに減少することがわかった（図7-9)。暗期中8時間目の10分間の光中断で花芽形成はまったく誘導されなくなるが、そのときKODAの増加も起こらなかった。暗期を感じるのは子葉であるが、その感受性は子葉のエイジに大きく影響される。子葉展開後がもっとも感受性が高いが、日を経るごとにその感受性は減少する。その感受性の変化とKODAの増加の程度もよく相関していた。日長とは別な花成誘導環境は低温である。ラベンダー（*Lavandula angustifolia*）は冬の低温で花成が誘導される。私たちは、低温期間中のラベンダーの内生KODAを調べたが、やはり、低温期間の最後に一過的に内生KODAが増加することを観察した（未発表)。KODAの効果はその時期に噴霧するときに限り観察された。

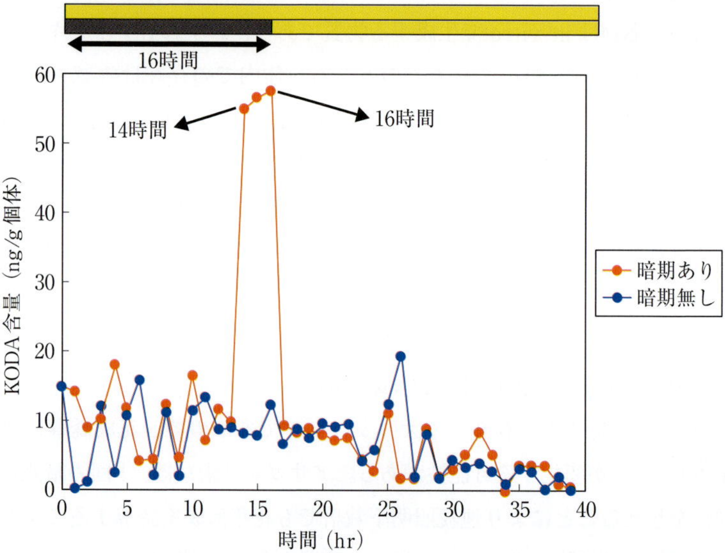

図7-9　アサガオの芽生えを暗処理（16時間）したときの内生KODAの変化
(Suzukiら[20)]らの図を改変)

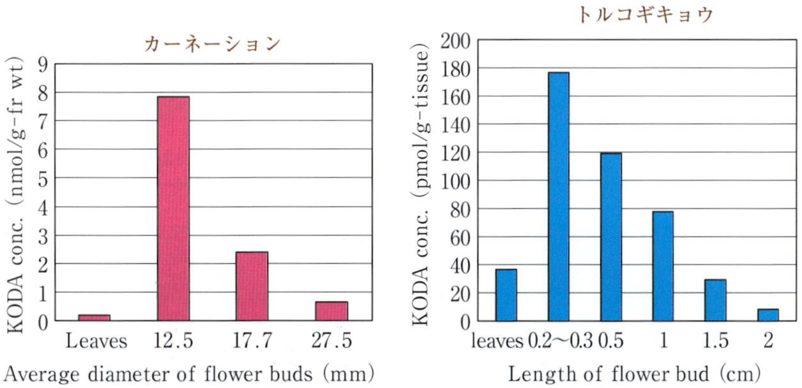

図7-10　カーネーションとトルコギキョウの各発達段階での花芽中の内生KODA量の変化
（Yokoyamaら[58]の図を引用）

花芽形成現象に関してKODAが一過的に増加する時期は少なくとももう1回ある。それは花芽の形成初期である[66]。カーネーション（*Dianthus caryophyllus* L.）とトルコギキョウ（*Eustoma grandiflorum*）で調べたところ、分析可能なステージの中でどちらも最も小さい花芽（トルコギキョウで2〜3mm）にKODAの蓄積が見られ、花芽の発育に伴い急速に減少することがわかった（図7-10）。キク（*Dendranthema grandiflorum* Kitam）やアサガオでも同様な変化を観察した。アサガオの新葉にはそのようなKODA含量の増加は認められなかった。

（3） KODAの花成促進作用の普遍性

KODAは以上のように、いろいろな植物の花成と関連して内的に変動する物質なので、KODAを与えるとアオウキクサ以外の植物でも花成を制御することが期待された。そこで様々な植物を用いてKODAの花芽形成に与える影響を調査した。アサガオの花芽形成を平均一個程度に抑えた条件でKODAを暗期の前後に噴霧すると、100〜200 μM濃度のとき2倍程度に花数を増加させた。コントロールに花がまったくつかない条件ではKODAの効果はなかった。次に、園芸植物の花芽形成への効果を調査した。

KODA散布日	開花数／鉢（12/15時点）	50%開花日
10/2	6.1 flowers/pot	12/1
10/30	4.1 flowers/pot	12/1
Control	3.3 flowers/pot	12/10

Control　　KODA（100μM）

図7-11　秋冬季作型でのカーネーション開花におけるKODAの促進作用
（横山[21] の図を改変）

カーネーションを冬季開花作型（6月中旬播種、10月花芽分化）で栽培したとき、KODA（100μM）を花芽形成期前（10月初旬）、または花芽形成開始後（10月下旬）に1回だけ噴霧した。その結果、どちらの処理区でも開花促進効果が認められた（図7-11）。花芽形成期前に噴霧したほうが多少、より効果的な印象があった。同様な実験を別の4品種を用いて、違う年に冬季作型試験を行ったところ、一種類を除いて蕾及び開花数がKODA噴霧区で126～450%ほど優位に推移した。カーネーションは長日植物で自然界では初夏に開花し、冬季での開花は難しいので鉢物花卉植物の需要が高いクリスマスから年始にかけて鉢物のカーネーションは出回っていない。KODAのこのような効果はカーネーションの新しい需要を掘り起こすことも期待できる。

一方、本来の開花時期に合わせた春季開花作型においてのKODAの効果はどうであるか。「母の日」の出荷に合わせた、春季開花作型で数年に渡り、数種の品種を用いて調査したが、こちらの場合は、はっきりした効果が出た場合と、効果がはっきりしない場合とに分かれた。品種の違いによる可能性もあるが、おそらく、栽培の状態に依存していると思われた。効果が出たときは、コントロールの開花時期が少し遅れたときである（出荷適期が5月下旬）。開花時期が早かったとき（出荷適期が4月下旬）には大きな効果には至らなかった。このように花が咲きにくいときにKODAの効果が現れる傾向はシクラメンでも同様であった。大量に生産するような栽培形態では品種に関わらず開花促進効果が見られたが、農家で手をかけて栽培する場合には品種にもよるが効果は小さかった。後者の、いわゆる高級シクラメンの栽培では、対象区の開花時期は、大量に栽培する前者よりも早い。

また、同じ種でも品種の違いで効果の有無が決定する場合もあった。たとえば、トルコギキョウの場合、晩成種では開花促進および開花率とも効果が認められたが、早生種でははっきりしなかった（図7-12）。ラベンダーでも、晩成種（ドームブルー）で効果があり早生種（ドームピンク）では効果がない、という結果は同じであった。樹木の場合には、若木は花を着けにくく、老木は花を着けやすいということはよく知られている。リンゴでこの点について調べられたが、若木ほど、よりKODAの効果が出やすく、花を多数つける成木ではKODAによりさらに花の着生が増加するということはなかった[67]。しかし、

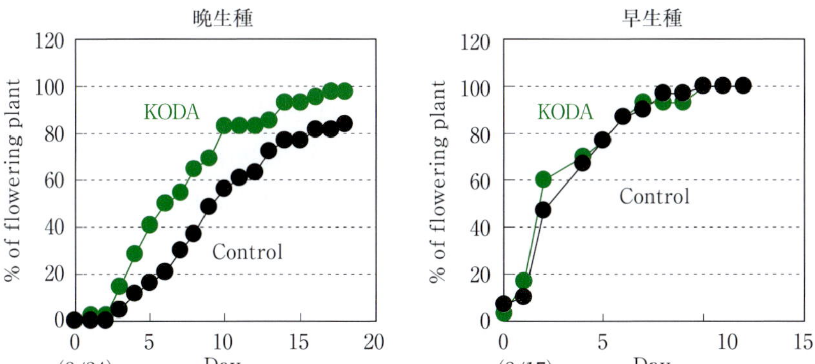

図7-12　トルコギキョウの晩生種と早生種でのKODAに対する反応の違い
トレゾアパープル（晩生種）とあづまの香（早生種）の小葉展開期（7月3日）にKODAを噴霧したときの開花率の変化。

花をまったく着けることのない幼木ではKODAによる花成誘導効果はなかった。KODAの花芽形成促進効果は少なくとも11種、34品種で効果を認めた。このようにKODAの花成促進効果は一般性があると考えてよいと思う。最初に効果が観察されなかった植物も、改めて試験をすると効果があったという例も多い。効果の有無の差は、噴霧時期の違いによる可能性もある。経験的に効果を引き出すためには噴霧時期が大変重要である。これは、内生KODAの増加が一過的で、しかもその時間が大変短い（図7-9、図7-10）という事実と関係があると思われる。ウンシュウミカンは秋から冬に向かう中で低温により花成が誘導されるが、8月31日から11月19日までいろいろな時期にKODAの散布の影響を調べると花蕾発生数が増加し始める10月10日の直前の9月20日散布のときだけKODAの花成促進効果は統計的に有意であった[68]。

（4） KODAの作用機作についての議論

KODAの花成促進現象は、日長反応（アサガオなど）、低温（ラベンダー、ウンシュウミカンなど）、乾燥・加熱・浸透圧などのストレス（アオウキクサなど）、エイジング（リンゴ）など、花成誘導の環境や生理要因を問わず、作用するように見える。花成誘導に直接関与すると言われるFTの発現にKODAが関与する可能性は考えられるし、実際、ウンシュウミカンではKODAによりFT遺伝子の発現は促進された[68]。しかし、長期のレンジで見る場合、花成が促進されるとき間接的にでもFTが活性化されるのは不思議なことではない。KODAとFTの直接的な関与はまだ調べられていない。

KODAはもともとアオウキクサに乾燥、加熱、浸透圧などのストレスを与えたときに生成放出されてくる物質として見つかった。ストレスに対する抵抗物質とも考えられ、ストレス耐性効果も期待された。実際、レタス種子の発芽時での乾燥ストレス耐性効果やトルコギキョウでの高温ロゼット化に対する耐性効果も観察された[21]。しかし、一般的なストレス耐性効果については、調べれば調べるほど、ネガティブな印象が強くなった。KODAは植物がストレスを受けたときに例えば体内で発生する活性酸素を抑えるとか、ストレスを軽減する作用が主要な機構とは思えない。シロイヌナズナの芽生えを使ったマイクロアレーによる解析でも、活性酸素を抑制する遺伝子の発現はないことはないが主要なものではない。では、先に述べたストレス抵抗と一見思える作用はどこからくるのであろうか。

花成促進以外のKODAの作用として最近特に注目しているのは休眠の抑制効果である。一般に休眠は自発休眠と他発休眠に分けて理解されている。自発休眠している場合は、例え加温しても休眠から目覚めることがない。他発休眠とは、すでに植物体としては休眠状態が打破されているが周りの温度が低いので芽が成長できない状態である。加温すれば成長する。KODAは完全に自発休眠している場合の打破効果はないが、自発休眠に入る過程を抑制し休眠に入りにくくする作用と、自発休眠から覚醒する段階を促進する効果がある。

イチゴを屋外で栽培すると冬に向かう中で休眠に入るが、夏にKODA（10, 100 μM）を噴霧しておくと、対照区は100%休眠する時期にKODA適用区は休眠率が75%（100 μM）および20%（10 μM）まで低下し、休眠しない個体では開花も観察された。開花率の増加と休眠率の低下は完全に相関していた。

逆に、休眠が覚醒する時期にはその覚醒を促進する。樹木の冬季における休眠はそれが打破されるためには、冬季に十分な低温にさらされる必要があることが知られている。ところが昨今の温暖化の影響で、ニホンナシの施設園芸で、特に九州地方で「眠り症」と恐れられている花が咲かない現象（休眠が打破されない状態）が蔓延し、壊滅的打撃を受けている。ニホンナシなどの果樹は秋に花芽分化は起きており、冬の休眠を経て春に花芽が育ち、開花する。施設園芸では1月頃、まだ戸外は寒い時期に温室内を加温し、早期に開花を促す。その段階では自発休眠状態が打破されていることが前提であるが温暖化がその前提を崩している。しかし、KODAは低温が不十分なニホンナシの休眠打破に顕著な効果があることがわかった[69)]。

以上の実験結果を踏まえてKODAの作用機作を考えてみたい。その際に、1つの仮説の前提が必要である。植物は、低温や乾燥など、何らかのストレスを受けたときに、ストレスに対する適応反応の一つとして休眠状態に入る機構を持っていると考える。その休眠が冬の休眠と同じかどうかはわからないが。環境が悪いのでいったん成長を止めて様子を見るという反応があってもおかしくはないし、実際、栽培農家の人たちに話を聞くと、皆、休眠現象に悩まされている。冬でなくとも栽培中に、急にあるエリアの栽培群が成長を止めてしまう現象である。一度、休眠状態に入るとそれを人為的に打破する薬剤や方法はまだ知られていない。様子を見るしかないのだが、ある時期にまた、ひとりでに成長が再開すると言われる。レタス発芽種子での乾燥耐性効果やトルコギキョウの高温ロゼット化防止効果はストレスに対する耐性効果ではなく、ストレスによる成長休止（休眠現象）がKODAにより防止されている、と見ることもできる。

花芽形成が起きる時、その原因（低温、日長、貧栄養など）にかかわらず、植物はストレスを感じている可能性は十分にある。例えば、proteinase inhibitor蛋白群は植物の抵抗性反応因子として認識されているが、proteinase inhibitor IIの活性は花の発達初期に発現を開始し、花が成熟するまで高い活性が続くが受粉後、急速に減少する[70)]。このような活性増大は葉芽では観察されなかった。また、pathogenesis-related proteins （PR）は、もともとタバコモザイクウィルスがタバコに感染する際の過敏感反応を解析する中で発見された抵抗性遺伝子であるが[71), 72)]、ロタン（T. Lotan）ら[73)]は、PRがタバコ花の発達と関係して蓄積していることを報告した。すなわち、PR-1クラス（機能不明）の蛋白群は萼片に局在しており、PR-P, Q（endochitinase）は小花柄、萼片、葯、子房に存在していた。PR-2, N, O ｛(1, 3)-β-glucanase｝はめしべに存在していた。さらに、*Nicotiana tabacum* cv. *Samsun nn*の花枝から調製したtobacco thin cell layer（TCL）の系は花芽または葉芽への形成を制御できるが、このときも花芽形成時には塩基性chitinaseや（1, 3）-β-glucanaseなどのPRやosmotin, extensinの蓄積が見られ、一方、葉芽、の分化の際にはこれらの増大は見られなかった[74)]。チューリップなどのいくつかの植物では、形成した花芽原基が発達し、開花するためには低温に一定期間暴露されることが必要であり、そのために花芽成熟という過程が提唱されている（表7-1）。実用的にも、農業上のトラブルは、花芽が形成される段階よりも、できた花芽が開花にまで至る期間でのトラブルのほうが深刻だという指摘もある。KODAの花成に対する促進効果も、このような開花までに至

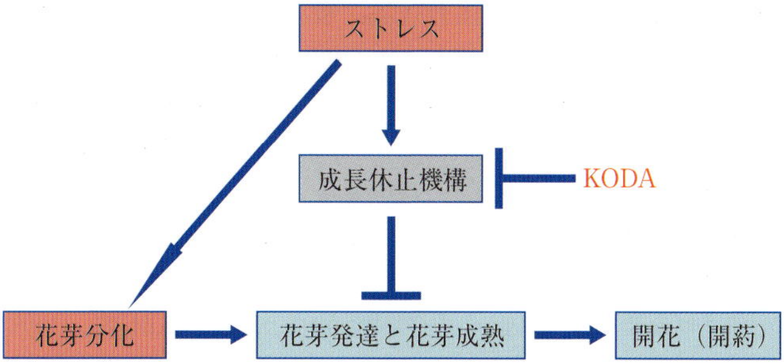

図7-13　KODAの推定作用機作
ストレスは花成誘導に関与すると同時に成長を抑制するという二律背反的な作用をすると考える。KODAはそのときの成長抑制機構を解除する。

る過程で、同時に発生する休眠状態をキャンセルすることにより起きていると考えている（図7-13）。

4. 花芽形成に関わる化学物質まとめ

花芽形成に関わる化学物質としてジベレリン、アブシジン酸、KODAの働きを概説した。ジベレリンは*MYB*様転写因子の発現を通じて、*LFY*のプロモーターを直接活性化させる経路と*FT*を通じて花成を活性化させる少なくとも2つの経路が証明されている。アブシジン酸は*FCA*と結合することにより*FLC*への関与を妨害し、結果的に*FLC*の花成抑制効果を実現させる。いずれの働きも花芽の分化を制御している。それに対してKODAは分化した花芽の成熟のところに関与して花成を促進している可能性が示された。

参考文献

1） Chailakhyan, M. K. Concerning the hormonal nature of plant development processes. C. R. Acad. Sci. URSS 16, 227-230, 1937,

2） Corbesier, L., Vincent, C., Jang, S., Fornara, F., Fan, Q, et al. FT protein movement contributes to long-distance signaling in floral induction of *Arabidopsis*. Science 316, 1030-1033, 2007.

3) Tamaki, S., Matsuno, S., Wong, H. L., Yokoi, S. and Shimamoto, K. Hd3a protein is a mobile flowering signal in rice. Science 316, 1033–1036, 2007,

4) Garner, W. W. and Allard, H. A. Effect of the relative length of day and night and other factors of the environment on growth and reproduction in plants. Monthly Weather Review 48, 415–415, 1920.

5) Zeevaart, J. A. D. Flower formation as studied by grafting. PhD thesis at Wageningen Univ, 1958.

6) 瀧本敦「花を咲かせるものは何か」中公新書、中央公論社、pp.64–75、1998。

7) Chailakhyan, M. Hormonale Faktoren des Pflanzenbluhens. Biol. Abl. 77, 641–662, 1958.

8) 瀧本敦「花ごよみ花時計」自然選書、中央公論社、pp.136–139、1979。

9) Cleland, C. F. and Ajami, A. Identification of the flower-inducing factor isolated from aphid honeydew as being salicylic acid. Plant Physiol. 54, 904–906, 1974.

10) Kaihara, S., Watanabe, K. and Takimoto, A. Flower-inducing effect of benzoic and salicylic acids in various strains of *Lemna paucicostata* and *L. minor*. Plant Cell Physiol. 22, 819–825, 1981.

11) Fujioka, S., Yamaguchi, I., Murofushi, N., Takahashi, N., Kaihara, S. and Takimoto, A. Flowering and endogenous levels of benzoic acid in *Lemna* species. Plant Cell Physiol. 24, 235–239, 1983.

12) Suzuki, Y., Yamaguchi, I., Murofushi, N., Takahashi, N. Identification of phenylglyoxal as a flower-inducing substance of *Lemna* from *Pharbitis purpurea*. Agric. Biol. Chem. 52, 1013–1019, 1988.

13) Fujioka, S., Yamaguchi, I., Murofushi, N., Takahashi, N., Kaihara, S. and Takimoto, A. and Cleland, C. F. Isolation and Identification of nicotinic acid as a flower-inducing factor in *Lemna*. Plant Cell Physiol. 27, 103–108, 1986.

14) Fujioka, S., Sakurai, A., Yamaguchi, I., Murofushi, N., Takahashi, N., Sakurai, S. and Takimoto, A. Isolation and identification of L-pipecolic acid and nicotinamide as a flower-inducing substances in *Lemna*. Plant Cell Physiol. 28, 995–1003, 1987.

15) Kozaki, A., Takeba, G. and Tanaka, O. P polypeptide that induces flowering in *Lemna paucicsotata* at a very low concentration. Plant Physiol. 95, 1288–1290, 1991.

16) Tanaka, O., Fukuoka, Y., Okamoto, F., Nishimura, H., Nishimura, N. and Takeba, G.. Lysine reverses the inhibiton of flowering by elastatinal, a protease inhibitor, in *Lemna paucicostata* 151. Plant Cell Physiol. 34, 473–479, 1993.

17) Yokoyama, M., Yamaguchi, S., Inomata, S., Komatsu, K., Yoshida, S., Iida, T., Yokokawa, Y., Yamaguchi, M., Kaihara, S. and Takimoto, A. Stress-induced factor

involved in flower formation of *Lemna* is an α-ketol derivative of linolenic acid. Plant Cell Physiol. 41, 110-113, 2000.

18）Yamaguchi, S., Yokoyama, M., Iida, T., Okai, M., Tanaka, O. and Takimoto, A. Identification of a component that induces flowering of *Lemna* among the reaction products of α-ketol linolenic acid（FIF）and norepinephrine. Plant Cell Physiol. 42, 1201-1209, 2001.

19）Yokoyama, M., Yamaguchi, S., Suzuki, M., Tanaka, O., Kobayashi, K., Yanaki, T. and Watanabe N. Identification of reaction products of 9-hydorxy-10-oxo-12（Z）, 15（Z）-octadecadienoic acid（KODA）and norepinephrine that strongly flowering in *Lemna*. Plant Biotechnology 25, 547-551, 2008.

20）Suzuki, M., Yamaguchi, S., Iida, T., Hashimoto, I., Teranishi, H., Mizoguchi, M., Yano, F., Todoroki, Y., Watanabe, N. and Yokoyama, M. Endogenous α-ketol linolenic acid levels in short day-induced cotyledons are closely related to flower induction in *Pharbitis nil*. Plant Cell Physiol. 44: 35-43, 2003.

21）横山峰幸「9位型オキシリピン、9, 10-αケトールリノレン酸の植物生長調節における役割」植物の生長調節 40、90-100、2005。

22）繁森英幸「第9章　花成ホルモン・フロリゲン」山村庄亮・長谷川宏司編著「植物の知恵—化学と生物学からのアプローチ」大学教育出版、2005。

23）Baldev, B. and Lang, A. Control of flower formation by growth retardants and gibberellin in *Samolus parviflorus*, a long-day plant. Amer. J. Bot. 52, 408-417, 1965.

24）Blazquez, M. A. and Weigel, D. Integration of floral inductive signals in *Arabidopsis*. Nature 404, 889-892, 2000.

25）Gocal, G. F. W., Sheldon, C. C., Gubler, F., Moritz, T., Bagnall, D. J., MacMillan, C. P., Li, S. F., Parish, R. W., Dennis, E. S., Weigel, D. and King, R. W. *GAMYB-like* genes, flowering, and gibberellin, signaling in *Arabidopsis*. Plant Physiol. 127, 1682-1693, 2001.

26）Hisamatsu, T. and King, R. W. The nature of floral signals in *Arabidopsis*. II. Roles for *FLOWERING LOCUS T*（*FT*）and gibberellin. J. Exp. Bot. 59, 3821-3829, 2008.

27）King, R. W., Hisamatsu, T., Goldschmidt, E. E., Blundell, C. The nature of floral signals in *Arabidopsis*. I. Photosynthesis and a far-red photoresponse independenrly regulate flowering by increasing expression of *FLOWERING LOCUS T*（*FT*）. J. Exp. Bot. 59, 3811-3820, 2008.

28）Nakayama, S. and Hashimoto, T.: Effects of abscisic acid on flowering in *Pharbitis nil*. Plant Cell Physiol. 14, 419-422, 1973.

29）竹能清俊「第2.6章　生殖と花芽形成」小柴共一・神谷勇治・勝見允行編「植物ホルモンの分子細胞生物学」講談社サイエンティフィック、2006。

30) Henderson, I. R. and Dean, C. Control of *Arabidopsis* flowering: the chill before the bloom. Development 131, 3829–3838, 2004.

31) Simpson, G. G. The autonomous pathway: epigenetic and post-transcriptional gene regulation in the control of *Arabidopsis* flowering time. Curr. Opin. Plant Biol. 7, 570–574, 2004.

32) Simpson, G. G., Dijkwel, P. P., Quesada, V, Henderson, I. And Dean, C FY is and RNA 3'end-processing factor that interacts with FCA to control the *Arabidopsis* floral transition. Cell 113, 777–787, 2003.

33) Razem, F. A., El-kereamy, A., Abrams, S. R. and Hill, R. D. The RNA-binding protein FCA is an abscisic acid receptor. Nature 439, 290–294, 2006.

34) Mayer, K. F., Schoof, H., Haecker, A., Lenhard, M., Jurgens, G. and Laux, T. Role of WUSCHEL in regulating stem cell fate in the *Arabidopsis* shoot meristem. Cell 95, 805–815, 1998.

35) Laux, T., Mayer, K. F., Berger, J. and Jurgens, G. The *WUSCHEL* gene is required for shoot and floral meristem integrity in *Arabidopsis*. Development 122, 87–96, 1996.

36) Gallois, J. L., Woodward, C., Reddy, G. V. and Sablowski, R. Cobined SHOOT MERISTEMLESS and WUSCHEL trigger ectopic organogenesis in *Arabidopsis*. Development 129, 3207–3212, 2002.

37) Lenhard, M., Jurgens, G. and Laux, T. The *WUSCHEL* and *SHOOTMERISTEMLESS* genes fulfill complementary roles in *Arabidopsis* shoot meristem regulation. Development 129, 3195–3206, 2002.

38) Mizoguchi, T., Wright, L., Fujiwara, S., Cremer, F., Lee, K., et al. Distinct roles of GIGANTEA in promoting flowering and regulating circadian rhythms in *Arabidopsis*. Plant Cell 17, 2255–2270, 2005.

39) Valverde, F., Mouradov, A., Soppe, W., Ravenscroft, D., Samach, A. and Coupland, G. Photoreceptor regulation of CONSTANS protein in photoperiodic flowering. Science 303, 1003–1006, 2004.

40) Turck, F., Fornara, F. and Coupland, G. Regulation and identity of florigen: FLOWERING LOCUS T moves center stage. Annu. Rev. Plant Biol. 59, 573–594, 2008.

41) Abe, M., Kobayashi, Y., Yamamoto, S., Daimon Y., Yamaguchi, A., Ikeda, Y., Ichinoki, H., Notaguchi, M., Goto, K. and Araki, T. FD, a bZIP protein mediating signals from the floral pathway integrator FT at the shoot apex. Science 309, 1052–1056, 2005.

42) Wigge, P. A., Kim, M. C., Faeger, K. E., Busch, W., Schmid, M., et al. Integration of spatial and temporal information during floral induction in *Arabidopsis*. Science 309, 1056–1059, 2005.

43) Ruiz-Garcia, L., Madueno, F.. Wilkinson, M., Haughn, G., Salinas, J. and Martinez-Zapater, J. M. Different roles of flowering-time genes in the activation of floral initiation genes in *Arabidopsis*. Plat Cell 9, 1921–1934, 1997.

44) Kempin, S. A., Savidge, B. and Yanofsky, M. F. Molecular basis of the cauliflower phenotype in *Arabidopsis*. Science 267, 522–525, 1995.

45) Mandel, M. A. and Yanofsky, M. F. A gene triggering flower formation in *Arabidopsis*. Nature 377, 522–524, 1995.

46) Bowman J. L., Alvarez, J., Wigel, D., Meyerowitz, E. M. and Smyth, D. R. Control of flower development in *Arabidopsis thaliana* by *APETALA1* and interacting genes. Development 119, 721–743, 1993.

47) Weigel, D., Alvarez, J., Smyth, D. R., and Yanofsky, M. F., Meyerowitz, E. M. LEAFY controls floral meristem identity in *Arabidopsis*. Cell 69. 843–859, 1992.

48) Schultz, E. A. and Haughn, G. W. Leafy, a homeotic gene that regulates inflorescence development in *Arabidopsis*. The Plant Cell 3, 771–781, 1991.

49) Weigel, D. and Nilsson, O. A developmental switch sufficient for flower initiation in diverse plants. Nature 377, 495–500, 1995.

50) Wagner, D., Sablowski, R. W. and Meyerowitz, E. M. Transcriptional activation of APETALA1 by LEAFY. Science 285, 582–584, 1999.

51) Bradley, D., Ratcliffe, O., Vincent, C., Carpenter, R. and Coen, E. Inflorescence Commitment and Architecture in *Arabidopsis*. Science 275, 80–83, 1997.

52) Kardailsky, I., Shukla, V. K., Ahn, J. H., Dagenais, N., Christensen, S. K., Nguyen, J. T., Chory, J. Harrison, M. J. and Weigel, D. Activation Tagging of the Floral Inducer *FT*. Science 286, 1962–1965, 1999.

53) Kobayashi, Y., Kaya, H., Goto, K., Iwabuchi, M. and Araki, T. A pair of related genes with antagonistic roles in mediating flowering signals. Science 286, 1960–1962, 1999.

54) Bernier, G. The control of floral evocation and morphogenesis. Ann. Rev. Plant Phys. Plant Mol. Biol. 39, 175–219, 1988.

55) Bernier, G. Growth changes in the shoot apex of *Sinapis alba* during transition to flowering. J. Exp. Bot. 48, 1071–1077, 1997.

56) Ormenese, S., Havelange, A., Keltour R. and Bernier, G. The frequency of plasmodesmata increases early in the whole shoot apical meristem of *Sinapis alba* L. during floral transition. Planta 211, 370–375, 2000.

57) Ormenese, S., Havelange, A., Bernier, G. and van der Schoot, C. The shoot apical meristem of *Sinapis alba* L. expands its central symplasmic field during the floral

transition. Planta 215, 67–68, 2202.

58） Sablowski, R. Flowering and determinacy in *Arabidopsis*. J. Exp. Bot. Doi: 10. 1093/jxb/erm002, 2007.

59） Lohmann, J. U., Hong, R. L., Hobe, M., Busch, M. A., Parcy, F., Simon, R. and Weigel, D. A molecular link between stem cell regulation and floral patterning in *Arabidopsis*. Cell 105, 793–803, 2001.

60） Takimoto, A., Kaihara, S., Hirai, N., Kosimizu, K., Hosoi, Y., Oda, Y., Sakakibara, N. and Nagakura, A. Flower-inducing activity of water extract of *Lemna*. Plant Cell Physiol. 30: 1017–1021, 1989.

61） Takimoto, A, Kaihara, S, Shinozaki, M and Miura, J Involvement of norepinephrine in the production of a flower-inducing substance in the water extract of *Lemna*. Plant Cell Physiol. 32: 283–289, 1991.

62） Takimoto, A., Kaihara, S. and Yokoyama, M. Stress-induced factors involved in flower formation in *Lemna*. Physiol. Plant. 92, 624–628, 1994.

63） Kai, K., Takeuchi, J., Kataoka, T., Yokoyama, M. and Watanabe, N. Structure-activity relationship study of flowering-inducer FN against *Lemna paucicostata*. Tetrahedron 64, 6760–6769, 2008.

64） Kai, K., Takeuchi, J., Kataoka, T., Yokoyama, M. and Watanabe, N. Structure and biological activity of novel FN analogs as flowering inducers. Bioorganic & Medicinal Chemistry 16 10043–10048, 2008.

65） 横山峰幸、渡辺哲、草苅健「αケトールリノレン酸（KODA）の酸化修飾物による切花鮮度保持効果」日本農芸化学会年会発表、2005。

66） Yokoyama, M, Yamaguchi, S, Iida, T, Suda, A. Saeda, T, Miwa, T, Ujihara, K, Nishio, J Transient accumulation of α-ketol linolenic acid （KODA） in immature flower buds of some ornamental plants. *Plant Biotechnol.* 22, 201–205, 2005.

67） モンルディー　キティコーン、大川克哉、小原　均、浅利正義、横山峰幸、吉田茂男、近藤悟「リンゴの花芽形成と 9, 110-a ケトールリノレン酸（(KODA)」日本園芸学会春季大会で発表、2008。

68） 中嶋直子、生駒吉識、松本　光、中村ゆり、横山峰幸「ウンシュウミカンの着花に及ぼす KODA 散布の影響」日本園芸学会秋季大会で発表、2008。

69） Sakamoto, D., Nakamura, Y., Sugiura, H., Sugiura, T., Asakura, T., Yokoyama, M. and Moriguchi, T. Effect of 9-hydroxy-10-oxo-12(Z),15(Z)-octadecadienoic acid （KODA） on endodormancy breaking in flower buds of japanese pear, *Hort Science* 45, 1470–1474, 2010.

70） Ausloos, G. R. J., Proost, J., van Damme, J. and Vendrig, J. C. Proteinase inhibitor

II is developmentally regulated in *Nicotiana flowers*. *Physiol Plant* 94, 701–707, 1995.

71）Gianinazzi, S., Martin, C. and Vallee, J. C. Hypersensibilite aux virus, temperature et proteines solubles chez le *Nicotiana Xanthi* nc. *CR Acad. Sci. Paris* D27, 2383–2386, 1970.

72）Van Loon, L. C. and van Kammen, A. Polyacrylamide disc electrophoresis of the soluble leaf proteins from *Nicotiana tabacum* var. "Samsun" and "Samsun NN". II. Changes in protein constitution after infection with tobacco mosaic virus. *Virology* 40, 190–211, 1970.

73）Lotan, T., Ori, N. and Fluhr, R. Pathogenesis-related proteins are developmentally regulated in tobacco flowers. *Plant Cell*, 881–887, 1989.

74）Meeks-Wagner, D. R., Dennis, E. S., Van, K. T. T. and Peacock, W. J. Tobacco genes expressed during in vitro floral initiation and their expression during normal plant development. *Plant Cell* 1, 25–35, 1989.

75）Schreder, J. I. and Kuhn, J. M. Abscisic acid in bloom. Nature 439, 277–278, 2006.

第 8 章 老 化

1. はじめに

(1) 植物の寿命

ヒトをはじめ、動物には寿命があり、やがては死を迎える。動物と同様、植物にも寿命があり、老化した後、死に至る。動物の場合は、個体が明確であるので、その寿命や死は比較的容易に理解できる。しかしながら、植物ではそれはきわめて難しい問題である。何百年を生き抜いてきた落葉樹の大木は、その時間的な経緯から判断して感覚的には老化していると考えられるが、ある時点におけるその葉についてみれば、これは必ずしも老化しているとは言い難い。春になれば新葉を出し、夏にはその青々とした葉をいっぱいに広げて成長を続ける。秋になれば、黄色くあるいは赤く色づき、冬には枯れて落葉する。これは１年周期で繰り返される葉の老化である。したがって、植物では、植物全体の老化、つまり加齢とその部分部分の老化を分けて考えなければならない場合がある。いわゆる１年草では、加齢と老化が時間的に一致していると思われるが、例えば屋久杉の大木では、体の一部が成長と老化を繰り返しながら加齢を重ねる、すなわち植物体全体の老化が進行することになる。この様な事実から、植物の寿命を論ずることはきわめて難しい。

(2) 植物の老化

多くの植物はその生活環において、発芽、成長、開花、結実といった様々な生理現象を示す。植物の老化現象は、この様な植物の生活環を構成する重要な生理現象の一つで、成熟から死に至るまでの連続した生命活動の減衰変化を

明所で7日間育てたオートムギの第一葉の先端から3 cmの切片を調製し（左）、これを蒸留水に浮かべ、暗黒で4日間培養すると葉の切片は緑色から完全に黄変し、老化した（右）。

図8-1　オートムギ第一葉片の老化

示している。したがって、老化過程においては、様々な細胞構成成分の分解や消失が認められる。このような変化の中で、プロテオリシス（タンパク質の分解、proteolysis）は最たる現象で、タンパク質や核酸含量の低下、あるいはそれに伴うα-アミノ酸の増加が認められる。さらに、緑色植物においては、クロロフィルの分解に由来する黄変、赤変現象が1つの特徴である（図8-1）。一方、暗所で生育させた黄化植物の老化においては、カロチノイド類やキサントフィル類の減少がその特徴といえる。

（3）果実の成熟と老化

未熟な果実は、成熟に伴って果皮におけるクロロフィルが分解され、アントシアニン、カロテノイドなどの色素類が生成する。また、果肉細胞が軟化するとともに、デンプンなどの多糖類が分解され糖含量が増加する。さらに、芳香をもつようになる。果実の呼吸量を指標として、果実はリンゴやモモに代表されるクライマクテリック型果実（一過的な呼吸の上昇を伴う追熟を示す果実、climacteric fruit）、ブドウや柑橘類のようなノンクライマクテリック型果実に分けられる。クライマクテリック型果実では植物ホルモンであるエチレンが呼吸増加の引き金になり、成熟が促進されることが知られているが[1]、最近の研究から、ノンクライマクテリック型果実の成熟にもエチレンの関与の可能性が指摘されている[2), 3)]。このような果実の成熟に伴う一連の生理、生化学的変化は、植物の老化現象における変化と類似する点が多いことから、果実の成熟は果実における老化現象と考えることができる。

（4） 器官の脱離

植物の老化が進行し、その最後の局面では、例えば葉や果実では落葉や落果が起こる。このような現象は「器官の脱離」と呼ばれる。器官脱離においては、脱離する器官と植物体に残る器官との接点に特殊な細胞層、すなわち離層が形成される。離層の細胞はその周辺の細胞とは形態的に異なっている。図 8-2 に示すとおり、離層部では薄い細胞壁をもつ特殊な細胞層が分化、発達する。このような細胞でできている細胞層が離層で、基本組織系に属する柔細胞から成るため機械的な強度も小さい。すなわち、これが発達すると、少しの力が加わっただけで、葉や果実が落ちる。顕微鏡を用いてその部分の組織を観察すると、離層形成は葉柄などでは、皮層部には認められるものの、その中心を通っ

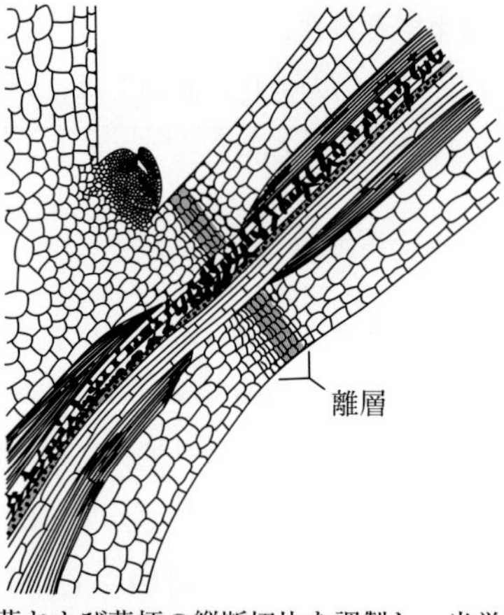

茎および葉柄の縦断切片を調製し、光学顕微鏡で観察したところ。

図8-2　植物の茎と葉柄との接点にある離層
(Addicott, F. T. *Abscission*, University of California Press, Ltd. (1982), p.24、一部改変)[4]

（上）ジャスモン酸メチルをラノリンペーストとして茎に与えた場合、元来離層が形成されない茎の中ほどに2次的に離層が形成される。
（下）2次的に形成された離層が発達し、離層上部の茎が植物体より分離したところ。

図8-3　***Bryophyllum calycinum***の茎に形成された離層

ている通導組織にはほとんど認められない。

離層は、その器官が未だ一人前になっていない、とても若い時期にすでに植物体に認められる場合もあれば、老化が進んでから徐々に認められる場合もある。さらに、ある薬剤を植物体に与えるなど、特殊な人為的な操作を施した場合には、時として自然状態では決して離層が形作られることのない部分に離層ができることもある（図 8-3）。これは 2 次離層形成と呼ばれる[5),6)]。

自然状態では、多くの落葉樹は春に新芽を出し、葉は秋が深まるに従って老化が進み、離層が十分に発達すると最後には落葉を迎える。しかしながら、植物が生育している環境が急速、また急激に変化すると、例えば予期せぬ急激な干ばつなどがあった場合、十分に成長していない葉も緑のまま落葉してしまうことがある。あるいは *Quercus suber* や *Quercus agrifolia* のようなカシの仲間の植物では、その年に発達した葉が冬に完全に枯死しても、なお植物体より

（左）冬を越した緑の葉は早春（大阪では3月頃）にすべて落葉する（地表に落葉した緑の葉が見える）。
（右）落葉後、ただちに、再び緑の葉を展開する（大阪では4月頃、地表には3月に落葉した緑の葉が見える）。

図8-4　アコウ（***Ficus superba***（Miq.）Miq. var. ***japonica*** Miq.）の春期落葉

脱離せずにそのまま越冬し、翌春、新芽が出る頃になって、ようやく枯葉が一枚一枚脱離する。これは春期落葉と呼ばれる。同じ春期落葉を示す植物でも、例えばアコウ（*Ficus superba*（Miq.）Miq. var. *japonica* Miq.）などの植物は、常緑樹と同じように、青々とした元気な葉を樹につけたまま冬を越すものの、翌年の早春の頃（3～4月）にいっせいに、越冬したすべての緑の葉を落とす。その直後に、新芽が急速に伸長し、再び緑の葉を茂らせる（図8-4）。

老化や落葉、器官脱離の生理的意義は、不良環境に対する植物の適応現象として理解することができる。すなわち、葉は低温や乾燥に弱いとされている。そのために、温帯や亜寒帯地方の植物は秋に落葉するものが多く、熱帯地方では乾季が訪れる前に落葉する植物が多い。この様に、落葉は、植物自身が耐寒性や耐乾性を獲得するための防御反応として重要な生理現象である。さらに、植物は、害が植物体全体に及ぶことを防ぐために、病害や虫害を受けた葉やその他の組織、器官を植物体より切り離し、その害から自身を守ために落葉や器官脱離という防御反応を示す。

2. 研究の歴史

植物の老化現象に関する研究の歴史を表8-1に示す。植物の老化現象は、植物学あるいはその関連学問分野において、1900年以前にはほとんど研究対象とはされておらず、1928年にモーリッシュ（Molisch, H.）によって「植物の寿命の遅延」という立場から研究されたのが最初のように思われる[7]。1930年代に入り、断片的な研究がイェム（Yemm E. W.）[8), 9)]やヴィッケリー（Vickery, H. B.）[10)]らによって行われたが、老化に関する体系的な研究が行われるようになったのは、1967年にイギリスで開催された「Aspects of the Biology of Aging」に関するシンポジウム以降であろう[11)]。その後、植物の老化は、多くの植物生理学者、あるいは生化学者の研究課題として大きな位置を占めるに至っている。アメリカのチマン（Thimann, K. V.）[12), 13), 14)]の研究グループは、アベナ葉切片の老化現象を対象として、その老化過程における細胞

表 8-1　老化の鍵化学物質を中心とした植物の老化に関する研究の歴史

1924	Denny, F. E.	エチレンによるレモン果実の黄化促進[20]
1928	Molisch, H.	『植物の寿命』を著す[7]
1933	Laibach, F.	オーキシンによる離層形成阻害[15]
1935	Yemm, E. W.	飢餓状態のオオムギ葉における代謝の研究[8, 9]
1937	Vickery, H. B. ら	明所および暗所においたタバコ葉における物質変化の研究[10]
1949	Hemberg, T.	ジャガイモ塊茎の皮層部に含まれる成長阻害物質の研究[25]
1953	Bennet-Clark, T. A. and Kefford, N.P.	多くの植物に含まれる成長阻害物質を inhibitor β と命名[26]
1954	Chibnall, A. C.	根から葉に供給される新規植物ホルモンを仮定[18]
1957	Richmond, A. E. and Lang, A.	カイネチンが植物の老化を抑制することを発見し、Chibnall の仮説を支持[19]
	Philips, I. D. J. and Wareing, P. E.	*Acer pseudoplatanus* の頂芽や葉に含まれる成長阻害物質に関する研究[27]
1963	Eagles, C. E. and Wareing, P. E.	休眠物質を dormin と命名[28]
	Ohkuma, K. ら	abscisin II を単離[21]
1965	Ohkuma, K. ら	abscisin II（アブシジン酸、abscisic acid（ABA））の構造決定[29]
	Carnel, H. R. ら	ジベレリンによるワタの離層形成促進を報告[16]
	Fletcher, R. A. and Osborne, D. J.	ジベレリンのクロロフィル分解抑制効果を報告[17]
1967	Woolhouse, H. W.	「Aspects of the Biology of Aging（生物の加齢現象）」に関するシンポジウム[11]
1970 代	Thimann, K. V. ら	植物葉切片を用いた老化の体系的研究[12), 13), 14]
1980	Ueda, J. and Kato, J.	ジャスモン酸類の強力な老化促進作用を発見[22]
1997	Pennell, R. I. and Lamb, C.	プログラム細胞死に関する総説を発表[23]
	Fukuda, H. ら	ブラシノステロイドによるプログラム細胞死の制御[24]

構成成分の変化、植物ホルモンの影響、各種化学物質による老化の人為的制御などの幅広い研究を通して、植物の老化現象を解明しようとした。

植物ホルモンの発見に伴って、植物の老化現象に対する植物ホルモンの影響が活発に研究されるようになった。オーキシンは様々な植物において老化抑制物質として機能していることが報告されている。その特徴の一つは、落葉や落果に先立って形成される離層形成の抑制（阻害）である。実際、1933 年に、葉身を除去した後のコリウス（*Coleus*）の葉柄にオーキシンを与えると葉柄の脱落が妨げられることが示された[15]。ところが合成オーキシンであるナフタレン酢酸（NAA）は、高濃度では離層形成を促進することから摘果剤として、さらに2, 4−ジクロロフェノキシ酢酸（2, 4-D）は除草剤として利用されたこともあった。先のベトナム戦争では、この2, 4-Dと2, 4, 5-トリクロロフェノキシ酢酸（2, 4, 5-T）の混合剤が枯葉剤として使用され、副産物として猛毒のダイオキシン類が生成したことは記憶に新しい。ジベレリンについては、1961年に、ジベレリンをワタに与えるとワタの離層形成が促進されることが示されたが[16]、1965年には、逆にジベレリンがセイヨウタンポポなどの切除された葉の退色を抑制する作用が報告された[17]。1954年に、チブナル（Chibnall, A. C.）は根からある種のホルモンが葉に供給され、これが葉のタンパク質代謝を調節している仮説を提唱し[18]、1957年のリッチモンドとラング（Richmond, A. E. and Lang, A.）のカイネチンを用いた実験によって支持された[19]。これらの事実から、サイトカイニンは植物の老化現象を強力に抑制、阻害することが明らかになった。

一方、エチレンは、1924年にレモン果実の黄変を促進する作用をもつことが報告され[20]、その後、アブシジン酸[21]、ジャスモン酸[22]にも植物の老化をきわめて強く促進する作用が見いだされた。これらの既知植物ホルモン類の老化制御とその制御機構についてはすでに多くの成書が出版されているので、それらを参照されたい。

以上の事実は、植物の老化現象は植物自身が生産する植物ホルモンをはじめとする老化の鍵化学物質の動態によって制御されていることを示している。

最近では植物科学の分野においても、遺伝子やタンパク質の構造や機能などの分子レベルの解析をとおして植物の生理現象を明らかにする研究が発展してきた。植物の老化現象についても、これをプログラム細胞死（programmed cell death）と捉え、このプログラム細胞死を分子レベルで解析することによって老化現象を理解する研究が進んでいる[23]。プログラム細胞死は、自らの遺伝子産物の作用で生じるいわゆるアポトーシス（apoptosis）として理解できる。植物の発生段階におけるアポトーシスは、根冠細胞、師管や道管などの維管束細胞、花粉や胚珠の形成に関与する生殖器官の細胞、イネ科植物の種子にみられる糊粉層細胞などで報告がある。プログラム細胞死は植物ホルモン類による制御を受けることがよく知られている。例えばヒャクニチソウの葉肉細胞を用いた研究から、ブラシノステロイドは二次細胞壁合成やタンパク質や核酸の分解に関係する遺伝子の発現を誘導し、液胞の崩壊による細胞死をもたらし、葉肉細胞を管状要素へと分化させることが示された[24]。

3. 著者らの研究—老化制御鍵化学物質とその制御機構—

植物の老化現象は、植物ホルモンの動態によって制御されている植物の生活環における最後の重要な生理現象である。植物ホルモン以外の化学物質を植物に投与した場合、植物の老化が抑制あるいは阻害されたり、逆に促進されたりすることを示した研究も数多く報告されている。例えば、ベンズイミダゾール[30]やアスコルビン酸等の還元剤[31]、EDTA[32]やα, α'-dipyridyl等のキレート剤[33]、クマリン[34]、cordycepin[35]、6-methylpurine[36]、シクロヘキシミド[36]等の抗生物質や代謝阻害剤は植物の老化現象を抑制、阻害する機能を有することが明らかにされた。また、L－セリン等のアミノ酸[37]、クマリン[38]、アクチノマイシンD[36]、クロラムフェニコール[39]、チオウラシル[39]等の抗生物質や代謝阻害剤、農薬[40]などの化学物質が植物組織や個体に外生的に施用された場合、老化現象を促進することが報告されている。最近、著者らは、アレロパシー（allelopathy）を促進する原因物質として単離、同定されたlepidimoide（sodium 2-*O*-rhamnopyranosyl-4-deoxy-*threo*-hex-4-enopyranosiduronate）も植物の老化現象を抑制あるいは阻害することを明らかにした[41), 42]。オスボン（Osborne, D. J.）は、1955年、ゴガツササゲ芽生えの第一離層を含むエキスプラントの脱離を促進する物質が黄化した葉の葉柄から浸出することを見いだした。この離層形成促進物質は*Coleus blumei*の葉柄にも存在することが示され、また、その作用には種特異性は認められず、ゴガツササゲ以外の植物の離層部における脱離を促進した。この物質は、単なる炭水化物やアミノ酸ではないことが示されている。オスボンはこの離層形成促進物質を老化因子（senescence factor）と呼んだが、現在に至るまで、その化学構造は明らかではない[43]。

このような植物の老化現象に関する物質的側面からの基礎的、応用的研究結果から、植物の老化現象には植物ホルモン以外の内生の老化制御鍵化学物質が関与する可能性が推察される。このような鍵化学物質の存在が明らかにされ、それらの化学的、生理学的研究がより一層発展すれば、植物の老化現象のメカニズムが解明されるとともに、植物生産現場に新規な情報や知見が提供されることになるものと期待される。このような研究の背景や展望を基に、植物界において、植物の老化現象を制御する鍵化学物質を探索、単離・同定し、その生理機構を明らかにすることを目的に本研究に着手した。

（1）生物検定法の確立とスクリーニング

老化制御鍵化学物質を効率よく探索、単離・同定するために、簡便かつ精度の高い生物検定系を開発することが望まれた。本研究では、単子葉植物のオートムギ（*Avena sativa* L. cv. Victory）の葉片を用いたクロロフィル分解試験[22]、その黄化芽生えの葉を用いたカロチノイド系色素分解試験[44]、ならびに双子葉植物であるゴガツササゲ（*Phaseolus vulgaris* L. cv. Masterpiece）の第一葉葉柄切片を用いる離層形成試験[45]を用いた。また、ゴガツササゲ第一葉葉柄切片やインタクトの *Bryophyllum calycinum* の茎や茎切片を用いた2次離層形成試験[5]を適用することとした。上記の植物ホルモン以外の老化制御物質の多くは、暗黒下での老化制御には効果的であるが、明所下でのそれに対しては効果的でないことが多い。したがって、そのスクリーニングにおいては、いささか煩雑ではあるものの、明および暗条件下で老化制御鍵化学物質を探索することとした。

（2）老化の鍵化学物質の単離・同定[22]

老化の鍵化学物質探索の対象とした各植物の含水有機溶剤粗抽出物について、常法通り酢酸エチルを用いて分画し、前述の生物検定法を用いて老化制御活性の有無を判定した[46), 47]。その結果、探索の対象としたすべての植物の粗抽出物中に老化制御物質の存在が明らかとなった。酢酸エチルを用いる溶媒分画操作を行った結果、酢酸エチル可溶酸性画分に認められる老化促進活性の多くは、もう一段階の精製操作を進めた結果、アブシジン酸のそれに由来することが推察された。

一方、酢酸エチル可溶中性画分にも老化制御活性が認められた。その中で、ニガヨモギ（*Artemisia absinthium* L.）茎葉部の酢酸エチル可溶中性画分にはきわめて強力な老化促進物質の存在が示された。図 8-5 に示すとおり精製操作を繰り返し、最終的にニガヨモギの酢酸エチル可溶中性画分に含まれる老化促進物質を芳香ある黄色油状物質として単離した。種々の機器分析実験の結果から、本活性物質を（－）-ジャスモン酸メチルと同定した。本研究結果とその後に行われた多くの研究報告とを総合して考えると、天然型のジャスモン酸メチルは、不安定構造をもつエピ（イソ）ジャスモン酸メチルであり、（－）-ジャスモン酸メチルは抽出・精製過程で生じた安定構造の非天然型であると思われる（図 8-6）。天然型ジャスモン酸の構造はその生合成経路から *cis* 型と考えられるが[48), 49), 50)]、現在までのところ、実際非天然型とされる *trans* 型が天然に存在しない証拠はない[51)]。今後、多くのジャスモン酸関連化合物の探索が待たれるところである。

キク科 *Artemisia* 属、*Atracylodes* 属植物の酢酸エチル可溶中性画分には、比較的活性の高いクロロフィル分解抑制物質あるいは同促進物質の存在が明らかとなった。*Artemisia* 属の植物である *Artemisia capillaris* 茎葉部から capillin, capillene がクロロフィル分解抑制物質として、それぞれ無色結晶状、黄色油状に単離された[52)]。また、クロロフィル分解促進活性物質として capillarin が無色結晶状に単離された[52)]（図 8-6）。*Atractylodes lancea* 根茎部に存在するクロロフィル分解抑制物質は白色結晶として単離され、各種機器分析におけるスペクトルデータを標品のそれと比較した結果、このクロロフィル分解抑制物質は （－）-hinesol と同定された[53)]（図 8-6）。

特異な春期落葉現象を示すアコウ（*Ficus sperba*（Miq.）Miq. var. *japonica* Miq.）葉からはジャスモン酸およびそのメチルエステル、C_{18} 不飽和脂肪酸およびアブシジン酸が[54)]、また、老化過程においても、葉が黄変せず、褐変枯

ニガヨモギ茎葉（10kg新鮮重量）

- 80%含水アセトンにて抽出
- 減圧下でアセトンを留去
- 酢酸エチルを用いて分配

酢酸エチル可溶中性画分（9.9g）

活性炭カラムクロマトグラフィー
（和光純薬活性炭 100g；2.3×36cm）

- 含水アセトンを用いて溶出

70-80%アセトン画分（4.4g）

シリカゲルカラムクロマトグラフィー
（ワコーゲルC100 50g；1.0×42cm）

- ベンゼン—酢酸エチルを用いて溶出

5%酢酸エチル溶出画分（111mg）

シリカゲルカラムクロマトグラフィー
（ワコーゲルC100 10g；1.0×8cm）

- *n*-ヘキサン—酢酸エチルを用いて溶出

10%酢酸エチル溶出画分（17mg）

シリカゲル薄層クロマトグラフィー（PF_{254} 0.5mm厚）

- *n*-ヘキサン—酢酸エチル（5：1, v/v）を用いて展開

Rf 0.27-0.37（5mg）

シリカゲル薄層クロマトグラフィー（PF_{254} 0.5mm厚）

- ベンゼン—酢酸エチル（10：1, v/v）を用いて展開

Rf 0.30-0.34（1mg）

芳香ある黄色油状物質

図8-5 ニガヨモギ（***Artemisia absinthium*** L.）茎葉からのジャスモン酸メチルの単離操作

老化抑制物質

Atractylodes lancea DC

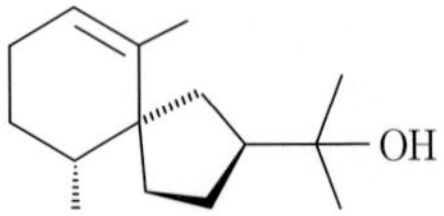

(−)-hinesol

Artemisia capillaris Thunb.

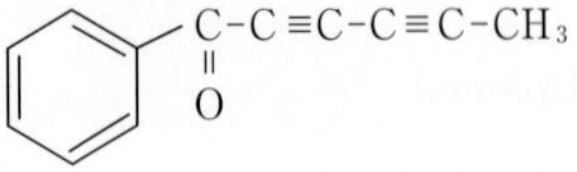

capillin

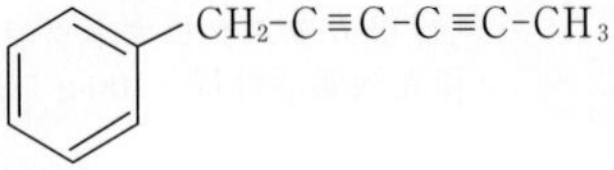

capillene

老化促進物質

Artemisia absinthium L.

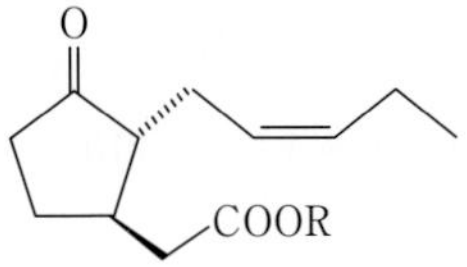

R:H (−)-ジャスモン酸
R:CH_3 (−)-ジャスモン酸メチル

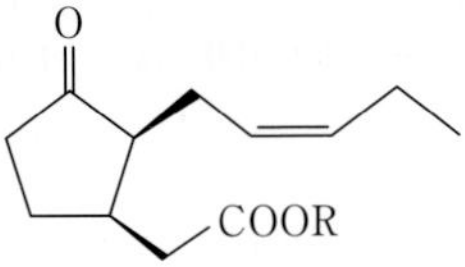

R:H (+)-ジャスモン酸
R:CH_3 (+)-ジャスモン酸メチル

Artemisia capillaris Thunb.

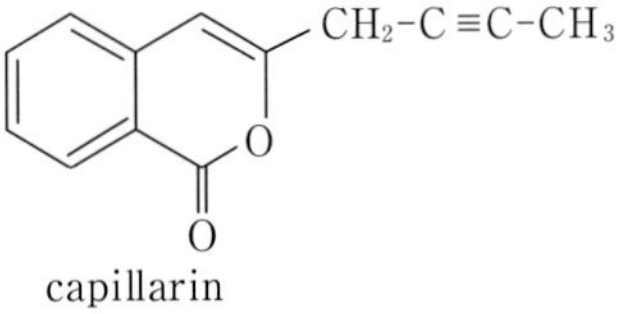

capillarin

Magnolia stellata Maxim.

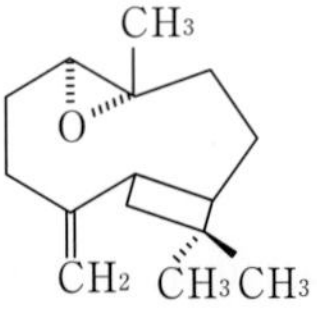

caryophyllene oxide

Biota orientalis Endl.

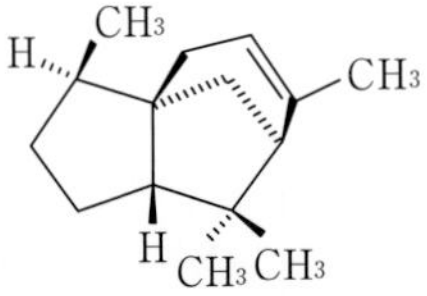

α-cedrene

Avena sativa L.
Ficus sperba Miq. var. *japonica* Miq.

C_{18}不飽和脂肪酸

図8-6　老化制御鍵化学物質

死現象を示すコノテガシワ（*Biota orientalis* Endl.）毬果からアブシジン酸およびα-cedreneが、さらに、多くの精油成分を含むことで知られる木本性多心皮群（モクレン目）植物からcaryophyllene oxideが、それぞれ老化促進物質として同定された[55]（図8-6）。

（3） ジャスモン酸類

1） ジャスモン酸メチルのクロロフィル分解促進活性

現在までのところ、植物ホルモンをはじめとする多くの生理活性物質の作用機構は完全に解明されたとは言い難い。本研究において見いだされた老化制御物質についても、現在までのところ、その詳細な作用機構は明らかではない。

ジャスモン酸メチルは低濃度で暗所および明所下においてオートムギ第一葉切片のクロロフィル分解（黄変）ならびにゴガツササゲ第一葉葉柄切片の離層形成を著しく促進した。特に、オートムギ第一葉切片においては、ジャスモン酸メチルの老化促進活性は暗所および明所下でアブシジン酸のそれに比べ、きわめて高いことが明らかとなった[22),56),57]。ジャスモン酸メチルは、サイトカイニンによって保持されたオートムギ第一葉切片のクロロフィルの分解においてアブシジン酸と相加的効果を示した。しかしながら、ジャスモン酸メチルはサイトカイニン以外の老化抑制物質、例えばキレート剤、タンパク質合成阻害剤、すなわち、α, α'-dipyridyl, cyclohexamide, 6-methylpurineのクロロフィル分解抑制作用に対しては影響しなかった。

黄化オートムギ第一葉切片を用いた実験系においては、ジャスモン酸メチルは黄化葉切片の緑化（greening）を著しく阻害した[44]。ジャスモン酸メチルが黄化葉の緑化を阻害する実験では、黄化葉切片はあらかじめジャスモン酸メチルで処理されているので、その老化が促進されている。したがって、ジャスモン酸メチルの黄化葉切片に対する緑化阻害効果は黄化葉切片の老化促進の結果であることが示唆される[44]。また、ジャスモン酸メチルによって促進される老化に伴うRuBP carboxylase（EC 4.1.1.39）の分解は暗黒下よりも明所下においてより著しいことから、ジャスモン酸メチルの老化促進作用は暗黒下および明所下で異なるものと考えられる[58]。

一連のジャスモン酸関連化合物をジャスモン酸より誘導あるいは新規に合成し、それらの老化促進活性を比較検討した結果、構造活性相関が明らかとなった。ジャスモン酸類が強力な老化促進活性を示すためには、シクロペンタン骨格の C1 位が methyl acetate、C2 位が *cis*-pentenyl あるいは *n*-pentyl、C3 位が carbonyl であることが必要である[56]。

2） ジャスモン酸の離層形成促進活性

ゴガツササゲ第一葉葉柄切片を用いた実験系では、暗黒下にくらべて、明所下において離層形成がよく進行する[45), 59]。ジャスモン酸およびジャスモン酸メチルは、暗黒下および明所下でゴガツササゲ第一葉葉柄切片における離層形成を促進した。その促進活性は明所においてより顕著であった。ジャスモン酸およびジャスモン酸メチルはほぼ同程度の活性を示した。また、本実験系において、オーキシン（インドール酢酸、indole-3-acetic acid: IAA）は離層形成を強く阻害するが[58), 59), 60]、ジャスモン酸およびジャスモン酸メチルはオーキシンと相互作用を示し、オーキシンの離層形成阻害活性を低下させた[59]。

ゴガツササゲ第一葉葉柄切片のエチレン生成に対するジャスモン酸およびジャスモン酸メチルの影響を調べた結果、未だ離層が形成されていない処理後 24 時間目、および離層が完全に形成された処理後 72 時間目において、ジャスモン酸およびジャスモン酸メチルはエチレン生成を促進しないことが明らかとなった[59]。*Vigna radiata* の explant を用いた離層形成試験においては、ジャスモン酸メチルは離層形成に対して影響せず、ethephon によって誘導される離層形成を促進したとの報告があるものの[61]、本研究結果は、ジャスモン酸類の離層形成促進活性がエチレンの効果を介しているものではないことを示唆している。

3） ゴガツササゲ第一葉葉柄切片離層部細胞の肥大と細胞壁多糖含量および中性糖組成に対するジャスモン酸メチルの影響

離層が形成され、それが発達する過程においては、離層部細胞の肥大成長が起こることが明らかにされている[62]。ゴガツササゲ第一葉葉柄切片の離層部細胞は、切片を調製 42 時間後、すなわち離層が形成される以前に、すでに本来の細胞形態をとどめず、細胞が押しつぶされていることが観察された。この場合、葉枕側および葉柄側離層部を構成している細胞の大きさに対するジャスモン酸類の影響を調べたところ、表8-2に示すように、ジャスモン酸処理によって葉枕側および葉柄側の離層部細胞が肥大していることが示された。第一離層を含む葉柄側1mm、葉枕側1mmの切片を調製し、離層が形成されはじめるジャスモン酸メチル処理後42時間目に試料を採取し、常法に従って細胞壁多糖類を抽出・分画し、ゴガツササゲ第一葉葉柄切片離層部細胞の細胞壁におけるマトリックス多糖の中性糖組成に対するジャスモン酸類の影響を調べた。得られた各細胞壁マトリックス多糖の中性糖をアセチル化物に誘導後、ガスクロマトグラフィーによって定量した。その結果、第一離層部近傍の葉枕、葉柄細胞の細胞壁多糖は、ペクチンがラムノガラクツロナン、アラビノガラクタンから構成され、ヘミセルロース-Iがアラビノガラクタン、グルクロノアラビノキシランから、ヘミセルロース -IIがキシログルカンから構成されていることが示された。ジャスモン酸メチルおよび比較のために用いたアブシジン酸はこれらの中性糖組成には影響しなかった[59)]。

一方、ジャスモン酸メチルは、離層形成を促進する場合、ペクチンおよびヘミセルロース含量には影響しないものの、セルロース含量を低下させた。以上の結果は、ジャスモン酸類が、離層部細胞における細胞壁多糖代謝、特にセルロースの合成と分解とに関わる代謝系に影響し、離層形成を促進することを強く示唆している[59)]。

表8-2　ゴガツササゲ第一葉葉柄切片の離層部細胞の形態に対する
ジャスモン酸メチル（JA-Me, 0.1mM）の影響

		細胞の長さ（μm）	
		長　軸	短　軸
葉枕側	対照区	51.0 ± 2.8	50.2 ± 2.1
	JA-Me	57.2 ± 1.2	57.3 ± 1.1
葉柄側	対照区	108.2 ± 6.1	101.4 ± 3.9
	JA-Me	113.7 ± 7.8	112.0 ± 3.1

4） ゴガツササゲ第一葉葉柄切片のUDP糖量に対するジャスモン酸メチルの影響[59]

細胞壁多糖類は、各種単糖より合成されるが、その生合成経路の途中に位置するUDP糖は重要な中間合成基質である。ゴガツササゲ第一葉葉柄の第一離層を含む葉柄側1mm、葉枕側1mmの切片に含まれるUDP糖量に対するジャスモン酸メチルの影響を調べた。その結果、ジャスモン酸メチルは離層が形成されはじめる処理後45時間目には、葉柄側細胞のUDP糖量を有意に低下させた。この事実は、離層形成が進行しないためには、離層部細胞において細胞壁の合成の持続が必要であることを示している。この事実とジャスモン酸メチルが離層形成を促進する場合に認められる離層部細胞のセルロース含量の低下を考え合わせると、ジャスモン酸メチルは細胞壁、特にセルロースの合成を阻害することによって離層形成を促進することが推察された。事実、本実験系にセルロース合成阻害剤である2, 6-dichlorobenzonitrile（dichlobenil, DCB）を投与すると、離層形成が促進された（表8-3）。

表8-3　ゴガツササゲ第一葉葉柄切片の離層形成に対するDCBの影響

	離層形成（%）	
	52時間後	64時間後
対照区	17.5±2.9	55.0±7.5
DCB（10^{-6}M）	60.0±13.3	95.0±3.3

5） セルラーゼ活性に対するシクロヘキシミド、ジャスモン酸をはじめとする植物ホルモンの影響[59]

離層が形成される場合、離層部細胞の細胞壁多糖が細胞壁分解酵素の作用によって分解される。ペクチナーゼと並んで細胞壁分解に主たる役割を担っている酵素であるセルラーゼをルイスとコエラー（Lewis, N. L. and Koehler, D. E.）[63]の方法に従って抽出、精製し、ゴガツササゲ芽生え各器官における活性と芽生え齢との関係を調べた。その結果、発芽後10日目に第一葉葉柄および葉枕において著しい活性の上昇が認められた。本実験条件である砂耕法によってゴガツササゲを生育させると、その第一葉は発芽後約20日で落葉することから、葉枕および葉柄部において、発芽後10日目以降に上昇するセルラーゼ活性は第一葉の落葉に関係しているものと推察される。また、上胚軸においては、発芽後19日目にも同様の高セルラーゼ活性が認められるが、これは第一葉の第二離層の形成、発達と関係があるのかもしれない（図8-7）。

ゴガツササゲ第一葉葉柄および葉枕におけるセルラーゼ活性に対するシクロヘキシミド、ジャスモン酸をはじめとする植物ホルモンの影響を調べた。各化学物質は所定濃度の水溶液に調製後、10日齢のゴガツササゲ芽生えの根あるいは胚軸から48時間吸収させた。明所下で芽生えを48時間培養した後、第一葉葉枕、葉柄を採取し、セルラーゼ活性を測定した。その結果、葉枕側、葉柄側のセルラーゼ活性はシクロヘキシミドの添加によって対照区の約50%に低下した。この結果は、離層形成に伴うゴガツササゲ第一葉の葉柄および葉枕部におけるセルラーゼ活性の上昇は新たに生合成された酵素に由来することを推察させる。セルラーゼ活性に対するオーキシン（IAA）、アブシジン酸、およびジャスモン酸の影響を調べたところ、オーキシンは活性を低下させ、アブシジン酸、ジャスモン酸は活性を著しく上昇させた。先のシクロヘキシミド投与の結果を考え合わせると、ジャスモン酸やアブシジン酸は新たなセルラーゼの生合成を促進し、離層部細胞の細胞壁多糖、特にセルロースの分解を促進することによって離層形成を促進していることが推察される。

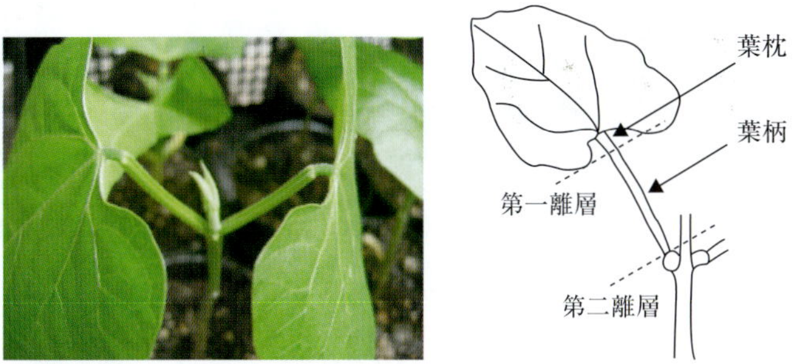

第一離層は、葉枕と葉柄との接点に、第二離層は、葉柄と茎との接点に認められる。

図8-7　10日齢のゴガツササゲ芽生えの第一葉に認められる離層

以上、本研究結果から、ジャスモン酸はゴガツササゲ第一葉葉柄切片の第一離層部細胞において、細胞壁多糖、とくにセルロース合成を阻害するとともに、セルラーゼ等の分解酵素活性に影響し、細胞壁多糖類の分解を促進することによって、離層形成、すなわち細胞間の分離を促進することが明らかとなった。

6）ジャスモン酸の２次離層形成誘導効果[5)]

前記のとおり（図 8-8 参照）ジャスモン酸メチルをラノリンペーストとしてインタクトの *Bryophyllum calycinum* の茎（節間）、あるいは茎や葉柄の切片に与えると、本来離層が形成されない組織に２次的に離層が誘導された。ジャスモン酸メチルによる２次離層形成誘導効果はオーキシン（IAA）によって阻害された（図 8-8）。したがって、インタクト植物におけるジャスモン酸メチルの２次離層形成誘導効果は内生のオーキシンとの相互作用の結果であると考えられる。このような２次離層形成誘導効果は、ジャスモン酸メチル以外にも、ゴガツササゲ葉柄切片においてはオーキシン存在下でエチレンによって誘導されることが報告されている[6)]。

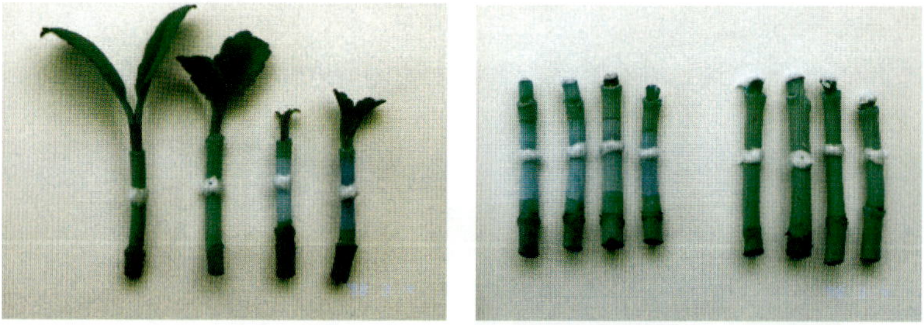

（左）ジャスモン酸メチルをラノリンペーストとして茎切片（節間）に与えた場合、元来離層がない茎切片（節間）の中ほどに２次的に離層が形成される（右の２本）。対照としてラノリンペーストのみを茎切片（節間）に与えた場合には、２次離層の形成は認められない（左の２本）。（右）ジャスモン酸メチルを茎切片（節間）に処理した場合、処理部の上下に２次離層が形成され、処理部を含む上下の離層で挟まれた茎組織の老化が進み、黄変が認められる（左の４本の切片）。ジャスモン酸メチルとオーキシン（IAA）を含むラノリンペーストを茎切片（節間）に与えた場合には２次離層は形成されず、処理部の老化も促進されない（右の４本の切片）。

図8-8 ***Bryophyllum calycinum***の茎切片（節間）に形成された2次離層

（4） 植物の精油成分[51,53]と C_{18} 不飽和脂肪酸[45,54]の老化制御機構

Artemisia capillaris 茎葉部や *Atractylodes lancea* 根茎部から単離された老化制御物質の老化制御活性を調べた。比較的高濃度の capillin, capillene あるいは（－）-henesol は、暗所においてオートムギ第一葉切片のクロロフィル分解に対する阻害活性を示した。一方、明所下においてはクロロフィル、キサントフィル、カロチノイド系色素類の分解が促進された。capillin および capillene とサイトカイニン（kinetin）との相互作用を検討した結果、比較的低濃度においては、これらの化合物はサイトカイニンの老化抑制活性に影響し、老化を促進するように作用した。したがって、capillin および capillene は、オートムギ第一葉切片のクロロフィル分解に対して、濃度依存的に促進活性と抑制活性の両方の活性を示すことが明らかとなった。一方、クロロフィル分解促進活性物質として単離された capillarin には、capillin および capillene に見いだされた老化制御活性は認められなかった。

本研究において、C_{18} 不飽和脂肪酸類（リノレン酸、リノール酸およびオレイン酸）は、クロロフィル分解促進および離層形成促進を示すことが明らかになった。free radical scavenger である *n*-propyl gallate はリノレン酸の離層形成促進効果を阻害した。また、リノレン酸を含む切片の培養液の 234 nm における吸光度を測定したところ、培養時間が経過するに従って、この値の増加が認められた。これらの事実はリノレン酸が hydroperoxide を形成し、これが離層形成を促進していることを示唆するものである[45),64),65)]。事実、hydrogen peroxide や *tert*-butylhydroperoxide などの過酸化物はリノレン酸と同様に離層形成を促進した。

一方、エチレン生合成系において 1-aminocyclopropane-1-carboxylic acid（ACC）からエチレンへの変換は free radical 反応と考えられているので、これら hydroperoxide のエチレン生合成系への関与の可能性が示唆される。しかしながら、これらの hydroperoxide は ACC 存在下、非存在下においてもゴガツササゲ葉柄切片からのエチレン生成を増加させなかった。さらにリノレン酸の離層形成促進活性は 2, 5-norbornadiene によって完全には阻害されなかった。これらの事実は、活性型リノレン酸の離層形成促進効果がすべてエチレン

の効果に由来するものではないことを示唆している。ジャスモン酸は、リノレン酸を出発物質として、lipoxygenase による過酸化、allene oxide cyclase、12-oxo-phytodienoic acid reductase、不飽和脂肪酸の β 酸化系を経て生合成されることが明らかにされているので [48), 49), 50)]、本研究における C_{18} 不飽和脂肪酸類の老化促進活性はジャスモン酸を介して発現している可能性も推察される。

4. 分子レベルの解析

すでに述べたように、植物個体の老化（加齢）は、組織や細胞の老化と分けて考える必要がある。細胞の老化は、外傷などによるものばかりではなく、遺伝的にプログラムされた細胞死が含まれる。老化に関する最近の分子レベルの研究は、老化をプログラム細胞死と捉え、このプログラム細胞死を分子レベルで解析することを目的としている。プログラム細胞死にはカスパーゼが重要な役割を果たすことが知られている。植物においても、カスパーゼに関連する液胞プロセシング酵素（vascular processing enzyme: VPE）が細胞死に重要であることが示されている。

植物におけるプログラム細胞死は植物ホルモン類による制御を受けることが示された。ヒャクニチソウの葉肉細胞を用いた研究から、ブラシノステロイドは 2 次細胞壁合成やタンパク質や核酸の分解に関係する遺伝子の発現を誘導し、液胞の崩壊による細胞死をもたらし、葉肉細胞を管状要素へと分化させる [24)]。緑葉の老化においては、葉緑体中のクロロフィルや細胞中のタンパク質が分解され、各細胞小器官の分解が生じ、細胞が死に至る。すでに述べたとおり、サイトカイニンはこのような老化過程を抑制し、エチレン、アブシジン酸、ジャスモン酸類はこれを促進する。野生型にくらべ、クロロフィルの分解が有意に遅くなるシロイヌナズナ突然変異体である *ore9* は、アブシジン酸やジャスモン酸メチルによって誘導される老化についても顕著な遅延を示した [66)]。*ORE9* 遺伝子は F-box モチーフとロイシンリッチリピートを有するタンパク質をコードしており、これがASK1タンパク質と結合活性を示すことから、ORE9はユビキチン－プロテアソーム系において老化のシグナル伝達に関係していることが推察されている[66]。しかしながら、ORE9がいずれの植物ホルモンのシグナル伝達に関与しているかは不明のままであり、それらのシグナル伝達における役割についてはさらなる研究が必要である。

真核生物の染色体の末端にはテロメアと呼ばれる特殊な構造が認められる。ヒトの培養細胞ではテロメアが短縮するとその細胞は老化の状態となる。テロメアーゼはテロメアの伸長に関係している酵素で、オーキシンはテロメアーゼ活性を高めることが報告されている[67),68]。植物におけるテロメアやテロメアーゼ活性と植物ホルモン類との相互作用に関する研究が進むと、植物の老化に関する理解がさらに明確になると思われる。

5. おわりに

老化の鍵化学物質を中心とした植物の老化現象のメカニズムを図8-9に示す。高等植物の老化現象に関与する鍵化学物質探索の研究において、従来、生理機能をもたない物質として理解されてきた多くの2次代謝産物に重要な生理機能が見いだされた。これらの化合物のうち、特にジャスモン酸類は、最近の多くの研究によって老化制御以外にきわめて多面的な生理活性を有するとともに、直接遺伝子発現にも影響する新しいタイプの生理活性物質であることが明らかにされ、ブラシノステロイドとともに植物ホルモンの仲間入りを果たした化合物である。これらの化合物は一連のシグナルトランスダクションの系に作用することが考えられる。今後は、これら生理活性物質の分子レベルでの制御機構の解析をも含めた生物有機化学的研究を行うことがますます重要であると考えられる。

一方、老化の鍵化学物質は、作業の省力化や効率化が求められている実際の農産物生産現場でもその応用が期待される。植物の離層形成に関しては、アメリカなどでの大規模農場でのワタの収穫や、わが国のウンシュウ（温州）ミカ

環境刺激（暗黒、高温・低温、乾燥等）

↓

細胞内の刺激受容体の活性化や生体膜の構造変化

↓

遺伝子の活性化

↓

老化の鍵化学物質の生合成

↓

老化現象に関与する遺伝子の活性化

↓

タンパク質分解酵素や細胞壁多糖分解酵素の生合成

↓

細胞内タンパク質代謝や多糖代謝の撹乱

↓

一過的な呼吸の上昇、タンパク質やクロロフィルの分解や離層形成
（細胞壁多糖合成の阻害ならびに分解の促進）

↓

葉の黄変、落葉や落果（老化）

図8-9　老化制御鍵化学物質の老化制御機構

ン栽培での摘果剤の利用が挙げられる。ワタの栽培では、特に収穫作業に莫大な時間と労力が必要となるため、老化の鍵化学物質を用いて葉をすべて落葉させ、大型機械で収穫する方法が採用されている。

受粉が起こらなくても果実がなる（単為結果性）ウンシュウミカンの栽培で

は、1本の樹に適当な数の果実を実らせることを目的として摘果剤が利用される。多くの薬剤の効果が検証された結果、非天然型の植物ホルモンの一種であるナフタレン酢酸（1-naphthaleneacetic acid: NAA）が選抜され、実用化のために1969年に農薬登録された。NAAが散布されると、葉でエチレンが生成され、果実と枝との間に離層が形成されて最終的に生理的落果が誘導され、摘果効果が高まるものと考えられる。しかしながら、1976年に農薬取締法が改正されたことによって、その再登録は断念された。その後、エチクロゼート（5-chloro-1H-indazole-3-acetic acid ethyl ester）を20%含有するフィガロン乳剤が植物成長調整剤として農林水産省に登録され、新規な摘果剤として用いられるようになり、現在に至っている。

参考文献

1） Lelièvre, J. M., Latché, A., Jones, B., Bauzayen, M. and Pech, J. -C. Ethylene and fruit ripening. Physiol. Plant. 101, 727–739, 1997.

2） El-Kereamy, A., Chervin, C., Roustan, J. P., Cheynier, V., Souquet, J.-M., Moutounet, M., Raynal, J., Ford, C., Latché, A., Pech, J.-C. and Bouzayen M. Exogenous ethylene stimulates the long-term expression of genes related to anthocyanin biosynthesis in grape berries. Physiol. Plant. 119, 175–182, 2003.

3） Pietro, P. M. I., Luc-Jan, L., Nieves, M.-E., Euan, T., Michael, M., Howard, V. D. and Frans, J. M. H. Ethylene and carbon dioxide production by developing strawberries show a correlative pattern that is indicative of ripening climacteric fruit. Physiol. Plant. 127, 247–259, 2006.

4） Addicott, F. T. *Abscission*. University of California Press, Ltd, 1982.

5） Saniewski, M., Ueda, J. and Miyamoto, K. Methyl jasmonate induces the formation of secondary abscission zone in stems of *Bryophyllum calytcinum* Salisb. Acta Physiol. Plant. 22, 17–23, 2000.

6） McManus, M. T., Thompson, D. S., Merriman. C. Lyne, L. and Osborne, D. J. Transdifferentiation of mature cortical cells to functional abscission cells in bean. Plant Physiol. 116, 891–899, 1998.

7） Molisch, H. *Die Lebensdauer der Pflanzen*. Eng. Transl. The Longevity of Plants, 1938, The Science Press, Lancaster, 1928.

8） Yemm, E. W. Respiration of barley leaves. II. Carbohydrate concentration and CO_2

production in starving leaves. Proc. Roy. Soc. London Ser. *B*. 117, 504–525, 1935.

9) Yemm, E. W. Respiration in barley plants. III. Protein catabolism in starving leaves. Proc. Roy. Soc. London Ber. B. 133, 243–273, 1937.

10) Vickery, H. B., Pucher, G. W., Wakenman, A. J. and Levenworth, C. S., Chemical investigation of the tobacco plant. VI. Chemical changes that occur in leaves during culture in light and darkness. Bull. Conn, Agric. Exp. Stn, 399, 757–832, 1937.

11) Woolhouse, H. W. Aspects of the Biology of Ageing, Symposia of the Society for Experimental Biology No. 21., edited by Woolhouse, H. W., Academic Press (New York), 1967.

12) Thimann, K. V. and Sachs, T. The role of cytokinin in the "fasciation" disease caused by Corynebacterium fascians. Amer. J. Bot. 53. 731–739, 1966.

13) Shibaoka, H. and Thimann, K. V. Antagonisms between kinetin and amino acids. Plant Physiol. 46, 212–220, 1970.

14) Martin, C. and Thimann, K. V. The role of protein synthesis in the senescence of leaves. I. The formation of protease. Plant Physiol. 49, 64–71, 1972.

15) Laibach, F. Versuche mit Wuchsstoffpaste. Ber. Deutsch Bot. Ges. 51, 386–392, 1933.

16) Carnes, H. R., Addicott, F. T., Baker, K. C. and Wilson, R. K. Acceleration and retardation of abscission by gibberellic acid. In Plant Growth Regulation, ed. By Klein, R.M., pp.559–565. Iowa State University Press, Iowa, 1961.

17) Fletcher, R. A. and Osborne, D. J. Regulation of protein and nucleic acid synthesis by gibberellin during leaf senescence. Nature 207, 1176–1177, 1965.

18) Chibnall, A. C. Protein metabolism in rooted runner bean leaves. New Phytol. 53, 31–37, 1954.

19) Richmond, A. E. and Lang, A. Effect of kinetin on protein content and survival of detached Xanthium leaves. Science 125, 650–651, 1957.

20) Denny, F. E. Effect of ethylene upon respiration of lemons. Bot. Gaz. 77, 322–329, 1924.

21) Ohkuma, K., Lyon, J. L., Addicott, F. T. and Smith, O. E. Abscisin II, an abscission-accelerating substance from young cotton fruit. Science 142, 1592–1593, 1963.

22) Ueda, J. and Kato, J. Isolation and identification of a senescence-promoting substance from wormwood (*Artemisia absinthium* L.). Plant Physiol. 66, 246–249, 1980.

23) Pennell, R. I. and Lamb, C. Programmed cell death in plants. Plant Cell 9, 1157–1168, 1997.

24) Fukuda, H. Tracheary element differentiation. Plant Cell 9, 1147-1156, 1997.
25) Hemberg, T. Significance of growth-inhibiting substances and auxins for the rest period of potato tubers. Physiol. Plant. 2, 24-36, 1949.
26) Bennet-Clark, T. A. and Kefford, N. P. Chromatography of the growth substances in plant extracts. Nature 171, 645-647, 1953.
27) Philips, I. D. J. and Wareing, P. E. Effect of photoperiodic conditions on the level of growth inhibitors in Acer pseudoplatanus. Naturwissenschaften 45, 317, 1958.
28) Eagles, C. E. and Wareing, P. E. Experimental induction of dormancy in Betula pubescens. Nature 199, 174-175, 1963.
29) Ohkuma, K., Addicott, F. T., Smith, O. E. and Thiessen, W. E. The structure of abscisin II. Tetrahedron Letters 29, 2529-2535, 1965.
30) Singh, N. and Mishra, D. The effect of benzimidazole and red light on the senescence of detached leaves of *Oryza sativa* cv. Ratna. Physiol. Plant. 34, 67-74, 1975.
31) Grarg, O. P. and Kapoor, V. Retardation of leaf senescence by ascorbic acid. J. Exp. Bot. 23, 699-703, 1972.
32) Kotaka, S. and Krueger, A. P. Some observation on the bleaching effect of ethylenediaminetetraacetic acid on green barley leaves. Plant Physiol. 44, 809-815, 1969.
33) Tetley, R. M. and Thimann, K. V. The metabolism of oat leaves dusing senescence. Ⅳ The effecta of *α*, *α'*-dipynidyl and othen metal chelators on senescence. Plant Physiol. 56, 140-142, 1975.
34) Knypl, J. S. Inhibition of chlorophyll synthesis by growth retardants and coumarin, and its reversal by potassium. Nature 224, 1025-1026, 1969.
35) Takegami, T. and Yoshida, K. Remarkable retardation of the senescence of tobacco leaf disks by cordycepin, an inhibitor of RNA polyadenylation. Plant Cell Physiol. 16, 1163-1166, 1975.
36) Takegami, M. Study on senescence in tobacco leaf disks. I. Inhibition by benzylaminopurine of decrease in protein level. Plant Cell Physiol. 16, 407-416, 1975.
37) Martin, C. and Thimann, K. V. Role of protein synthesis in the senescence of leaves. II. The influence of amino acids on senescence. Plant Physiol. 50, 432-437, 1972.
38) Knypl, J. S. Effects of petroleum growth-promoting substances and mineral fertilizers on the physiological changes in plants and the crop of melons and vegetables in *Uzbekistan* Flora (Jena), Abteilung A: Physiologie und Biochemie 158, 230-240, 1967.
39) Wollgiehn, R. and Parthier, B. Der Einfluss der Kinetin auf den RNS- und Proteinstoffwechsel in abgeschnittenen, mit Hemmstoffen behandlten Tabakblättern. Phytochemistry 3, 241-248, 1964.

40) 行本峰子「農薬の作物に対する薬害発現機構に関する研究」*日本農薬学会誌* 7, 227-235, 1982.

41) Miyamoto, K., Ueda, J., Yamada, K., Kosemura, S., Yamamura, S. and Hasegawa, K. Inhibitory effect of lepidimoide on senescence in *Avena* leaf segments. J. Plant Physiol. 150, 133-136, 1997.

42) Miyamoto, K., Ueda, J., Yamada, K., Kosemura, S., Yamamura, S. and Hasegawa, K. Inhibition of abscission of bean petiole explants by lepidimoide. J. Plant Growth Regul. 16, 7-9, 1997.

43) Osborne, D. J. Acceleration of abscission by a factor produced in senescent leaves. Nature. 176, 1161-1163, 1955.

44) Ueda, J. and Kato, J. Effect of methyl jasmonate on chlorophyll production in greening dark grown oat leaves. Plant Physiol. (Life Sci. Adv.) 6, 277-279, 1987.

45) Ueda, J., Morita, Y. and Kato, J. Promotive effect of C_{18}-unsaturated fatty acids on the abscission of bean petiole explants. Plant Cell Physiol. 32, 983-987, 1991.

46) 高橋信孝編「*植物化学調節実験法*」植物化学調節学会, 1989.

47) 吉田茂男編「*植物化学調節実験マニュアル*」植物化学調節学会, 1997.

48) Vick, B. A. and Zimmerman, D. C. The biosynthesis of jasmonic acid: a physiological role for plant lipoxygenase. Biochem. Biophys. Res. Commun. 111, 470-477, 1983.

49) Vick, B. A. and Zimmerman, D. C. Biosynthesis of jasmonic acid by several plant species. Plant Physiol. 75, 458-461, 1984.

50) Vick, B. A. and Zimmerman, D. C. Characterization of 12-oxo-phytodienoic acid reductase in corn. Plant Physiol. 80, 202-205, 1986.

51) Fujita, T., Terato, K. and Nakayama, M. Two jasmonoid glucosides and a phenylvaleric acid glucoside from *Perilla frutescens*. Biosci. Biotech. Biochm. 60, 732-735, 1996.

52) Ueda, J., Kojima, T., Nishimura, M. and Kato, J. Isolation and identification of aliphatic compounds as chlorophyll-preserving and/or degrading substances from *Artemisia capillaries* Thunb. Z. Pflanzenphysiol. 113, 189-199, 1984.

53) Ueda, J. Shiotani, Y., Kojima, T., Kato, J., Yokota, T. and Takahashi, N. Identification of hinesol as a chlorophyll-preserving substance. Plant Cell Physiol. 24, 873-876, 1983.

54) Ueda, J., Mizumoto, T. and Kato, J. Quantitative changes of abscisic acid and methyl jasmonate correlated with vernal leaf abscission of *Ficus supreba* var. *japonica*. Biochm. Physiol. Pflanzen, 187, 203-210, 1991.

55) 桃谷好英「*化学成分による木本生多心皮群の系統関係の解析*」平成２年度文部省科学研究費補助金（一般Ｂ）研究成果報告書, pp.49-61, 1991.

56) Ueda, J., Kato, J., Yamane, H. and Takahashi, N. Inhibitory effect of methyl jasmonate and its related compounds on kinetin-induced retardation of oat leaf senescence. Physiol. Plant. 52, 305-309, 1981.
57) Ueda, J. and Kato, J. Promotive effect of methyl jasmonate on oat leaf senescence in the light. Z. Pflanzenphysiol. 103, 357-359, 1981.
58) Weidhase, R. A., Lehmann, J., Kramell, H., Sembdner, G. and Parthier, B. Degradation of ribulose-1, 5-bisphosphate carboxylase and chlorophyll in senescing barley leaf segments triggered by jasmonic acid methyl ester, and counteraction by cytokinin. Physiol. Plant. 69, 161-166, 1987.
59) Ueda, J., Miyamoto, K. and Hashimoto, M. Jasmonates promote abscission in bean petiole explants: Its relationship to the metabolism of cell wall polysaccharides and cellulase activity. J. Plant Growth Regul. 15, 189-195, 1996.
60) Reddy, A. S. N., Friedmann, M. and Poovaiah, B. W. Auxin-induced changes in protein synthesis in the abscission zone of bean explants. Plant Cell Physiol. 29, 179-183, 1988.
61) Curtis, R. W. Abscission-inducing properties of methyl jasmonate, ABA, and ABA-methyl ester and their interactions with ethephon, $AgNO_3$, and malformin. J. Plant Growth Regul., 3, 157-168, 1984.
62) Osborne, D. J. Internal factors regulating abscission. In Shedding of Plant Parts, T. T. Kozlowski ed., pp.125-147, Academic Press, New York, 1973.
63) Lewis, N. L. and Koehler, D. E. Cellulase in the kidney bean seedling. Planta 146, 1-5, 1979.
64) Vick, B. A. and Zimmerman, D. C. Pathways of fatty acid hydroperoxide metabolism in spinach leaf chloroplasts. Plant Physiol. 85, 1073-1078, 1987.
65) Vick, B. A. and Zimmerman, D. C. Metabolism of fatty acid hydroperoxides by *Chlorella pyrenoidosa*. Plant Physiol. 90, 125-132, 1989.
66) Woo, H. R., Chung, K. M, Park, J-H., Oh, S. A., Ahn, T., Hong, S. H., Jang, S. K and Nam, H. G. ORE9, an F-box protein that regulates leaf senescence in Arabidopsis. Plant Cell 13, 1779-1790, 2001.
67) Tamura, K., Liu, H. and Takahashi, H. Auxin induction of cell cycle regulated activity of tobacco telomerase. J. Biol. Chem. 274, 20997-21002, 1999.
68) Ren, S., Johnston, J. S., Shippen, D. E. and McKnight, T. D. TELOMERASE ACTIVATOR1 induces telomerase activity and potentiates response to auxin in Arabidopsis. Plant Cell, 16, 2910-2922, 2004.

第9章 休眠

1. はじめに

(1) 休眠とは

植物は動物と違って移動することができないので、季節の移り変わりとともに周期的に変化する水分、温度、光などの環境要因を引き金としてこれに敏感に応答し、自己の生活環を全うする機能情報が遺伝子に組み込まれている。例えば、日本列島の存在する中緯度温帯域には、冬期のような植物の成長にとって不適な季節がある。この期間、植物は成長を停止または低下させて、この過酷な環境に耐えて自身の生命を維持する。このように、四季の変化の中で周期的に訪れる成長の停止または低下は休眠（dormancy）と呼ばれる。休眠は周期的に変化する環境要因によって誘導され、また解除され（図9-1）[1]、そのよ

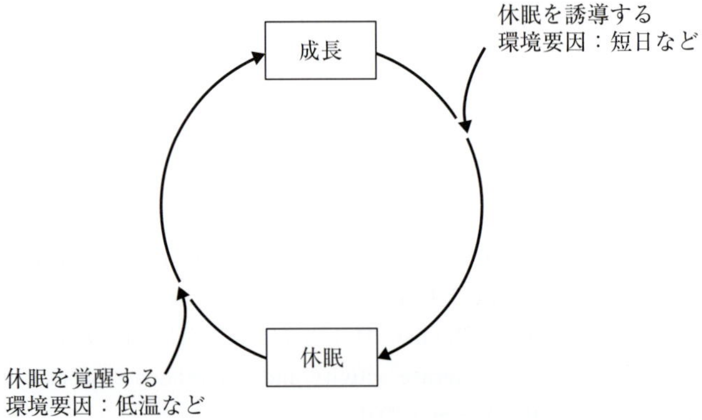

図9-1　植物の生活環における休眠
文献1）を改変。

うな機能を備えた器官は休眠器官と呼ばれる。

図9-2に示すように、典型的な休眠性の発達過程を休眠器官が発芽できる温度範囲と休眠性の誘導、解除の関係から見ると、前期休眠（predormancy）、真性休眠（true dormancy）、後期休眠（post dormancy）の3つのプロセスに分類される[2)]。短日条件などの休眠を誘導する環境条件によって誘導されつつある休眠の初めの段階は前期休眠と呼ばれ、この段階は休眠の誘導段階で休眠の程度が浅く、まだ発芽できる温度範囲は広い。さらに、誘導が進むと、発芽できる温度範囲が非常に狭くなり、いかなる温度でも発芽できない真正休眠の段階に入る。その後、低温などの休眠を解除する環境条件に曝されると次第に休眠が解除されて発芽できる温度範囲が広くなる後期休眠の段階を経て、発芽へと至る。

休眠性のタイプ（型）には、休眠器官の構造と休眠の原因との関係などから多様な分類や呼称があり複雑である。

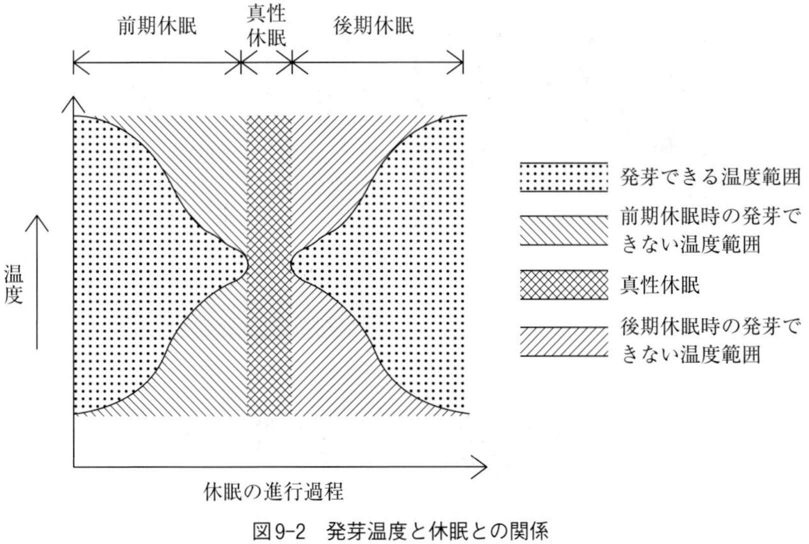

図9-2　発芽温度と休眠との関係
文献2）を改変。

(2) 休眠器官の種類と構造

休眠器官には種子と草本植物の塊茎、根茎、鱗茎やむかご（図 9-3）、木本植物（樹木）の越冬芽（休眠芽とも呼ばれ、葉芽と花芽がある）などがある。また、樹木の幹の年輪形成に重要な維管束形成層に見られる年周期的な活動の停止や頂芽優勢による側芽の成長（発芽）抑制も休眠の一種とみなされる。

休眠器官は、種子、樹木の越冬芽、むかごなどであっても基本的に実際に発芽または成長する部分とそれに養分を供給して支える部分、さらにそれらを取り囲んで保護する部分からなっている。種子（または果実）においては、胚が成長を開始して発芽する部分で、胚乳は胚を栄養的に支え、それらを種皮（果実においては、種皮とその外側に果皮）がとり囲んでいる。胚乳の有り様は植物によって多様である。イネ科植物の種子（有胚乳種子）では胚乳が栄養分（貯蔵物質）を貯えて発達しており、エンドウなどのマメ科植物の種子（無胚乳種子）では、胚乳は退化して貯蔵物質は子葉に貯えられているが、レタス、シロイヌナズナなどの種子では、貯蔵物質は子葉に蓄えられているものの、胚

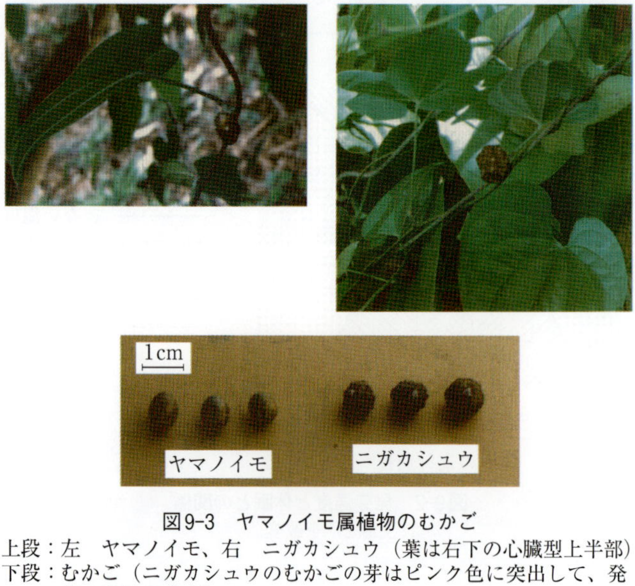

図9-3 ヤマノイモ属植物のむかご
上段：左 ヤマノイモ、右 ニガカシュウ（葉は右下の心臓型上半部）
下段：むかご（ニガカシュウのむかごの芽はピンク色に突出して、発芽の兆候がある）

乳は一層または数層の細胞層からなる胚乳層となって胚を取り囲んでいる。種子は力学的には胚の成長力が種皮などの胚を包んでいる外囲構造の抵抗力に機械的にうち勝った時に発芽すると考えられるので、このような種子では、死んだ組織である種皮よりも、生きている組織である胚乳層が、発芽に際して胚の成長力に対抗する機械的障壁として重要である。

また、樹木の越冬芽、例えば葉芽においては葉原基や幼葉を含む茎頂分裂組織が発芽する部分であり、それを鱗片葉が取り囲んで保護し、栄養分は越冬芽が付随している親植物体から供給される。草本植物の塊茎、根茎、鱗(りん)茎やむかごは、構造的に樹木の越冬芽のような芽とそれを栄養的に支えている貯蔵組織から成り、樹木の越冬芽と似て種子のような有性生殖を経ない栄養繁殖器官であるが、親植物から分離、独立している点では種子と似ている。樹木、特に中緯度地帯に分布している樹木、例えばトウヒ属、トガサワラ属の越冬芽（葉芽）[3]では、夏季の短日条件の深まりとともに芽の外側の鱗片葉と、その内側に翌春展開するべき小型の葉が、それぞれシュート頂分裂組織から分化、発達し、その過程で休眠性とともに、乾燥耐性と耐寒性をも獲得する。カバノキ属などの越冬芽では、短日条件によって誘導された休眠の初期の段階で長日条件に戻されると芽は成長能を回復して発芽するが、完全に休眠した段階に入った芽は、冬の低温に曝されてはじめて休眠が解除され発芽することが示されている。このように、休眠誘導の初期段階の不完全な休眠状態は夏休眠（summer dormancy）および、休眠誘導が完了した段階の完全な休眠状態は冬休眠（winter dormancy）と呼ばれ、それぞれ前述した前期休眠と真性休眠に相当する（図9-2参照）。草本植物の塊茎やむかごなどの休眠は樹木の越冬芽の休眠とともに、種子休眠（seed dormancy）に対して芽の休眠（bud dormancy）に分けられる。草本植物の成熟したむかごの芽の内部構造、特に葉の分化の程度は種によって異なり、ムカゴイラクサでは樹木の芽と同様に、翌春展開するべき小型の葉がすでに分化・発達しているが、シュウカイドウやヤマノイモ（図9-17参照）では、葉原基のみがシュート頂分裂組織から分化し、葉は発達していない。

休眠器官が休眠しているかどうかをどのようにして知ることができるので

あろうか。休眠器官が成長する能力をもっているにもかかわらず、成長に適した環境条件におかれても成長しない生理的状態を休眠と定義している。例えば、種子をその種子の発芽に適した水分、温度、光条件で培養しても発芽しない場合、その種子は休眠していると判断される。このように、種子が休眠しているかどうかは、発芽できるかどうかでしか知ることができない。したがって、休眠の研究では、成長の停止である休眠の開始と休眠の終止で成長の開始である発芽とを、これらの過程がそれぞれ逆向きに同時に進行するので（図9-4参照)、明確に区別し難い。このような「曖昧さ」が休眠の研究を困難なものにしている。

種子では、一般に幼根や胚軸の細胞が伸長成長を開始して種皮から突出する時、発芽と判断する。休眠種子であっても、種子から胚を取り出して培養すると、植物によっては直ちに胚が成長を開始する種子と、開始しない種子とがある。前者のような種子では、休眠の原因が種皮や胚乳などの胚以外の部分にあり、このような休眠は種皮依存性（強制）休眠（coat-imposed dormancy）と呼ばれ、多くの植物の種子にみられる。このような休眠の原因としては、種皮や胚乳などの胚を囲んでいる外囲構造が機械的に胚の成長を妨げている場合や、または酸素や水分の透過を妨げている、あるいは外囲構造に後述するアブシジン酸のような発芽抑制物質が含まれているなど生理的場合がある。レタス種子（厳密には果実）やヤマノイモ属の種子では胚乳が胚の発芽を妨げてい

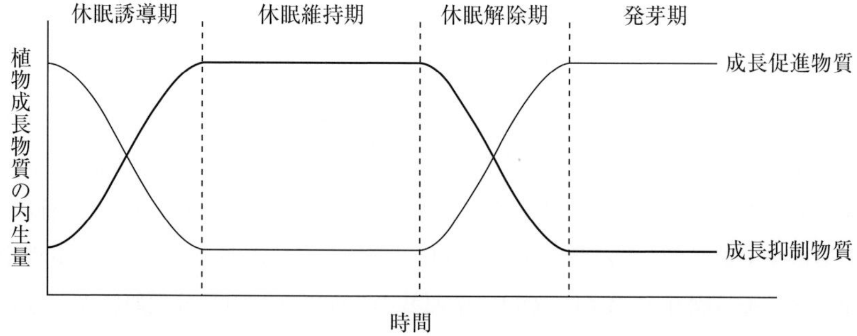

図9-4　休眠の発達過程における植物成長物質の内生量の変化
文献16）を改変。

る。そもそも強制休眠（imposed dormancy）とは休眠の原因が種子（または休眠器官）自身にある自発休眠（innate dormancy）に対して、種子（または休眠器官）以外の環境要因によって発芽が妨げられている休眠を指している。この意味では種皮依存性休眠も自発休眠であるが、そのうち、特に休眠の原因が胚自身にある休眠は胚休眠（embryo dormancy）と呼ばれ、サトウカエデ、トネリコ属や野生種のカラスムギ（*Avena fatua*）などの種子にみられる。実際には休眠の原因はこのように明確に分けられず、胚とそれ以外の部分の両者にある場合が多く、複雑である。

一方、樹木の越冬芽、塊茎、根茎、鱗茎やむかごなどでは芽が細胞分裂によって成長を開始して鱗片葉などを破って発芽する。したがって休眠は、種子では幼根細胞の伸長成長が停止している、また芽では分裂組織の細胞分裂が停止している生理的状態であると考えられる[3),4)]。

分裂組織における細胞分裂の開始や器官形成に関与する遺伝子および、細胞周期における細胞分裂に関与する遺伝子とそのシグナル伝達系についての分子レベルの研究から、分裂組織における休眠状態と細胞周期とが共通のシグナル伝達系で調節されていることが明らかになりつつある[5)]。頂芽優勢による側芽の発芽抑制（休眠）を含むほとんどの例で、栄養成長期の芽やシュートの細胞は細胞周期のG1期で停止した状態で休眠しており、エンドウやジャガイモの側芽での頂芽優勢からの解除と、トウヒ属やキクイモでの不定芽の休眠解除に際して、細胞周期に特異的なD型サイクリン（*CYCD*）遺伝子やヒストン遺伝子のようにG1期からS期への移行期（G1-S移行期）に作用する遺伝子が活性化される。シロイヌナズナなどの細胞周期では、G1-S期移行期はリン酸化シグナル伝達カスケードによって調節されており、この過程にサイトカイニン、ブラシノステロイド、ジベレリンのような植物ホルモンと糖類がいろいろな段階で関与している。

植物の休眠全般について述べた成書[1),3),6)]は少ないが、種子の休眠については優れた成書[7),8),9),10)]がいくつかあり、関連する総説も少なくない。また樹木の越冬芽、ジャガイモ塊茎など芽の休眠については成書も総説[11),12)]も多くはない。それぞれの休眠について個々の文献を参照していただきたい。また、植物ホルモンの化学と生理学については成書[13),14),15)]を参照していただきたい。

（3） 休眠調節の鍵化学物質としての植物ホルモン

一般には、休眠の誘導・維持から発芽へ至る過程は成長（または発芽）抑制物質と成長（または発芽）促進物質の量的バランスによって調節されていると考えられている（図 9-4）[16)]。植物の成長を調節する植物ホルモンのうち、休眠の誘導・維持にはアブシシン酸（abscisic acid、ABA）が関与しているという報告が最も多く、後述するように、ジャガイモ塊茎ではエチレンや、シュウカイドウのむかご及びヤマノイモ属植物のむかごと地下器官ではジベレリンの関与も指摘されている。また、休眠の解除にはジベレリン（gibberellin、GA）が関与しているとする報告が多いが、サイトカイニン、エチレンの関与も報告されている。

2. 休眠に関する研究の歴史

（1） 休眠誘導・維持の鍵ホルモン—アブシシン酸とその他の休眠誘導物質—

休眠の生理的研究の歴史の大きな流れの一つは、ジャガイモの塊茎や、樹木の越冬芽の休眠における休眠誘導・維持の鍵ホルモンとしてのアブシシン酸の発見の歴史でもある。

スウェーデンのヘンバーグ（Hemberg, T.）[17)] は 1949 年に、食料として特に北ヨーロッパでは重要なジャガイモの休眠塊茎から酸性の休眠物質を単離し、この物質が 1953 年になってベネット・クラークとケフォード（Bennet-Clark, T. A. and Kefford, N. P.）[18)] によりソラマメやヒマワリから単離された成長抑制物質 β- インヒビター（β-inhibitor）であることがわかった（彼らは植物の酸性抽出物に含まれる成長物質をペーパー・クロマトグラフィーで分離し、マカラスムギ幼葉鞘の伸長成長活性をもとに調べ、中間的 RF 値に分離される IAA（インドール酢酸）を挟んで原点付近に分離される促進物質を α- アクセレーター（α-accelerator）として、IAA より高い RF 値に分離される抑制物質をβ-インヒビターとした)。ヘンバークは休眠の原因が成長抑制物質によるとする休眠の抑制物質仮説（the inhibitor hypothesis of dormancy）を最初に提案した。また1960年代、英国のウェアリング（Wareing, P. F.）のグループはカバノキ属の樹木の休眠芽から休眠誘導物質を単離し（図9-5参照)、休眠（dormancy）にちなんでドルミン（dormin）と命名した[19]。彼らはさらにカエデ属の植物の休眠芽のドルミンの探索で、単離した休眠物質がβ-インヒビターと一致することを示した[20]。一方、1950年代後半の器官脱離の研究ではオズボーン（Osborne, D. J.）[21]による落葉の原因物質やファンステベニク（van Stevenik, R. F. M.）[22]によるハウチワマメ属の植物の花の落

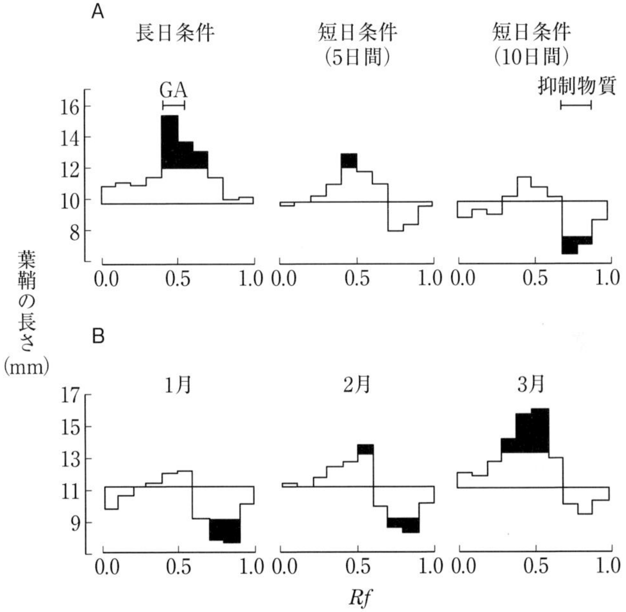

図9-5　クロスグリの頂芽における植物ホルモン（ジベレリンと成長抑制物質）の変化

A：短日条件との関係　B：低温（1〜3月）との関係

頂芽の抽出物をペーパークロマトグラフィーで分離し、矮性トウモロコシ葉鞘の伸長活性で調べた。休眠の深まりとともに成長抑制物質（ドルミン）の内生量が増加し、休眠の解除とともにジベレリン（GA）の内生量が減少することがわかる。

文献6）を改変。

下の促進物質の探索が続けられていたが、1961年になってリュウとカーンス(Liu, W. -C. and Carns, と H. R.) は、当時アメリカ合衆国南部で重要産業であったワタ（綿）栽培の栽培上の問題であった幼果の落下を促進する物質をオーキシンの生物検定法をもとにワタの成熟した果実から単離し、その物質に器官脱離（abscission）にちなんでアブシシン（abscisin）と命名したが[23)]、この物質ついては作用が弱いなどの点から再検討がせまられた。1963年になってアディコット（Addicott, F. T.）のグループは、ワタ芽生えの胚軸部分のエクスプランド（explant）を用いた生物検定法を開発して、ワタの幼果からワタ果実の落下を促進する酸性物質を単離同定し、アブシシンⅡ（abscisin Ⅱ）と命名した[24)]。アディコットのグループでアブシシンⅡの化学構造の決定したのは大熊和彦博士であった[25)]。1966年、コーンフォースら（Cornforth, et al.）[26)] はアブシシンⅡの化学合成に成功し、アブシシンⅡの化学構造が確定した。さらに彼らはスズカケカエデのドルミンがアブシシンⅡと同一物質であることを明らかにした[27)]。1967年オタワで開かれた第6回国際植物成長物質会議で、アブシシンⅡ、ドルミン（β-inhibitor）は、アブシシン酸（abscisic acid、ABA）として統一された。ABAは炭素数15個からなるセスキテルペンで、1'位の炭素が不斉炭素となるキラルな構造を有している（図9-6）。

その後、ヒマワリ、シロイヌナズナ、レタスなどの種子において、ABA生合成阻害剤、フルリドン（fluridone、図9-7参照）、ノルフルオラゾン（norfluorazon）を用いた研究によって、ABAは種子形成過程における胚形成と種子の成熟過程における乾燥耐性と休眠性の獲得に関与していることが明らかにされた[7)]。このことは、さらにシロイヌナズナの変異体を用いた実験からも明らかにされている。シロイヌナズナの、ABAを生合成できないABA欠損変異体（*aba1*）と野生種との交雑実験から、母方の組織（おもに胚珠の珠皮で、珠皮は種子形成過程で種皮に変化する。）と胚（および胚乳）はともにABAを産生するが、そのうち胚（および胚乳）のABAの内生量の増加だけが種子の休眠性の発達と相関性があることが報告されている[28)]。シロイヌナズナのABA非感受性突然変異体（*abi*）の種子は野生種の種子が発芽できないほど高濃度のABAで処理しても発芽できるが、ABAに対して非常に感受

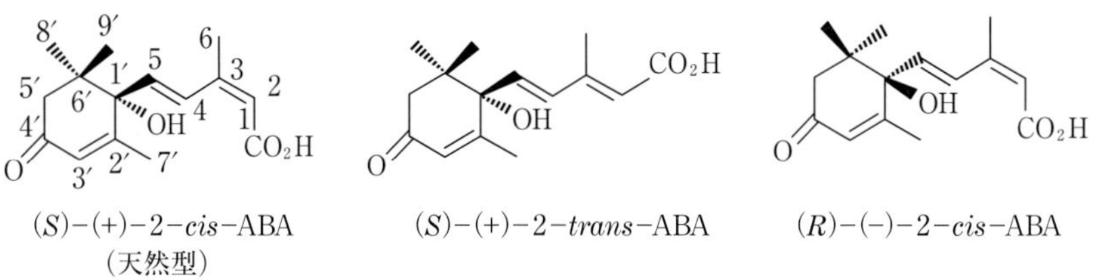

図9-6　天然型アブシシン酸とその異性体

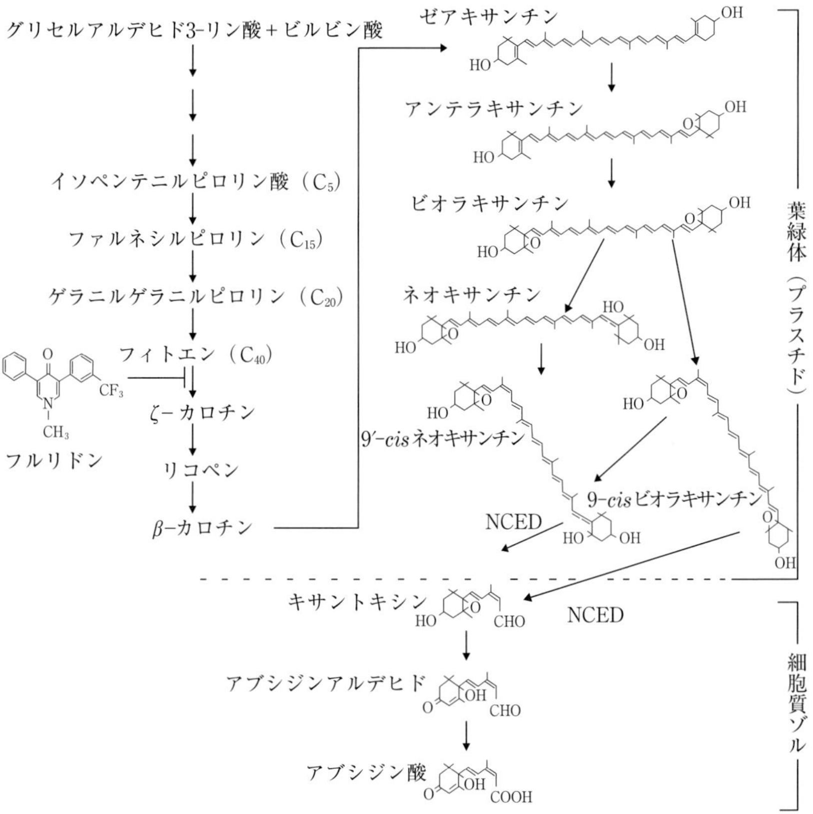

図9-7　高等植物におけるアブシシン酸の生合成経路とフルリドンの作用部位
NCED:9-cis-エポキシカロテノイドジオキシゲナーゼ
文献14)を改変。

性が高い ABA 超感受性突然変異体（*era1*）の種子は野生種の種子が発芽できるほど低濃度の ABA で処理しても発芽できない[29]。さらに、シロイヌナズナの ABA 欠損と ABA 非感受性の二重突然変異体（*aba*、*abi3*）の種子は休眠性も、乾燥耐性も示さない[30]。これらのことから、ABA が種子の休眠性とともに乾燥耐性の獲得にも関与していることが考えられる。これまで述べてきたシロイヌナズナなどの ABA に関する突然変異体の種子を用いた研究は、休眠の鍵化学物質として ABA の重要性を強く示唆している。休眠の誘導と維持は ABA の内生量だけでなく、ABA に対する感受性も関与した複雑な過程であると考えられる[7]。

ところで、ABA の生合成と異化（不活性化）の経路の解明にはシロイヌナズナの ABA 欠損変異体とその原因遺伝子の単離によるところが大きい。高等植物においては、ABA は炭素数 15 個のファルネシル二リン酸から、炭素数 40 個のカロチノイドを経て生合成されるカロチノイド経由経路が主要な ABA 生合成経路（図 9–7）であると考えられている。一方、図 9–8 に示すように、ABA の異化経路（不活性化経路）としては、3 つの水酸化経路（ABA8'–水酸化経路、ABA7'–水酸化経路と ABA9'–水酸化経路）が知られている[31]。このうち最も主要な異化経路である ABA8'–水酸化経路では、ABA は 8'–ヒドロキシアブシシン酸（8'–hydroxyabscisic acid、8'–hydroxyABA）を経てファゼイ

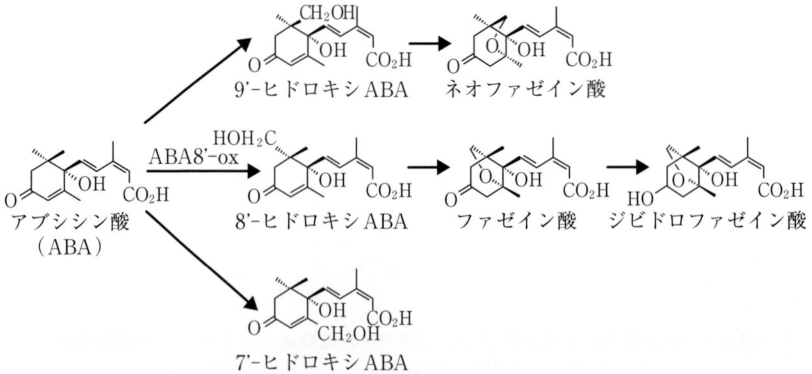

図 9–8　アブシシン酸の水酸化による異化経路
ABA8'–ox：ABA8'–水酸化酵素

ン酸（phaseic acid、PA）からジヒドロファゼイン酸（dihydrophaseic acid、DPA）へ異化され、生理活性を失う。ABA7'-水酸化経路では、ABAはABA様の生理活性のある7'-ヒドロキシアブシシン酸（7'-hydroxyabscisic acid、7'-hydroxyABA）へ異化される。その意味で、ABA7'-水酸化経路は単なるABAの不活性化経路ではない可能性が考えられる。ごく最近セイヨウアブラナ種子[32]で明らかにされたABA9'-水酸化経路では、ABAは9'-ヒドロキシアブシシン酸（9'-hydroxyabscisic acid、9'-hydroxyABA）を経て、PAの異性体である生理活性のないネオファゼイン酸（neophaseic acid、neoPA）に異化される。現在まで、ABA7'-水酸化経路とABA9'-水酸化経路がともに確認されている植物はセイヨウアブラナなど数種に限られている。

近年、ABA生合成の主要な酵素であるゼアキサンチンエポキシダーゼ（*ZEP*）遺伝子、9-*cis*-エポキシカロテノイドジオキシゲナーゼ（*NCED*）遺伝子や、シトクロムP450モノオキシゲナーゼ（cytochrome P450 monooxygenase: CYP）ファミリーに属するABA異化の鍵酵素であるABA8'-水酸化酵素遺伝子（*ABA8'ox: CYP707A*）がシロイヌナズナから単離され[33),34),35)]、ABA代謝（生合成と異化）経路について分子遺伝学的レベルでの理解が深まっている（図9-7、図9-8参照）。植物のホルモンの内生量はホルモンの生合成と異化（不活性化）のバランスによって維持されている。ABAについても同様であるが、休眠性の獲得はABAの生合成能の獲得にかかっている。アメリカミヤマゴヨウ（マツ属）[36)]の休眠種子ではABA生合成がABA異化に勝っており、ヒノキ属[37)]の種子では休眠から解除されると両者の関係が逆転することがABAとABA代謝物質の内生量から報告されている。ABA生合成の鍵酵素遺伝子である*NCED*遺伝子やABA異化の鍵酵素遺伝子である*ABA8'ox*遺伝子（*CYP707A*）がシロイヌナズナから単離されたことは前述した。レタスの一品種グランドラピッズ種子の赤色光・近赤外光による光可逆的光発芽が、光形態形成の光受容体タンパク質であるフィトクロム（phytochrome）の発見の端緒になったことはよく知られている。単一のフィトクロム分子が赤色光を吸収して生理的活性型である遠赤色光（近赤外光）吸収型フィトクロム（P_{FR}）に、また遠赤色光を吸収して生理的不活性型である赤色光吸収型フィト

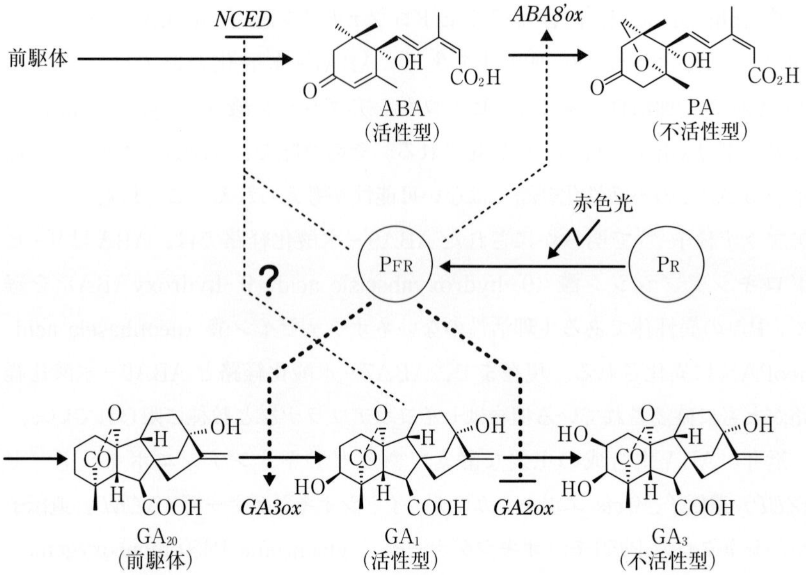

図9-9　レタス種子におけるフィトクロムによる内生アブシシン酸とジベレリンの代謝制御
赤色光はPFR（活性型フィトクロム）を介してABA合成酵素遺伝子（*NCED*）の発現を抑制し、逆にABA異化酵素遺伝子（*ABA8'ox*）の発現を促進して、ABAの内生量を減少させ、発芽を誘導する（しかし、赤色光が直接ABA代謝（合成、異化）酵素遺伝子を制御しているのか、または活性型GAを介して間接的に制御しているか定かでない）。他方で、赤色光は活性型GA合成酵素遺伝子（*GA3ox*）の発現を抑制し、逆にGA異化酵素遺伝子（*GA2ox*）の発現を促進して、活性型GAの内生量を増加させ、発芽を誘導する（2の（2）参照）。図では、PFRが遠赤色光によってPRに変換することは省かれている。
→: 促進　　⊥: 抑制

文献38），52）を改変。

クロム（P_R）に可逆的に光変換する（図9-9参照）。今日では数種のフィトクロム遺伝子（*PHY*）が明らかにされ、光可逆的光発芽には*PHYB*遺伝子が関与している。レタス種子のような光発芽種子では、暗所で吸水し発芽できない生理状態は暗休眠（skotodormancy）と呼ばれる。レタス種子では暗所で発現している*NCED*遺伝子の発現が発芽を誘導する赤色光によって抑制され、*ABA8'ox*遺伝子の発現が促進されることが明らかにされている（図9-9）[38]。

樹木の越冬芽においても、その形成から発芽へ至る過程におけるABAの内生量の変化は多くの種で報告されている[39]。しかし近年、越冬芽の発達過程で休眠性と耐乾性、耐寒性が同時に進行するために、水ストレス・ホルモンでもある ABA が耐乾性に関与することは当然のこととして、ABA が休眠性と耐寒性の獲得のどちらに関与しているかについて定かでないとする考えもある[12]。短日条件はカンバの ABA 欠損変異体の耐寒性を減少させるが、休眠を誘導することから[40]、ABA は休眠性よりは耐寒性により直接的に関与している可能性も考えられている。この解明は今後の課題であるが、いずれにしても休眠の深さの程度は芽の ABA の内生量と水分含量などの水分の状態に関連している。

ジャガイモ塊茎についての最近の研究[11]では、塊茎の休眠の誘導・維持に ABA のほかに、エチレンが関与している可能性も考えられている。バナナなどの果実の成熟を促すガス状の植物ホルモンとして知られているエチレンは、シロイヌナズナ種子の休眠においても見られるように、一般には ABA とは逆の作用をすると考えられている。しかし、ジャガイモ塊茎ではエチレンの短期間処理は未熟塊茎の休眠を終止させるが、連続処理は発芽を抑制すること、さらに連続処理したエチレン作用の阻害剤が試験管内で実験的に形成されたミニ塊茎の発芽を誘導することなどから、内生エチレンは休眠の開始に重要であると考えられている。ジャガイモ塊茎では休眠の開始に ABA とエチレンはともに必要であり、休眠の維持には ABA だけが必要であると考えられている。また、ABA 代謝の分子遺伝学的研究によって、休眠しているジャガイモの塊茎では *NCED* 遺伝子などの ABA 合成酵素遺伝子の発現が、*ABA8'ox* 遺伝子の発現より勝っていていることが明らかにされている[41]。

これまでジャガイモ塊茎、樹木の越冬芽、種子の休眠と ABA との関係について述べてきた。グラジオラスの休眠球茎の休眠物質についても同定はされていないが、ABA であると考えられている。つぎに、これまでに単離・同定された ABA 以外の休眠物質（成長抑制物質）について概観したい。モモの休眠花芽からは naringenin（図 9-10）[42]とその配糖体である prunin（図 9-10）[43]、長日条件で休眠が誘導されるゼニゴケ（*Lunularia cruciata*）の葉状体から lunularic acid（図 9-10）[44]、長日植物であるマメ科の *Psoralea subacaulis* の休眠種子から psoralen（図 9-10）[45]、そしてナガイモ（*Dioscorea opposita*）の休眠むかごから batatasin 類 （図 9-15 参照）[46]が単離・同定された。イン

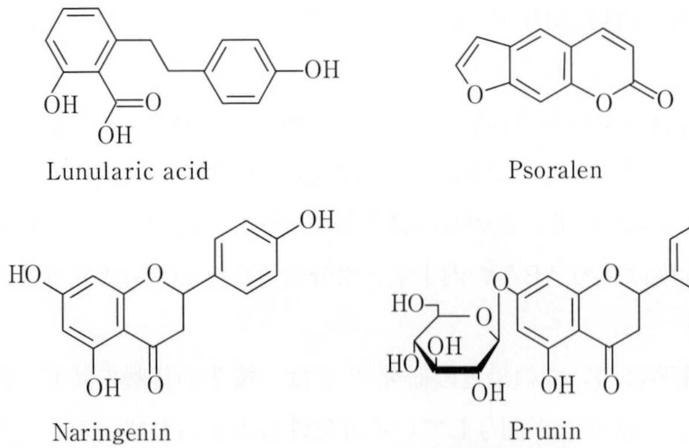

図9-10　いろいろな成長抑制物質

ゲン（*Phaseolus vulgare*）の矮性品種の芽生えからABAと構造が似ている成長抑制物質として単離・同定されたxanthoxin[47]は今日ではABAの前駆物質として知られている（図9-6参照）。最近、lunularic acidが示すABAと類似した成長抑制作用はこの物質とABAとの化学構造の類似性に起因しており、lunularic acidは下等植物で高等植物でのABAに代わる成長抑制物質であるとの指摘がある[48]ように、今日高等植物ではABAが休眠物質として一般的である。

（2） 休眠終止・発芽誘導の鍵植物ホルモン—ジベレリンなど—

休眠を終止させ発芽を誘導する鍵植物ホルモンとして主要な物質はジベレリン（gibberellin、GA）である。GA発見の歴史は日本人研究者によるイネの馬鹿苗病の研究からはじまる。1926年、黒沢英一によって馬鹿苗病菌（*Gibberella fujikuroi*）の培養液からその毒素の存在が明らかにされ、1935年、1938年、薮田貞次郎、住木諭介らによってその毒素が結晶として単離され、馬鹿苗病菌の学名にちなんでgibberellinと命名された。第二次世界大戦後の1959年、英国のクロスら（Cross, B. E. et al.）らによってジベレリン酸（gibberellic acid、GA_3）の構造が提唱され、1962年マクカプラら（McCapra, F. et al.）によって決定された。その後、GAは植物の成長を調節する物質と

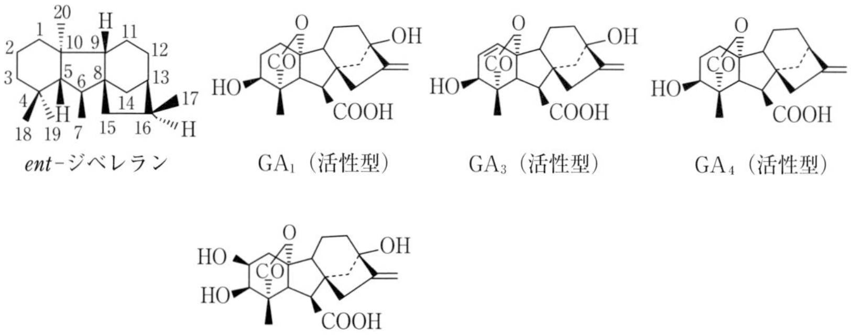

ent-ジベレラン　GA$_1$（活性型）　GA$_3$（活性型）　GA$_4$（活性型）

GA$_8$（不活性型）

図9-11　ジベレリンの基本骨格といろいろなジベレリン

して高等植物に普遍的に存在することがわかった。GA はエント－ジベレラン骨格を有する炭素数 20 個または 19 個の化合物で（図 9–11)、機器分析によって構造が決定された順にジベレリン An（GAn）と表記されるように命名法が定められ、今日まで 130 種以上の遊離型 GA が単離・同定されている。GA$_3$ 単離の初期の頃から、高等植物のシュートの伸長成長の促進などの生理作用のほか、GA は ABA 単離の早くからカエデの越冬芽における ABA の拮抗抑制物質（antagonist）として[49]、さらに種子やジャガイモ塊茎の休眠解除や発芽促進作用が知られている。

高等植物における GA 生合成経路は、前駆過程を経て最初の GA である GA$_{12}$ アルデヒドから 13 位の炭素が水酸化する（13-OH）早期 C13 位－水酸化（13-OH）経路と 13 位の炭素が水酸化しない非 C13 位－水酸化（非 C13-OH）経路の 2 つの経路にわかれる。これらの 2 つの経路の最終段階は、炭素数 20 個の GA が脱炭酸を経て炭素数 19 個よりなる GA（C19-GA）で 3 位の炭素に水酸基（OH）が β 結合（3β- 水酸化）している GA$_1$、GA$_3$、GA$_4$、の活性型 GA へと変換される過程である（図 9–12)。また、GA$_{29}$ や GA$_8$ に見られるような 2β- 水酸化は不活性化の過程である。イネなど多くの植物の茎葉などの栄養器官では 13-OH 経路が顕著に見られるのに対して、シロイヌナズナでは非 13-OH 経路が顕著である。近年、GA 生合成と異化の主要な酵素遺伝子がシロイヌナズナなどで単離され、GA のシグナル伝達についても、GA 受容体

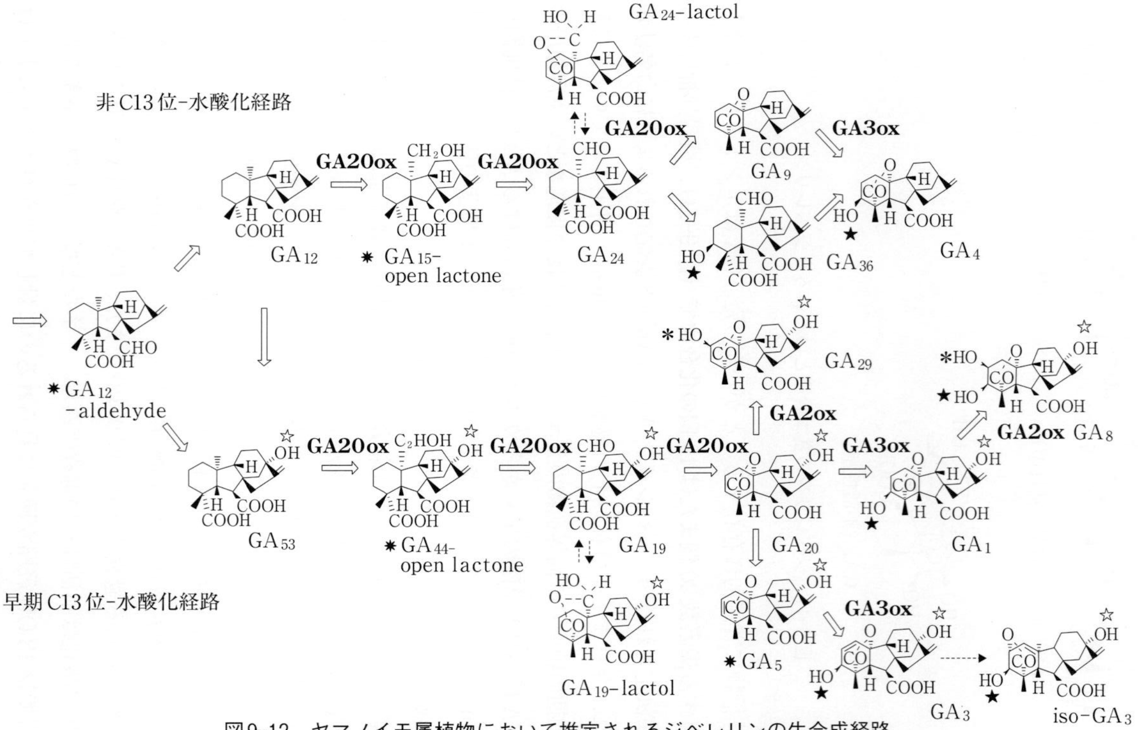

図9-12　ヤマノイモ属植物において推定されるジベレリンの生合成経路
☆ 13-OH　★ 3β-OH　＊ 2β-OH　✷ セマノイモ属で未同定のGA
GA20ox：GA20酸化酵素　**GA3ox**：GA3酸化酵素　**GA2ox**：GA2酸化酵素
文献67）を改変。

である GID1 タンパク質の *GID1* 遺伝子や GA 作用の抑制因子である DELLA タンパク質の *DELLA* 遺伝子がイネやシロイヌナズナで明らかにされるなど、GA の代謝とシグナル伝達について分子遺伝学的理解が進んでいる[50, 51]。GA が GID1 タンパク質に結合すると GA が存在しない場合には GA 応答性遺伝子の発現を抑制している DELLA タンパク質はユビキチン化され 26S プロテアソームによって分解され、結果として GA が作用することが明らかにされている。

シロイヌナズナやトマトの GA 欠損突然変異体の種子が GA 処理しないと発芽できないことなどから、GA は発芽に必須な鍵植物ホルモンと考えられている。前述したレタスの光発芽種子では、フィトクロムの P_{FR} は GA 活性のないの GA_{20} から活性型の GA_1 への 3β- 水酸化を触媒する酵素遺伝子である 3β- 水酸化酵素遺伝子（*GA3ox*）の発現を促進し、活性型 GA_1 を不活性型 GA_8 へ異化する酵素遺伝子である 2β- 水酸化酵素遺伝子（*GA2ox*）の発現を抑制していることが明らかにされている（図 9-9）[52]。同様のことはシロイヌナズナ種子の光発芽についても明らかになっている[53]。このことも、GA が種子の発芽に重要な植物ホルモンであることを示している。

多くの植物の種子において、低温処理（chilling；種子では特に、湿層低温処理、stratification と呼ばれる）が休眠を解除することはよく知られている。シロイヌナズナ種子では、低温は *GA3ox* の発現を促進させて、発芽を誘導することが明らかにされている。また他方で低温は ABA の内生レベルを減少させるというよりも ABA に対する感受性を変化させているとも考えられている。

シロイヌナズナ種子の光発芽の分子遺伝学的解析から、フィトクロムとの結合性をもち、かつ DNA との結合モチーフである塩基性ヘリックス - ループ - ヘリックス（basic loop-helix-loop）構造をもつ転写因子 PIL5（PHYTOCHROME-INTERACTING FACTER3-LIKE5）タンパク質を介する光シグナルと GA や ABA の内生量の制御との関連が明らかにされつつある。遠赤色光を照射されて発芽できないシロイヌナズナ種子では（PHYB は生理的不活性の P_R で、暗休眠と同じ状態にある）、PIL5 は GA 作用の抑制因子で

ある *DELLA* 遺伝子（*GAI* と *RGA*）のプロモーターに直接結合して *DELLA* 遺伝子の発現を促進し、結果として DELLA タンパク質は GA 応答遺伝子の発現を抑制している。さらに PIL5 は未知の転写因子遺伝子の発現を促進して、*GA3ox* 遺伝子の発現を抑制し、*GA2ox* 遺伝子の発現を促進する一方で、ABA 生合成（*NCED* など）遺伝子の発現を促進し、ABA 異化（*CYP707A*）遺伝子の発現を抑制している。このようにして、遠赤色光の下では PIL タンパク質は直接的に GA 応答性を低下させ、間接的に GA_4 の内生量を減少させ ABA の内生量を増加させて、発芽を抑制する。発芽を誘導する赤色光を照射された種子では、PIL5 は、P_R から光変換された生理的不活性型の P_{FR} と結合し 26S プロテアソームを介して分解され、GA_4 の内生量は増加し ABA の内生量は減少して､発芽が誘導される。レタス種子ではシロイヌナズナ種子とは異なって、光は *DELLA* 遺伝子の発現には影響することなく、活性型 GA_1 の内生量を制御している[55]。

一方、樹木の越冬芽において、休眠を誘導する短日条件は GA の生合成を終止させると考えられてきたが、日長の光受容体であるフィトクロム A（*PHYA*）遺伝子を過剰発現させたポプラの変異体では、極端な短日条件でも成長が抑制されることなく、活性型 GA_1 の生合成も抑制されないことが示されている[56]。このことは GA が発芽を誘導する植物ホルモンであることを示唆している。ところが最近ジャガイモでは休眠解除ホルモンとしての GA が疑問視されている。休眠から解除されたジャガイモ塊茎と深い休眠状態にある塊茎の早期 C13 水酸化経路の GA である GA_{19}、GA_{20} と GA_1（活性型）の内生量は同じで、発芽した塊茎の内生量は芽生えの成長にともなって増加した。*GA20ox* 遺伝子を形質転換して過剰に発現させた *GA20ox* 遺伝子過剰発現変異体の塊茎の内生 GA 量を増加させると、塊茎は未熟で休眠することなく発芽する。しかし、この遺伝子を発現させないようにしたアンチセンス（antisense）変異体は内生 GA 量を減少させて、芽生えの矮性を引き起こすが、塊茎の休眠期間の長さには影響しなかった[57]。このことから、ジャガイモ塊茎では内生 GA が塊茎の休眠の終止・発芽の開始に密接に関与しているというよりは、発芽後の芽生えの伸長成長に関与しているという考えがある。

ジャガイモ塊茎におけるGAにかわる休眠終止・発芽誘導の鍵ホルモンとして、休眠塊茎の芽のシュート頂分裂組織は分裂周期のG1期にあることから、細胞分裂を促進する植物ホルモンであるサイトカイニン（cytokinins）が考えられる。実際、天然または合成サイトカイニン処理は、塊茎の休眠を解除し、発芽を促進する。サイトカイニンの内生量は休眠の深い塊茎で比較的少なく、塊茎は外から与えたサイトカイニンに対して感受性を示さないが、サイトカイニンの内生量は休眠解除の直前、または芽生えの成長開始と同時に増加する。ごく最近、活性型サイトカイニンであるゼアチン（zeatin）を特異的に認識するモノクローナル抗体を用いた酵素免検定法によって測定した活性型サイトカイニンの内生量は、塊茎の成長可能な温度で貯蔵された（貯蔵期間長さに相関して休眠が解除される）発芽の前の塊茎においても、休眠は解除されるが成長できない3℃に保存された塊茎のどちらにおいても、増加した[11]。このことは、活性型サイトカイニンの増加は塊茎の芽が成長した結果ではなく、芽の分裂組織の活動が再開始する原因であることを示唆している。

3. 著者らの研究

(1) ヤマノイモ属のむかごと地下器官の休眠

これまで、植物の休眠全般について述べてきたが、ここでは著者らの研究しているヤマノイモ属植物の特異な休眠性について、草本植物のむかごの休眠性を概観しながら、詳述したい。草本植物には、ナガイモ、ヤマノイモ、シュウカイドウ、ムカゴイラクサなど、葉柄の付け根の腋芽に同化産物を蓄えてむかごを形成する植物がある。ナガイモのむかごでは、ジャガイモ塊茎から塊茎形成物質として単離・同定された配糖体（ツベロン酸グルコシド）のアグリコン（aglycon）として命名されたツベロン酸（tuberonic acid）の関連物質であるジャスモン酸（jasmonic acid）が同定され、むかごの形成に関与していることが示唆されている[58]。またシュウカイドウのむかごからもジャスモン酸メチルが単離・同定されているので（未発表）、草本植物のむかご形成にジャスモン酸関連物質が関与していると考えられる。このような草本植物のむかごは一般に夏期の短日条件によってその形成が誘導され、形成初期のむかごは直径が小さく未熟で、秋期に成熟して肥大すると、親植物とむかごとの付着部位に離層が形成され、親植物から離れて落下する。小さな未熟なむかごは光を照射して培養すると発芽するので、このようなむかごの生理的状態は光要求段階と呼ばれ、樹木の夏期休眠と相同と考えられる。また、大きな成熟したむかごの休眠は光照射によっては解除されず、冬季の低温（実験的には低温処理）によって解除されるので、このような状態は低温要求段階と呼ばれ、樹木の冬期休眠に相同と考えられる。

これまで述べてきたように、ABAによって誘導され、GAによって解除され発芽が促進されるタイプの休眠は、種子や樹木の越冬芽など、多くの植物の休眠器官で見られるが、岡上[59),60)]は草本植物のむかごをムカゴイラクサやウワバミソウのようにGA処理によって休眠が解除されるむかごと、シュウカイドウやヤマノイモ属植物のようにGAによって休眠が誘導されるむかごとに大別した。むかごにおけるGA処理による休眠誘導（GA-誘導休眠）はシュウカイドウで、1959年、GA発見の初期に、長尾と三井[61)]によってはじめて報告されて以来、その後、岡上[59),62),63)]によってナガイモをはじめとするヤマノイモ属植物のむかごや、地下器官（いわゆる地下の「イモ」のことで、ヤマノイモ属植物の「イモ」には形態学的に根茎と塊茎があり、担根体として総称されるが、ここでは地下器官と総称する）で展開され今日まで研究が続けられている。シュウカイドウでのGA-誘導休眠の最初の報告と同じ頃、GA処理が越冬芽の休眠期間を延長または、花芽の休眠を誘導することは、ブドウ、セイヨウカエデ、ヨーロッパブナ、トネリコ属の一種、セイヨウミザクラの樹木でも報告されている。また、ベンケイソウ科のキリンソウの種子やウキクサの殖芽（turion）の発芽もGA処理によって抑制されることが報告されている。しかし、これらはいずれの研究も断片的で引き続き詳細な解析的研究はなされていない。シュウカイドウのGA-誘導休眠についてはすでにいくつかすぐれた総説[64),65)]があるので、それらを参照されたい。これまでにGAによって解除される、一般的な休眠については多く紹介されているので、ここでは、GA

によって誘導されるヤマノイモ属のむかごや地下器官の休眠について著者らの研究[66),67),68)]を中心に最近の知見を交えて詳しく述べる。

ヤマノイモ属およびヤマノイモ科の植物学上の特徴とその問題点については岡上[69),70)]や照井ら[71)]による詳しい総説がある。またヤマノイモ属のいろいろな種の種子の休眠性についても、岡上[72),73),74)]によって比較生理学的観点から詳細な研究がなされ、興味深い結果が得られている。

（2）ヤマノイモ属のGA-誘導休眠

ヤマノイモやナガイモ、ニガカシュウの成熟した休眠状態にあるむかごは低温処理によって休眠から解除されて、やがて発芽する。このようにして休眠から解除されたむかごはGA処理をすると、発芽が抑制される（図9-13）[75)]。このようなGAによる発芽抑制はダイジョの地下器官やウチワドコロ、オニドコロ、カエデドコロ、および第三紀の遺存種と考えられている *Dioscorea balcanica*、*D. caucasica*、*D. villosa*、*D. quaternata* というヤマノイモ属や *Tamus* 属の地下器官にも見られ、ヤマノイモ科のむかごや地下器官に普遍的に見られる（表9-1）。GA処理による発芽抑制は低温処理によってしか解除されないので[63)]、このようなGAによる発芽抑制を著者らは「GA-誘導休眠（GA-induced dormancy）」と呼んでいる。また、ナガイモのむかごはCCC、AMO1618やウニコナゾール（uniconazole）、プロヘキサジオン（prohexadione）などのGA生合成阻害剤処理によって休眠から覚醒する（図9-14）[75)]。ウニコナゾールは、最近の知見では、シ

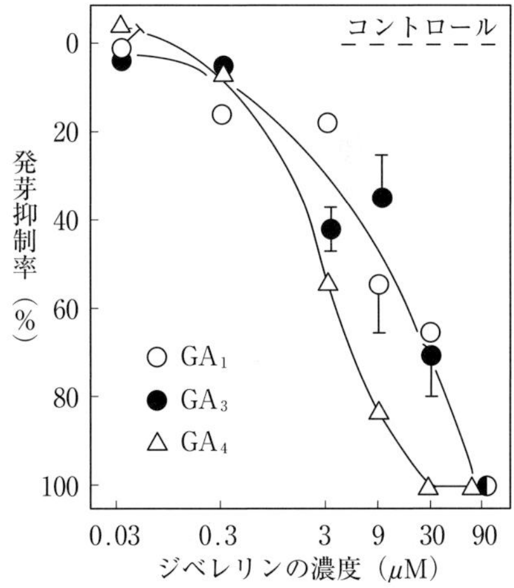

図9-13　ナガイモのむかごにおけるジベレリンの発芽抑制
低温処理によって完全に休眠が解除されたむかごを3種類の活性型GAで培養した。
文献75）を改変。

表 9-1　GA- 誘導休眠が見られたヤマノイモ科植物

属　種	分布域	器　官
ヤマノイモ属		
ナガイモ*	東アジア	むかご、地下器官
ヤマノイモ	東アジア	むかご、地下器官
キールンヤマノイモ	東アジア	むかご
ダイジョ*	東アジア	地下器官
D. sinuata	中国大陸	むかご
D. decaisneana	中国大陸	むかご
D. divaricata	中国大陸	むかご
D. reticulata	アフリカ	むかご
D. rupicola	アフリカ南部	むかご
ニガカシュウ	東アジア	むかご
ウチワドコロ	東アジア	地下器官
オニドコロ	東アジア	地下器官、種子
ヒメドコロ	東アジア	地下器官、種子
キクバドコロ	東アジア	地下器官
カエデドコロ	東アジア	地下器官
イズドコロ	東アジア	地下器官
D. balcanica **		
Serbian form	コソボ－アルバニア国境	地下器官
Montenegran form	モンテネグロ	地下器官
D. caucasica **	グルジア	地下器官
D. villosa **	北アメリカ	地下器官
D. quaternata **	北アメリカ	地下器官
Tamus 属		
T. communis	ヨーロッパ	地下器官

*栽培種、他はすべて野生種。**第三紀遺存種
文献 67）を引用。

トクロム P450 モノオキシゲナーゼ（cytochrome P450 monooxygenase）ファミリーに属する酵素全般の阻害剤と考えられているが、ヤマノイモ属ではいくつかの理由から、GA 生合成を阻害していると考えられている。 他のヤマノイモ属の地下器官でも GA 生合成阻害剤処理による休眠解除が観察されている。これらのことは、ヤマノイモ科のむかごや地下器官の休眠の誘導・維持に内生 GA が密接に関与していることを示唆している。

一方、低温処理によって休眠から解除されて発芽したむかごでは他の植物

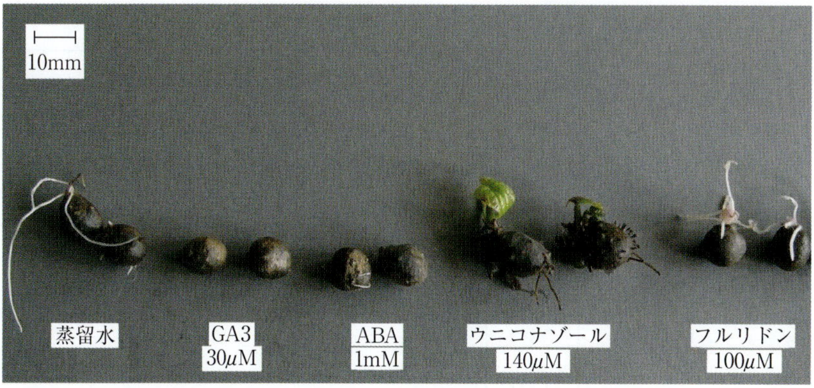

図9-14　ヤマノイモの半休眠むかごにおけるウニコナゾールとフルリドンによる発芽促進
フルリドンはカロチノイド経由のABA生合成阻害剤なので、明所培養にもかかわらず芽生えの色素形成が阻害されている。
文献68）から引用。

の場合と同様に、茎の伸長はGA処理によって促進され、GA生合成阻害剤処理によって阻害される[75)]。したがって、休眠を成長抑制の一現象と考えると、ヤマノイモ属ではGAは成長抑制と成長促進とに関与しており、低温によって成長現象の転換が起こることを示唆している。それでは、ヤマノイモ属にはどのような種類のGAが含まれているのだろうか。

（3）ヤマノイモ属の内生GA

これまで、ヤマノイモ属14種のむかご、地下器官、茎葉からガスクロマトグラフィー・質量分析法（GC-MS）によって13-hydroxyGAと非13-hydroxyGAを含む15種類のGAが単離・同定されている（表9-2）[76)]。このことから、ヤマノイモ属では上述の2つのGA生合成経路がともに稼働していると考えられる（図9-12）。

GC-MS選択的イオンモニタリング法（GC-MS/SIM）によってナガイモのムカゴのGAの内生量を測定したところ、GA_{19}量は約120ng/400g生重量に対しGA_{20}、GA_1量はそれぞれ3～40ng/400g、2～5ng/400g生重量であった。一方、GA_{24}量は80～130ng/400g生重量に対しGA_4量はそれぞれ15～

表 9-2 GC-MS によってヤマノイモ属植物から同定された内生ジベレリン

節　種	器　官	GA の種類
エナンチオフィルム節		
ナガイモ	ムカゴ	GA_1, GA_3, isoGA_1, GA_4, GA_1, GA_9, GA_{12}, GA_{19}, GA_{20}, GA_{24}, GA_{36}, GA_{32}
ヤマノイモ	ムカゴ	GA_4, GA_{13}, GA_{19}, GA_{20}, GA_{24}, GA_{53}
ダイジョ	地下器官	isoGA_3, GA_{19}, GA_{24}, GA_{93}
D. oppositifolia	茎葉	GA_{19}, GA_{24}, GA_{24}lactol
オブソフィトン節		
ニガカシュー	茎葉	GA_{19}, GA_{24}
ラシオフィトン節		
アゲビドコロ	茎葉	GA_{19}, GA_{24}, GA_{24}lactol
ステノフォラ節		
ウチワドコロ	茎葉	GA_{19}, GA_{24}, GA_{93}
キクバドコロ	茎葉	GA_{19}, GA_{24}, GA_{93}
カエデドコロ	茎葉	GA_4, GA_{12}, GA_{19}, GA_{24}, GA_{53}
D. balcanica	茎葉	
Serbian form		GA_{19}, GA_{24}
Montenegnan form		GA_{19}
D. caucasica	茎葉	GA_{19}, GA_{19}lactol, GA_{24}, GA_{24}lactol, GA_{19}
D. villasa	茎葉	GA_{19}, GA_{24}, GA_{93}
D. qualernata	茎葉	GA_{19}, GA_{24}

文献 67）を引用。

60ng/400g 生重量であった。このことは GA_{19} から GA_{20} への代謝が早期 C13 位－水酸化経路の律速段階であり、一方非 C13 位－水酸化経路においては、GA_{24} から GA_4 への 代謝が律速段階であることを示唆している。これはヤマノイモ科の GA 代謝の特徴であり、他のヤマノイモ科の植物においても GA_{19} と同様に GA_{24} の内生量が多い。ナガイモのむかごの GA−誘導休眠に対する GA の比活性は GA_1 と GA_3 に比べて GA_4 が約 3 倍高かったことも（図 9−13 参照）GA− 誘導休眠における非 C13 位－水酸化経路の重要性を示唆している。最近、ナガイモの一品種ツクネイモの塊茎形成時において茎葉と塊茎の内生 GA を GC-SIM で調べた研究からも、ツクネイモの塊茎形成と塊茎の休眠の発達における非 C13 位－水酸化経路の重要性が示唆されている[77]。

（4） ムカゴのGA-誘導休眠とABAおよびその他の休眠誘導物質

GA-誘導休眠を示すむかごの休眠誘導物質の探索はシュウカイドウや、ヤマノイモと非常に近縁な栽培種であるナガイモのむかごで進められ、1968年、ナガイモのむかごから、当時休眠物質として注目されていたABAが単離・同定されたが[78]、シュウカイドウのむかごからは単離・同定されなかった。ナガイモのむかごから抽出された粗精製ABAは、むかごの切り口から与えられた場合、ナガイモのむかごの発芽をある程度抑制したが、無傷のむかごに与えた場合にはナガイモのむかごの発芽を抑制しなかった[79]。このことから、ナガイモのむかごではABAは休眠を制御していないと考えられていた。また、GA処理されたシュウカイドウのむかごから抽出された中性および酸性画分においてレタス種子の発芽を抑制する活性が増加したことから[80]、GA-誘導休眠を示すむかごにおいてGAは抑制物質、特に中性の抑制物質を介してむかごの発芽を抑制している可能性が示唆されていた。

1972年、ナガイモの休眠むかごからの3種類の中性成長抑制物質が単離・同定され、ナガイモの旧学名（*Dioscorea batatas*）にちなんでバタタシン（batatasinⅠ、Ⅱ、Ⅲ）と命名され[46]、ⅠとⅢの化学構造が決定された[81]。バタタシンは自然条件下におけるむかごの肥大化にともなう休眠誘導過程で増加し[82]、低温処理による休眠解除過程で減少する[83]ことが、生物検定法（アベナ幼葉鞘切片伸長試験）で明らかにされた。GA_3処理によってバタタシンⅠの内生量が増加したことが生物検定法で測定され[84, 85]、また、バタタシンの粗精製抽出物を低温処理によって休眠から解除されたむかごに処理したところ、むかごの発芽を抑制したことから[46]、バタタシンはナガイモのむかごの休眠物質の候補物質であることが示唆された。バタタシン類は、ヤマノイモ科に特徴的なフェノール性のテルペノイドで、現在までにⅠからⅤまで5種類のバタタシン類（図9-15）が明らかにされている。バタタシンIIIはGAによるオオムギ種子のα-アミラーゼ合成の誘導系においてABA様の阻害作用を示すという報告もあるが[86]、最近の研究ではバタタシン類はその化学構造から抗菌物質（antifungal compound）であるファイトアレキシン（phytoalexin）として注目されている[87]。

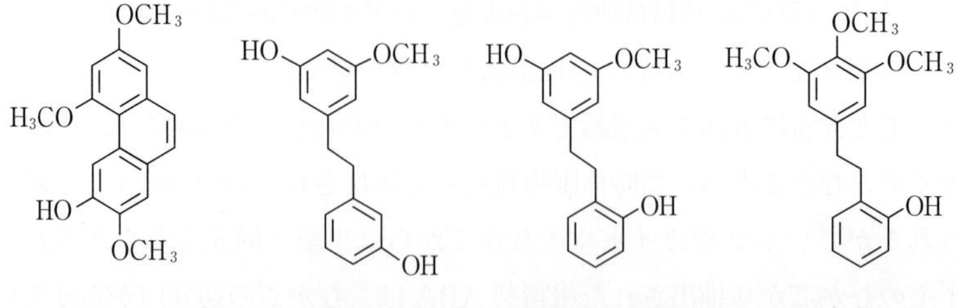

図9-15　バタタシン類の化学構造
文献67）から引用

近年入手しやすくなった天然型ABA（S-(+)-ABA）処理が低温処理によって休眠から覚めたナガイモやヤマノイモのむかごの発芽を、他の多くの植物の種子や樹木の越冬芽の場合と同様に、抑制することが確認された。また、カロチノイド経由のABAの生合成阻害剤であるフルリドン（図9-2参照）処理によってヤマノイモのむかごの休眠が解除されたことから、他の多くの植物の休眠と同様に、ヤマノイモ属においても内生ABAが休眠誘導・維持に関与していることが考えられる。ABAはバタタシンⅠやフタル酸とともにヤマノイモ属のある種（*D. floribunda*）の地下器官においても同定され、質量分析法（MS）によって測定されたABAの内生量は冬季の休眠時に増加することが報告されている[88]。最近ナガイモの一品種ツクネイモの地下器官とむかごにおいて保存中（この期間中に休眠は除々に解除される）でのABAとバタタシン類の内生量の変化がGC-MSによって調べられ、ABAとバタタシン類の内生量はともに保存期間が長くなると減少したが、減少の時期はABAよりバタタシンⅢが遅くなったことから、ABAよりバタタシン類がツクネイモの休眠に関与している可能性が示唆された[89]。しかし、GA処理によってバタタシン類の内生量が増加するかどうか、機器分析による測定はなされていない。

最近、ヤマノイモの休眠ムカゴから、ABA[90]とABAの異化産物である7'-hydroxyABA（図9-6参照）[91]が単離・同定された。ABAはおもに8'-hydroxyABAを経てPAからDPAへ異化され（図9-8）、生理活性を失うことは前述した。7'-hydroxyABAは初め、クロタネソウの培養細胞を用いた

(±)-[2-^{14}C]-ABAの代謝実験系で、ABAの代謝産物として単離・同定されたが、その絶対配置の検討から、(-)-ABAに由来すると考えられたことから、この物質はABAの人為的代謝産物であると考えられていた[13]。その後、ソラマメの葉から7'-hydroxyABAが単離・同定されて、この物質が天然物として存在することが明らかになった[13]。7'-hydroxyABAは、イネ葉鞘の伸長成長抑制活性などABA様生理活性を有することから、ヤマノイモのむかごの休眠性とこの物質との関連が注目される。7'-hydroxyABAは、ヤマノイモ属の中でもヤマノイモに非常に近縁なナガイモのむかごやダイジョというエナンチオフィラム節（section Enanthiophyllum）の種の地下器官と、アケビドコロ（ラシオフィトン節：section Lasiophyton）の地下器官から同定されているが、ヤマノイモ属の主要なグループで東アジアに分布域をもつステノフォラ節（section Stenophora）の種には存在していない可能性が考えられていた(表9-3)。しかしごく最近、植物ホルモンの分析技術の飛躍的進歩によってア

表9-3　ヤマノイモ属植物における7'-hydroxyABAの存在

属　種	分布域	器　官	7'-hydroxyABA
エナンチオフィルム節			
ナガイモ	東アジア	ムカゴ	GC-MS*
ヤマノイモ	東アジア	ムカゴ	NMR**、GC-MS
ダイジョ	東アジア	地下器官	GC-MS
ラシオフィトン節			
アゲビドコロ	熱帯アジア	地下器官	GC-MS
ステノフォラ節		地下器官	
ウチワドコロ	東アジア	地下器官	-***
オニドコロ	東アジア	地下器官	-
ヒメドコロ	東アジア	地下器官	-
キクバドコロ	東アジア	地下器官	-
カエデドコロ	東アジア	地下器官	-
D. balcanica	バルカン	地下器官	-
D. caucasica	コーカサス	地下器官	-
D. villosa	北アメリカ	地下器官	-
D. quaternata	北アメリカ	地下器官	-

* GC-MSによって同定された。** NMRによって同定された。
*** TLCによって検出できなかった。
文献67）を引用。

メリカミヤマゴヨウ[36]などの種子でも7'-hydroxyABAが微量ではあるが定量されているので、ステノフォラ節の種にも7'-hydroxyABAがエナンチオフィラム節の種に比べて微量ではあるが、存在している可能性は否定できない。

ヤマノイモのむかごの休眠性におけるABA代謝経路、特に7'−水酸化経路の役割を検討する一環として、ABAから7'-hydroxyABAへの代謝が$^{2}H_{6}$-(+)-ABAを用いて調べられた。GC-MSのフルスペクトルによって同定されたABA、DPA、7'-hydroxyABA、$^{2}H_{6}$-(+)-ABAに加えて、$^{2}H_{6}$-PA、$^{2}H_{6}$-DPA、$^{2}H_{5}$-7'-hydroxyABAがむかごからGC-SIMのそれぞれの分子の分子イオンピークによって同定された[92), 93)]。さらにごく最近、neoPAが、ヤマノイモのむかごでも高感度液体クロエトグラフィー・質量分析法（LC-MS/SIM）によって同定されている（未発表）。これらの結果は、セイヨウアブラナと同様にヤマノイモ属にも前述したABAの3つの水酸化異化経路（ABA8'−水酸化経路、ABA7'−水酸化経路とABA9'−水酸化経路）が存在していること示唆している（図9-8）。

ABA9'−水酸化経路の生理的役割は不明であるが、7'-hydroxyABAにはABA様の生理活性があることに着目してヤマノイモ属におけるABA7'−水酸化経路の役割について考えてみたい。ヤマノイモ属の種において7'-hydroxyABAのフルマススペクトルが得られるかどうかは、その種においてこの物質の内生量の多さとABA7'−水酸化経路が稼働している程度の強さを示している。エナンチオフィラム節は比較的新しく分化したと考えられているグループで、前述したように、この節には地下器官が肥大して食用に供される種が多い。この節の肥大した地下器官は乾燥への適応であるとすると[94)]、ABAは種子などで乾燥耐性にも機能しているので、エナンチオフィラム節における7'-hydroxyABAへの異化経路とその最終産物としての7'-hydroxyABAは、異化されて生理活性を失い易いABAの生理活性を補う意味で興味深い。ABAから7'-hydroxyABAへの代謝経路は従来のDPAへの異化経路（図9-8）に、乾燥した環境に適応して新たに加わった経路であることが推察される。

それでは、ムカゴの休眠に、GAとABAはどのようにかかわっているのだろうか。休眠から解除されたナガイモのむかごのABA内生量はGA_4処理によって、無処理のむかごにくらべて、多く保たれることが、内部標準希釈法を用いたGC-SIMによって示されている[95)]。このことから、ヤマノイモ属のGA-誘導休眠において、GAはABAや7'-hydroxyABAを介して休眠を維持・誘導していることが考えられる。さらに最近、ヤマノイモから*NCED*遺伝子と*ABA8'ox*遺伝子の全長塩基配列がクローニングされ、GA_3で培養されたヤマノイモのむかごでは、*NCED*遺伝子の発現が促進され、*ABA8'ox*遺伝子の発現が抑制されることが明らかになった（図9-16）[96)]。さらに、ヤマノイモのむかごのABAの内生量がGA処理によって顕著に増加することが明らかになりつつある。このように、ヤマノイモのむかごにおいて、GAはABAの内生量を調節して、むかごの休眠を誘導・維持していると考えられる。シロイヌナズナの休眠性の深いCvi生態型の種子ではGA_3処理が休眠種子の発芽を部分的にしか誘導できず、この種子のABAの内生量がGA_3処理によって一時的に高まることが報告されている[97)]。このことは、GA-誘導休眠におけるGAとABAとの関係を考えるうえで興味深い。

ヤマノイモのむかごにおいても、樹木の越冬芽と同様に、シュート頂分裂組織の細胞分裂によって発芽することが示唆されている。低温処理によって休眠から醒めて発芽しつつあるヤマノイモのムカゴのシュート頂端分裂組織付近には分裂像が高い頻度で観察されるが（図9-17）、GA_3やABAで処理したムカゴでは分裂像がほとんど観察されない。ヤマノイモのむかごの休眠はシュート

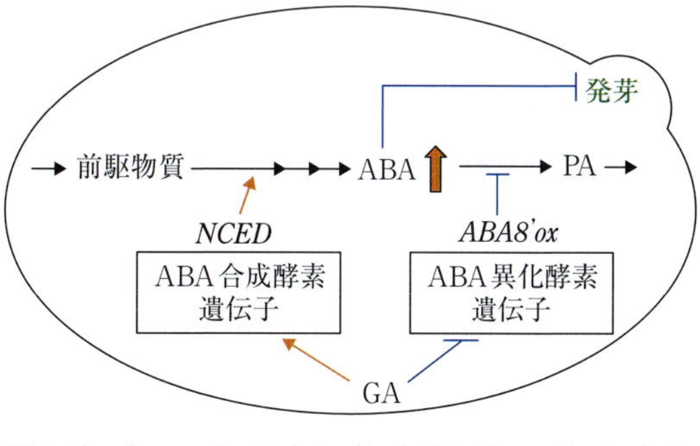

図9-16　ヤマノイモのむかごにおけるジベレリンによるアブシシン代謝遺伝子の発現調節
→：促進　⊥：抑制

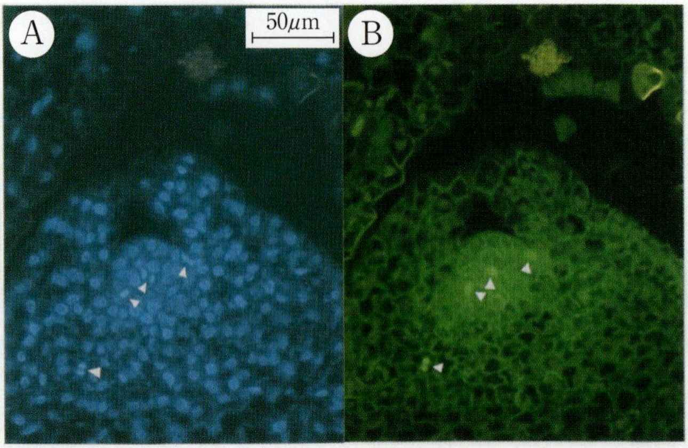

図 9-17　ヤマノイモのむかごのシュート頂端分裂組織における分裂像
低温処理によって休眠から完全に解除されて発芽しつつあるむかごの芽の同一縦断切片を DAPI 染色（A）と抗チューブリン抗体を用いた間接蛍光抗体法（B）とによる二重染色して観察した。図の△は分裂像（細胞分裂中期から後期）を示す。菱沼博士のご協力により羽田裕子氏撮影。文献 68）から引用。

頂端分裂組織が分裂を停止している生理的状態であると考えることができる。

4. まとめとして

（1） 休眠のメカニズムとその課題

これまで述べてきたように、種子の休眠と樹木、ジャガイモ塊茎、むかごなどの芽の休眠のメカニズムを概観すると、休眠誘導・維持の鍵植物ホルモンとしては ABA が一般的である。しかし、休眠を解除する鍵植物ホルモンとしては、種子では GA が一般的で、樹木の越冬芽においても GA が考えられているが、ジャガイモ塊茎では最近の研究によると GA よりはサイトカイニンが注目されている。このことは、種子と芽、それぞれの発芽の始まりが細胞の伸長によるのか、または分裂によるのかに関連しているように考えられる。GA は、細胞分裂を促進することも報告されてはいるが、おもに植物の伸長成長を促進するホルモンであり、細胞分裂を促進するホルモンはサイトカイニンであることに関連している。

シロイヌナズナ種子をはじめとしてレタス種子などで展開されてきた分子遺伝学的研究から、種子の休眠状態では*NECD*のようなABA生合成酵素遺伝子の発現によって休眠状態が誘導・維持され、一方、*ABA8'ox*のようなABA異化酵素遺伝子が発現することによって休眠が解除されると考えられる。同様のことはジャガイモ塊茎の休眠についても考えられる。ABAはGA作用に対して拮抗的にはたらくことはよく知られているが、シロイヌナズナ種子やレタス種子の休眠解除において、発芽を誘導する赤色光がGAとABAの代謝にそれぞれ独立して作用しているのか、または、光がGAを経由してABAに作用しているかどうかは明らかではない。GA-誘導休眠という特異な休眠性を示すヤマノイモのむかごにおいても、GA処理によってABA代謝酵素遺伝子の発現が調節されたことは、これまでいろいろな植物でそれらの植物に特徴的な休眠物質が提唱されてきたが、高等植物ではGAによって解除される休眠であれ、誘導される休眠であれ、ABAは休眠誘導・維持の鍵植物ホルモンとして一般的に考えられることを示している（図9-18）。このことは、ヤマノイモのむかごのABAの内生量がGA処理によって増加した近々の研究結果からも支持される（未発表）。シロイヌナズナなどで分子遺伝学的に解明されつつあるGAのシグナル伝達経路のどのような段階で、ヤマノイモのむかごではABA合成へシグナル伝達が変換されるのか、興味ある課題である。ヤマノイモにおけるGAとABAのシグナル伝達に関する分子遺伝学の発展に期待したい。

（2） ヤマノイモの休眠と私たちの生活

著者らはヤマノイモ属植物のもつGA-誘導休眠という特異な休眠性についての生理学的興味からヤマノイモ属に注目してきた。ヤマノイモ属は世界的には英語でヤム（yam）と総称され（日本ではそれらの植物の食用部分の意であるイモと一緒にして、しばしばヤムイモと呼ばれる）、中尾佐助の農耕起源論[97]によると、ヤムイモは熱帯アジアに起こった根菜農耕文化の主要作物の一つとして、根菜農耕文化の伝播とともに、アフリカ大陸（特に、西アフリカの赤道

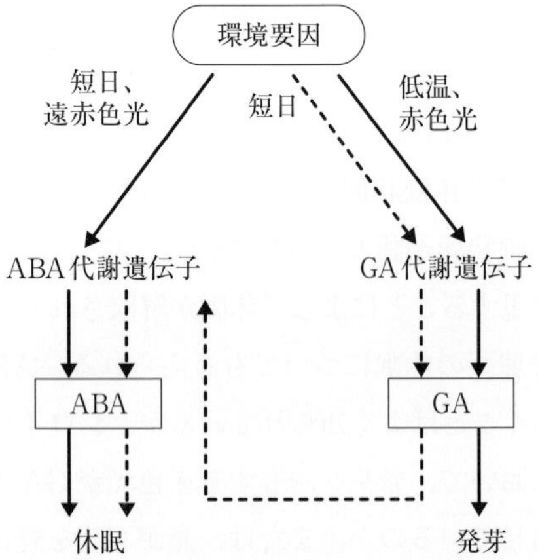

図9-18 アブシシン酸とジベレリンによる休眠と発芽の制御
樹木の越冬芽の休眠芽などでは短日条件がABAを介して休眠を誘導し、低温がGAを介して休眠を解除し、発芽を誘導する。また、レタスやシロイヌナズナの種子では、遠赤色光（または暗所）と赤色光が休眠と発芽をそれぞれ誘導する。ヤマノイモ属植物のむかごではGAがABAを介して休眠を誘導する（詳細は本文参照）。

域はヤムベルトと呼ばれる）、オセアニアなどの太平洋の島嶼国、さらに中南米、カリブ海諸国の汎赤道地帯に広まった。これらの国々ではヤムイモが今日でも主要な食糧になっており、この地域の「食糧危機」を救う可能性を秘めた作物として昨今話題になっている。

私たちにとっても、今日ではあまりなじみのないオニドコロ（トコロ）や、ヤマノイモ（ジネンジョ、自然薯）、ナガイモの肥大した地下器官は奈良時代から滋養強壮の食物として記録がある。また、ヤマノイモ属の地下器官はジオスゲニン（diosgenin）というステロイドが含んでいることから、ステロイドホルモンの原料として医薬的にも珍重され、アメリカでのピル開発の端緒にもなっている。

植物の休眠のメカニズムを理解することは、植物の成長を人為的に制御する上で重要である。ヤマノイモに限らずジャガイモなどのイモ（地下器官）の休眠期間を人為的に持続させることはこれらのイモの食物としての品質保持に、さらに樹木や草花、野菜の休眠期間を人為的に制御ことは、これらの植物の花期や野菜などの栽培時期を制御することに役立つと考えられる。

引用文献

1) Villiers, T. A. (1975) Dormancy and the survival of plants. Studies in Biology 57, London, Edward Arnold (Publishers) Limited.

2) Vegis, A. (1964) Dormancy in higher plants. Ann. Rev. Plant Physiol. 15, 185–224.

3) MacDonald, J. E. (2000) The developmental basis of bud dormancy in 1-year-old *Picea* and *Pseudotsuga* seedlings. In: Viémond, J. -D. and Grabbé, J. ed. Dormancy in Plants, From Whole Plant Behaviour to Cellular Control. pp.313–317, CAB International Publishing, New York.

4) Okagami, N., Tanno, N. and Terui, K. (1994) Differences of dormancy mechanisms among seeds, bulbils and underground organs. 1st. International Symposium on Plant Dormancy. Program and Abstracts., p.120.

5) Horvath, D. P., Anderson, J. V., Chao, W. S. and Foley, M. E. (2003) Knowing when to grow: signals regulating bud dormancy. Trends Plant Sci. 8, 534–540.

6) 藤伊　正 (1975) 植物の休眠と発芽. UPバイオロジー・シリーズ4, 東京, 東京大学出版会.

7) Bewley, J. D. and Black, M. (1994) Seeds-Physiology of Development and Germination. 2nd. Ed., New York, Plenum.

8) Baskin, C. C. and Baskin, J. M. (1998) Seeds–Ecology, and Evolution of Dormancy and Germination. San Diego, Academic Press.

9) 鈴木善弘 (2003) 種子生物学. 仙台, 東北大学出版会.

10) 種生物学会, 吉岡俊人, 清和研二責任編集 (2009) 発芽生物学—種子発芽の生理・生態・分子機構. 東京, 文一総合出版.

11) Suttle, J. C. (2004) Physiological regulation of potato tuber dormancy. Amer. J. Potato Res. 81, 253–262.

12) Arora, R., Rowland, L. J. and Tanino, K. (2003) Induction and release of bud dormancy in woody perennials: A science comes of age. HortScience 38, 911–921.

13) 高橋信孝・増田芳雄共編 (1994) 植物ホルモンハンドブック上・下, 東京, 培風館.

14) 小柴恭一・神谷勇治編 (2002) 新しい植物ホルモンの科学. 東京, 講談社サイエンティフィック

15) 小柴恭一・神谷勇治・勝見允行編 (2006) 植物ホルモンの分子細胞生物科学, 東京, 講談社サイエンティフィック

16) Arteca, R. N. (1995) Plant growth substances Principles and applications. New York, Chapman & Hall.

17) Hemberg, T. (1949) Significance of the growth inhibitory substances and auxins for the rest period of the potato tuber. Physiol. Plant. 2, 24–36.

18) Bennet-Clark, T. A. and Kefford, N. P. (1953) Chromatography of the growth substances in plant extracts. Nature 171, 645–647.

19) Eagles, C. F. and Wareing, P. F. (1963) Experimental induction of dormacy in *Betula pubescence*. Nature 199, 874–875.

20) Robinson, P. M., Wareing, P. F. and Thomas, T. H. (1963) Isolation of the inhibitor varying with photoperiod in *Acer pseudoplatanus*. Nature 199, 875–876.

21) Osborne, D. J. (1955) Accelerarion of abscission by a factor produced in senescent leaves. Nature 176, 1161–1163.

22) Van Steveninck, R. F. M. (1959) Abscission-accelerators in lupins (*Lupinus luteus* L). Nature 183, 1246–1248.

23) Liu, W. -C. and Carns, H. R. (1961) Isolation of abscisin, an abscission accelerating substance. Science 134, 384–385.

24) Ohkuma, K., Lyon, J. L. and Addicott, F. T. (1963) Abscisin II, an abscission-accelerating substance from young cotton fruit. Science 142, 1592–1593.

25) Ohkuma, K. and Addicott, F. T. (1965) The structure of abscisin II. Tetrahedron Lett. No. 29, 2529–2535.

26) Cornforth, J. W., Millborrow, B. V. and Ryback, G. (1965) Synthesis of (+) -abscisin II. Nature 205, 715.

27) Cornforth, J. W., Millborrow, B. V. and Ryback, G. (1965) Identity of sycamore "dormin" with abscisin II. Nature 205, 1269–1270.

28) Karssen, C. M., Brionkhorst-van der Swan, D. L. C., Breekland, A. E., and Koorneef, M. (1983) Induction of dormancy during seed development by endogeneous abscisic acid: Studies on abscisic acid deficient genotypes of *Arabidopsis thaliana* (L.) Heynh. Planta 157, 158–165.

29) Cutler, S., Ghassemain, M., Bonetta, D., Coolney, S. and McCourt, P. (1966) A protein farnesyl transferase involved in ABA signal transduction in *Arabidopsis*. Science 273, 1239–1241.

30) Ooms, J. J. J., Leon-Kloosterziel, K. M., Bartels, D., Koorneef, M., and Karssen, C. M. (1993) Acquisition of desiccation tolerance and logevity in seeds of *Arabidopsis thaliana*. Plant Physiol. 102, 1185–1191.

31) Nambara, E. and Marion-Poll, A. (2005) Abscisic acid biosynthesis and catabolism. Annu. Rev. Plant Biol. 56, 165–185.

32) Zhou, R., Cutler, A. J., Ambrose, S. J., Galka, M. M., Nelson, K. M., Squires, T. M.,

Loewen, M. K., Jadhav, A. S., Ross, A. R. S., Taylor, D. C. and Abrams, S. R. (2004) A new abscisic acid catabolic pathway. Plant Physiol. 134, 361–369.

33) Kushiro, T., Okamoto, M., Nakabayashi, K., Yamagishi, K., Kitamura, S., Asami, T., Hirai, N., Koshiba, T., Kamiya, Y. and Nambara, E. (2004) The Arabidopsis cytochrome P450 CYP707A encodes ABA 8'-hydroxylase: Key enzyme in ABA catabolism. EMBO J. 23, 1647–1656.

34) Saito, S., Hirai, N., Matsumoto, C., Ohigashi, H., Ohta, D., Sakata, K. and Mizutani, M. (2004) Arabidopsis *CYP707As* encode (+)-abscisic acid 8'-hydroxylase, a key enzyme in the oxidative catabolism of abscisic acid. Plant Physiol. 134, 1439–1449.

35) 瀬尾光範 (2003) アブシシン酸の代謝　植物の生長調節 38, 203–211.

36) Feurtado, J. A., Yang, J., Ambrose, S. J., Cutler, A. J., Abrams, S. R. and Kermode, A. R. (2007) Disrupting abscisic acid homeostasis in western white pine (*Pinus monticola* Dougl. Ex D. Don) seeds induces dormancy termination and changes in abscisic acid catabolites. J. Plant Growth Regul. 26, 46–54.

37) Schmitz, N., Abrams, S. R. and Kermode, A. R. (2002) Changes in ABA turnover and sensitivity that accompany dormancy termination of yellow-cedar (*Chamaecyparis nootkatensis*) seeds. J. Exptl. Bot. 53, 89–101.

38) Sawada, Y., Aoki, M., Nakaminami, K., Mitsuhashi, W., Tatematsu, K., Kushiro, T., Koshiba, T., Kamiya, Y., Inoue, Y., Nambara, E. and Toyomasu, T. (2008) Phytochrome- and gibberellin-mediated regulation of abscisic acid metabolism during germination of photoblastic lettuce seeds. Plant Physiol. 146, 1386–1396.

39) Powell, L. E. (1987) The control of bud dormancy and seed dormancy in woody plants. In: Davies, P. J. ed. Plant Hormones and Their Role in Plant Growth and Development. Dordrecht, Martin Nijhoff Publishers, pp.539–552.

40) Rinne, P., Welling, A. and Kaikuranta, P. (1998) Onset of freezing tolerance in birch *Betula pubescens* involves LEA proteins and osmoregulation and is impaired in an ABA-deficient genotype. Plant, Cell and Environ. 21, 601–611.

41) Destefano-Beltran, L., Knauber, D., Huckle, L. and Suttle, J. C. (2006) Effects of postharvest and dormancy status on ABA content, metabolism, and expression of genes involved in ABA biosynthesis and metabolism in potato tuber tissues. Plant Mol. Biol. 61, 687–697.

42) Hendershott, C. H. and Walker, D. R. (1959) Identification of a growth inhibitor from extracts of dormant peach flower buds. Science 130, 798–800.

43) Corgan, J. N. (1967) Identification of prunin (naringenin-7-glucoside) in dormant peach buds as a wheat coleoptile growth inhibitor. HortScience 2, 105–106.

44) Valio, I. F. M., Burdon, R. S. and Schwabe, W. W. (1969) New natural growth inhibitor in the liverwort *Lunularia cruciata* (L.) Dum. Nature 223, 1176-1178.

45) Baskin, J. M., Ludlow, C. J., Harris, T. M. and Wolf, F. T. (1967) Psoralen, an inhibitor in the seeds of *Psoralea subacaulis* (*Leguminosae*). Phytochem. 6, 1209-1213.

46) Hashimoto, T., Hasegawa, K., and Kawarada, A. (1972) Batatasins: New dormancy-inducing substances of yam bulbils. Planta (Berl.) 108, 369-374.

47) Taylor, H. F. and Burden, R. S. (1970) Xanthoxin, a new naturally occurring plant growth inhibitor. Nature 227, 302-304.

48) Yoshikawa, H., Ichiki, Y., (Doi) Sakakibara, K., Tamura, H. and Suiko, M. (2002) The biological and structural similarity between lunularic acid and abscisic acid. Biosci. Biotechnol. Biochem. 66, 840-846.

49) Thomas, T. H., Wareing, P. F. and Robinson, P. M. (1965) Action of the sycamore "dormin" as a an antagonist. Nature 205, 1270-1272.

50) 山口信次郎 (2003) ジベレリン．植物の生長調節 38, 168-177.

51) 池田 亮，山室千鶴子，山口淳二 (2003) ジベレリンシグナル伝達因子；DELLA ファミリーを中心として．植物の生長調節 38, 36-47.

52) Toyomasu, T., Kawaide, H., Mitsuhashi, W., Inoue, Y. and Kamiya, Y. (1998) Phytochrome regulates gibberellin biosynthesis during germination of photoblastic lettuce seeds. Plant Physiol. 118, 1517-1523.

53) Yamaguchi, S., Smith, M. W., Brown, R. G. S., Kamiya, Y. and Sun, T.-p. (1998) Phytochrome regulation and differential expression of gibberellin 3β-hydroxylase genes in germinating *Arabidopsis* seeds. Plant Cell 10, 2115-2126.

54) Oh, E., Yamaguchi, S., Hu, J., Jikumaru, Y., Jung, B., Paik, I., Lee, H.-S., Sun, T.-p., Kamiya, Y. and Choi, G. (2007) PIL5, a phytochrome-interacting bHLH protein, regulates gibberellin responsiveness by binding directly to *GAI* and *RGA* poromoters in *Arabidopsis* seed. Plant J. 19, 1192-1208.

55) Sawada, Y., Katsumata, T., Kitamura, J., Kawaide, H., Nakajima, M., Asami, T., Nakaminami, K., Kurahashi, T., Mitsuhashi, W., Inoue, Y. and Toyomasu, T. (2008) Germination of photoblastic lettuce seeds regulated via the control of endogenous physiologically active gibberellin content, rather than gibberellin reponsiveness. J. Exptl. Bot. 59, 3383-3393.

56) Olsen, J. E., Junttila, O., Nilsen, J., Eriksson, M. E., Martinussen, I., Olsson, O., Sandberg, G. and Moritz, T. (1997) Ectopic expression of oat phytochrome A in hybrid aspen changes critical daylength for growth and prevents cold acclimatization. Plant J. 12, 1339-1350.

57）Carrera, E., Bou, J., Garcia-Martinez, J. L. and Prat, S.（2000）Changes in GA 20-oxidase gene expression strongly affect stem length, tuber induction and tuber yield of potato plants. Plant J. 22, 247–256.

58）Koda, Y. and Kikuta, Y.（1991）Possible involvement of jasmonic acid in tuberization of yam plants. Plant Cell Physiol. 32, 629–633.

59）岡上伸雄（1967）草本植物の休眠芽の比較生理．植物の化学調節 2, 121–124.

60）Okagami, N.（1979）Dormancy in bulbils of several herbaceous plants: effects of photoperiod, light, temperature, oxygen and gibberellic acid. Bot. Mag. Tokyo 93, 39–58.

61）Nagao, M. and Mitsui, E.（1959）Studies on the formation and sprouting of aerial tubers in *Begonia evansiana* Andr. III. Effect of gibberellin on the dormancy of aerial tubers. Sci. Rep. Tohoku Univ. 4th Ser.（Biol.）25, 199–205.

62）Okagami, N. and Nagao, M.（1971）Gibberellin-induced dormancy in bulbils of *Dioscorea*. Planta（Berl.）101, 91–94.

63）Okagami, N. and Tanno, N.（1993）Gibberellic acid-induced prolongation of the dormancy in tubers or rhizomes of several species of East Asian *Dioscorea*. Plant Growth Regul. 12, 119–123.

64）長尾昌之，岡上伸雄，江刺洋司（1970）シュウカイドウ地上塊茎の休眠．植物の化学調節 5, 91–104.

65）岡上伸雄，江刺洋司（1970）光と休眠．植物生理 8, 94–101.

66）丹野憲昭（1994）ジベレリンが誘導する休眠―ヤマノイモ属における内生ジベレリンの関与．植物の化学調節 29, 39–54.

67）丹野憲昭（2005）第 14 章 休眠の鍵化学物質．山村庄亮、長谷川宏司編著　植物の知恵―化学と生物学からのアプローチー、岡山、大学教育出版.

68）丹野憲昭（2007）1.2.12 休眠．山村庄亮、長谷川宏司編著　天然物化学―植物編―、東京、アイピーシー.

69）岡上伸雄（1985）ヤム類についてのいくつかの問題．熱帯農業 29, 58–63.

70）岡上伸雄（1998）ヤマノイモ科の植物学上の特徴．Dioscorea Research No.1, Research Group of Dioscoreaceae Plants（RGDP）, 43–53.

71）照井啓介，山口真理子，高橋朝美，岡上伸雄（1998）ヤマノイモ属植物の胚の構造は地下肥大部の形態と関係があるか？ Dioscorea Ressearch No.1, Research Group of Dioscoreaceae Plants（RGDP）, 64–70.

72）岡上伸雄（1990）分布の南北性と休眠の温度依存性との関係（ヤマノイモ属の場合）．種子生態 19, 1–31.

73）岡上伸雄，照井啓介，丹野憲昭（1998）ヤマノイモ科の休眠．Dioscorea Research

No.1, Research Group of Dioscoreaceae Plants (RGDP), 71-74.

74) Okagami, N. (1986) Dormancy in *Dioscorea*: Different temperature adaptation of seeds, bulbils and subterranean organs in relation to north-south distribution. Bot. Mag. Tokyo 99, 15-27.

75) Tanno, N., Tanno, M., Yokota, T., Abe, M. and Okagami, N. (1995) Promotive and inhibitory effects of uniconazole and prohexadione on the sprouting of bulbils of Chinese yam, *Dioscorea opposita*. Plant Growth Regul. 16, 129-134.

76) Tanno, N., Yokota, T., Abe, M. and Okagami, N. (1992) Identification of endogenous gibberellins in dormant bulbils of Chinese yam, *Dioscorea opposita*. Plant Physiol. 100, 1823-1826.

77) Kim, S. -K., Lee, S. -C., Shin, D. -H., Jang, S. -W., Nam, J. -W., Park, T. -S. and Lee, I. -J. (2003) Quantification of endogenous gibberellins in leaves and tubers of Chinese yam, *Dioscorea opposita* Thunb. cv. Tukune during tuber enlargement. Plant Growth Regul. 39, 125-130.

78) Hashimoto, T., Ikai, T. and Tamura, S. (1968) Isolation of (+)-abscisin II from dormant aerial tubers of *Dioscorea batatas*. Planta (Berl.) 78, 89-92

79) Hashimoto, T. and Tamura, S. (1969) Effects of abscisic acid on the sprouting of aerial tubers of *Begonia evansiana* and *Dioscorea batatas*. Bot. Mag. Tokyo 82, 69-75

80) Okagami, N. and Nagao, M. (1973) Gibberellin-induced dormancy in *Begonia* aerial tubers. Increase of growth inhibitor content by gibberellin treatment. Plant Cell Physiol. 14, 1063-1072.

81) Hashimoto, T. and Hasegawa, K. (1974) Structure and synthesis of batatasins, dormancy-inducing substances of yam bulbils. Phytochem. 13, 2849-2852.

82) Hasegawa, K. and Hashimoto, T. (1973) Quantitative changes of batatasins and abscisic acid in relation to the development of dormacy in yam bulbils. Plant Cell Physiol. 14, 369-377.

83) Hasegawa, K. and Hashimoto, T. (1975) Variation of abscisic acid and batatasin content in yam bulbils - Effects of stratification and light exposure. J. Exptl. Bot. 26, 757-764.

84) Hashimoto, T. and Hasegawa, K. (1973) Batatasin I: Its structure and possible involvement in yam bulbil dormancy. Proceedings of the 8th. International Conference on Plant Growth Substances. 150-156.

85) Hasegawa, K. and Hashimoto, T. (1974) Gibberellin-induced dormancy and batatasin content in yam bulbils. Plant Cell Physiol. 15, 1-6.

86) Asahina, H., Yoshikawa, H. and Shuto, Y. (1998) Effects of batatasin III and its analogs on gibberellic acid-dependent α-amylase induction in embryoless barley seeds

and on cress growth. Biosci. Biotechnol. Biochem. 62, 1619-1620.
87) Adesuanya, S. A. (2005) From nature to drugs: Theories and realities. Inaugural Lectures Series 181 pp. 1-36, Obafemi Awolowo Univ. Press Ltd., Ile-Ife, Nigeria.
88) Abad Farooqi, A. H., Shukla, Y. N., Srikant Sharma and Bangerth, F. (1989) Endogenous inhibitors and seasonal changes in abscisic acid in *Dioscorea floribunda* Mart. & Gal. Plant Growth Regul. 8, 225-232.
89) Kim, S. -K., Lee, S. -C., Park, T. -S., Kwon, S. -T. and Lee, I. -J. (2002) Dormancy-related change in endogenous ABA, batatasin, and sugar in stored tuber and bulbil of Chinese yam. Korean J. Crop Sci. 47, 297-300.
90) Tanno, N., Nakayama, M., Agatsuma, H., Saito, Y., Abe, M., Okagami, N. and Yokota, T. (1995) Identification of endogenous gibberellins and abscisic acid from dormant bulbils of *Dioscorea japonica* (Japanese yam). Biosci. Biotech. Biochem. 50, 952-953.
91) Tanno, N., Nakayama, M., Satoh, Y., Okagami, N. and Yokota, T. (1996) Identification of 7'-hydroxyabscisic acid from dormant bulbils of *Dioscorea japonica*. Proc. Plant Growth Regul. Soc. Amer. 23rd. Annu. Meet. 93-98.
92) Harada, A., Tanno, N., Narita, J., Itoh, G., Okagami, N. and Okada, K. (2000) Phylogenic implication of the occurrence of 7'-hydroxyabscisic acid in the genus *Dioscorea* (yams). Proc. Plant Growth Regul. Soc. Amer. 27th. Annu. Meet. 117-121.
93) Tanno, N., Okagami, N. and Okada, K. (2001) Abscisic acid metabolism in *Dioscorea* (yams): an additional trail to 7'-hydroxyabscisic acid. 17th. International Conference on Plant Growth Substances Abstracts p.139.
94) Burkill, I. H. (1960) The organography and the evolution of *Dioscoreaceae*, the family of yams. J. Lin. Soc. Lond. (Bot.) 56, 319-412.
95) Tanno, N., Nakayama, M., Suzuki, S., Abe, M., Okagami, N. and Yokota, T. (1993) Abscisic acid in gibberellin-induced dormancy in bulbils of a yam (*Dioscorea opposita*). XV International Botanical Congress Abstracts p.460.
96) 吉田隆浩，古井丸葉月，Haniyeh Bidadi，清水和弘，豊増知伸，遠藤亮，南原英司，神谷勇治，岡田勝英，岡上伸雄，丹野憲昭（2008）ヤマノイモの GA- 誘導休眠における ABA 代謝酵素遺伝子の発現，日本植物学会第 72 回大会研究発表記録 p.234.
97) Ali-Rachedi, S., Bouinot, D., Wagner, M. -H., Sotta, B., Grappin, P. and Jullien, M. (2004) Changes in endogenous abscisic acid levels during dormancy release and maintenance of mature seeds: studies with Cape Verde Islands ecotype, the dormant model of *Arabidopsis thaliana*. Planta 219, 479-488.
98) 中尾佐助（1966）栽培植物と農耕の起源，岩波書店，岩波新書 G103，pp.1-192.

第 10 章 植物生理化学研究と遺伝子解析技術

1. はじめに

植物生理化学とは、植物の多様な生理現象のメカニズムを有機化学的な手法を用いて解明する学問と定義されているが、これらの研究を取り巻く背景は、1980 年代後半からの分子生物学的技術の発達や近年の植物ゲノム研究の進展等に伴い、急激に変化してきた。その結果現在では、遺伝子解析の研究手法は植物生理化学を含め多岐にわたる植物科学の分野に浸透し、新たなブレークスルーをもたらしている。実例としては、長年の間、植物生理化学の分野で懸案となっていた「オーキシン受容体」や「フロリゲン」の同定等が挙げられるが、これらの成功例は、最新の遺伝子解析技術の発展を抜きに語ることはできない。

しかしながら、有機化学的な手法に慣れ親しんできた植物生理化学分野の研究者にとって、あまりなじみのない分子遺伝学あるいは分子生物学的な手法を自らの研究に積極的に取り入れることは、それほど容易なことではないと考えられる。また、植物生理化学分野の研究者の多くは特定の生理現象に特化し、それに適した実験系の開発に心血を注いできたことから、ゲノム情報や分子的な実験技術が整備されているシロイヌナズナやイネ等のいわゆる「モデル植物」とは異なる植物種を研究対象として利用している場合も多く、「モデル植物」で開発された技術をそのまま活用することが難しい場合も多いと考えられる。

そこで本章では、遺伝子解析を専門としない有機化学あるいは天然物化学分野の研究者や、これからこの分野の学習を始めようとしている学生の理解を助けるため、初めに植物生理化学研究の中核をなす様々な生体機能分子（植物ホルモン、アレロパシー物質、二次メッセンジャー、一次および二次代謝産物等）の機能解析を進める上で有効な手段の一つとなっている遺伝子解析法の原理と、それらの活用が想定される局面についての「ロードマップ」を示す。その後、植物の生理現象に関わる生体機能分子の代謝経路や作用メカニズムを解明する際に、どのような遺伝子解析手法が活用されいかなる成果が得られたか、実例を挙げて解説を行うことで、読者が興味を持つ生理現象を解明するための手がかりを探ってみたい。

2. 植物生理化学研究における遺伝子解析の必要性とその適応範囲

植物はその成長・発達過程において、外界の環境変化に応答した様々な生理反応や形態形成反応を示すが、これらの生理現象には、様々な生体機能分子（植物ホルモン・アレロパシー物質・二次メッセンジャー・一次および二次代謝産物等）が関与していることが知られている。一方で、この様な植物の示す様々な反応も、元を正せばそれぞれの個体に固有の遺伝情報に基づいて制御されているものであり、多様な生体機能分子を介した複雑な生理現象の制御を理解する上で、遺伝子解析は避けては通れないものとなっている。

そこでまず初めに、生体機能分子が関与する生理現象の内でも、遺伝子からのアプローチが特に有効であると考えられるいくつかの例を挙げ、その際に活用される遺伝子解析（操作）技術について解説を行うことにする。

（1） 受容体

受容体とは、非常に多様な刺激や物質に対応するために分化した情報センサーであり、主として外界からもたらされる光や温度、傷害等の刺激に反応する物理的受容体と、種々の植物ホルモンや代謝産物、アレロケミカル、エリシター等の様々な化学物質に反応する化学的受容体の２種類に大別することができる（図10-1）。すなわち、植物細胞はこれら多様な受容体を介して物理・化学的な情報を受容し、反応するための機構を備えていると言える。このような

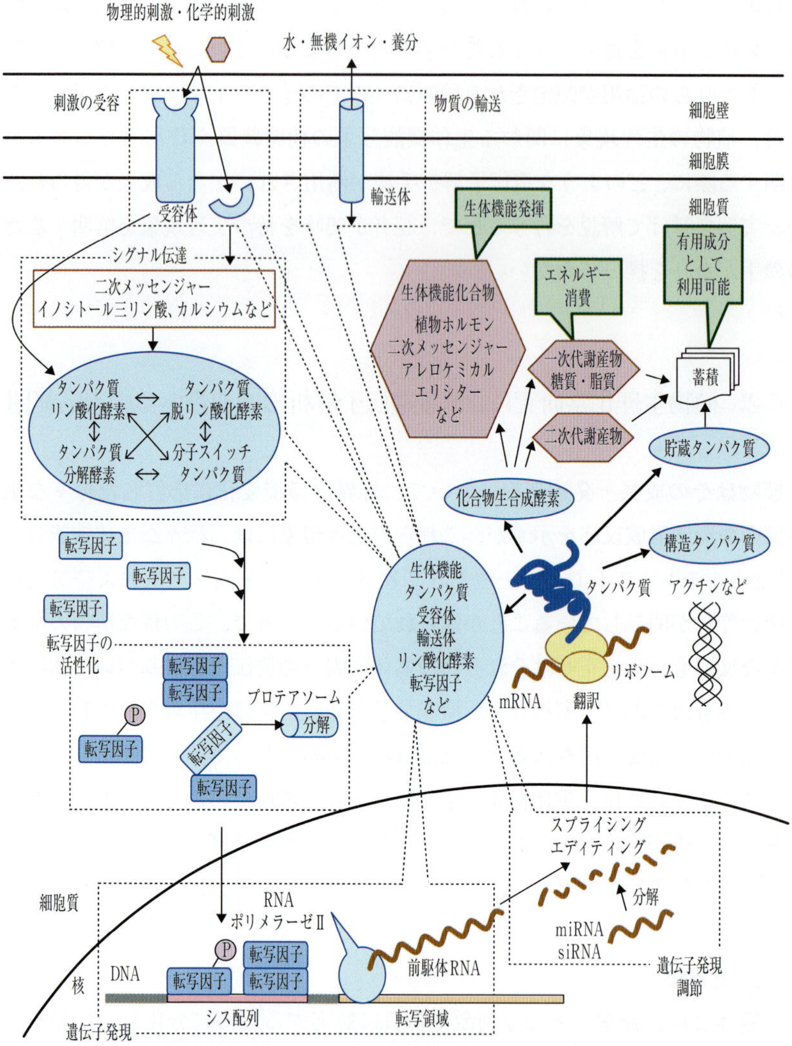

図10-1 植物細胞において遺伝子解析の対象となる生理現象とその制御に関与する生体機能分子

受容体は、主としてタンパク質、もしくはタンパク質と色素団等の補助因子との複合体として存在する場合が多い。また、動物の網膜や味蕾の様に特定の刺激に対して明確に特化した器官や神経系を持たない植物では、他のタンパク質に対する受容体タンパク質の割合は極めて低く、通常の生化学的手法による受容体の同定は極めて困難であった。そこで、特定の化学物質に対する受容体を同定する手法として、光アフィニティー標識法（図10-2）等が開発され一定の成果を上げたものの、非特異反応の問題や、物理的な刺激に対する受容体には適応できないといった制限から、受容体の同定法として一般化することはなかった。

これに対して、受容体研究の領域で近年最も広く用いられており、目覚ましい成果を上げているのが分子遺伝学的なアプローチである。この中でも汎用されているのが、特定の刺激に対する反応が変化（低下あるいは消失等）した突然変異体や、逆に特定の刺激に対する感受性が高まった突然変異体を作製し、遺伝的にその原因遺伝子を同定するという手法である。これらの突然変異体を用いた分子遺伝学的解析手法の詳細については次節で詳しく解説することとするが、突然変異の誘発には、X線やγ線、速中性子線等の照射によりDNAの一部を損傷させ欠損を引き起こす物理的な方法、あるいはEMS（ethylmethanesulfonate）やMNU（1-methyl-1-nitorosourea）等のアルキル化剤処理により塩基置換を誘発する化学的方法が古くから用いられて来たが、最近では遺伝子組換え技術の進歩に伴い、T-DNAやトランスポゾンの挿入により突然変異体を作製するという生物学的な方法（図10-3）の利用例も増えている。

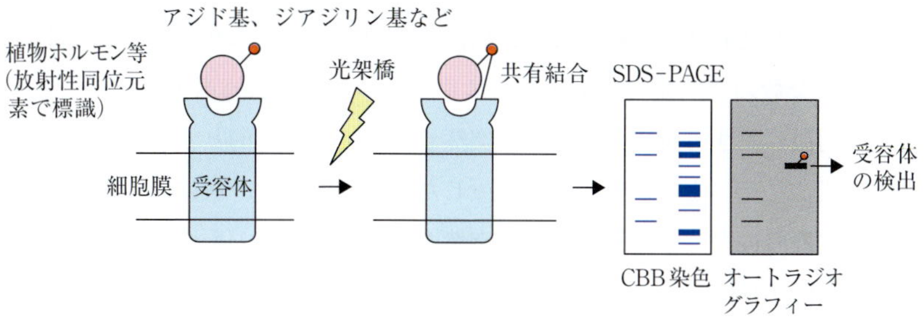

図10-2　光アフィニティー標識法

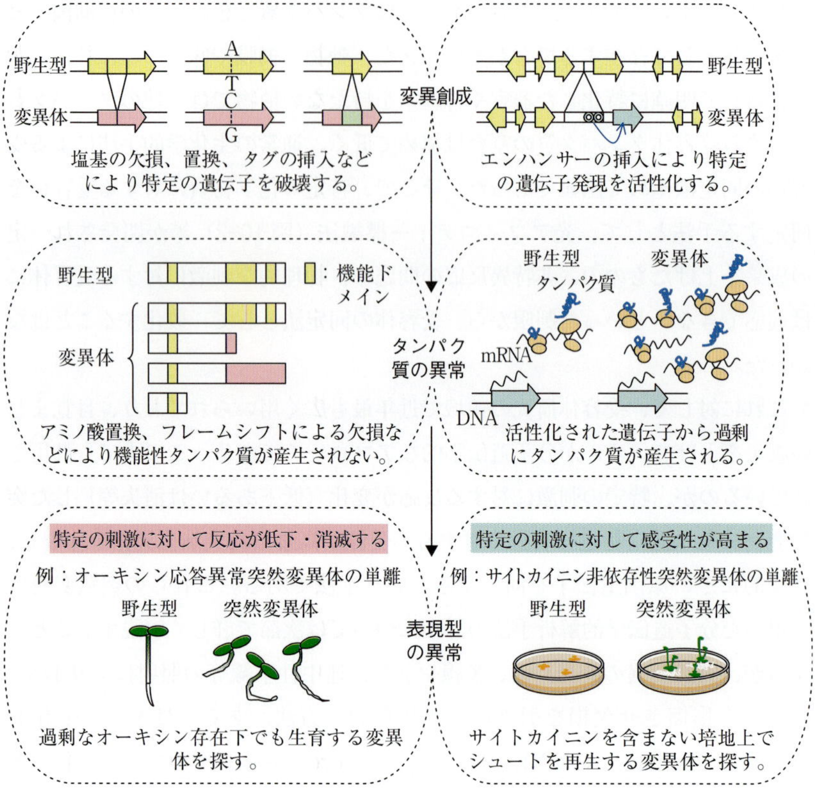

図10-3　突然変異体の利用

この様な遺伝学的アプローチは、解析したい現象に関する生化学的・分子生物学的情報が少ない場合に特に威力を発揮するが、いくつかの問題点がある。例えば、突然変異体を単離する際には、その植物のゲノムサイズや倍数性に応じた莫大な数の突然変異体集団からスクリーニングを行う必要があることや、特定の刺激に対する反応が変化した突然変異体には、目的とする受容体をコードする遺伝子そのものに突然変異を生じたもの以外にも、次に取り上げるシグナル伝達経路に関与する遺伝子群に突然変異を生じたものも含まれるという点である（図 10-4）。

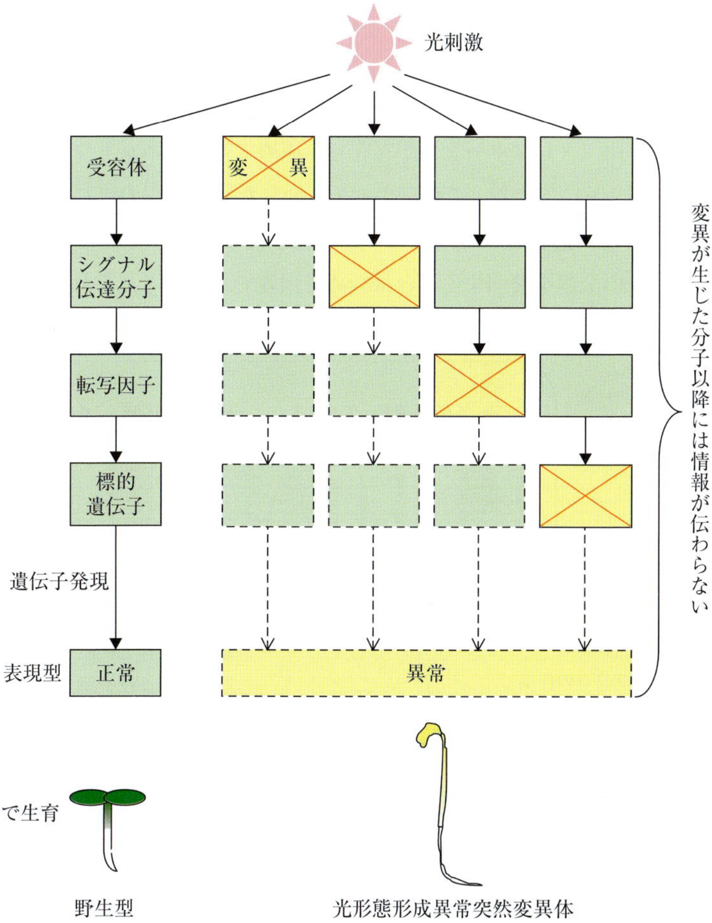

図 10-4　同一経路上の異なる遺伝子に突然変異が生じた例

（2） シグナル伝達から転写の活性化まで

前述した受容体が様々な刺激や物質により活性化されると、このシグナルが細胞内の様々な分子を介した連鎖（カスケード）反応により、最終的には核内の転写因子に伝えられ、これを介して特定の標的遺伝子（群）の活性化や不活性化が引き起こされる。この細胞内シグナル伝達経路には、カルシウムやイノシトール三リン酸といった多様なセカンドメッセンジャー分子やその合成や分解を行う酵素、タンパク質のリン酸化や脱リン酸化を行う酵素、タンパク質分解酵素あるいは分子スイッチと呼ばれる一群のタンパク質等の複数の分子種が関与している上、いくつかの異なる刺激からのシグナル伝達経路間では相互作用（クロストーク）が存在し、極めて複雑なネットワークを形成している（図 10-1）。また、これらの分子を介したシグナルの流れは非常に速く一過的であり、通常の生理学あるいは生化学的手法のみで、特定の経路に関与する分子の全貌を解明することは極めて困難であると考えられる。

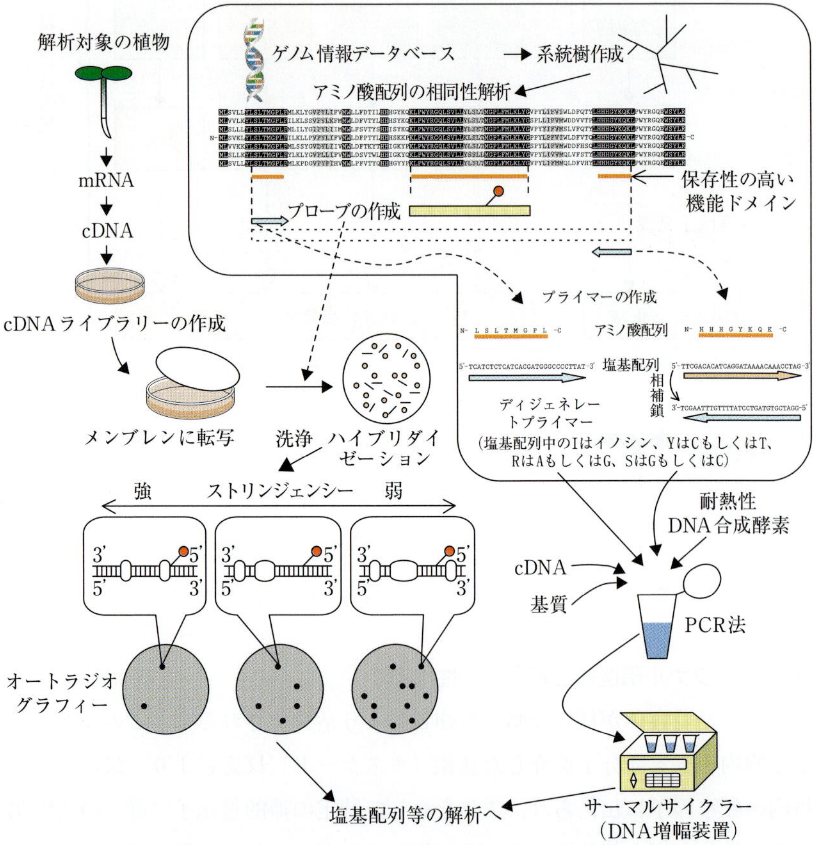

図 10-5　相同性に基づいた類似遺伝子の単離法

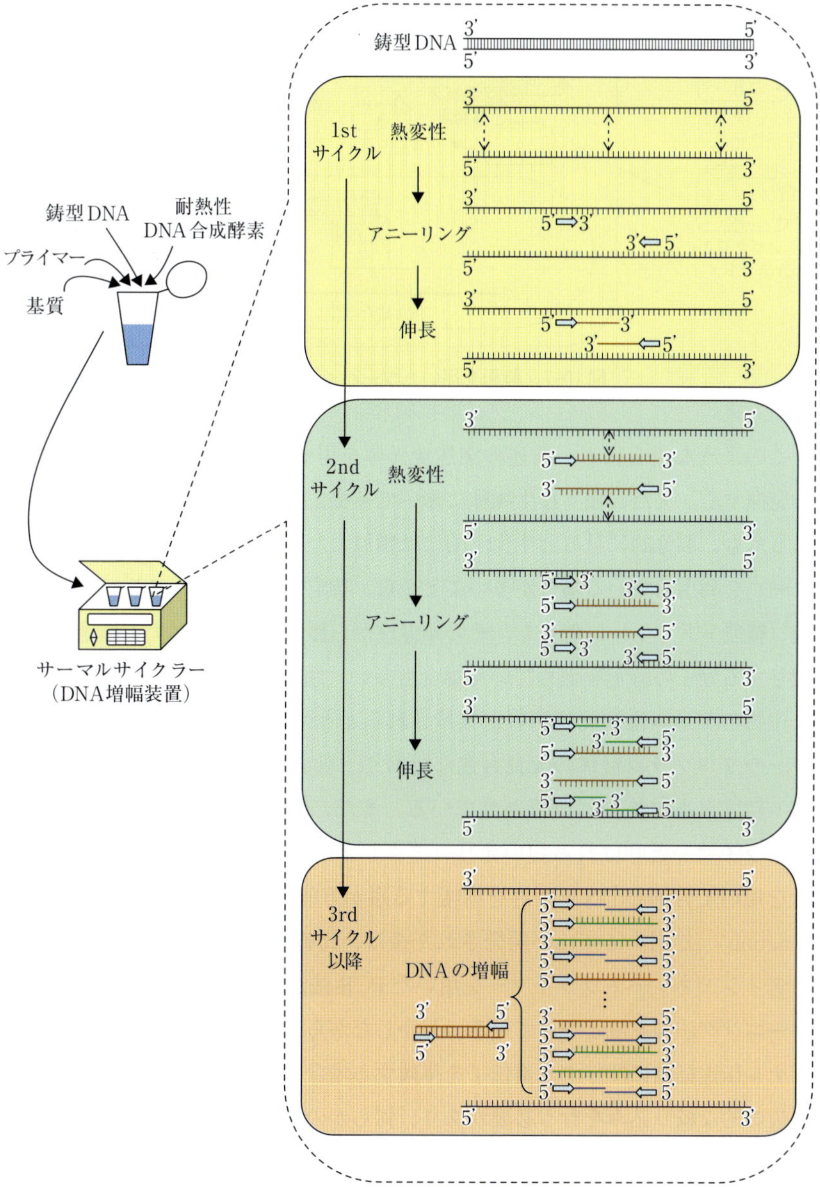
鋳型DNA
耐熱性
DNA合成酵素
プライマー
基質
サーマルサイクラー
（DNA増幅装置）
1st
サイクル
熱変性
アニーリング
伸長
2nd
サイクル
3rd
サイクル
以降
DNAの増幅

図 10-6　PCR法

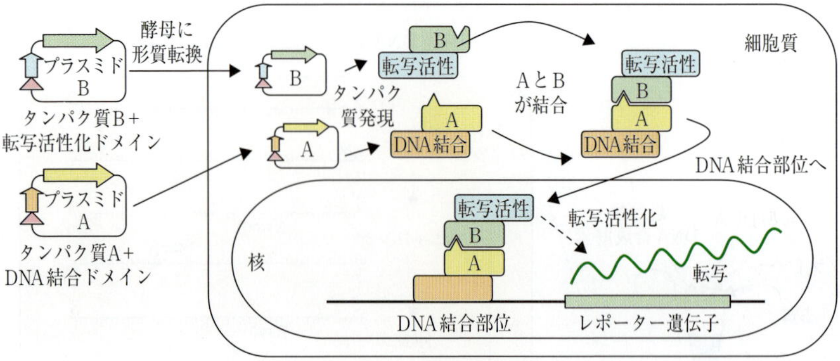

図10-7　酵母を用いたツーハイブリッド法

このような場合にも、前述の突然変異体を用いた分子遺伝学的解析法が力を発揮する。また、様々な生物種において多様に分化したシグナル伝達経路であっても、部分的に見ると生化学的には類似した反応を行う分子（分子ファミリー）を利用している場合が多いことから、特定の反応を行うタンパク質の構造（機能ドメイン）に着目し、その類似性から標的とするシグナル伝達経路に関与する分子の特定を進めていく場合も多い（図10-5）。特に最近では、様々な生物のゲノム塩基配列情報が集積されるとともに解析に用いるコンピューターやプログラム自体の改良も進んでおり、以前に比べると相同性解析の速度・精度ともに格段に改善されている。また、微量の鋳型DNAから2種類のプライマーと呼ばれる短いオリゴヌクレオチドおよび耐熱性DNA合成酵素を用いて目的のDNA断片を増幅する事が可能なPCR（polymerase chain reaction）法（図10-6）が開発された後は、比較的実験操作が容易なことからディジェネレートプライマーを用いたPCR法が、相同性に基づく遺伝子クローニング法の主流となっている。しかしながら、相同性に基づいて特定のシグナル伝達経路に関与する遺伝子を単離する場合には、得られた候補遺伝子から最終的な絞り込みを行う必要があり、何らかの機能性評価系の開発が必須となる。この他にも、特定のシグナル伝達経路に関与することが明らかになっているタンパク質をプローブとして、酵母細胞内で直接相互作用する分子を同定するツーハイブリッド法（図10-7）等も、よく利用される手法である。

（3）遺伝子発現の制御

受容体からのシグナルはシグナル伝達経路の様々な分子を介して最終的に核に伝わり、標的となる特定の遺伝子（群）の転写を引き起こす。このステップの鍵となる分子が転写因子であり、遺伝子の上流に位置するプロモーター中に存在するシス配列と呼ばれる短いDNA配列に結合しRNAポリメラーゼの活性を制御することにより、個々の遺伝子からのRNAの転写量を調節している（図10-1）。転写因子の活性化や不活性化機構には、他の転写因子や自分自身による転写促進を介したものの他、他の分子との結合やリン酸化等の化学的な修飾による活性化や核移行の調節、ユビキチン修飾による標的タンパク質の分解系（ユビキチン・プロテアソーム系）など様々な機構が存在し（図10-1）、これらが複合的に作用して、1つの遺伝子の転写を制御している例もある。遺伝子発現には、前述の転写レベルでの制御以外にも、mRNAの成熟過程でイントロンを除去しエキソン同士を結合するスプライシングやmRNAの特定の塩基を他の塩基に置換するエディティングのステップ、また、タンパク質への翻訳ステップでの制御等も存在することが知られており、近年ではmiRNA（micro RNA）やsiRNA（small interfering RNA）と呼ばれる非常に短いRNA分子により標的mRNAの分解を介した転写後の遺伝子サイレンシング（図10-1、図10-8）も遺伝子発現の制御に重要な役割を担っているものと考えられている。また最近になって、植物生理学における長年の謎であったオー

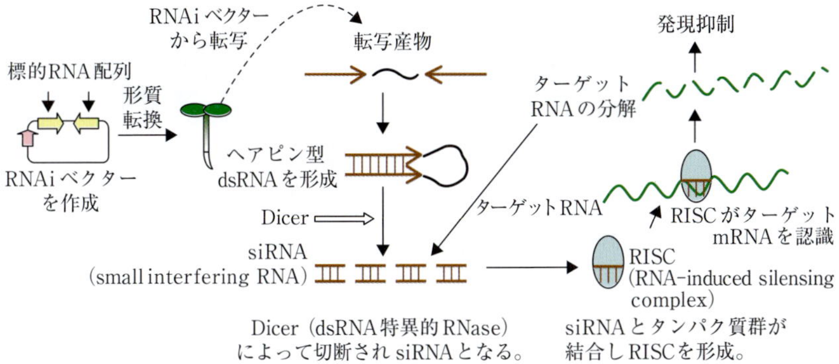

図10-8　RNAi法

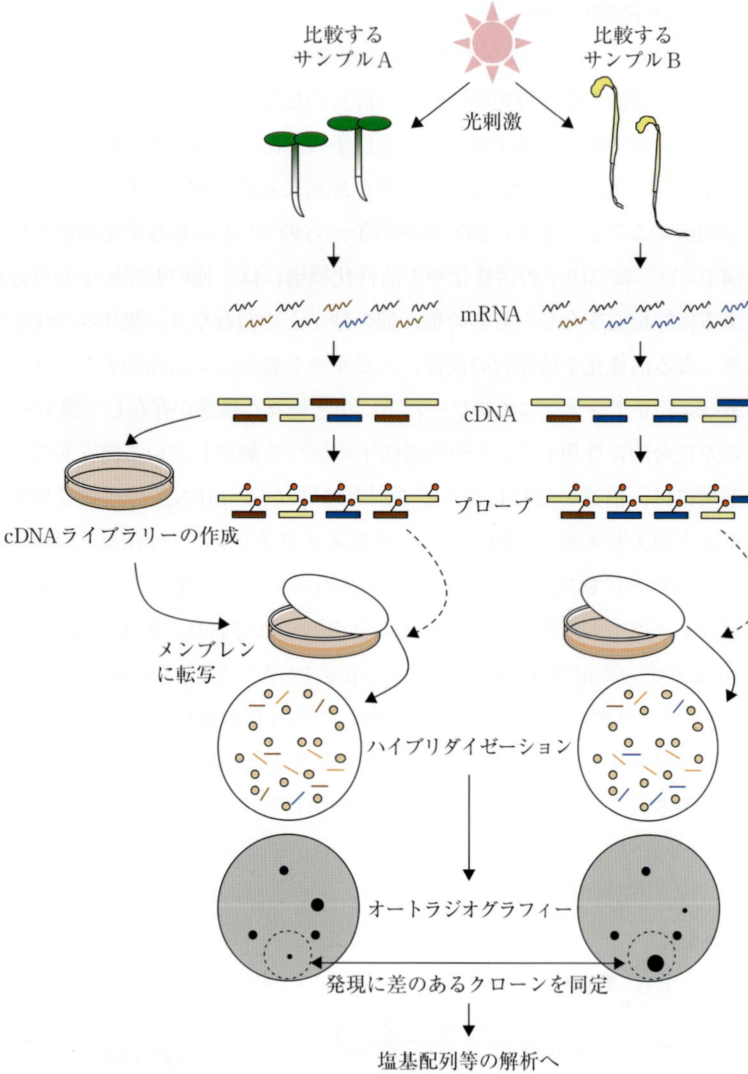

図10-9　ディファレンシャルスクリーニング法

キシンの受容体やフロリゲンの本体が次々と解明されたが、これらの研究は、まさにここで述べた転写因子に直接関連するものであり、遺伝子解析の進展なしには得られなかったものである。

このような転写レベルの制御についての研究では、最初に特定の刺激によって転写が活性化される遺伝子の単離を行うが、この際には、刺激の有無による mRNA 量の差を利用して、反応する遺伝子を同定するディファレンシャルスクリーニング（図 10-9）という手法を用いることが多い。しかしながら、この手法では与えた刺激に反応して転写量が変化する様々な遺伝子群が一度に検出されるため、得られた候補遺伝子の中から直接の反応であるのか、二次的な反応であるのかを区別するために個々の候補遺伝子に対する遺伝子発現解析等を行ってさらに詳細な検証を行う必要がある。こうしていったん、特定の刺激で転写の制御を受ける遺伝子が同定されれば、この遺伝子のプロモーターと緑色蛍光タンパク質（GFP）等のレポーター遺伝子を融合させたキメラ遺伝子を利用して、その刺激に反応するシス配列を特定したり、さらには、特定したシス配列に特異的に結合する転写因子を単離することも可能となる（図 10-10）。

（4） トランスポーター

トランスポーター（輸送体）とは細胞膜を貫通して存在し、膜を介した特定の物質の輸送を担うタンパク質の総称であり、植物の生存に必須な水、種々の養分の体外からの取り込みや輸送あるいは生体内で合成される植物ホルモン等を含む様々な化合物の輸送・分配に対応した多様な分子が存在する（図 10-1）。これらは、大別すると特定のイオンや低分子化合物の受動輸送（すなわち拡散）を促進するチャンネルと呼ばれるグループと、ATP や膜の電位差等のエネルギーを利用して、濃度勾配とは無関係に一定方向に物質を輸送するポンプやキャリアーと呼ばれるグループに分類されるが、いずれもタンパク質の複合体であり、トランスポーター本体と共役して輸送活性を制御するタンパク質が存在する例も知られている。このように複数のタンパク質からなる複合体であり、かつ膜を貫通した構造を持つトランスポーター分子を、活性を保った状態で分離し精製することや、精製されたそれぞれのサブユニットから再度本来

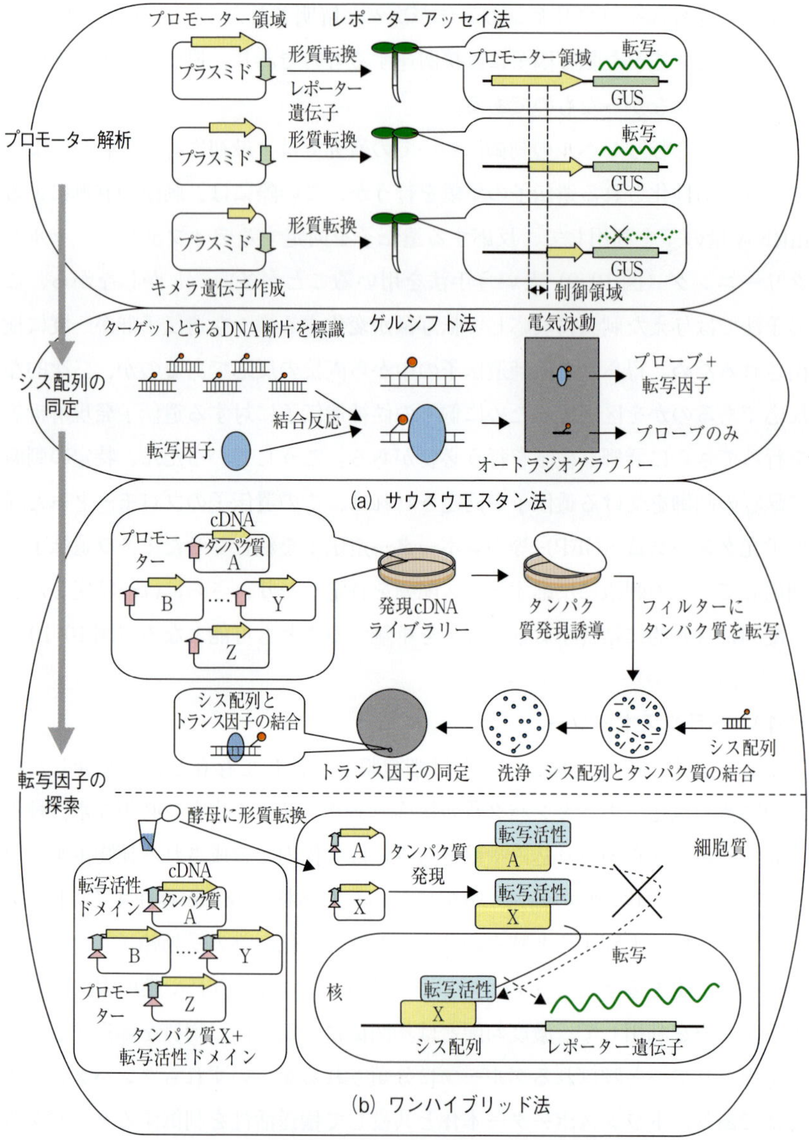

図10-10　プロモーター解析から転写因子の同定まで

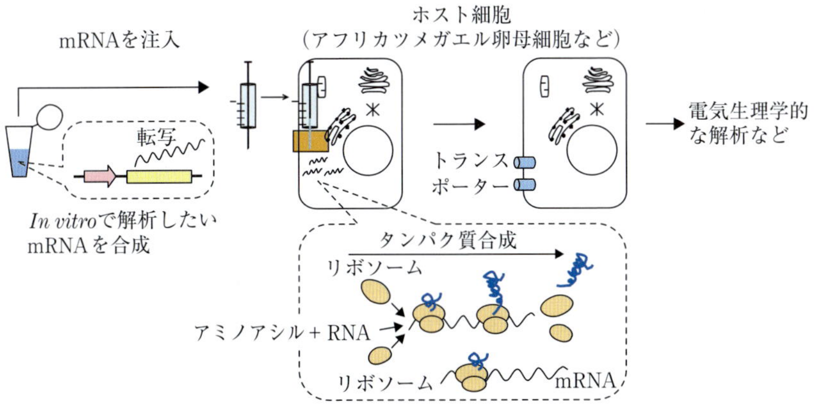

図10-11　発現クローニング法

の活性を持つトランスポーターを再生させることは極めて難しく、このような研究領域にも遺伝子からのアプローチが力を発揮する。トランスポーター遺伝子の同定に最も一般的に利用される発現クローニング法は、解析を行いたいトランスポーターの活性が測定しやすい細胞をホストとして、mRNA もしくはその細胞で働くプロモーターの下流に cDNA を結合させたプラスミド等を導入し、細胞内でトランスポータータンパク質を合成させ、直接その活性を測定するという方法である（図 10-11）。この方法では、生きている細胞の中で外来のトランスポータータンパク質の合成と膜への挿入が引き起こされるため、活性を有するトランスポーターを得やすいという特徴を持っている。ホスト細胞としては、細胞壁がない上に細胞のサイズが大きく扱いやすいことからアフリカツメガエルの卵母細胞等が利用されることが多いが、標的とするトランスポーターの機能が広範囲の生物種で保存されている場合には、酵母や大腸菌等の遺伝子操作がより容易な単細胞生物、あるいはその突然変異株等を利用できる場合もある。実際にこの手法を用いて様々なイオンチャンネルや水チャンネルをはじめ種々の物質に対するトランスポーターが単離されているが、トランスポーターの種類によっては、補助因子や膜の構造、エネルギー源となる物質等の原因で活性を持つ分子が合成できないこともあり、ホストとする細胞に工夫が必要となる場合もある。

（5） 代謝関連酵素

植物は低分子から高分子まで様々な物質を自身の生命維持のために利用しているが、これらの物質の多くは、糖、アミノ酸、脂肪酸等の同化や異化を行うすべての生物に共通な一次代謝経路、もしくは特定の生物種に特異的な二次代謝経路に関与する酵素によって、直接あるいは間接的に合成される。このうち一次代謝経路で合成された糖、アミノ酸、脂肪酸はそれぞれ、デンプンやショ糖等の糖質、貯蔵タンパク質、貯蔵脂質として植物の果実や種子、塊根中に蓄積されており、食料や様々な化成品等の原料として利用されてきたが、近年では、エネルギー問題や環境問題の深刻化を受けて、バイオマスエネルギーとしての利用にも期待が寄せられている。また、二次代謝経路で合成される物質としては、アルカロイド、テルペノイド、フラボノイド、フェノール化合物等があり、この中には植物ホルモンやアレロパシー物質をはじめ、ヒトに対する薬理作用を示す生理活性物質も多い（図 10-1）。

このような代謝関連酵素の遺伝子を単離する際、他の生物種において類似した反応を触媒する酵素についての知見がある場合には、先に述べたアミノ酸配列の相同性に基づいたアプローチを採ることが多い。これに対して、研究対象となる反応がまったく新規のものであったり、類似の反応を触媒する酵素についての情報が得られていない場合には、突然変異体を用いた分子遺伝学的な手法やディファレンシャルスクリーニング法を用いる場合もある。

いずれにしても、得られた候補遺伝子の機能を最終的に確定するためには、その遺伝子がコードする酵素タンパク質を発現させ、遺伝子産物の活性を検定する必要があるが、その際には、大腸菌や酵母、植物細胞等必要に応じた組換えタンパク質発現系を選択し利用する必要がある（表 10-1）。最近では、コムギ胚芽抽出液を用いた無細胞タンパク合成系の改良も進み比較的大量のタンパク質が得られるようになったことから、この発現系を用いる場合も多い。また、研究対象となる植物で効率的な遺伝子導入系が確立されている場合には、RNAi（RNA interference）法（図 10-8）を用いて候補遺伝子の発現を阻害し、植物体中の目的の代謝産物の変化を解析するというアプローチを用いる場合もあるが、次節で紹介する TILLING（Targeting Induced Local Lesions In

表10-1　タンパク質発現系の比較

発現系	翻訳後修飾	発現効率 （タンパク質の収率）	取り扱い	特記事項
大腸菌	不可	高（>100 mg/L）	易	不溶性タンパク質を形成する場合がある
酵母	一部可※1	中（0.1〜100 mg/L）	やや難	細胞壁が強固なため細胞の破砕が困難である
昆虫細胞	一部可※2	中（0.1〜100 mg/L）	やや難	組換えウィルスの増殖行程が繁雑である
植物細胞 （一過的発現※1）	可	高※4（〜1 mg/g FW）	やや難	感染から発現までの期間が短い
植物細胞 （安定形質発現）	可	低※4（<0.1 mg/g FW）	難	操作が繁雑で長期間を要する
無細胞	不可※3	中〜高（10〜1,000 mg/L）	易	短期間で発現が可能である

※1 *N. benthamiana* 緑葉を用いたagroinfiltration法等、※2 糖鎖の構造等が異なる場合がある、※3 小胞体抽出画分を加えることにより一部可、※4 個体数の増加により大量調整も可

Genomes）法を用いれば、遺伝子導入が難しい植物種においても特定の遺伝子の働きを阻害した突然変異体を得ることが可能となる。

いずれの現象や分子を研究対象とするにせよ、遺伝子レベルでの研究成果が得られれば、多様な生理現象の機構が明らかになるだけではなく、例えば遺伝子組換え技術や突然変異体の利用による植物の改良を進めることが可能になる。これは、有用な生理活性物質の利用とともに、植物生理化学分野の研究成果を広く社会に還元していく上で極めて重要であり、今後、さらに当該分野の精力的な研究の推進が必要であると考えられる。

3. 植物遺伝子解析の応用例と著者らの研究

前節では、遺伝子解析が植物生理化学研究のどのような局面で利用できるのかということを中心に記述してきたが、本節では、特にモデル植物以外でも広く応用が可能であると考えられる技術を中心に、いくつかの実例を交えながら解説を行い、最後に著者らの最近の研究についても紹介したい。

（1） 遺伝子発現の違いからのアプローチ

この種のアプローチでは、初めに、特定の物理的刺激や生理活性物質等の化合物に反応し、植物細胞で引き起こされる遺伝子発現の変化（発現の誘導や抑制）についてmRNA量を指標として解析し、特定の反応に応答する遺伝子を同定することから、ディファレンシャル解析法と呼ばれる方法が用いられる（図10-9）。この方法は、元々組織ごとに発現が異なる遺伝子をクローニングするディファレンシャルハイブリダイゼーション法として、アフリカツメガエルで最初に報告されたものであるが[1]、その後、検出感度の向上を目的として、比較するサンプル間で共通して発現している遺伝子を除去し、発現量に差のある遺伝子のみを濃縮するサブトラクション法[2]との組み合わせや、任意のプライマーを用いてPCRを行い、その産物量を比較するディファレンシャルディスプレー法[3]等も考案された。また近年では、様々な生物種でのゲノム塩基配列情報の整備を受けて、スライドグラス等の基板に多数のプローブDNAを固定化し、一度に数万個もの遺伝子の発現量を網羅的に比較できるマイクロアレイ法[4]といった、より簡便・迅速で、かつ高感度な方法も開発されている。これらの手法の多くは詳細なゲノム情報等を必要とせず、生物種による制限もないことから、動植物を問わずモデル生物という概念が一般化する以前より汎用されてきた。また、この方法を用いていったん特定の刺激に応答する遺伝子を得ることができれば、得られた遺伝子のプロモーター領域を解析することで、そのプロモーター中のシス配列に作用して遺伝子発現を制御している転写因子を特定することが可能であることは先にも述べた通りである（図10-10）。さらに、この遺伝子の発現を指標として後述する遺伝学的解析や生理学的解析を進めることも可能となり、より上流で働く因子の同定等を進めることも可能である。

これらの手法が植物生理学の研究に応用された例は非常に多く、オーキシンのシグナル伝達経路についての研究では、様々な植物種におけるオーキシン誘導性遺伝子群の単離[5]から始まり、その後のシロイヌナズナを用いた精力的な研究の結果、2005年にオーキシンの直接の受容体としてTIR1（Transport Inhibitor Response 1）タンパク質が同定された[6]。この他にも、乾燥ストレス応答性遺伝子群の研究から発展した、ストレス耐性機構の鍵となる転写因子の同定や、ABA 合成経路の制御機構の解明等もここで紹介したアプローチによって得られた成果の一例である[7]。

（2） 遺伝学的なアプローチ

遺伝学的なアプローチを適用する場合、表現型の差が遺伝的に制御されていることさえ明らかであれば、表現型を発現するためのメカニズムやそれに関与する物理・化学的因子等について直接の知見は得られていなくても、その表現型を支配する遺伝子の同定が可能である。このため、非常に微量であったり化学的に不安定で物質としての同定が困難な生理活性物質が関与したり、多数のシグナル伝達経路のクロストークによって複雑な制御を受けている生理現象の解明を進める際には、非常に強力な研究手法となりうる。

実際の遺伝学的解析（マップベースクローニング法：図 10-12）では、初めに、研究対象とする植物種から、着目する形質が変化した品種や突然変異体を探し出す。次に、得られた突然変異体等（品種 A）と遺伝的背景が異なる正常な形質を持つ品種（品種 B）を交配し、F1 雑種を得る。この F1 雑種では、減数分裂時に相同染色体間で交叉・組換えが生じ、この子孫である F2 世代以降の植物体は、両品種由来の染色体がランダムに組換わったキメラ染色体を持つことになる。この際、標的とする変異遺伝子の近傍の染色体は品種 A 由来である可能性が高いことから、染色体上の様々な位置に存在するマーカーと標的とする形質の分離を連鎖解析することにより変異遺伝子の染色体上の位置を決定し、得られた位置情報を基に遺伝子のクローニングを行う。この手法は論理的にはすべての植物種に利用できるが、実際に遺伝子のクローニングを行うには高密度のマーカーが必要となるため、分子遺伝学的な情報が整備されていない植物種を材料とする場合には、マーカーの開発にかなりの労力を要すると考えられる。これに対して、タギング法と呼ばれる方法では、変異原としてトランスポゾンや T-DNA といった DNA の挿入を利用して突然変異体を作製し、これら挿入 DNA の塩基配列を指標とした TAIL-PCR 法[8] 等により、直接変異遺伝子を特定することができる（図 10-13）。この方法は、先に述べたマッ

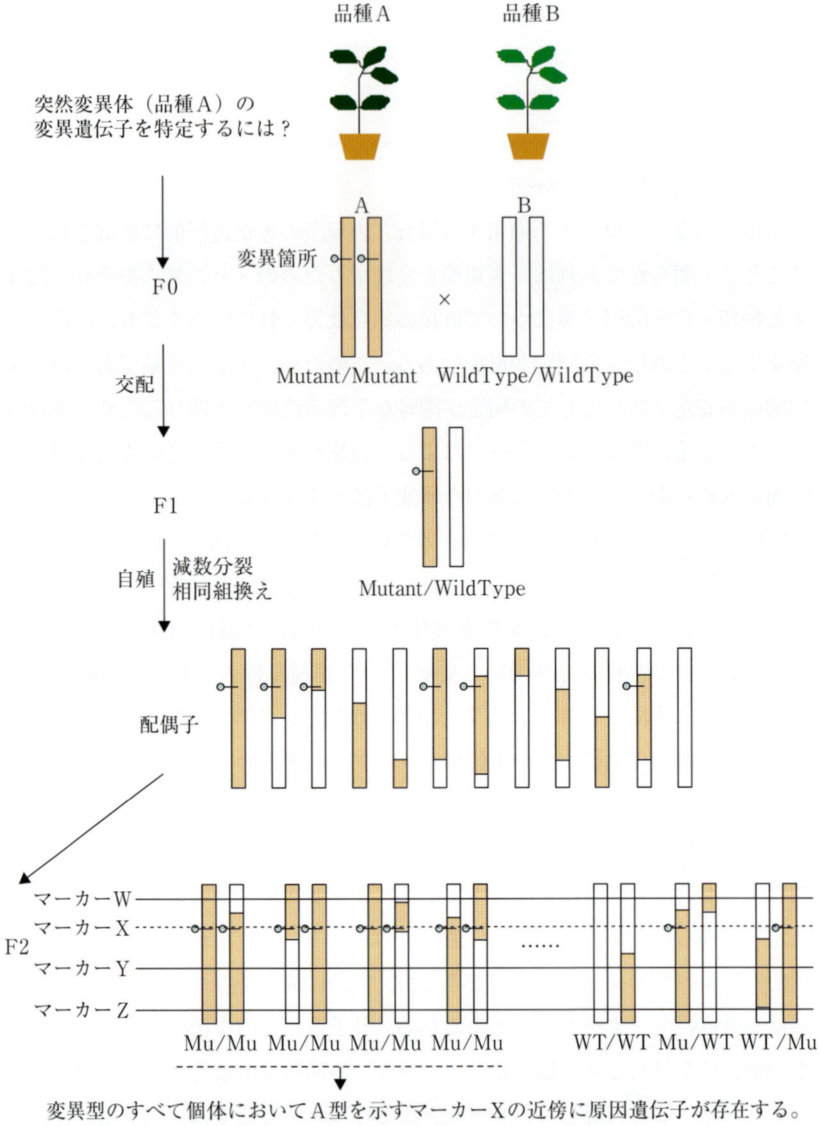

図10-12　マップベースクローニング法

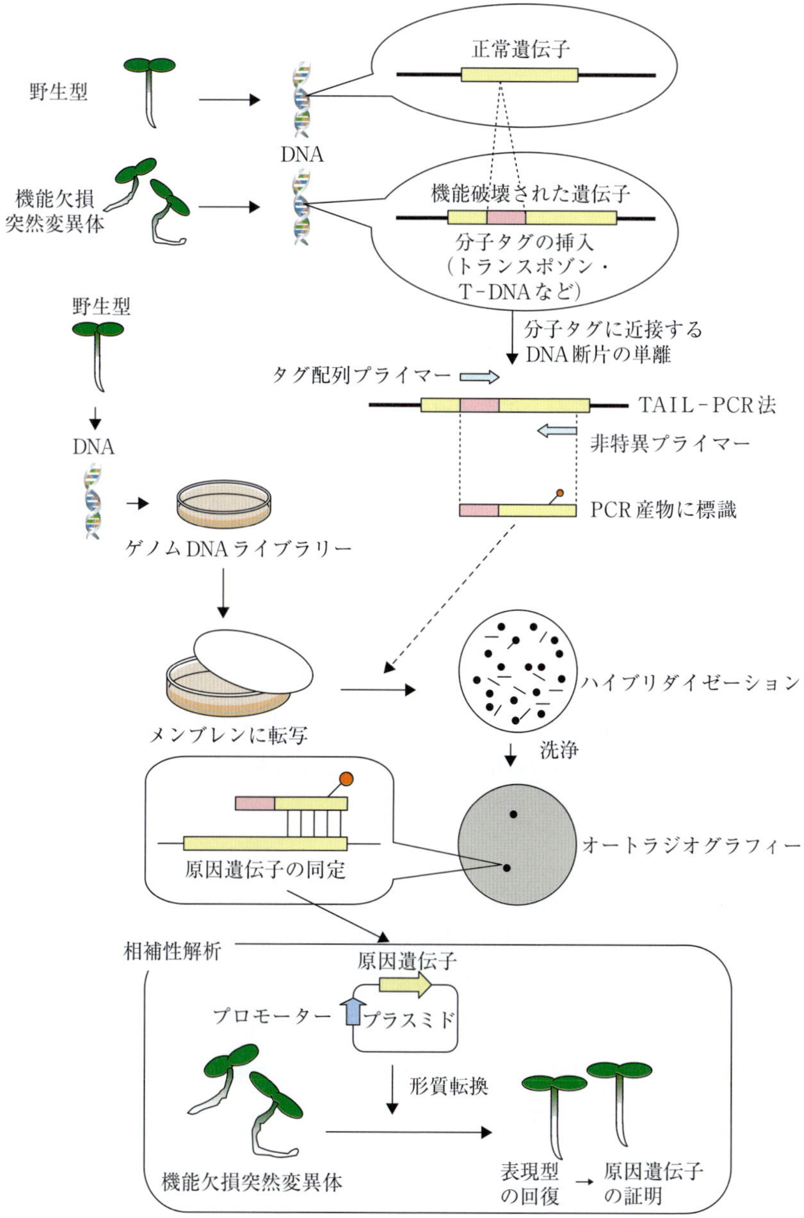

野生型
DNA
正常遺伝子
機能欠損突然変異体
機能破壊された遺伝子
分子タグの挿入
(トランスポゾン・T-DNAなど)
野生型
分子タグに近接するDNA断片の単離
タグ配列プライマー
TAIL-PCR法
非特異プライマー
DNA
PCR産物に標識
ゲノムDNAライブラリー
ハイブリダイゼーション
メンブレンに転写
洗浄
オートラジオグラフィー
原因遺伝子の同定
相補性解析
原因遺伝子
プロモーター
プラスミド
形質転換
機能欠損突然変異体
表現型の回復
原因遺伝子の証明

図10-13　タギング法

プベースクローニング法とは異なり、交配を行ったり、多数のマーカーを作製したりする必要はなく、変異体が得られてから遺伝子のクローニングに至るまでの期間を大幅に短縮できるという利点がある。近年では、アグロバクテリウムのT-DNAをゲノムDNA中にランダムに挿入した植物系統[9]や転移活性の高いトランスポゾンを異種植物へ導入した植物系統[10]、組織培養時に特異的に活性化されるレトロトランスポゾンを転移させた植物系統[11]等の作製も報告されており、研究対象となる植物種も徐々に拡大している。特にシロイヌナズナやイネといった、分子マーカーや形質転換系の整備が進んでいるモデル植物では、これらの遺伝学的手法を用いた研究が精力的に進められており、詳細については別章に譲るが、花成誘導機構の解明[12]をはじめ、ファイトクロームやクリプロクローム等の光受容体からの情報伝達経路[13), 14]、あるいは種々の代謝産物の生合成経路[15), 16]といった植物生理学上の重要性が高い様々な現象について目覚ましい成果が上げられている。さらに、いったんモデル植物において明らかにされた遺伝子情報は、遺伝学的な手法を直接適用することが難しい植物に存在する相同遺伝子の探索を可能とし、異なる植物種の研究を促進する上でも非常に重要な手がかりとなる。その結果、様々な植物種を材料とした、生理機能の普遍性もしくは多様性の解明や、特定の生理機能を改変・強化した作物の育種といった応用的な研究に対しても大きな波及効果を与えている。

(3) 著者らの研究 —相同性の利用から逆遺伝学的アプローチへ—

著者らの研究室では、世界的に重要な油糧作物であるダイズを研究材料として、その種子中の脂肪酸代謝経路を改変し、油脂中の脂肪酸組成の改良を行うという研究に取り組んでいるが、これまでモデル植物の遺伝子解析で明らかにされた様々な知見を利用して研究を進めてきた。また最近では、逆遺伝学的な手法の一種として注目を集めているTILLING法[17]を用いた研究（図10-14）にも着手しているので、ここで、応用研究の一例として著者らの研究についても紹介したい。

最近では、ダイズにおいても分子マーカー[18]やゲノム塩基配列[19]、完全長

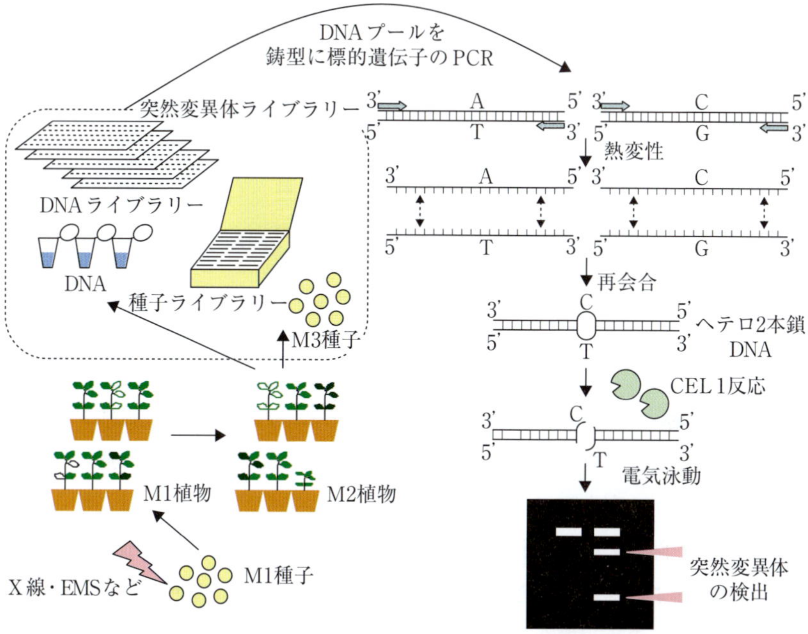

図10-14　TILLING法

cDNA[20] 等の整備が進み、マップベースクローニングによる遺伝子単離の例[21] も報告され始めたが、著者らが脂肪酸代謝経路の研究に着手した 1990 年代半ばに、ダイズで通常の遺伝学的アプローチから遺伝子のクローニングを行うことは現実的ではなかった。そこで、著者らは遺伝子の相同性に基づいた研究アプローチを採用することとし、当時、遺伝学的手法や生化学的手法を用いてシロイヌナズナ等から単離されていた脂肪酸代謝酵素遺伝子[22] をプローブとしたサザンブロット法により、X 線照射によって得られたダイズ脂肪酸組成突然変異体の解析を試みることにした。

ここで利用したサザンブロット法とは、制限酵素処理したゲノム DNA 断片をアガロースゲル電気泳動により分画し、1 本鎖に変性させナイロンメンブレンに転写・固相化したものを、プローブと呼ばれる放射性同位体あるいは標識化合物で標識した 1 本鎖 DNA 断片を含む溶液中に置き、DNA が相補的な 2 本鎖を形成する性質を利用して、プローブ DNA の塩基配列と相同性の高い DNA

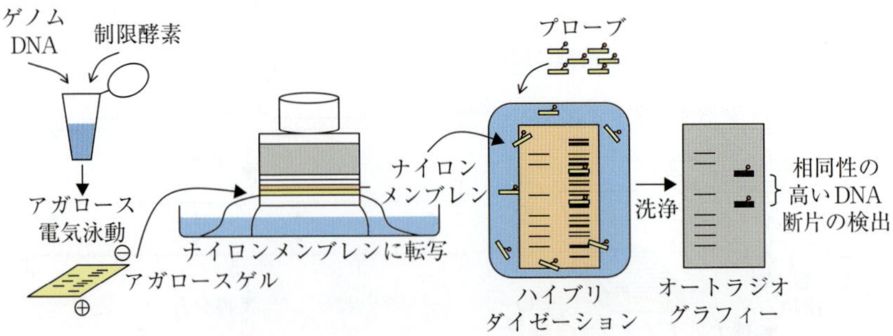

図10-15　サザンブロット法

断片を検出する方法である（図10-15）。その結果、古4倍性の2倍体ゲノムを持つダイズでは、プローブとした遺伝子と類似した配列を持つ相同遺伝子がゲノム中に数組ずつ存在していることや、いくつかの突然変異体ではこれらの相同遺伝子の一部が欠失しており、その遺伝子の欠失と特定の脂肪酸含量の変化が完全に連鎖することを明らかにした[23]。しかしながら、サザンブロット法では数十塩基以下の小規模な欠失を検出することは難しく、すべての突然変異体について原因遺伝子の解明を行うことは困難であった。そこで、重複して存在すると考えられる相同遺伝子のうち、ダイズの登熟種子中での脂肪酸合成に貢献度が高いと考えられる遺伝子を同定するため、cDNAライブラリーやゲノミックライブラリーから塩基配列の相同性に基づいて、それぞれの脂肪酸代謝に関与する酵素遺伝子のスクリーニングを行い、それぞれの脂肪酸の合成ステップに関与すると考えられる相同遺伝子を2～4個ずつクローニングした。

その後、これらの遺伝子の発現パターンや組換えタンパク質の酵素活性などを指標として、それぞれの遺伝子について、種子中での脂肪酸合成に対する貢献度を推定し、サザンブロット法では変異が検出されなかった突然変異体について、貢献度が比較的高いと考えられた遺伝子の塩基配列を解析した。すると、これらの突然変異体のほとんどで、1塩基から数十塩基程度の比較的小さな遺伝子の欠失が生じており、その結果、これらの遺伝子産物の機能が消失していることが明らかになった[24),25]。また一方で、当初進めていた表現型を指標とする突然変異体のスクリーニングでは、それぞれの脂肪酸含量の制御に関与する複数の遺伝子のうちでも、表現型に対して比較的効果の高い遺伝子に異なる突然変異を生じた個体が繰り返し単離されていることが明らかとなり、特定の脂肪酸含量をより大きく変化させるためには、すでに得られている突然変異体とは異なる、新たな遺伝子に変異を生じた個体を選択的にスクリーニングする必要が生じていた。

そこで著者らは、塩基配列特異的に突然変異個体を検出することが可能な逆遺伝学的スクリーニングシステムとして TILLING 法を利用することとし、これまでに約 4 万系統の突然変異体から抽出した DNA と種子を収集し、独自にダイズ突然変異体ライブラリーを開発しており、現在、この中から新規の脂肪酸代謝関連遺伝子の突然変異体の単離を進めている。この際に用いる TILLING 法とは、数系統の突然変異体由来のゲノム DNA 混合物を鋳型として、突然変異の検出対象とする遺伝子の配列を PCR 法によって増幅した後、熱変成と再アニーリングによってヘテロ 2 本鎖 DNA を形成させ、ミスマッチ特異的な DNase（CEL1）を用いて切断された変異型の DNA 断片を電気泳動によって検出する方法である（図 10-14）。この方法を用いれば、突然変異の形態が塩基置換であっても短い塩基の挿入や欠失であっても検出することが可能であり、著者らの研究室では、単離したい突然変異の特性に応じて、X 線や EMS といった異なる変異原処理集団を使い分けている。

その結果、著者らは、すでに約 80%以上のオレイン酸含量[26]や 1%以下のα-リノレン酸含量となるダイズ品種の育成につながる画期的な突然変異体等の単離にも成功しており、これらを組み合わせることによって、ダイズ油脂中の任意の脂肪酸含量を自在に変化させることが可能となった。さらに、最近公開されたダイズゲノム塩基配列情報[19]等を活用することにより、脂質やタンパク質、糖質といった種子中の主要な貯蔵物質やイソフラボン等の二次代謝産物等の代謝経路が変化した様々な突然変異体の単離を進めており、ダイズの代謝工学的改良に利用できる有用な遺伝資源の開発を行っている。また、この方法はダイズに限らずすべての植物種に適用が可能であることに加え、代謝関連遺伝子以外にも様々な遺伝子を標的とした機能解析に利用することができるため、植物生理化学分野においても今後の応用が期待される技術の一つであると考えられる。

4. おわりに

本章では、植物生理化学研究に役立つ遺伝子解析技術という観点から、様々な局面で個々の技術をどのように活用するかという点を中心に、できるだけ体系的に解説を試みたつもりである。しかしながら、遺伝子解析に利用される技術は日々進化しており、ここで注目すべき技術をすべて網羅することはできなかった。特に、今回は紙面の制限もあり、ほんの一部についてしか触れることができなかったが、植物における遺伝子組換え技術は、今や植物生理化学を含む植物学分野の研究にとって、欠くべからざる技術の一つとなっているとともに、多くの作物の品種改良に既に利用されており、世界的にも広く実用化されている。多くの出版物等で取り上げ解説されているので、この技術の詳細については成書に譲ることにするが、著者らがこの章で特に強調しておきたいのは、植物の遺伝子解析は一部のモデル植物のみで進められるべきものではなく、ある意味、特殊な植物材料への応用や異なる研究分野からの参入も重要であり、工夫次第で新たな展開がありうるということと、モデル植物の遺伝子解析から得られる新たな知見も、最終的には、様々な植物種での普遍性が証明され、その成果に基づいた作物の改良といった応用によって、さらにその価値が高まるということである。

植物生理化学分野における研究を志す読者が本章を目にしたことで、遺伝子解析の有用性を認識し、自身が興味を持つ様々な研究内容とこれらの技術を積極的に結びつけようとするきっかけになれば幸いである。

参考文献

1) Sargent, T. D. and Dawid, I. B. Differential gene expression in the gastrula of *Xenopus laevis*. Science 14, 135–139, 1983.

2) Duguid, J. R., Rohwer, R. G. and Seed, B. Isolation of cDNAs of scrapie-modulated

RNAs by subtractive hybridization of a cDNA library. Proc. Natl. Acad. Sci. USA 85, 5738–5742, 1988.

3) Liang, P. and Pardee, A. B. Differential display of eukaryotic messenger RNA by means of the polymerase chain reaction. Science 14, 967–971, 1992.

4) Rensink, W. A. and Buell, C. R. Microarray expression profiling resources for plant genomics. Trends Plant Sci. 10, 603–609, 2005.

5) Quint, M. and Gray, W. M. Auxin signaling. Curr. Opin. Plant Biol. 9, 448–453, 2006.

6) Mockaitis, K. and Estelle, M. Auxin receptors and plant development: a new signaling paradigm. Annu. Rev. Cell Dev. Biol. 24, 55–80, 2008.

7) Yamaguchi-Shinozaki, K. and Shinozaki, K. Transcriptional regulatory networks in cellular responses and tolerance to dehydration and cold stresses. Annu. Rev. Plant Biol. 57, 781–803, 2006.

8) Liu, Y. G., Mitsukawa, N., Oosumi, T. and Whittier, R. F. Efficient isolation and mapping of *Arabidopsis thaliana* T-DNA insert junctions by thermal asymmetric interlaced PCR. Plant J. 8, 457–463, 1995.

9) Krysan, P. J., Young, J. C. and Sussman, M. R. T-DNA as an insertional mutagen in *Arabidopsis*. Plant Cell 11, 2283–2290, 1999.

10) Osborne, B. I. and Baker, B. Movers and shakers: maize transposons as tools for analyzing other plant genomes. Curr. Opin. Cell Biol. 7, 406–413, 1995.

11) Hirochika, H., Sugimoto, K., Otsuki, Y., Tsugawa, H. and Kanda, M. Retrotransposons of rice involved in mutations induced by tissue culture. Proc. Natl. Acad. Sci. USA 93, 7783–7788, 1996.

12) Kobayashi, Y. and Weigel, D. Move on up, it's time for change–mobile signals controlling photoperiod-dependent flowering. Genes Dev. 21, 2371–2384, 2007.

13) Castillon, A., Shen, H. and Huq, E. Phytochrome interacting factors: central players in phytochrome-mediated light signaling networks. Trends Plant Sci. 12, 514–521, 2007.

14) Li, Q. H. and Yang, H. Q. Cryptochrome signaling in plants. Photochem. Photobiol. 83, 94–101, 2007.

15) Grubb C. D. and Abel, S. Glucosinolate metabolism and its control. Trends Plant Sci. 11, 89–100, 2006.

16) Nakamura,Y. Towards a better understanding of metabolic system for amylopectin biosynthesis in plants: rice endosperm as a model tissue. Plant Cell Physiol. 43, 718–725, 2002.

17) Comai, L. and Henikoff, S. TILLING: practical single-nucleotide mutation discovery.

Plant J. 45, 684–694, 2006.

18) Xia, Z., Tsubokura, Y., Hoshi, M., Hanawa, M., Yano, C., Okamura, K., Ahmed, T. A., Anai, T., Watanabe, S., Hayashi, M., Kawai, T., Hossain, K. G., Masaki, H., Asai, K., Yamanaka, N., Kubo, N., Kadowaki, K., Nagamura, Y., Yano, M., Sasaki, T. and Harada, K. An integrated high-density linkage map of soybean with RFLP, SSR, STS, and AFLP markers using a single F_2 population. DNA Res. 14, 257–269, 2007.

19) The Department of Energy's Joint Genome Institute and the Center for Integrative Genomics 2008, Phytozome Glyma 1, http://www.phytozome.net/soybean.php（8 December 2008）

20) Umezawa, T., Sakurai, T., Totoki, Y., Toyoda, A., Seki, M., Ishiwata, A., Akiyama, K., Kurotani, A., Yoshida, T., Mochida, K., Kasuga, M., Todaka, D., Maruyama, K., Nakashima, K., Enju, A., Mizukado, S., Ahmed, S., Yoshiwara, K., Harada, K., Tsubokura, Y., Hayashi, M., Sato, S., Anai, T., Ishimoto, M., Funatsuki, H., Teraishi, M., Osaki, M., Shinano, T., Akashi, R., Sakaki, Y., Yamaguchi-Shinozaki, K. and Shinozaki, K. Sequencing and analysis of approximately 40,000 soybean cDNA clones from a full-length-enriched cDNA library. DNA Res. 15, 333–346, 2008.

21) Watanabe, S., Hideshima, R., Xia, Z., Tsubokura, Y., Sato, S., Nakamoto, Y., Yamanaka, N., Takahashi, R., Ishimoto, M., Anai, T., Tabata, S. and Harada, K. Map-based cloning of the gene associated with the soybean maturity locus *E3*. Genetics 182, 1251–1262, 2009.

22) Ohlrogge, J. and Browse, J. Lipid biosynthesis. Plant Cell. 7, 957–970, 1995.

23) 高木胖、穴井豊昭　新規の脂肪酸組成を持つダイズ油の突然変異による改良、オレオサイエンス 6、195–203、2006。

24) Anai, T., Yamada, T., Kinoshita, T., Rahman, S. M. and Takagi, Y. Identification of corresponding genes for three low-α-linolenic acid mutants and elucidation of their contribution to fatty acid biosynthesis in soybean seed. Plant Sci. 168, 1615–1623, 2005.

25) Anai, T., Yamada, T., Hideshima, R., Kinoshita, T., Rahman, S. M. and Takagi, Y. Two high-oleic-acid soybean mutants, M23 and KK21, have disrupted microsomal omega-6 fatty acid desaturase encoded by *GmFAD2-1a*. Breed. Sci. 58, 447–452, 2008.

26) Hoshino, T., Takagi, Y. and Anai, T. Novel *GmFAD2-1b* mutant alleles created by reverse genetics induce marked elevation of oleic acid content in soybean seeds in combination with *GmFAD2-1a* mutant alleles. Breed. Sci.60, 419–425.2010.

第 11 章
化学構造解析法

1. 天然物化学と構造解析

植物のみならず動物から細菌に至るまで、生物のあらゆる生理機能は化学物質により発現している。それゆえ、生物から単離した天然物の化学構造を明らかにすることにより、生物の生理活性を直接的な証拠に基づいて解明することができる。

単離した天然物の構造を解析する手段は、機器分析法の発達に伴い大きな変遷を遂げた。機器分析が発達するまでは、元素分析と分子量測定により分子式を決定し、次に単離した化合物を様々な手法で分解させ既知化合物へ誘導することによって天然物の構造を決定していた。この手法では多くの量のサンプルが必要で、大量の生体試料を用いて単離を行わなければならなかった。したがって、サンプルが微量しか得られない場合や、不安定である場合には完全な構造解析を行うことが困難であることから、有機合成技術を駆使して類推される化合物を全合成し構造を確定することも多かった。

1950 年代以降、紫外・可視分光法（ultraviolet-visible spectroscopy: UV-VIS）や赤外分光法（infrared spectroscopy: IR）が利用できるようになり、分光学に基づく情報が得られるようになった。また、1960 年代からはわが国でも核磁気共鳴分光法（nuclear magnetic resonance spectroscopy: NMR）、質量分析法（mass spectrometry: MS）や X 線解析法が普及した。

1970 年代以降、データ処理にフーリエ変換を利用した分析装置が開発され、NMR や MS を始めとする様々な分析装置は目覚しい進歩を遂げた。NMR を例にとると、かつての CW-NMR （continuous wave-MMR）では観測する核

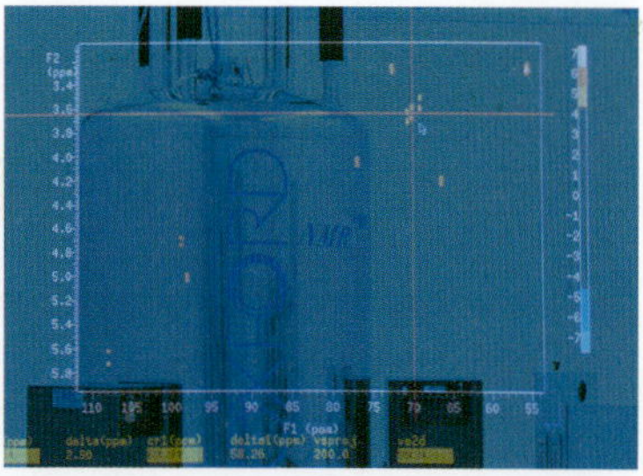

図11-1　NMRイメージ（マグネットおよび解析画面）

種に対応する共鳴周波数範囲のラジオ波を数分間かけて連続的に変化させ、放出されたラジオ波をリアルタイムに検出することによりスペクトルを得ていた。これに対しFT-NMR（fourier transform-NMR）では観測する核種に必要な共鳴周波数範囲のあらゆる周波数成分を含むラジオ波パルスを照射し、一定時間に放出されたラジオ波を検出する。この時得られる自由誘導減衰（free induction decay: FID）シグナルの横軸である時間領域の情報をフーリエ変換によって周波数領域の情報へと変換することにより、我々が普段目にするNMRスペクトルチャートを得ている。フーリエ変換技術の利用に加えて、超伝導マグネットが開発されたことにより、従来に比べて2桁少ない試料量で測定が可能となり、また、プロトン以外の核種や二次元スペクトルの測定も可能となった。

MSではフーリエ変換に加え、様々なイオン化法や質量測定手法が開発され、高分子を含む様々な化合物の分子量を高い精度で測定できるようになった。このような機器分析法の発達により、従来は不可能であった多くの複雑な天然物についても、より少ないサンプル量で効率良く構造を決定できるようになった。

しかし、天然物には例えばL-グルタミン酸とD-グルタミン酸のように、鏡に映った鏡像と重ね合わせることのできない立体配置を持つ性質、すなわちキラリティー（chirality）を持つものが少なくない。近年のNMR装置やその測定手法の進歩により平面構造の決定は容易になったが、シフト化試薬[1), 2)]を用いても絶対配置（absolute configuration：分子の真の立体配置）を決めるのは困難な場合がある。平面構造が明らかになった後に行われる絶対配置の決定のために、従来用いられてきた旋光計（polarimeter）に代わり旋光分散（optical rotatory dispersion: ORD）計や円偏光二色性（circular dichroism: CD）装置が多く利用されるようになった。一方、X線解析装置を用いると絶対配置を含めた分子の三次元構造、すなわち絶対構造（absolute structure）をX線解析のみで決定することができる。化合物が結晶化する場合に限られるが構造解析の強力なツールとなっている。

2. NMRを中心とした構造解析

低分子化合物では、多くの場合NMRおよびMSにより構造を決定することができる。比較的利用できる機会が多いと思われるNMRは、構造に関する情報量が多く、構造解析には欠かすことのできない分析手法である。NMRの原理や詳細な解析法については、多くの優れた成書を参照されたい[3)-6)]。

ここでは試薬の4-(4-methoxyphenyl)-2-butanoneを未知化合物（化合物A）と仮定して、化合物Aの解析を例にとり、低分子有機化合物の構造解析に多く利用されるNMRの測定手法の特徴を解説する。NMRによる低分子有機化合物の構造解析では、一次元スペクトルとして^{1}H-NMR、^{13}C-NMR、DEPT（distortionless enhancement by polarization transfer）、二次元スペクトルとして^{1}H-^{1}H COSY（correlated spectroscopy）、HMQC（heteronuclear multiple quantum coherence）もしくはHSQC（heteronuclear single quantum coherence）およびHMBC（heteronuclear multiple bond coherence）を測定すれば構造を決定できることが多い。現在では、NMRによる二次元スペクトル測定を含めた一般的な測定については、ほとんどの操作が自動化されており簡便に行うことができる。

一方、NMRチャートを解析し、化合物の構造を決定するのはNMRを測定するほどには簡単ではない。しかし有機化学における初歩的な知識があれば、各種NMRチャートから得られる情報をパズルのように繋ぎ合わせることによって構造を解明することができる。取り立てて特殊な技術が必要ということではない。構造解析のスピードは構造解析の場数を踏むにつれ早くなる。ぜひ、装置の管理者や経験者の協力を得て、NMR測定や解析に挑戦されたい。

(1) 一次元スペクトル

有機化合物の構造を決定するために、まず基本となる一次元スペクトルである ^{1}H-NMR および ^{13}C-NMR スペクトルを測定する。一次元スペクトルには次の 3 つの情報が含まれる。

1) シグナルの位置（横軸）

原子が置かれた環境によって、現れるシグナルの位置が異なる。平易に言えば、観測する原子の周囲の電子密度が大きい程チャートの左側に、反対に電子密度が小さい程チャートの右側にシグナルが現れる（図 11-2 参照）。相対的に左側は低磁場側、右側は高磁場側と表現され、シグナルの位置は化学シフトと呼ばれ、単位は ppm で表される（図 11-2 参照）。

2) シグナルの強度（縦軸）

^{1}H-NMR ではシグナルの強度は原子核の数に比例し、シグナル面積を積分した積分値としてチャート上に表される。積分値によりプロトンの数を推定することができる（相対的な数を読み取ることができる）。通常の測定に利用される ^{13}C-NMR 測定法ではシグナル強度に定量性はなく、積分値を利用するこ

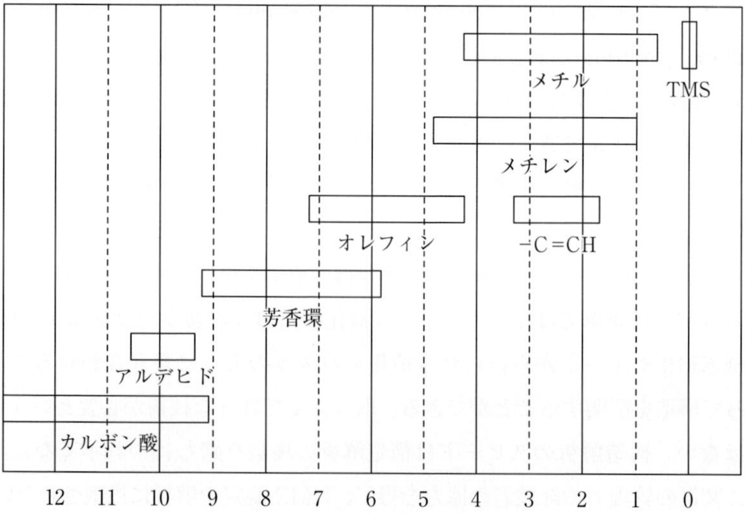

図11-2 ^{1}H化学シフト

とはできない。

3） シグナルの形状（シグナルの分裂パターン）

隣り合った ^{1}H は互いの核スピン間の相互作用（スピン－スピン結合）により同じ間隔で分裂を起こす。これをカップリングと言い、構造解析のための重要な情報となる。ある ^{1}H に隣接する等価な ^{1}H の数が n 個の場合、ある ^{1}H のシグナルは n+1 本に分裂する。シグナルの形状は、一重線は s (singlet)、二重線は d (doublet)、三重線は t (triplet)、四重線は q (qualtet)、多重線は m (multiplet) と表される。シグナルが分裂した間隔はカップリング定数または J 値と言い、その単位は Hz を用いて表される。なお、通常の ^{13}C-NMR 測定法ではシグナルは分裂せず、1 つの ^{13}C は 1 本のシグナルとして出現する。

4） 一次元 ^{1}H-NMR スペクトル

^{1}H-NMR スペクトルは有機化合物の構造を知る上で最も基礎になるスペクトルであり最初に測定を行う。

図 11-3 は化合物 A の ^{1}H-NMR スペクトルである。低磁場側から 1, 2, 3, 4, 5, 6 と付番した。各シグナルの下の数値は積分比、すなわち各シグナルのプロトン数の比である。低磁場側から、2：2：3：2：2：3 となっている。次に各シグナルの形を見てみよう。シグナル 1 とシグナル 2 は 2 本に分裂しており、分裂の幅は 8.7 Hz であった。シグナル 1 と 2 のシフト値は 7 ppm 付近であること、各々の積分値が 2 であること、および分裂のパターンからパラ置換ベンゼンであることが示唆された。シグナル 3 とシグナル 6 はシングレットであるので、当該プロトンが結合した炭素の隣の原子はプロトンが結合していない炭素ではないことが読み取れる。また、シグナル 3 の位置は 3.78 ppm とメチル基としては低磁場にあることより、メチルエーテルの可能性が高いことが分かる。シグナル 4 と 5 は、そのシフト値、積分比が 2 であることおよびシグナルの形が 3 本に分裂していることから、隣接するメチレン基と推定された。

5） 一次元 ^{13}C-NMR スペクトル

通常の ^{13}C-NMR スペクトルから得られるのは化学シフトに関する情報のみで、化合物中に何種類の炭素が含まれているのかを知ることができる。^{13}C-NMR を測定するにあたっては、^{1}H-NMR 測定に比べて検出感度がかなり

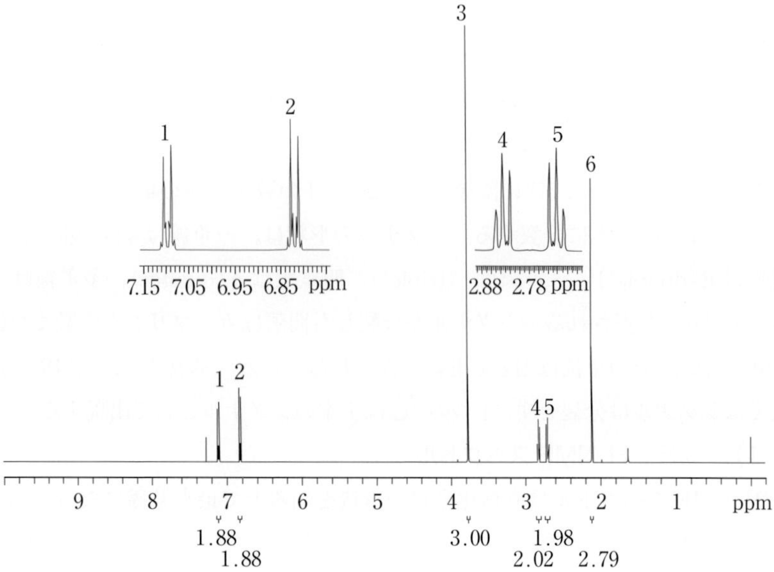

図 11-3　化合物 A の ¹H-NMR スペクトル

低いことに注意しなければならない。天然における ^{13}C の存在比は 1.11%と低く、加えてプロトンの感度を 1 とした相対感度も 0.0159 と低い。プロトンを 1 とした実効感度は、天然存在比に相対感度を掛け合わせた 1.76×10^{-4} とかなり低くなる。したがって、サンプル量が少ない場合、十分な S/N 比を確保するためには多くの積算回数が必要になる。特にカルボニル炭素などの水素が結合していない第四級炭素のシグナルは、他の水素が結合している炭素に比べてシグナルの高さが低く出るので、積算が十分でないと検出できずに解析に支障を来たすことがある。また、^{13}C の検出感度が低いことは一次元測定のみならず、^{13}C 検出の各種二次元スペクトル測定の感度低下を招いていた。近年では、より感度の高い ^{1}H 検出の HMQC や HMBC などの二次元測定手法が開発され広く利用されている。

図 11-4 は化合物 A の ^{13}C-NMR スペクトルである。測定溶媒である重クロロホルムの 77.0 ppm のシグナルを除いて 9 種類の炭素に低磁場側から a, b, c,…, i と付番した。各々の炭素が第一級（メチル）、第二級炭素（メチレン）、第三

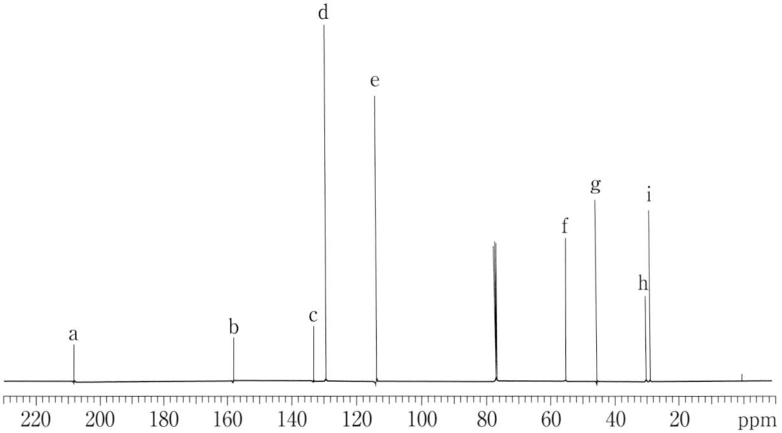

図 11-4　化合物 A の ^{13}C-NMR スペクトル

級炭素（メチン）、もしくは第四級炭素なのかは DEPT スペクトルを測定すれば容易に知ることができる。化合物 A の DEPT スペクトルを図 11-5 に示す。このチャートでは上段より第一級炭素、第二級炭素、第三級炭素、および水素が結合したすべての炭素のスペクトルとして編集されてチャートが印刷されている。シグナル f および i は第一級炭素、シグナル g および h は第二級炭素、シグナル d および e は第三級炭素であることが分かる。^{13}C-NMR と DEPT チャートを見比べると、DEPT チャートにないシグナル a および b は第四級炭素であることが判明する。^{1}H-NMR におけるシグナル 1 および 2 に関する情報と ^{13}C-NMR のシフト値から、シグナル g, h, d, e はベンゼン環を構成する炭素であると推測される。また、第四級炭素であるシグナル a は 200ppm 付近の低磁場にあるのでケトンのカルボニル炭素であることが示唆された。

（2）二次元スペクトル

未知化合物の場合、^{1}H-NMR や ^{13}C-NMR などの一次元スペクトルだけでは構造を決定することができないことがほとんどである。低分子有機化合物の構造決定で汎用される二次元測定手法の特徴を図 11-6 に示す。二次元測定は、同じ核種間の相関情報が得られる測定と、異なる核種間の相関情報が得られる

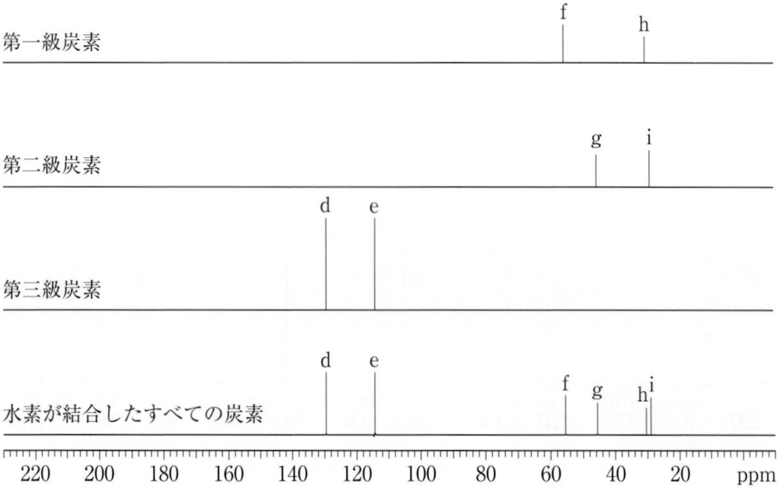

図11-5　化合物AのDEPTスペクトル

	測定手法	特　徴	模式図
同種核二次元スペクトル	COSY DQF-COSY	隣接するプロトンの相関	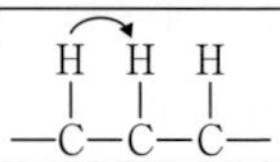
	TOCSY HOHAHA	5-6結合までのプロトン同士の相関	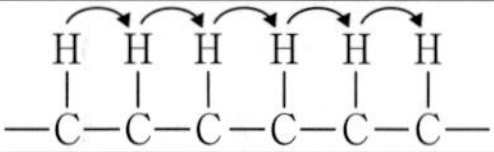
	NOESY	空間的に近いプロトン同士の相関	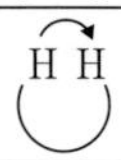
異種核二次元スペクトル	HMQC HSQC	プロトンと炭素の直接相関	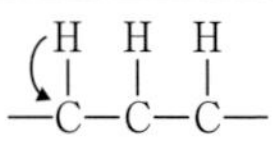
	HMBC	2-3結合離れたプロトンと炭素の遠隔相関	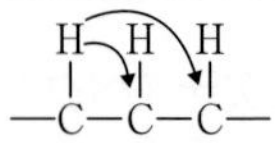

図11-6　主な二次元測定手法の特徴

測定に大別される。

1） 同種核二次元スペクトル　^{1}H-^{1}H COSY

^{1}H-^{1}H COSY は隣接するプロトンの繋がりを見ることができる代表的な測定手法である。

化合物 A の gCOSY チャートを図 11-7 に示す。^{1}H-^{1}H COSY では縦軸と横軸はプロトンの化学シフトで、通常の書き出しでは縦軸と横軸のスケールを揃えて体裁を整える。^{1}H-^{1}H COSY では隣接するプロトンについて、対角線と対称な位置に相関ピークが現れる。この相関ピークをたどることにより、プロトンの繋がりを知ることができる。図 11-7 ではシグナル 1 とシグナル 2、およびシグナル 4 と 5 との間に相関ピークがあり、各々が隣接していることが

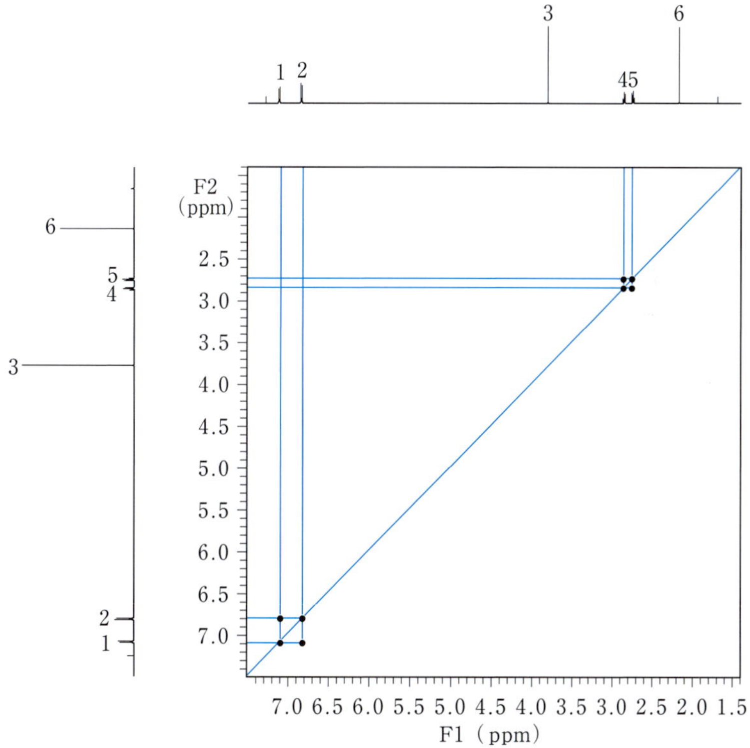

図 11-7　化合物 A の gCOSY スペクトル

読み取れる。

^{1}H-^{1}H COSY 以外に隣接するプロトンの繋がりを見る測定手法には二量子フィルターを利用した DQF-COSY（double quantum filtered COSY）がある。DQF-COSY では対角線上のシングレットピーク（対角ピーク）が現れないので、特にシングレットピークの近くに存在するシグナルの相関を見るのに有用である。また、磁場勾配（グラジュエント）を利用した gCOSY や gDQF-COSY は同じ積算時間で、よりノイズの少ない測定を行うことができる。

実効感度の高いプロトン同士の相関を検出する ^{1}H-^{1}H COSY は検出感度が高く、また磁場勾配（pulsed field gradient: PFG）を利用した gCOSY ではノイズを消去するための位相回しの必要がなく、積算回数が 1 回でもノイズの少ないチャートを得ることが可能である。測定のポイント数を欲張らなければ 2 分程度で必要十分なチャートが得られる場合も多く、既知物質の分析においても ^{1}H-NMR だけでなく gCOSY を測定することにより効率的に ^{1}H-NMR チャートを解析できるので、必要に応じて測定されることを勧める。

2） 異種核二次元スペクトル

① HMQC, HSQC

HMQC や HSQC は ^{1}H と直接結合している ^{13}C を検出する測定手法である。感度が低い ^{13}C を検出する C-H COSY に対して、感度の高い ^{1}H 検出を行う HMQC や HSQC などはインバース法（inverse shift correlation）と呼ばれる。HMQC と HSQC のスペクトルから得られる情報は基本的に同じであるが、HSQC の方が線幅の小さい鋭い相関ピークが得られる。

図 11-8 に化合物 A の磁場勾配を利用した gHSQC のチャートを示す。図 11-8 のチャートでは、縦軸はプロトンの化学シフト、横軸は炭素の化学シフトである。水素のシグナル 1 と炭素のシグナル d との間に相関ピークが現れており、シグナル 1 の水素はシグナル d の炭素に結合していることが分かる。同じく 2 と e、3 と f、4 と i、5 と g、6 と h が直接結合していることが分かる。なお、今回の測定に利用した gHSQC は phase sensitive な設定がされており、メチルとメチンとの相関ピークはポジ（紙面上側）として、メチレンの相関ピークはネガ（紙面下側）として色分けされて印刷されるので、i と g

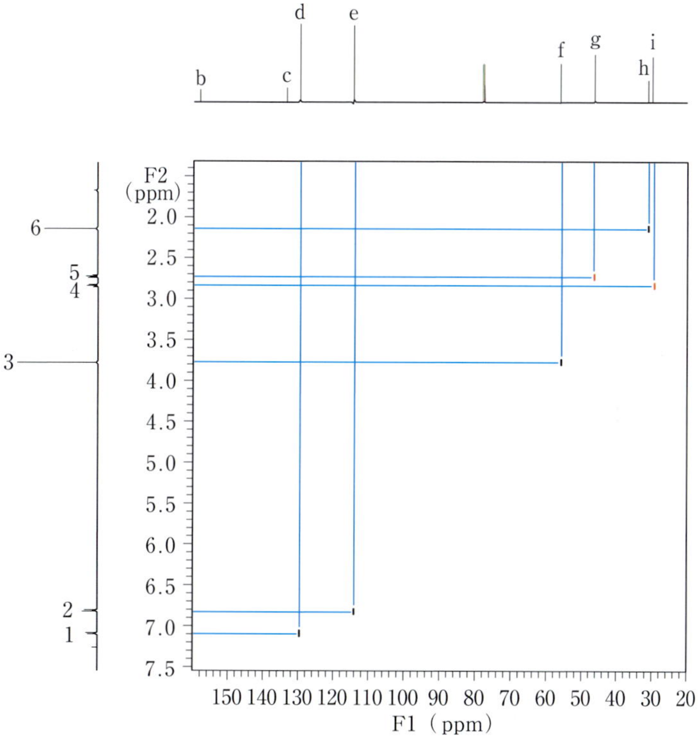

図11-8　化合物AのgHSQCスペクトル

はメチレン炭素であることを一見して知ることができた。

これまでの測定で得られた情報から化合物Aは以下の4つの部分構造を持つと推定された。

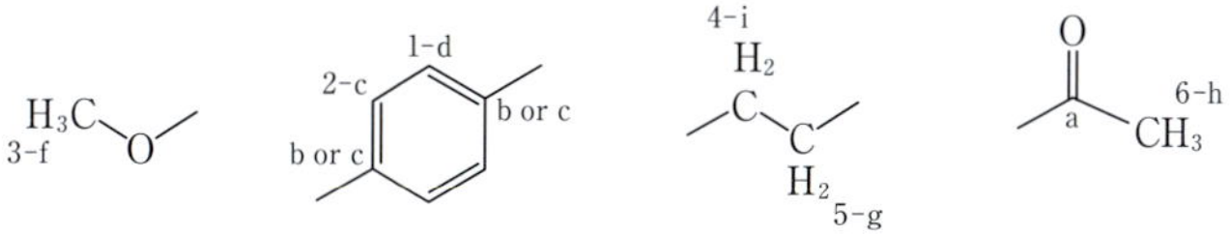

② HMBC

HMBCでは ^{1}H と2結合または3結合離れた ^{13}C との相関ピークが現れる。HMBCで得られた情報を利用すると、各種測定で推定された部分構造を繋ぎ合わせて全体の構造を明らかにすることができる。

化合物 A の gHMBC チャートを図 11-9 に示す。シグナル 6 のプロトンと相関しているのはシグナル a とシグナル g の炭素である。HMBC はプロトンと炭素との遠隔スピン結合した相関信号を検出するためのもので、直接相関した相関信号を消去するように設計されている。しかし、条件によっては直接相関の信号が消え残る場合がある。図 11-9 では、シグナル 3 とシグナル f が交わる点を中心に上下にサテライトシグナルが顕著に現れているのが分かる。HMBC の解析では、サテライトピークと本来の相関シグナルとの区別に注意を払わなくてはならず、解析の前にサテライトピークの有無をチェックすることが肝要である。

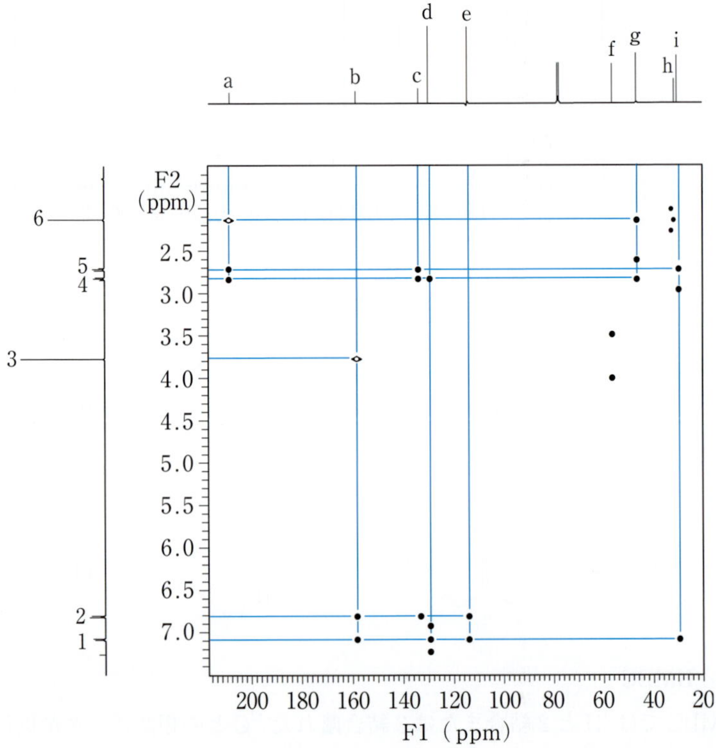

図11-9　化合物 A の gHMBC スペクトル

図 11-9 の HMBC チャートからシグナル 1 のプロトンはシグナル b, d, e, i の炭素、同じく 2 は b, c, e、3 は b、4 は a, c, d, g、5 は a, c, i と相関しているのが分かる。一般的に HMBC ではすべての相関が得られないことが多く、この点に留意して測定や解析を行わなければならない。

（3） 化合物 A の同定

以上の異種核二次元（gHSQC, gHMBC）の測定結果をそれぞれ図 11-10 にまとめた。図 11-10 では、gHSQC における直接相関に「Q」を、gHMBC における遠隔スピン結合による相関に「○」を記入した。なお、シグナル 1 とシグナル d、およびシグナル 2 とシグナル e には「Q」と「○」の両方が記入されている。これは、gHSQC でプロトンが直接相関する炭素と gHMBC で 3 結

	a	b	c	d	e	f	g	h	i
6	○						○	Q	
5	○		○				Q		○
4	○		○	○			○		Q
3		○				Q			
2		○	○		Ⓠ				
1		○		Ⓠ	○				○

図 11-10　化合物 A の ^{1}H–^{13}C 相関表

合離れて相関する炭素は、軸対称性のあるパラ置換ベンゼンでは同じ環境であることに起因する。

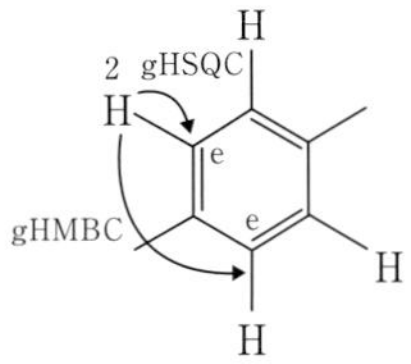

別途測定した MS 測定によれば化合物 A の分子量は 178 であり、^{13}C-NMR スペクトルおよび DEPT から、化合物 A は 2 つのメチル基、2 つのメチレン基、

4つのメチン基、および3つの第四級炭素を有し、それら原子量の合計は146である。したがってMS測定による分子量は178なのでその差は32となり、化合物Aには酸素原子が2つ含まれている可能性が示唆された。

なお、高分解能マススペクトルでは分解能が高く、例えば分子量14の差がCH_2（14.01565）によるものなのか、N（14.00307）によるものなのかについても判別することができる。このように高分解能MSを用いると、正確な分子量が得られるので確実な分子式の情報を得ることができ、構造決定において絶大な威力を発揮する。

これまでの解析で^{1}H-NMRおよび^{13}C-NMRのシフト値およびgHMBCの相関より、1-d、2-eのメチンおよびbとcの第四級炭素はパラ置換ベンゼン由来であると推定された。また、シグナル3、シグナルf、シグナルbのシフト値およびシグナル3からbへのgHMBCの相関により、メトキシ基がシグナルbの炭素に結合していること、すなわち化合物Aは、その部分構造にメトキシフェニル基を有するが明らかになった。

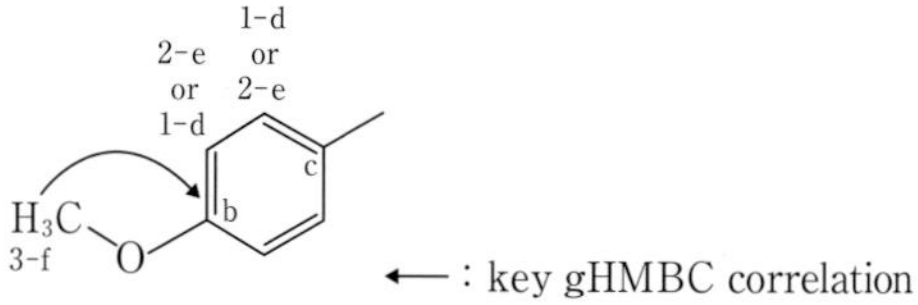

また、^{1}H-NMRにおけるシグナルの分裂およびgCOSYにおける相関よりシグナル4とシグナル5は隣接するメチレン（$-CH_2-CH_2-$）であること、およびシグナルaのシフト値は208.1 ppmとかなり低磁場にあり、ケトンのカルボニル基であることが示唆された。ここでgHMBCにおいて、シグナル6はシグナルaとメチレン炭素のシグナルgと相関しているので、以下の部分

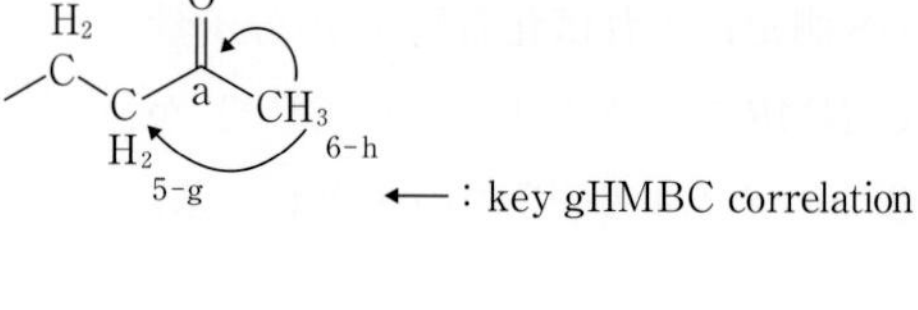

構造を有することが明らかになった。

最後に gHMBC におけるシグナル 1 からシグナル i への相関、シグナル 4 からシグナル b への相関、およびシグナル 5 からシグナル b への相関より、i のメチレンが c の 4 級炭素に結合していることが判明した。

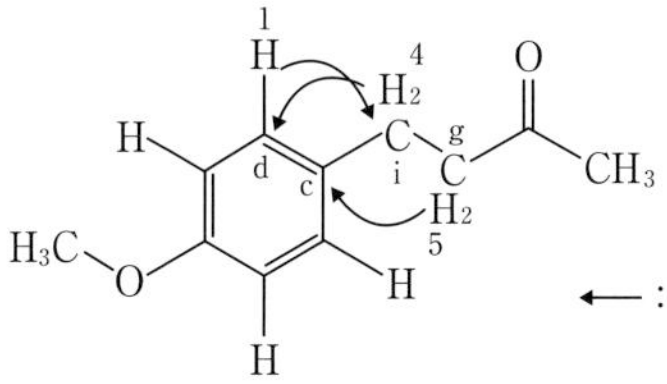

←：key gHMBC correlation

以上により、化合物 A は 4-(4-methoxyphenyl)-2-butanone と同定することができた。化合物 A の帰属結果を図 11-11 にまとめる。

位置番号	^{13}C		^{1}H	
	シグナル番号	δ (ppm)	シグナル番号	δ (ppm)
1	h	30.1	6	2.13 (3H, s)
2	a	208.1	−	
3	g	45.4	5	2.72 (2H, t, J=7.7Hz)
4	i	28.9	4	2.84 (2H, t, J=7.7Hz)
5	c	133.0	−	
6	d	129.2	1	7.10 (2H, d, J=8.8Hz)
7	e	113.9	2	6.82 (2H, d, J=8.8Hz)
8	b	157.9	−	
9	f	55.2	3	3.78 (3H, s)

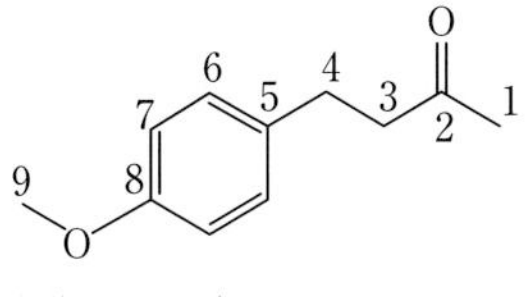

化合物 A；4-(4-Methoxyphenyl)-2-butanone
(数字は炭素の位置番号)

図 11-11　化合物 A の帰属結果

（4） 帰属後の検証

NMR スペクトルの帰属後に、帰属結果について検証を行うことが重要である。検証方法には、文献や NMR スペクトルのデータベースを利用する方法と化学シフト値の加成性に基づく計算ソフトを利用する方法がある。

データベースでは、（独）産業技術総合研究所が無償で運営している「有機化合物のスペクトルデータベース」（URL：http://riod01.ibase.aist.go.jp/sdbs/cgi-bin/cre_index.cgi?lang=jp）が利用しやすい。また、Aldrich 社のデータベース集である「The Aldrich Library of ^{13}C and ^{1}H FT-NMR Spectra」は、同社が販売している試薬の中で約 1 万 2,000 種類の試薬の NMR スペクトルが官能基別に収載されている。ただし、文献やデータベースに記載された NMR スペクトルを参照する時に留意すべきことがある。シグナルの化学シフト値や分裂は、測定に用いる測定溶媒、サンプル濃度、pH、場合によっては NMR マグネットの強さによって異なることがある。厳密な比較を行う場合には、文献やデータベースと同じ測定条件での測定が必要となる。

計算ソフトとしては、比較的低価格である Cambridge Soft 社の ChemDraw Ultra に備わっている機能の利用が手軽である。計算ソフトの利用は帰属後の検証だけではなく、スペクトルの解析段階における構造推定にも有用である。

（5） 効率的な二次元測定

二次元スペクトルを得るためには比較的長い積算時間を要する。どれだけ NMR を占有できるかにもよるが、不必要に長時間積算させる必要はない。二次元測定の積算時間を大きく左右するのは積算回数と測定ポイント数（測定範囲を何分割するか）である。二次元測定の中でも感度の高い ^{1}H-^{1}H COSY は別として、異種核二次元測定、特に HMBC では十分なスペクトルを得ようとすると積算回数を増やさなければならない場合が多い。NMR の S/N 比は測定手法およびサンプル量に大きく依存する。数 mg 程度のサンプルがあると、通常の構造解析で必要な ^{1}H、^{13}C、DEPT、gDQF-COSY、 gHSQC、および gHMBC について、解析に十分なチャートを一晩の測定で得ることができる。もし、サンプル量が少ない場合は、溶媒の使用量をできるだけ少なくし、溶

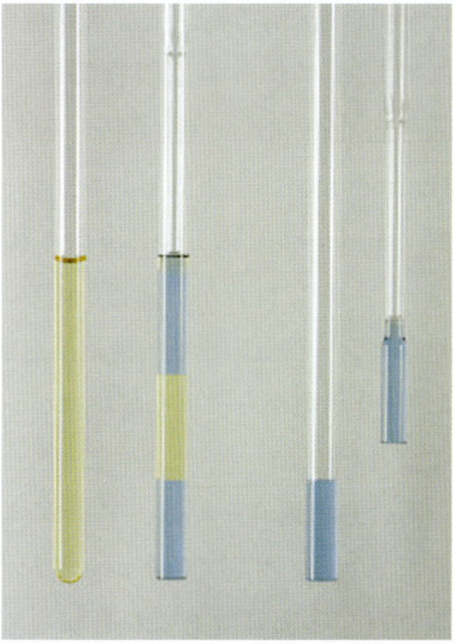

図11-12　NMRチューブ
左から①通常の外径5mm NMRチューブ（液量0.7ml）、②シゲミチューブ（液量は通常NMRチューブの約1/3）、③シゲミチューブ外管、④シゲミチューブ内管。

液のサンプル濃度を高めることがスペクトルのS/N比を向上させるのに有効である。このために、より細いNMRチューブを用いて測定できるナノプローブが利用できれば最善であるが、通常のプローブしか利用できない場合でも底上げチューブ（シゲミチューブ、図11-12）を使用することによってS/N比を高めることができる。

また、二次元測定の前に行う一次元測定にてシグナルが混み合っていなければ、測定ポイント数を減らして積算時間を短くし、これにより短くなった積算時間を感度の低いHMBCの積算回数を増やすように配分することによってS/N比の高いHMBCチャートを得る方が、解析がはかどることが多い。

3. 著者らの研究

（1）アレロパシー物質[7),8)]

植物生理学者モーリッシュ（H. Molisch）は1937年に「植物から分泌・放出される化学物質が、他の植物に対して何らかの影響を与える現象」をアレロパシー（allelopathy）と初めて定義した。現在では、「植物、微生物、動物などの生物により同一個体外に放出される化学物質が、同種の生物を含む他の生物個体における、発生、生育、行動、栄養状態、健康状態、繁殖力、個体数、あるいはこれらの要因となる生理・生化学的機構に対して、何らかの作用や変化を引き起こす現象」と定義が拡大されている。

アレロパシーの原因物質はアレロパシー物質（allelopathic substance, allelochemical）と呼ばれ、その作用により促進的アレロパシー物質（kairomone）、阻害的アレロパシー物質（allomone）、共栄的アレロパシー物質（sinomone）の3つに分類されている。自然界における阻害的なアレロパシーについては昔から確認されていたが、機器分析が未発達であったため、アレロパシー物質の単離・構造決定は困難であった。しかし、機器分析が発達した1970年頃から様々なアレロパシー物質が次々と単離・構造決定されるようになった。

著者らの研究室では、アレロパシーについて化学的手法に基づいた研究を行っている。クレス種子からラムノースとデオキシウロン酸からなる促進的アレロパシー物質であるレピジモイド（lepidimoide）を初めて単離・同定した[9]（図11-13）。その後の研究によって、オクラ粘性多糖から数工程の化学反応によりレピジモイドやこれの類縁体を大量に調製することができるようになり[10),11)]、植物工場などでの成長調節剤としての利用が期待されている。

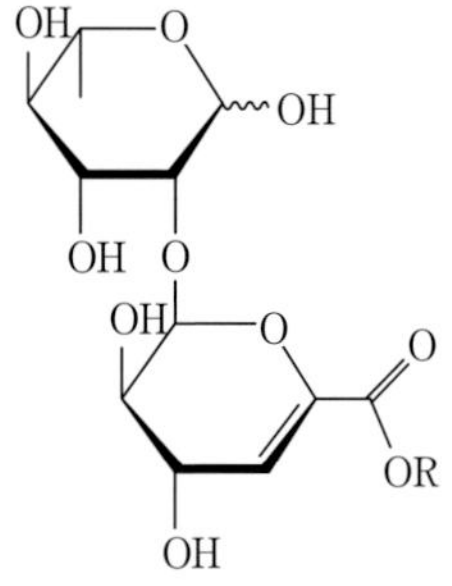

レピジモイド（R＝Na）
レピジモイド酸（R＝H）

図11-13　レピジモイドの構造式

（2）ソバ種子に含まれるアレロパシー物質

ソバ（buckwheat；*Fagopyrum esculentum*）はタデ科ソバ属の一年草で、アジア、ヨーロッパ、南北アメリカにて広く栽培され、その種子は食用にされている。

日本でもソバの種子は古来より食用にされ、17世紀中期以降種子の粉末（蕎

図 11-14　ソバ種子
上段：乾燥種子
下段：発芽種子

麦粉）を用いた麺（蕎麦）が普及した。江戸時代の農業全書には「ソバはあくが強い作物なので、雑草の根はこれと接触して枯れる」と記述され、また焼畑農業において雑草の発生が顕著な 3 年目以降の栽培作物であり、ソバに含まれる阻害的アレロパシー物質の存在が示唆されていた。現在では、ソバに含まれるアレロパシー物質として、没食子酸、ファゴミンおよび関連するピペリジンアルカロイドが含まれることが明らかにされている[12]。

著者らは、クレスの成長活性を指標にアレロパシー物質について研究を行い、新たにソバの種子に含まれるアレロパシー物質の構造を明らかにした[13]。まず、ソバ種子 2,000 粒を水に浸漬し、暗所で培養した。培養液を濃縮後、メタノール可溶画分と不溶画分に分けた。強い成長抑制活性を示したメタノール可溶画分を C_{18}Sep-Pak、逆相（ODS）カラムを用いた HPLC 分取にて順次精製し、阻害的アレロパシー物質（化合物 B と称す）を 0.9 mg 単離した。

ソバから単離した化合物 B についても、主に NMR を用いて構造解析を行った。化合物 B を重水（D_2O）に溶解し、基本となる ^{1}H-NMR および ^{13}C-NMR スペクトルを測定した（図 11-15、図 11-16）。これらの一次元 NMR スペクトルの情報および別途測定した MS 分析によって分子式は $C_6H_{11}NO$ であることから、化合物 B は 6 つのメチレン（CH_2）、1 つのカルボニル炭素（C=O）、および 1 つの NH を有することが示唆された。なお、NMR の測定溶媒に重水を用いているので、交換性のプロトンは重水の重水素により置換されており、図 11-15 の ^{1}H-NMR チャートでは NH のプロトンは検出されていない。

次に二次元 NMR スペクトルとして、プロトンの繋がりが分かる gCOSY およびプロトンと直接結合した炭素が分かる gHSQC を測定した結果、次の部分構造を有することが推定された。

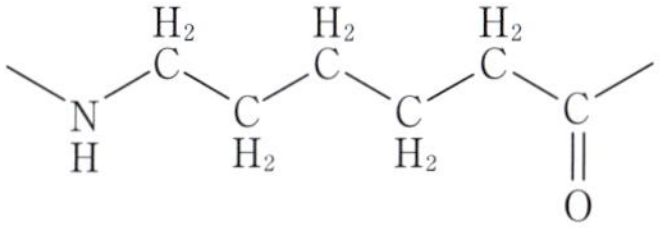

最後に、水素から 2-3 結合離れた炭素を検出する gHMBC スペクトルを測定すると、NH 基の隣の 6 位のプロトンが 3 結合

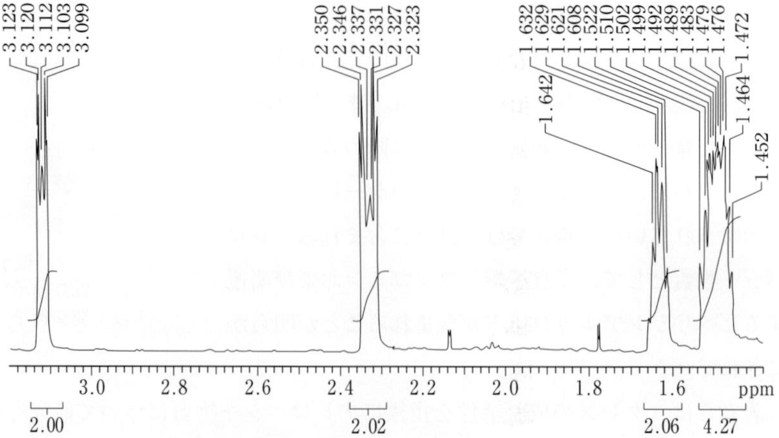

図11-15　化合物Bの¹H-NMRスペクトル

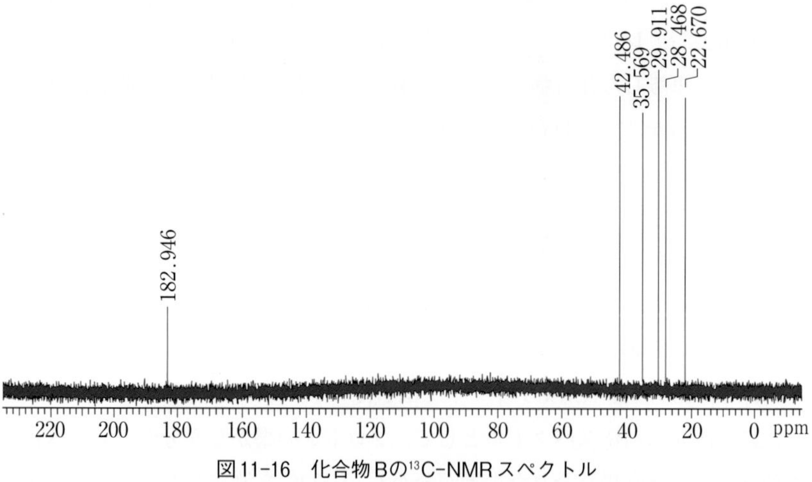

図11-16　化合物Bの¹³C-NMRスペクトル

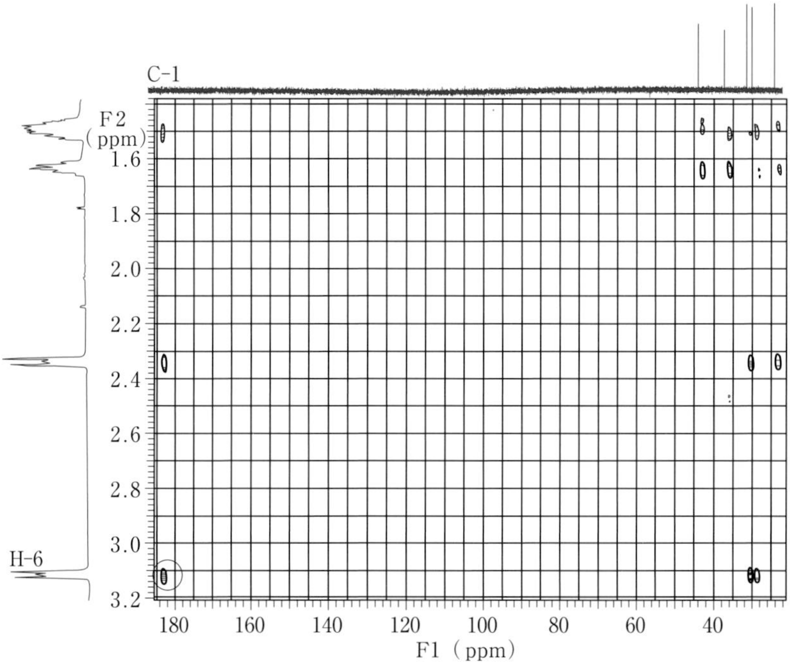

図 11-17　化合物Bの gHMBC スペクトル

位置番号	^{13}C δ(ppm)	^{1}H δ(ppm)
1	182.9	−
2	35.6	2.34 (2H, m)
3	22.7	1.51 (2H, m)
4	29.9	1.62 (2H, m)
5	28.5	1.47 (2H, m)
6	42.5	3.11 (2H, m)

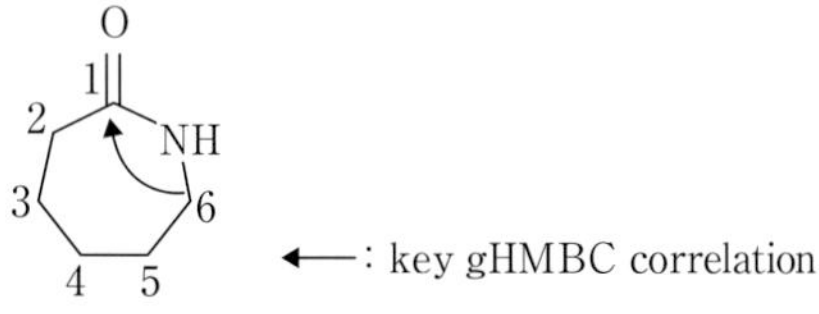

化合物 B；Caprolactam
(数字は炭素の位置番号)

図 11-18　化合物 B の帰属

離れたカルボニル炭素と相関しており（図 11-17)、化合物 B は環状のカプロラクタム（caprolactam）と同定した（図 11-18)。

カプロラクタムは日本で開発された6-ナイロンの工業原料として使われている。一方、カプロラクタムは光誘導性の成長抑制物質としてヒマワリ（sunflower; *Helianthus annuus*）の芽生えから単離されている[14)]。しかし、カプロラクタムがヒマワリ以外の植物から単離された報告はなかった。今回、ソバの乾燥種子 1 個あたり 0.8 μg、一晩水に浸漬した種子では 0.69 μg、浸漬液からは 0.12 μg のカプロラクタムが含まれており、また、カプロラクタムはクレス幼根の成長を、30 mg/ℓ の濃度では約 50%、300 mg/ℓ の濃度では約 95%抑制することが明らかになった。

（3） アレロパシー研究の今後の展開

植物は様々な生育段階においてアレロパシー物質を放出することにより、異種植物や微生物の成長に阻害的あるいは促進的な影響を与え、自らの生命の維持と種の繁栄を図っていると考えられる。

植物が持つ生理機能に関する多くの研究は、生物学的手法によって得られた間接的な証拠に基づくものであった。しかし、アレロパシーに関する研究では、化学的手法によって得られる直接的証拠、すなわち「化学物質」に基づいたアプローチが重要である。アレロパシーの研究がさらに発展し、アレロパシー物質が環境負荷の少ない安全な農薬や成長調節剤として農業分野へ応用されることを期待したい。

参考文献

1） Dale, J. A. and Mosher H. S. Nuclear magnetic resonance enantiomer regents. Configurational correlations via nuclear magnetic resonance chemical shifts of diastereomeric mandelate, *O*-methylmandelate, and α-methoxy-α-trifluoromethylphenylacetate（MTPA）esters. *J. Am. Chem. Soc.* 95, 512–519, 1973.

2） Ohtani, I., Kusumi, T., Kashman, Y. and Kakisawa, H. High-field FT NMR application of Mosher's method. *The absolute configuration of marine terpenoids.* 113, 4092–4096, 1991.

3) 安藤喬志、宗宮　創「これならわかるNMR—そのコンセプトと使い方—」化学同人、1997。

4) 福士江里、宗宮　創「これならわかる二次元NMR」化学同人、2007。

5) 小川桂一郎、榊原和久、村田　滋「基礎から学ぶ 有機化合物のスペクトル解析」東京化学同人、2008。

6) Hesse, M., Meier, H. and Zeeh, B.「有機化学のためのスペクトル解析法」野村正勝監訳、馬場章夫・三浦雅博ほか訳、化学同人、2000。

7) 中野　洋、広瀬克利、山田小須弥「第1章　アレロパシー物質」山村庄亮・長谷川宏司編著「植物の知恵—化学と生物学からのアプローチ」大学教育出版、2005。

8) 長谷川宏司、山田小須弥、広瀬克利「環境保全型農業と生物機能の利用（農環研シリーズ）」養賢堂、p.p.69-87、2006。

9) Hasegawa, K., Mizutani, J., Kosemura, S. and Yamamura, S. Isolation and identification of lepidimoide, a new allelopathic substance from mucilage of germinated cress seeds. *Plant Physiol.* 100, 1059-1061, 1992.

10) Hirose, K., Kosuge, Y., Otomatsu, T., Endo, K. and Hasegawa, K. Preparation of a growth-promoting substance, lepidimoic acid, from okra pectic polysaccharide. *Tetrahedron Lett.* 44, 2171-2173, 2003.

11) Hirose, K., Endo, K. and Hasegawa, K. A convenient synthesis of lepidimoide from okra mucilage and its growth-promoting activity in hypocotyls. *Carbohydrate Res.* 339, 9-19, 2004.

12) 藤井義晴「ソバ属植物のアレロパシーとソバを利用した植生管理」、農業技術、60、63-68、2005。

13) Wai Wai, T.T., Hayashi, H., Otomatsu, T., Hirose, K., Hasegawa, K. and Shigemori, H. Caprolactam, an inhibitory allelochemical exuded from germinating buckwheat (*Fagopyrum esculentum*) seeds. *Heterocycles* 78, 1217-1222, 2009.

14) Hasegawa, K., Knegt, E. and Bruinsma, J. Caprolactam, a light-promoted growth inhibitor in sunflower seedlings. *Phytochemistry* 22, 2611-2612, 1983.

索 引

【アルファベット】
apical dominance 185
apoptosis 245
Artemisia absinthium L. 248
automorphosis 119
auxin 56

Bruinsma-Hasegawa theory 3, 52
Bryophyllum calycinum 241

C. Darwin 87
Cholodny-Went theory 2, 52, 87
COP/DET/FUS 31, 41, 42
COP9 signalosome: CSN 33, 34, 36, 37, 38, 39, 43
CRL（cullin-RING ubiquitin ligase） 35
cryptochrome: cry 23, 27

DIMBOA 66, 139
ℓ-DOPA 149

E3 34, 41, 42
EMS 309
endophyte 179
ethyl-methanesulfonate 309

F. Darwin 52, 87
F. W. Went 55, 102
Ficus superba 242
FT（FLOWERING LOCUS T） 207, 212, 217
gene-for-gene 158
gravimorphogenesis 115
gravitropism 85
hydroperoxide 257

indole-3-acetic acid, IAA 56, 187

KODA 211, 220

LOV 30

MAMPs 161
MBOA 66
6-methoxy-2-benzoxazolinone 190
1-methyl-1-nitorosourea 309
micro RNA 315
miRNA 315
MNU 309
MTBI 66
myrosinase 72

1-naphthylphthalamic acid: NPA 190
N. Cholodny 102

ORE9 258

PCR（polymerase chain reaction）法 314
phototropin: phot 23, 29
phototropism 51
phytoalexin 161
phytochrome: phy 23, 26
Pisum sativum 185

programmed cell death　*245*

raphanusanin　*70, 190*
RNAi（RNA interference）　*320*
Rub1　*35*

siRNA（small interfering RNA）　*315*
starch-statolith theory　*87*

TILLING（Targeting Induced Local Lesions In Genomes　*320*
2, 3, 5-triiodobenzoic acid: TIBA　*190*

UDP　*254*

ZEITLUPE（ZTL）　*23, 29*

【あ行】

アブシシン酸（abscisic acid, ABA）　*106, 271, 272*
アポトーシス　*245*
アミロプラスト　*87, 92*
アレロパシー　*14, 134*
遺伝子サイレンシング　*315*
遺伝子操作法　*19*
遺伝子対遺伝子　*157*
遺伝子の転写制御機構　*43*
遺伝子発現制御　*35, 38, 42*
イネいもち病　*165*
インドール-3-アルデヒド　*196*
インドールアセトニトリル　*66*
インドール酢酸　*56, 187*
ウリジン　*66*
ABA8'-水酸化酵素遺伝子（*ABA8'ox: CYP707A*）　*277*
エチクロゼート　*261*
越冬芽　*268, 269*
8-エピキサンタチン　*66*
エリシター　*157*
エンドウ　*185*
エンドファイト　*179*
オーキシン　*56, 187*
オーキシン活性阻害物質　*190*
オーキシン極性移動　*122*
オーキシン極性移動阻害物質　*187*

【か行】

塊茎　*268*
化学構造解析法　*19*
花芽形成　*16*
花色素　*17*
活性酸素　*166*
過敏感細胞死　*165*
カフェイン　*141*
下方成長　*112*
機器分析法　*5*
基礎的抵抗性　*157*
逆遺伝学　*329*
強制休眠（imposed dormancy）　*271*
菌根菌　*176*
クリノスタット（植物回転器）　*117*
クリプトクロム　*23, 27, 39, 41*
クロロフィル分解　*251*
原形質圧モデル　*98*
COP9シグナロソーム（CSN）　*33, 34, 36-39, 43*
コルメラ（columella）細胞　*91*
コロドニー・ウエント説　*52, 87*

根圏土壌法　*148*
根粒菌　*176*

【さ行】

サイトカイニン　*187*
細胞壁多糖　*252*
サザンブロット法　*328*
サプレッサー　*157*
サンドイッチ法　*144*
GA- 誘導休眠（GA-induced dormancy）　*286*
シアナミド　*149*
シグナル伝達　*311*
9-cis- エポキシカロテノイドジオキシゲナーゼ遺伝子（*NCED*）　*277*
枝垂れ　*113*
自発休眠（innate dormancy）　*271*
ジベレリン（gibberellin, GA）　*271, 272*
自発的形態形成　*117*
ジャガイモ　*271*
ジャスモン酸　*110*
ジャスモン酸メチル　*248*
就眠運動　*13*
重力屈性　*7, 85*
重力形態形成　*115*
宿主特異的毒素　*157*
種子休眠（seed dormancy）　*269*
春期落葉　*243*
情報伝達　*25*
情報伝達制御　*41*
シロイヌナズナ　*269*
真性抵抗性　*159*
数研出版　*1*
ストリゴール　*140*
ストリゴラクトン　*200*
生物検定法　*247*
生物検定法（アベナ屈曲試験法）　*4*
セルラーゼ　*254*
側芽　*185*

【た行】

ダーウィンの実験　*52*
第一学習社　*1*
他感作用　*136*
タギング法　*323*
タンパク質の分解を促進　*41*
タンパク質分解　*42, 42*
地下器官　*272*
頂芽　*185*
頂芽優勢　*8, 185*
ディファレンシャルスクリーニング　*317*
ディッシュパック法　*147*
デンプン平衡石説　*87*
東京書籍　*1*
突然変異体　*309*
2, 3, 5-トリヨード安息香酸　*190*

【な行】

内皮デンプン鞘細胞　*91*
ナガイモ　*279*
ナギラクトン　*141*
1- ナフチルフタラミン酸　*190*
二次代謝物質　*152*
2 次離層形成　*256*

【は行】

発色団　*27, 29, 30*
光アフィニティー標識法　*309*

光屈性　*2, 51*
光形態形成　*23, 31, 38*
光受容体　*23, 25, 31, 39*
光情報伝達　*25, 34*
非宿主抵抗性　*160*
7'-ヒドロキシアブシシン酸（7'-hydroxy-abscisic acid, 7'-hydroxy ABA）　*277*
3-ヒドロキシウリジン　*141*
ヒドロキサム酸　*139*
ファイトアレキシン　*161*
フィトクロム（phytochrome）　*23, 26, 39, 40, 277*
フィトンチッド　*137*
フォトトロピン　*23, 29, 41*
ブルインスマ・長谷川説　*52*
ブラキアラクトン　*143*
プラントボックス法　*145*
プログラム細胞死　*245*
フロリゲン　*208*
ヘアリーベッチ　*149*
ペグ（peg）形成　*115*
ヘリアン　*66*
ボイセン・イェンセンの実験　*53*

【ま行】

マップベースクローニング法　*323*
6-メトキシ-2-ベンゾキサゾリノン　*190*
芽の休眠（bud dormancy）　*269*
むかご　*268*
ムクナ　*149*

【や行】

ヤマノイモ　*270*
ユグロン　*138*
ユビキチン-プロテアソーム系タンパク質分解　*34, 40*

【ら行】

ラファヌサニン　*66, 190*
ラファヌソール　*66, 108, 110*
離層　*240*
レタス　*269*
レピジモイド　*140*
レポーター遺伝子　*317*
老化　*238*
老化・休眠　*18*
老化制御鍵化学物質　*246*

執筆者紹介（執筆順）

東郷　重法（とうごう　しげのり）

現　職：鹿児島純心女子高等学校・教諭

最終学歴：筑波大学大学院生命環境科学研究科（博士学位取得）

学　位：博士（生物科学）

主な研究領域：植物生理化学

主著：

1. 「博士教えてください—植物の不思議—」（長谷川宏司・広瀬克利編、大学教育出版）pp.182-188（2009年）
2. An auxin-inhibiting substance from light-grown maize shoots. Phytochemistry 31, 3673-3676（1992）
3. Phototropic stimulation does not induce unequal distribution of indole-3-acetic acid in maize coleoptiles. Physiol. Plant. 81 555-557（1991）

担当章：序　章

柘植　知彦（つげ　ともひこ）

現　職：京都大学化学研究所・助教

最終学歴：東京大学大学院理学系研究科博士後期課程

学　位：博士（理学）

主な研究領域：植物分子生物学・植物の環境応答と形態形成に関する分子生物学的研究

主著：

1. 「蛋白質 核酸 酵素　臨時増刊号、ユビキチン—プロテアソーム系とオートファジー—作動機構と病態生理」（田中啓二・大隈良典編、共立出版）第Ⅱ章　植物の光形態形成とユビキチン Vol.51, No.10 pp.1352-1357（2006年）
2. 「プラントミメティックス～植物に学ぶ～」（甲斐昌一・森川弘道監修、NTS）第1編、第1章、第1節　植物のモジュールと配置—シュート（塚谷裕一共著）pp.4-10（2006年）
3. 「植物の環境応答と形態形成のクロストーク」（岡穆宏・岡田清孝・篠崎和夫編、シュプリンガー・フェアラーク東京）第Ⅲ章、第3節　COP9シグナロソームと形態形成・環境応答 pp.163-169（2004年）

担当章：第1章

安喜　史織（あき　しおり）

現　職：京都大学化学研究所・研究員

最終学歴：京都大学大学院理学研究科博士後期課程

学　位：博士（理学）

主な研究領域：植物分子生物学・植物の配偶体形成に関する分子生物学的研究

担当章：第1章

長谷川　剛（はせがわ　つよし）

現　職：筑波大学大学院生命環境科学研究科・研究員

最終学歴：大阪府立大学大学院理学系研究科博士課程

学　位：博士（理学）

主な研究領域：植物生理化学・光屈性に関する生理化学的研究

主著：

1. 「天然物化学―植物編―」（山村庄亮・長谷川宏司編著、アイピーシー）第1章1.2.2 光屈性 pp.65-74（2007年）
2. 「プラントミメティックス―植物に学ぶ―」（甲斐昌一・森川弘道監修、NTS）第5章、第5節　植物の運動―光屈性の分子機構　pp.487-492（2006年）
3. 「動く植物―その謎解き―」（山村庄亮・長谷川宏司編著、大学教育出版）第2節　光屈性 pp.40-71（2002年）

担当章：第2章

Wai Wai Thet Tin（ウェイ　ウェイ　テッ　ティン）

現　職：筑波大学大学院生命環境科学研究科・研究員

最終学歴：筑波大学大学院生命環境科学研究科博士課程

学　位：博士（生物科学）

主な研究領域：植物生理化学・植物の環境応答機能に関する生理化学的研究

主著：

1. Isolation and identification of a gravity-induced growth inhibitor in etiolated radish hypocotyls. Heterocycles, 81, 2763-2770（2010）
2. Structure-activity relationships of natural occurring plant growth-inhibiting substance caprolactam and its related compounds. Heterocycles 78, 2439-2442（2009）
3. Caprolactam, an inhibitory allelochemical exuded from germinating buckwheat（*Fagopyrum esculentum*）seeds. Heterocycles 78, 1217-1222（2008）

担当章：第2章

宮本　健助（みやもと　けんすけ）

現　職：大阪府立大学高等教育推進機構・教授

最終学歴：大阪市立大学大学院理学研究科博士後期課程

学　位：博士（理学）

主な研究領域：植物生理学

主著：

1.「新しい植物科学　環境と食と農業の基礎」（神阪盛一郎・谷本英一共編、培風館）8章　花・果実・種子 pp.55-67、21章　植物の病気と防御 pp.163-169、23章　植物性食品 pp.177-187（2010年）（共著）

2.「天然物化学—植物編—」（山村庄亮・長谷川宏司編著、アイピーシー）1.1.1　オーキシン pp.1-10、1.1.6　ジャスモン酸 pp.42-51（2007年）（共著）

3.「植物ホルモンハンドブック」［上］（高橋信孝・増田芳雄共編、培風館）2　ジベレリン 2-4　生理作用（1）個体レベル（2）細胞レベル pp.82-213（1994年）（共著）

担当章：第3章

藤井　義晴（ふじい　よしはる）

現　職：東京農工大学国際環境農学講座（国際生物生産資源学）・教授

最終学歴：京都大学大学院農学研究科博士後期課程中退

学　位：博士（農学）

主な研究領域：農芸化学

主著：

1.「外来植物の リスク管理と有効利用」（日本農学会編　シリーズ21世紀の農学）、養賢堂（2008年）（共著）

2. Allelopathy:New Concepts and Methodology, Science Publishers, Enfield（USA）(2007)（編著）

3.「アレロパシー—他感物質の作用と利用—」（農文協　自然と科学技術シリーズ）(2000)（単著）

担当章：第4章

南　栄一（みなみ　えいいち）

現　職：独立行政法人農業生物資源研究所・耐病性作物研究開発ユニット上級研究員

最終学歴：名古屋大学大学院農学研究科博士後期課程

学　位：博士（農学）

主な研究領域：イネとイネいもち病菌の植物病理学

主著：

1. 「博士教えてください―植物の不思議―」（長谷川宏司・広瀬克利編、大学教育出版）植物の生体防御 pp.81-92、人間を助ける植物 pp.214-220（2009年）
2. 「植物の知恵」（山村庄亮・長谷川宏司編著、大学教育出版）第12章　植物の防御機構―分子生物学的アプローチ pp.76-90（2005年）
3. 「遺伝情報のダイナミズムとその分子機構」（IGEシリーズ29巻、東北大学遺伝生態研究センター）イネ培養細胞におけるエリシター応答の分子機構 pp.117-127（2001年）

担当章：第5章

繁森　英幸（しげもり　ひでゆき）

現　職：筑波大学大学院生命環境科学研究科・教授

最終学歴：慶應義塾大学大学院理工学研究科博士課程

学　位：博士（理学）

主な研究領域：天然物化学・生物現象の機構解明に関する生物有機化学的研究

主著：

1. 「天然物化学―植物編―」（山村庄亮・長谷川宏司編著、アイピーシー）第1章　1.2.5 頂芽優勢 pp.96-104（2007年）
2. 「植物の知恵―化学と生物学からのアプローチ―」（山村庄亮・長谷川宏司編著、大学教育出版）第9章　花成ホルモン・フロリゲン pp.124-134（2005年）
3. 「動く植物―その謎解き―」（山村庄亮・長谷川宏司編著、大学教育出版）第2節　光屈性 pp.40-71（2002年）

担当章：第6章

横山　峰幸（よこやま　みねゆき）

現　職：（株）資生堂リサーチセンター・シニアサイエンティスト

最終学歴：筑波大学大学院生物科学研究科博士課程

学　位：博士（理学）

主な研究領域：植物生理学・細胞分化に関わる新しい生理活性物質の探索と機能解明

主著：

1. Comprehensive Natural Products II（Ed. by Mander, L., Lui, H. -W., Elsevier）Chemistry of Cosmetics pp.317-349（2010）
2. 「最新酵素利用技術と応用展開」（相沢益男編、シーエムシー）第1章 3 酵素を用いた植物由来の新しい化粧品原料の開発 pp.117-124（2001年）
3. Plant Cell Culture Secondary Metabolism: Toward Industrial Application（Ed. by DiCosmo, F. and Misawa, M, CRC Press）　第4章　Industrial Application of

Biotransformations Using Plant Cell Cultures pp.79-121（1996）
担当章：第7章

上田　純一（うえだ　じゅんいち）
現　職：大阪府立大学大学院理学系研究科・教授
最終学歴：大阪府立大学大学院農学研究科修士課程
学　位：博士（農学）
主な研究領域：植物生理学、特に植物生理活性物質に関する生理化学的研究
主著：
1. Research Methods in Plant Sciences Vol.1 Soil Allelochemicals（S. S. Narwal・Lech Szajdak・Diego A. Sampietro 編、Studium Press LLC）Chapter 18 Jasmonic acid and its related compounds pp.407-423（2011）
2. Comprehensive Natural Products Chemistry Vol.8 Miscellaneous Natural Products Including Marine Natural Products, Pheromones, Plant Hormones, and Aspects of Ecology（Sir Derek Barton・Koji Nakanishi 編、Elsevier Science Ltd.）8.02.8 Jasmonic acid and related compounds pp.108-119（1999）
3.「植物化学調節実験法」（高橋信孝編、植物化学調節学会）2.11　老化制御物質 pp.145-152（1989 年）
担当章：第8章

丹野　憲昭（たんの　のりあき）
現　職：山形大学理学部生物学科・教授
最終学歴：東北大学大学院理学研究科博士課程単位修得退学
学　位：博士（理学）
主な研究領域：植物生理学・ヤマノイモ属植物の休眠生理学
主著：
1.「博士教えてください―植物の不思議―」（長谷川宏司・広瀬克利編、大学教育出版）植物の発芽と休眠 pp.160-172、植物の不思議さまざま pp.177-181（2009 年）
2.「天然物化学―植物編―」（山村庄亮・長谷川宏司編著、アイピーシー）第1章　1.2.12 休眠 pp.150-159（2007 年）
3.「植物の知恵―化学と生物学からのアプローチ―」（山村庄亮・長谷川宏司編著、大学教育出版）第14章　休眠の鍵化学物質 pp.193-216（2005 年）
担当章：第9章

穴井　豊昭（あない　とよあき）

現　職：佐賀大学農学部・准教授

最終学歴：北海道大学大学院理学研究科博士後期課程（植物学専攻）

学　位：博士（理学）

主な研究領域：植物分子育種学

主著：

1. Breeding of Pulse Crops（Ed. by Samiullah Khan and M. Imran Kozgar, KALYANI PUBLISHERS）Mutation Breeding of Soybean in Japan, pp.55-84（2011）
2. 「新規の脂肪酸組成を持つダイズ油の突然変異による改良」オレオサイエンス　Vol.6, No.4, pp.195-203（2006 年）（共著）
3. 「植物の遺伝子発現」（講談社サイエンティフィック）植物の G タンパク質と細胞内情報伝達 pp.108-114（1995 年）（共著）

担当章：第 10 章

星野　友紀（ほしの　ともき）

現　職：佐賀大学農学部応用生物科学科・非常勤博士研究員

最終学歴：大阪府立大学大学院理学系研究科博士後期課程（生物科学専攻）

学　位：博士（理学）

主な研究領域：植物遺伝育種学、植物生理学

主著：

1. Novel *GmFAD2-1b* mutant alleles created by reverse genetics marked elevation of oleic acid content in soybean seed in combination with *GmFAD2-1a* mutant alleles. Breed. Sci., 60, 419-425（2010）.
2. Requirement for the gravity-controlled transport of auxin for a negative gravitropic response in the early growth stage of etiolated pea epicotyls. Plant Coll Physiol., 47, 1496-1508（2006）.

担当章：第 10 章

音松　俊彦（おとまつ　としひこ）

現　職：神戸天然物化学株式会社・技術開発部長

最終学歴：甲南大学大学院自然科学研究科修士課程

学　位：修士（理学）

主な研究領域：生体触媒工学・酸化酵素発現組換え微生物による生変換反応の研究開発

主著：

1. バイオサイエンスとインダストリー、Vol.69, No.4　基質特異性の広い融合型シトクロ

ム P450 を用いたバイオコンバージョン pp.299-302（2011 年）

2.「天然物化学—海洋生物編—」（山村庄亮・長谷川宏司・木越英夫編著、アイピーシー）第 4 章 4.4　バイオコンバージョンによる多様化技術 pp.406-416（2008 年）

3. Preparation of a growth-promoting substance, lepidimoic acid from okra pectic polysaccharide. Tetrahedron Lett., 44, 2171-2173（2003）

担当章：第 11 章

■編者紹介

長谷川　宏司（はせがわ　こうじ）

現職：筑波大学・名誉教授、神戸天然物化学株式会社・参与
最終学歴：東北大学大学院理学研究科博士課程生物学専攻
学位：博士（理学）
主な研究領域：植物生理化学・植物が具備する様々な生物機能を分子レベルから研究
主著：「食をプロデュースする匠たち」編者・大学教育出版・2011年、「博士教えてください—植物の不思議」編者・大学教育出版・2009年、「天然物化学—海洋生物編」編者・アイピーシー・2008年、「天然物化学—植物編」編者・アイピーシー・2007年、「多次元のコミュニケーション」編者・大学教育出版・2006年、「プラントミメテックス—植物に学ぶ」分担執筆・NTS・2006年他

広瀬　克利（ひろせ　かつとし）

現職：神戸天然物化学株式会社・代表取締役社長
大神医薬化工有限公司・執行董事
最終学歴：筑波大学大学院農学研究科博士課程応用生物化学専攻
学位：博士（農学）
主な研究領域：有機合成化学、植物生理化学
主著：「食をプロデュースする匠たち」編者・大学教育出版・2011年、「博士教えてください—植物の不思議」編者・大学教育出版・2009年「天然物化学—植物編—」分担執筆・アイピーシー・2007年、「多次元のコミュニケーション」分担執筆・大学教育出版・2006年、「環境保全型農業と生物機能の利用」分担執筆・養賢堂・2006年　他

最新　植物生理化学

2011年10月20日　初版第1刷発行

■編　　者——長谷川宏司・広瀬克利
■発 行 者——佐藤　守
■発 行 所——株式会社 **大学教育出版**
〒700-0953　岡山市南区西市855-4
電話（086）244-1268　FAX（086）246-0294
■印刷製本——サンコー印刷㈱

ISBN978-4-86429-033-3